Cadernos de Lógica e Computação

Volume 6

Lógica e Raciocínio

Volume 1
Fundamentos de Lógica e Teoria da Computação. Segunda Edição
Amílcar Sernadas e Cristina Sernadas

Volume 2
Introdução ao Cálculo Lambda
Chris Hankin. Traduzido por João Rasga

Volume 3
Uma Versão Mais Curta de Teoria dos Modelos
Wilfrid Hodges. Traduzido por Ruy J. G. B. de Queiroz

Volume 4
Incompletude na Terra dos Conjuntos
Melvin Fitting. Traduzido por Jaime Ramos

Volume 5
Elementos de Matemática Discreta
José Carmo, Paula Gouveia e Francisco Miguel Dionísio

Volume 6
Lógica e Raciocínio
João Pavão Martins

Coordenadores da Série Cadernos de Lógica e Computação
Amílcar Sernadas e Cristina Sernadas   {acs,css}@math.tecnico.ulisboa.pt

Lógica e Raciocínio

João Pavão Martins

©   Individual author and College Publications 2014. All rights reserved.

ISBN 978-1-84890-125-4

College Publications
Scientific Director: Dov Gabbay
Managing Director: Jane Spurr

http://www.collegepublications.co.uk

Cover designed by Laraine Welch
Printed by Lightning Source, Milton Keynes, UK

Aos meus pais, Maria Adelaide e Eugénio por me terem obrigado a estudar quando eu não queria, por me terem ensinado a resolver os problemas por mim próprio, por muito que isso me custasse, e por me terem imbuído os valores de honestidade e de trabalho honrado.

Prefácio

Logic is invincible because in order to
combat logic it is necessary to use logic
Pierre Boutroux [Kline, 1972]

A Lógica é uma das bases do pensamento científico. O raciocínio lógico
está subjacente às mais diversas áreas do conhecimento, por exemplo, biologia,
direito, medicina, economia e informática. Embora estas áreas do conhecimento
não partilhem conteúdos e sigam as mais diversas metodologias, todas elas têm
em comum a dependência de certos padrões de racionalidade. Em cada uma
destas áreas existe a preocupação de diferenciar entre argumentos racionais,
baseados em princípios ou em evidência, de de especulações que não resultam
de um conjunto de suposições. Ou seja, todas estas àreas do conhecimento se
baseiam nos princípios subjacentes à Lógica.

Neste livro apresentamos os princípios de racionalidade subjacentes à Lógica
e as técnicas para distinguir raciocínio correto, ou válido, de raciocínio incor-
reto, ou inválido. Ao longo dos últimos cem anos, a Lógica sofreu evoluções
importantes. A Lógica teve em papel preponderante no desenvolvimento da
Informática e da própria programação.

O objetivo deste livro é a apresentação dos principais conceitos e metodologias associados à Lógica. Decidimos pela apresentação paralela de dois aspetos
distintos. Por um lado, conceitos lógicos sob o ponto de vista tradicional, de
modo a fornecer bases sólidas para a compreensão dos princípios e da metodologia da Lógica. Por outro lado, as técnicas desenvolvidas para permitir que
um computador possa utilizar raciocínio de uma forma automática. Decidimos também abordar o PROLOG, uma linguagem de programação baseada em
lógica.

Embora a Lógica não seja um tópico indicado de forma individualizada
nas recomendações curriculares internacionais para um programa de estudo em
Informática, as mais recentes recomendações [ACM/IEEE-CS, 2013], apontam
um conjunto de tópicos que são abordados neste livro, nomeadamente, a Lógica

Proposicional e a Lógica de Primeira Ordem (tópico "Discrete Structures / Basic Logic"), os conceitos de implicação, prova direta, prova por contradição, indução matemática (tópico "Discrete Structures / Proof Techniques"), o paradigma baseado em linguagens de programação declarativas, representação clausal, unificação, retrocesso, corte (tópico "Programming Languages / Logic Programming") e os conceitos de resolução e demonstração automática de teoremas (tópico "Intelligent Systems / Basic Knowledge Based Reasoning").

O PROLOG foi uma das primeiras linguagens de programação que aprendi, tendo também correspondido à minha primeira experiência de utilização interativa de um computador. Durante o ano letivo de 1976/77 realizei um estágio no Laboratório Nacional de Engenharia Civil, onde um pequeno grupo de pessoas, Luis Moniz Pereira, Helder Coelho e Fernando Pereira, trabalhavam entusiasticamente numa das primeiras implementações do PROLOG para os computadores DEC System-10 em estreita colaboração com David H. D. Warren da Universidade de Edinburgo. Estas pessoas foram umas das principais responsáveis pela divulgação do PROLOG pela comunidade científica internacional. Ainda me lembro das enormes dificuldades que senti ao lidar pela primeira vez com listas e para perceber os conceitos de recursão e de polimodalidade. No entanto, esta experiência foi essencial para moldar o meu raciocínio para, a partir do ano letivo seguinte, conseguir lidar com certos conceitos que se mostraram essenciais durante os meus estudos de Doutoramento no Estados Unidos. Cerca de 35 anos mais tarde, volto a abordar o estudo do PROLOG, desta vez como professor. Embora os leitores a que este livro se dirige, já tenham adquirido experiência em programação, é natural que sintam algumas dificuldades ao abordar o paradigma de programação associado ao PROLOG. No entanto, tal como aconteceu comigo no passado, a ultrapassagem destas dificuldades aumentará a capacidade de raciocínio abstrato dos estudantes, preparando-os ativamente para a vida profissional desafiante que os espera.

Este livro corresponde à matéria lecionada na disciplina de Lógica para Programação, introduzida no ano letivo de 2007/2008, como consequência da reestruturação para o regime de Bolonha da Licenciatura em Engenharia Informática e de Computadores do Instituto Superior Técnico.

"I am inclined to think –" said I.
"I should do so," Sherlock Holmes remarked impatiently.
Sherlock Holmes, *The Valley of Fear*

Agradecimentos

Ao longo dos anos em que fui preparando este livro, muitas pessoas apresentaram críticas, sugestões e descobriram erros que existiam no manuscrito original. Entre as quais saliento: João Pedro Mendes Aires, Joana Alemão Alves, Diogo Anjos, Diogo Bastos, Ana Cardoso Cachopo, Alberto Filipe Carvalho, Luísa Coheur, John Corcoran, Diogo Correia, João P. Costa, Pedro Costa, Maria dos Remédios Cravo, Filipe Cruzinha, Diogo Cunha, Marco Cunha, João Dias, Filipe Luís Fortes, Nuno Garcia, Paulo Esperança Garcia, David Gaspar, Filipe Gonçalves, Marcus Gomes, Bruno Henriques, André Joaquim, Carlos Lage, José Lourenço, Inês Lynce, Leonor Foyos Martins, Pedro Amaro de Matos, Filipa Morgado, Ricardo Nobre, Denise Tavares Pedro, Bill Rapaport, Ana Santos, Daniel Santos, Gualter Semedo, Stuart C. Shapiro, Francisco Tomás Silva, Rui Soares, Hugo Tavares, e Andreia Sofia Monteiro Teixeira.

Agradeço aos dois avaliadores anónimos de *College Publications* pela leitura cuidada do manuscrito e a descoberta de vários erros no texto original.

No entanto, todos os erros e imperfeições que este livro indubitavelmente contém são da exclusiva responsabilidade do autor.

> I had no keener pleasure than in following Holmes in the professional investigations, and in admiring the rapid deductions, as swift as intuitions, and yet always founded on a logical basis, with which he unravelled the problems which were submitted to him.
>
> Sherlock Holmes, *The Adventure of the Speckled Band*

Índice

Prefácio   **vii**

1 Conceitos Básicos   **1**
  1.1 Proposições e argumentos 2
  1.2 Símbolos lógicos 11
  1.3 Componentes de uma lógica 17
      1.3.1 O sistema dedutivo 18
      1.3.2 O sistema semântico 20
      1.3.3 O sistema dedutivo e o sistema semântico 21
  1.4 O desenvolvimento de uma lógica 22
  1.5 Notas bibliográficas 24
  1.6 Exercícios 25

2 Lógica Proposicional (I)   **27**
  2.1 A linguagem 28
  2.2 O sistema dedutivo 30
      2.2.1 Abordagem da dedução natural 31
      2.2.2 Como construir provas 48
      2.2.3 Abordagem axiomática 51
      2.2.4 Propriedades do sistema dedutivo 54
  2.3 O sistema semântico 59
  2.4 Correção e completude 64
  2.5 Notas bibliográficas 74
  2.6 Exercícios 75

3 Lógica Proposicional (II)   **79**
  3.1 Resolução 80
      3.1.1 Forma clausal 80
      3.1.2 O princípio da resolução 84
      3.1.3 Prova por resolução 86

    3.1.4   Estratégias em resolução 89
    3.1.5   Correção e completude da resolução 95
  3.2 O sistema semântico 97
    3.2.1   Diagramas de decisão binários (BDDs) 97
    3.2.2   Diagramas de decisão binários ordenados (OBDDs) . . . 108
    3.2.3   Algoritmos de SAT 131
  3.3 Notas bibliográficas 155
  3.4 Exercícios 156

4 Lógica de Primeira Ordem (I)   161
  4.1 A linguagem 162
  4.2 O sistema dedutivo 173
    4.2.1   Propriedades do sistema dedutivo 177
  4.3 O sistema semântico 177
  4.4 Correção e completude 187
  4.5 Notas bibliográficas 187
  4.6 Exercícios 188

5 Lógica de Primeira Ordem (II)   193
  5.1 Representação de conhecimento 193
  5.2 Resolução 198
    5.2.1   Forma Clausal 198
    5.2.2   Unificação 203
    5.2.3   Algoritmo de unificação. 205
    5.2.4   Resolução com cláusulas com variáveis 210
  5.3 O método de Herbrand 216
  5.4 Correção e completude da resolução 229
  5.5 Notas bibliográficas 233
  5.6 Exercícios 235

6 Programação em Lógica   239
  6.1 Cláusulas de Horn 240
  6.2 Programas 243
  6.3 Resolução SLD 245
  6.4 Árvores SLD 250
  6.5 Semântica da programação em lógica 253
    6.5.1   Semântica declarativa 254
    6.5.2   Semântica procedimental 255
  6.6 Adequação computacional 256
  6.7 Notas bibliográficas 259
  6.8 Exercícios 259

7 Prolog **261**
　7.1　Componentes básicos 262
　　7.1.1　Termos 262
　　7.1.2　Literais 265
　　7.1.3　Programas 266
　　7.1.4　Cláusulas 266
　　7.1.5　Objetivos 268
　7.2　Unificação de termos 269
　7.3　Comparação de termos 271
　7.4　A utilização de predicados pré-definidos 272
　7.5　A semântica do PROLOG 272
　7.6　Exemplos iniciais 279
　7.7　Aritmética em PROLOG 291
　7.8　Instruções de leitura e de escrita 299
　7.9　Estruturas 303
　7.10　Listas 308
　7.11　O operador de corte 326
　7.12　O falhanço forçado 337
　7.13　A negação em PROLOG 337
　7.14　Operadores 339
　7.15　Execução forçada 344
　7.16　Definição de novos operadores 345
　7.17　O PROLOG como linguagem de programação 347
　　7.17.1　Tipos 348
　　7.17.2　Mecanismos de controle 349
　　7.17.3　Procedimentos e parâmetros 352
　　7.17.4　Homoiconicidade 353
　7.18　Notas bibliográficas 359
　7.19　Exercícios 360

Apêndices **366**

A Manual de Sobrevivência em Prolog **367**
　A.1　Obtenção do PROLOG 367
　A.2　Início de uma sessão 368
　A.3　Criação a alteração de programas 369
　A.4　Regras de estilo 369
　A.5　Carregamento e utilização de programas 371
　A.6　Informação sobre predicados 372
　A.7　Rastreio de predicados 372
　A.8　Informação de ajuda 378

B Soluções de Exercícios Selecionados   **381**
  B.1 Exercícios do Capítulo 2 381
  B.2 Exercícios do Capítulo 3 387
  B.3 Exercícios do Capítulo 4 390
  B.4 Exercícios do Capítulo 5 392
  B.5 Exercícios do Capítulo 6 394
  B.6 Exercícios do Capítulo 7 396

C Exemplos de Projetos   **401**
  C.1 Planeamento de viagens 401
       C.1.1 Informação fornecida ao programa 402
       C.1.2 Avaliação de objetivos básicos (TPC) 403
       C.1.3 Determinação de itinerários 404
       C.1.4 Procura guiada 406
       C.1.5 Procura otimizada 407
  C.2 Planeamento de ações 408
       C.2.1 O mundo dos blocos 408
       C.2.2 As ações possíveis 410
       C.2.3 O problema da mudança 412
       C.2.4 Uma alternativa em PROLOG 415
       C.2.5 Trabalho a realizar (parte I) 416
       C.2.6 Trabalho a realizar (parte II) 419

Bibliografia   **421**

Índice   **431**

Capítulo 1

Conceitos Básicos

The ideal reasoner would, when he has once been shown a single fact in all its bearing, deduce from it not only all the chain of events which led up to it, but also all the results which would follow from it.

Sherlock Holmes, *The Five Orange Pips*

Uma das características de agentes racionais é o interesse em justificar aquilo em que acreditam e em compreender o modo como os outros agentes justificam aquilo em que acreditam. Um dos objetivos da Lógica é o de, a partir de uma situação descrita por frases que se assumem ser verdadeiras, determinar que outras frases têm que ser verdadeiras nessa situação — a lógica estuda os conceitos de consequência dedutiva e de consistência.

Não é fácil definir em poucas palavras o que é a lógica, pois esta aborda um grande leque de problemas e não possui fronteiras perfeitamente definidas, tocando num dos seus extremos na Matemática e no outro na Filosofia. No que diz respeito a este livro, a Lógica é o ramo do conhecimento que aborda a análise sistemática de argumentos, ou a análise dos métodos para distinguir os argumentos válidos dos argumentos inválidos.

1.1   Proposições e argumentos

Neste livro consideramos que a finalidade da Lógica é a análise sistemática do raciocínio correto, ou seja, partindo de uma situação descrita por um certo número de frases declarativas, as quais se assumem verdadeiras, o raciocínio correto pretende determinar que outras frases têm que ser verdadeiras nessa situação. As frases de onde partimos são chamadas as premissas e as frases geradas a partir delas são chamadas as conclusões. Utilizando raciocínio correto, a partir de premissas verdadeiras nunca seremos conduzidos a conclusões falsas.

Antes de mais, convém refletir sobre o que são frases declarativas. Uma *frase* é qualquer veículo linguístico capaz de transmitir uma ideia. As frases não correspondem aos símbolos linguísticos que contêm, mas sim à ideia transmitida pela frase. Neste sentido, "o Sócrates é um homem" e "Socrates is a man"; correspondem à mesma frase; "o João está a dar a aula" e "a aula está a ser dada pelo João" também correspondem à mesma frase. Nesta descrição, e em todo o livro, distinguimos entre a *menção* a uma entidade, colocando-a entre aspas, e o *uso* da mesma entidade, o qual é feito sem o recurso a aspas. Esta distinção entre uso e menção é muito importante em lógica. Podemos dizer que "Sócrates" é uma palavra com 8 letras, mas não poderemos dizer que "Sócrates" é um homem; podemos dizer que "Sócrates é um homem", mas não podemos dizer que "uma palavra com 8 letras é um homem".

As frases podem-se classificar em declarativas, imperativas, interrogativas e exclamativas.

As frases declarativas utilizam-se para enunciar como as coisas são ou poderiam ter sido. Em relação a estas frases, faz sentido dizer que são verdadeiras ou que são falsas. Por exemplo, "a Lua é uma estrela" e "a disciplina de Lógica para Programação é uma disciplina obrigatória do primeiro ciclo da LEIC" são frases declarativas que são, respetivamente, falsa e verdadeira.

As frases imperativas prescrevem que as coisas sejam de certa maneira; as frases interrogativas perguntam como são as coisas; e as frases exclamativas transmitem uma exclamação. As frases "forneça uma resposta ao exercício 4", "o que é a Lógica?" e "cuidado!" são exemplos, respetivamente, de frases imperativas, interrogativas e exclamativas. Em relação a este tipo de frases, não faz sentido dizer que são verdadeiras ou que são falsas.

Definição 1.1.1 (Proposição)
Uma *proposição* é uma frase declarativa, ou seja, é uma frase que faz uma afirmação sobre qualquer coisa. ▶

Uma das características das proposições é a de ser possível atribuir-lhes um *valor lógico*, um dos valores *verdadeiro* ou *falso*. Qualquer proposição ou é verdadeira ou é falsa, no entanto nem todas as proposições têm um valor lógico conhecido. Consideremos a proposição "no dia em que embarcou para a Índia, o Vasco da Gama entrou na sua nau com o pé direito". Esta proposição ou é verdadeira ou é falsa. No entanto, duvidamos que seja possível avaliar o seu valor lógico.

Devemos também notar que o valor lógico de uma proposição não é absoluto e intemporal mas depende do contexto da sua interpretação. Por exemplo, a proposição "a relva é verde" pode ser verdadeira no contexto de um campo de golfe mas pode ser falsa para um relvado alentejano no pico do verão.

Na nossa vida quotidiana, argumentamos produzindo um conjunto de frases declarativas, as quais apoiam uma dada frase declarativa que tentamos transmitir como a conclusão da nossa argumentação. Ao conjunto de frases declarativas que suportam o nosso argumento dá-se o nome de *premissas*, as quais são usadas para justificar a *conclusão* obtida a partir delas. Estas sequências de frases, contendo premissas e conclusão, são usadas, quer para justificar as coisas em que acreditamos, quer para justificar as nossas ações. Em linguagem comum é habitual separar as premissas da conclusão por palavras tais como "então", "portanto" ou "consequentemente".

Exemplo 1.1.1 O seguinte exemplo clássico corresponde a um argumento:

> todos os homens são mortais
> o Sócrates é um homem
> portanto, o Sócrates é mortal

(Ex)

Exemplo 1.1.2 As seguintes frases correspondem a um argumento:

> o José teve nota negativa no exame
> portanto, o José não obtém aprovação na disciplina

(Ex)

O Exemplo 1.1.2 apresenta um aspeto que é comum na nossa argumentação quotidiana e que corresponde à *supressão de uma premissa*. Na realidade, dado que a frase "quem tem nota negativa no exame não obtém aprovação na disciplina" faz parte do conhecimento partilhado nos meios académicos, pode ser aborrecido formulá-la explicitamente. Formular explicitamente premissas que fazem parte do conhecimento comum é uma forma de pedantismo. Em nome do rigor, praticaremos neste livro um certo grau de pedantismo.

Definição 1.1.2 (Argumento)
Um *argumento*[1] é um par constituído por um conjunto de proposições, as *premissas*, e por uma única proposição, a *conclusão*. ▶

Nos nossos argumentos, utilizamos o símbolo "∴" para separar as premissas da conclusão. Assim, o argumento relativo à mortalidade de Sócrates será escrito do seguinte modo:

> todos os homens são mortais
> o Sócrates é um homem
> ∴ o Sócrates é mortal

Como dissemos no início deste capítulo, o objetivo da lógica é o estudo sistemático dos argumentos, ou seja, o seu objetivo é distinguir os argumentos que "são bons" dos argumentos que "não prestam". Em termos lógicos, um argumento pode ser válido ou ser inválido.

Definição 1.1.3 (Validade)
Diz-se que um argumento é *válido* (podendo também dizer-se que as premissas *implicam semanticamente* a conclusão, ou que a conclusão é uma *consequência semântica* das premissas) quando for logicamente impossível ter todas as premissas verdadeiras e a conclusão falsa. O argumento diz-se *inválido* em caso contrário. ▶

Qualquer argumento é válido ou é inválido. No entanto, tal como acontece para os valores lógicos das proposições, para certos argumentos pode não se saber se estes são válidos ou se são inválidos.

Um argumento válido apresenta uma propriedade interessante: se as premissas forem todas verdadeiras, então a conclusão também é verdadeira.

Devemos, desde já, ser cuidadosos ao distinguir os conceitos de validade e invalidade dos conceitos de veracidade e falsidade. A validade e a invalidade são atributos de argumentos ao passo que a veracidade e a falsidade são atributos de proposições.

Exemplo 1.1.3 Consideremos o seguinte argumento:

> a neve é branca
> o céu é azul
> ∴ a neve é branca

---

[1]Também conhecido como *argumento premissa-conclusão*.

Será que é logicamente impossível ter todas as premissas verdadeiras e a conclusão falsa? Neste caso a resposta é simples, sim, é logicamente impossível. Uma vez que a conclusão é uma das premissas, se as premissas forem todas verdadeiras, então a conclusão (que é uma destas premissas) também será verdadeira. Este é um exemplo de um argumento válido. ☺

Exemplo 1.1.4 Consideremos o argumento:

> a neve é verde
> o céu é castanho
> ∴ a neve é verde

Neste caso, as premissas são todas falsas e a conclusão também é falsa. Será que podemos imaginar uma situação em que todas as premissas são verdadeiras? Sem grande esforço, podemos idealizar um filme de animação que se passa num mundo em que a neve é verde e o céu é castanho. Neste caso, as premissas são verdadeiras e a conclusão, para este mundo imaginário, também é verdadeira. Para este exemplo, é impossível imaginar uma situação em que as premissas são todas verdadeiras e a conclusão é falsa, pois, como no exemplo anterior, a conclusão é uma das premissas. Estamos novamente perante um argumento válido. ☺

Exemplo 1.1.5 Consideremos o argumento:

> o Pedro é um aluno da LEIC
> o Pedro é inteligente
> ∴ todos os alunos da LEIC são inteligentes

Neste caso, supondo que o Pedro é um aluno da LEIC e que o Pedro é inteligente, podemos imaginar que existe um aluno da LEIC, o Zacarias, que, infelizmente, não é inteligente. Temos uma situação em que as premissas são todas verdadeiras e a conclusão é falsa, pelo que o argumento é inválido. ☺

Como estes exemplos mostram, a validade (ou a invalidade) de um argumento parece não estar diretamente relacionada com os valores lógicos das proposições que este contém. Um argumento válido pode ter as premissas falsas e a conclusão falsa (ver Exemplo 1.1.4), outros exemplos de argumentos válidos e de argumentos inválidos com premissas e conclusões com diferentes valores lógicos são apresentados na Tabela 1.1[2].

A única relação entre a validade e a invalidade de um argumento e a veracidade e a falsidade das proposições que o constituem é a seguinte: um argumento

---

[2]Agradeço a John Corcoran, a Bill Rapaport e à Ana Cardoso Cachopo a sugestão de alguns destes argumentos.

Valores lógicos das premissas e da conclusão	Argumento válido	Argumento inválido
(Verdadeiro, Verdadeiro)	todos os homens são mortais Sócrates é um homem ∴ Sócrates é mortal	todas as pessoas são humanos ∴ todos os humanos são pessoas
(Verdadeiro, Falso)		todos os cães são animais ∴ todos os animais são cães
(Falso, Verdadeiro)	todas as aves são humanos todos os humanos têm penas ∴ todas as aves têm penas	todos os animais são cães ∴ todos os cães são animais
(Falso, Falso)	todos os cães são felinos todos os felinos têm penas ∴ todos os cães têm penas	todos os gatos são cães ∴ todos os cães são gatos

Tabela 1.1: Exemplos do princípio da irrelevância do valor lógico.

cujas premissas são todas verdadeiras e a conclusão é falsa é um argumento inválido. Na realidade, considerando, de novo, a Tabela 1.1, não conseguimos encontrar nenhum argumento válido em que todas as premissas são verdadeiras e a conclusão é falsa pois isto colide com a própria definição de argumento válido.

Esta constatação da "quase" independência entre a validade e a invalidade de um argumento e a veracidade e a falsidade das proposições que o constituem é traduzida pelo chamado princípio da irrelevância do valor lógico.

Proposição 1.1.1 (Princípio da irrelevância do valor lógico)
Com exceção do caso em que as premissas são todas verdadeiras e a conclusão é falsa, a veracidade ou a falsidade das proposições que constituem um argumento não é relevante para determinar a validade ou a invalidade do argumento. ▶

Este princípio significa que a validade (ou a invalidade) de um argumento não é uma função dos valores lógicos das suas proposições. Tentando saber de que depende a validade ou a invalidade de um argumento, obtemos a resposta (que não nos ajuda nada, por enquanto): é uma função da existência ou não da relação de consequência semântica entre as premissas e a conclusão.

Consideremos agora os seguintes argumentos:

A_1: o Piupiu é uma ave
nenhuma ave tem barbatanas
∴ o Piupiu não tem barbatanas

A_2: o Bobi é um animal
todos os cães são animais
o Bobi não é um cão
∴ nem todos os animais são cães

A_3: "fatorial" é um nome em Python
nenhum nome em Python contém o carácter branco
∴ "fatorial" não contém o carácter branco

A_4: todas as pessoas são humanos
∴ todos os humanos são pessoas

Como podemos dizer se estes são válidos ou são inválidos? Sabemos que a lógica tenta definir métodos para distinguir argumentos válidos de argumentos inválidos. Esta distinção deve ser feita independentemente do assunto sobre o qual os argumentos tratam, pois no caso contrário não existiria uma disciplina independente chamada lógica. Para isso, em lógica, consideram-se classes constituídas por argumentos, os quais são estruturalmente semelhantes exceto no que respeita aos termos específicos do domínio de que o argumento trata. Por exemplo, os argumentos A_1 e A_3 são estruturalmente semelhantes e, no entanto, A_1 diz respeito a zoologia ao passo que A_3 diz respeito a informática. Em lógica diz-se que os argumentos A_1 e A_3 têm a mesma forma.

Para avaliar a validade ou a invalidade de um argumento considera-se que cada uma das suas proposições contém termos lógicos (palavras tais como "e", "ou", "não", "se ... então", "todos") e termos específicos do domínio sobre o qual a proposição trata (nomes próprios, substantivos ou adjetivos).

Definição 1.1.4 (Forma de um argumento)
A *forma* de um argumento é um argumento em que os termos específicos (ou seja, os termos não lógicos) de cada uma das proposições constituintes são substituídos por um símbolo associado à sua categoria gramatical. ▶

8 CAPÍTULO 1. CONCEITOS BÁSICOS

Exemplo 1.1.6 A forma dos argumentos A_1 e A_3 é a seguinte:

F_1: $\boxed{A}$ é um $\boxed{B}$
nenhum $\boxed{B}$ tem $\boxed{C}$
$\therefore \boxed{A}$ não tem $\boxed{C}$

em que $\boxed{A}$ é um nome próprio e $\boxed{B}$ e $\boxed{C}$ são substantivos. ⊛

Exemplo 1.1.7 A forma do argumento A_2 é a seguinte:

F_2: $\boxed{A}$ é um $\boxed{B}$
todos os $\boxed{C}$ são $\boxed{B}$
$\boxed{A}$ não é $\boxed{C}$
$\therefore$ nem todos os $\boxed{B}$ são $\boxed{C}$

em que $\boxed{A}$ é um nome próprio, $\boxed{B}$ é um substantivo e $\boxed{C}$ é um substantivo. ⊛

A forma de um argumento pode ser estudada independentemente do domínio específico de que tratam as proposições que o constituem. Na realidade é em virtude da sua forma e não do seu domínio específico que um argumento é válido ou é inválido. Isto significa que todos os argumentos com a mesma forma são ou todos válidos ou todos inválidos. Este facto é traduzido pelo *princípio da forma*.

Proposição 1.1.2 (Princípio da forma)
Se dois argumentos têm a mesma forma então estes são ambos válidos ou ambos inválidos. ▶

Um modo alternativo de enunciar o princípio da forma corresponde a dizer que todo o argumento com a mesma forma de um argumento válido é válido e que todo o argumento com a mesma forma de um argumento inválido é inválido.

Exemplo 1.1.8 Utilizando o princípio da forma, podemos concluir que o argumento A_4 é inválido visto que o seguinte argumento (com a mesma forma) tem premissas verdadeiras e conclusão falsa:

A_5: Todos os cães são mamíferos
$\therefore$ Todos os mamíferos são cães

⊛

Esta discussão mostra que a lógica estuda argumentos quanto à forma (e daí a razão de ser chamada um *sistema formal*).

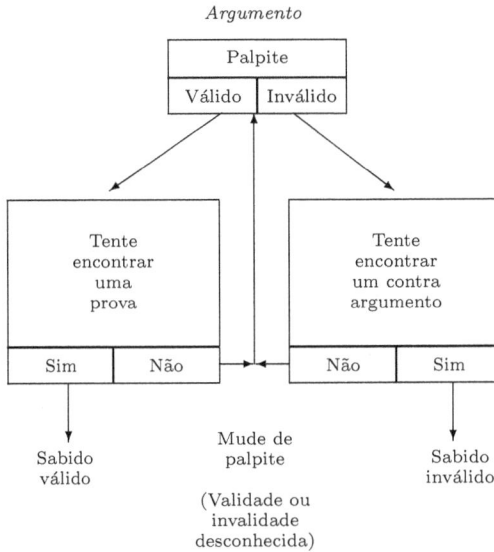

Figura 1.1: Metodologia da lógica.

Nesta secção apresentamos uma primeira abordagem à metodologia para estudar os argumentos quanto à forma e para decidir quais deles são válidos e quais são inválidos.

Na Figura 1.1, apresentamos as linhas gerais da metodologia para determinar se um dado argumento é válido ou é inválido. De acordo com esta metodologia, dado um argumento qualquer, o primeiro passo para determinar a sua validade ou a sua invalidade corresponde a produzir um "palpite" sobre essa validade ou invalidade. Este palpite é produzido analisando as premissas e a conclusão e tentando determinar intuitivamente se a conclusão é uma consequência das premissas.

A partir deste "palpite" seguimos uma de duas linhas de raciocínio:

1. Se pensamos que o argumento é válido, teremos que provar que é impossível que as premissas sejam todas verdadeiras e que a conclusão seja falsa. Se conseguirmos encontrar uma prova então o argumento passa a ser *sabido válido*. Ou seja, o conhecimento sobre a validade de um argumento envolve raciocínio abstrato.

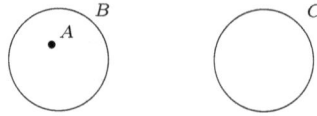

Figura 1.2: Diagrama para mostrar a validade de F_1.

2. Se pensamos que o argumento é inválido, devemos tentar encontrar um
    argumento com a mesma forma cujas premissas sejam todas verdadeiras
    e a conclusão seja falsa. Este é chamado um *contra-argumento*. Encon-
    trando um contra-argumento, o argumento original passa a ser *sabido
    inválido*. Ou seja, o conhecimento sobre a invalidade de um argumento,
    normalmente, envolve conhecimento factual[3].

No caso de não conseguirmos provar a validade ou a invalidade de um argumento, podemos mudar a nossa opinião (o nosso palpite) e tentar provar o
contrário. No caso desta tentativa também falhar, a validade ou a invalidade
do argumento é desconhecida.

Exemplo 1.1.9 (Prova para argumento válido)   Consideremos o argumento A_1 e tentemos obter uma prova de que este é válido. Vamos considerar a
forma deste argumento, F_1, e representemos através de um diagrama de Venn[4]
a entidade A, todas as entidades que verificam a propriedade B e todas as
entidades que verificam a propriedade C.

Uma vez que a primeira premissa afirma que A é um B, a entidade A tem
que pertencer às entidades que verificam a propriedade B. A segunda premissa
afirma que as entidades que verificam a propriedade B e as entidades que
verificam a propriedade C são disjuntas (Figura 1.2). Do diagrama apresentado
na figura, podemos concluir que a entidade A não pode ter a propriedade C.
Portanto, o argumento A_1 é sabido válido. ⊛

Exemplo 1.1.10 (Contra-argumento de argumento inválido)   O argumento A_4 pode ser mostrado inválido, produzindo o argumento A_5 (ver Exemplo 1.1.8), com a mesma forma e com premissa verdadeira e conclusão falsa.
⊛

---

[3]Podemos também, se for mais fácil, apresentar uma prova formal para a invalidade de
um argumento.
[4]Os diagramas de Venn foram inventados por John Venn (1834–1923) em 1880 e foram
refinados por Clarence Irving Lewis (1883–1964).

Embora um argumento seja sempre ou válido ou inválido, a sua validade (ou a sua invalidade) pode ser desconhecida. Como exemplo, consideremos o argumento em que as premissas são os axiomas da aritmética e cuja conclusão é a proposição, "para $n > 2$, não existem inteiros positivos x, y e z tais que $z^n = x^n + y^n$". Este argumento, conhecido como o *último teorema de Fermat*[5] manteve-se com validade ou invalidade desconhecida durante 358 anos, desde a sua formulação no século XVII até 1995 (o ano em que foi demonstrado válido), apesar dos esforços de muitos matemáticos para o provar ao longo dos anos. Este argumento é válido mas apenas passou a ser conhecido como válido 358 anos após a sua formulação. Um outro resultado que se mantém por provar, e por vezes classificado como um dos problemas mais difíceis da história da Matemática, é a *conjetura de Goldbach*, a qual foi formulada em 1742 pelo matemático alemão Goldbach[6] e que afirma que todo o número par maior do que 2 pode ser escrito como a soma de dois números primos. Embora a correção desta conjetura[7] já tenha sido verificada até 4×10^{18}, mantém-se por demonstrar nos nossos dias.

1.2 Símbolos lógicos

Ao discutir a forma de um argumento, dissemos que as proposições continham termos lógicos e termos específicos do domínio sobre o qual a proposição tratava. Então, mencionámos como termos lógicos palavras tais como "e", "ou" e "se ...então". Nesta secção abordamos a análise de alguns desses termos lógicos, introduzindo o correspondente símbolo que utilizaremos para os representar.

O primeiro aspeto que importa discutir é o facto de um termo lógico ser um *operador de formação de proposições*, ou seja, um termo lógico é uma palavra, ou uma sequência de palavras, que quando apropriadamente composta com outras proposições dá origem a uma nova proposição. Como exemplos de operadores de formação de proposições, podemos pensar nas palavras "e", "ou" e "implica" ou nas sequências de palavras "se ... então", "para todo", "o Francisco acredita que" e "é possível que".

Na lógica devemos escolher quais os operadores de formação de proposições a considerar como símbolos lógicos e analisar qual o significado das frases obtidas com esses operadores. Nesta secção, iremos abordar o estudo de quatro desses

---

[5]Formulado em 1637 pelo matemático francês Pierre de Fermat (1601–1665) o qual escreveu à margem das suas notas "encontrei uma prova maravilhosa para esta afirmação, mas a margem destas notas é demasiado pequena para a apresentar" [Singh, 1997].

[6]Christian Goldbach (1690–1764).

[7]http://www.ieeta.pt/tos/goldbach.html.

operadores, correspondentes aos símbolos lógicos conjunção, disjunção, negação e implicação.

Conjunção. A conjunção corresponde à palavra portuguesa "e", a qual a partir de duas proposições cria uma nova proposição que afirma que ambas se verificam (ou que ambas são verdadeiras). Por exemplo, partindo das proposições "a neve é branca" e "o céu é azul", a proposição "a neve é branca e o céu é azul" afirma simultaneamente que "a neve é branca" e que "o céu é azul".

Neste livro, representaremos a palavra "e" pelo símbolo "$\wedge$". Este símbolo é designado por *conjunção*. Se α e β representarem duas proposições arbitrárias, então $\alpha \wedge \beta$ representa a conjunção destas duas proposições, a qual é lida "α e β".

Somos facilmente levados a concluir que uma frase resultante da utilização de uma conjunção será verdadeira apenas se ambas as frases que esta palavra liga forem verdadeiras.

Continuando com a análise do significado de frases compostas com a palavra "e", podemos também concluir que as frases $\alpha \wedge \beta$ e $\beta \wedge \alpha$ terão o mesmo valor lógico.

Devemos, no entanto, notar que esta comutatividade nos componentes de uma conjunção nem sempre corresponde ao que queremos transmitir com a utilização da palavra "e" na nossa linguagem comum. Consideremos a frase "o João escorregou e caiu" (subentenda-se, "o João escorregou e *o João* caiu"). Esta frase é normalmente proferida tendo em atenção uma sequência temporal de acontecimentos, indicando que "o João escorregou" e que, *depois*, "o João caiu", pelo que a frase "o João caiu e escorregou" não é logicamente equivalente à frase inicial.

Deste exemplo, podemos concluir que o símbolo "$\wedge$" não captura *exatamente* o significado da palavra portuguesa "e". A discussão deste problema está fora do âmbito deste livro, no qual assumimos que $\alpha \wedge \beta$ é exatamente o mesmo que $\beta \wedge \alpha$, retirando a ambiguidade que possa estar associada à palavra "e". Por outras palavras, a conjunção captura as *condições mínimas* que impomos à palavra portuguesa "e".

Disjunção. A disjunção corresponde à palavra portuguesa "ou", a qual a partir de duas proposições cria uma nova proposição que afirma que a primeira ou que a segunda é verdadeira (ou que, eventualmente, ambas são verdadeiras).

Com a palavra "ou", a ambiguidade a ela associada é muito maior do que no caso da conjunção. Surge desde logo a questão do que significa "α ou β"[8]? Será que "α ou β" significa que *exatamente* uma das proposições "α" ou "β" é verdadeira? Será que "α ou β" significa que pelo menos uma das proposições "α" ou "β" é verdadeira, mas que ambas também podem ser verdadeiras? Para responder a esta questão iremos considerar algumas situações em que a palavra "ou" é utilizada em português.

Suponhamos que num determinado local está a decorrer uma votação, existindo quatro listas candidatas, as listas A, B, C e D. Suponhamos ainda que um dos eleitores, o João, após longa reflexão sobre as listas candidatas afirma "eu vou votar na lista A ou na lista B" (subentenda-se, "eu vou votar na lista A ou *eu vou votar* na lista B"). Com a frase anterior, o João está a afirmar que vai votar e que o seu voto apenas irá para uma das listas A ou B, e não para as duas. Neste caso, a frase composta através da palavra "ou" afirma que *exatamente* uma das proposições constituintes é verdadeira.

Suponhamos, por outro lado, que num dia de calor, o João afirma "eu vou para a praia ou para a piscina" (subentenda-se, "eu vou para a praia ou *eu vou* para a piscina"). Neste caso, não diríamos que o João tinha mentido se mais tarde tomássemos conhecimento que o João tinha passado a manhã na praia e a tarde na piscina. Neste segundo caso, a frase composta através da palavra "ou" afirma que uma das proposições constituintes é verdadeira, podendo ambas ser verdadeiras.

Face a situações como estas, em lógica, normalmente são definidos dois símbolos lógicos que correspondem aos dois possíveis significados da palavra portuguesa "ou":

- A *disjunção inclusiva*, ou simplesmente *disjunção*, representada pelo símbolo "$\lor$", corresponde ao caso em que uma frase composta por este símbolo é verdadeira se alguma das suas proposições constituintes for verdadeira ou se ambas as proposições que a constituem forem verdadeiras (por outras palavras, uma frase utilizando este símbolo é falsa apenas no caso de ambas as proposições constituintes serem falsas).

- A *disjunção exclusiva*, representada pelo símbolo "$\oplus$", corresponde ao caso em que uma frase composta por este símbolo é verdadeira apenas no caso de exatamente uma das suas proposições constituintes ser verdadeira.

Neste livro, à semelhança da maioria dos textos de lógica, utilizaremos a disjunção inclusiva. A disjunção exclusiva será apresentada apenas pontualmente.

---

[8]Estamos a assumir que α e β representam duas proposições arbitrárias.

Este aspeto não tem as consequências negativas que à primeira vista pode parecer, pois a disjunção exclusiva pode ser definida à custa de outros símbolos lógicos utilizados neste livro.

Se α e β representarem duas proposições arbitrárias, então $\alpha \vee \beta$ representa a disjunção (inclusiva) destas duas proposições, a qual é lida "α ou β".

Convém fazer ainda outra observação quanto à utilização da palavra "ou" na nossa comunicação quotidiana. Suponhamos que quando o João faz a afirmação "eu vou votar na lista A ou na lista B", o João já tinha decidido, sem sombra de dúvida, que iria votar na lista A. Ao termos conhecimento de toda esta informação, seremos levados a pensar que o João nos enganou fazendo a afirmação "eu vou votar na lista A ou na lista B". Na realidade, é um pressuposto da nossa comunicação, que ao transmitirmos uma proposição fazemos a afirmação mais forte que estamos em posição de fazer. A afirmação "eu vou votar na lista A" é mais forte do que a afirmação "eu vou votar na lista A ou na lista B" pois a primeira transmite mais informação do que a segunda.

Apesar desta constatação, consideramos que o valor lógico da frase "$\alpha \vee \beta$" *apenas* depende dos valores lógicos das frases que a constituem, "α" e "β", sendo verdadeiro sempre que pelo menos um deles seja verdadeiro. Esta é uma decisão semelhante à que tomámos em relação ao símbolo lógico "$\wedge$" quando simplificámos a sua utilização, ignorando aspetos temporais nas frases contendo uma conjunção.

Negação. A negação corresponde à frase em português "não é verdade que" ou a qualquer das suas contrações que é habitual utilizar na nossa linguagem comum, por exemplo, "eu não vou votar na lista B". A negação transforma uma proposição noutra proposição, a qual apenas é verdadeira se a proposição de origem for falsa. A negação é representada pelo símbolo "$\neg$", lido "não" ou "não é verdade que". Se α representar uma proposição arbitrária, então $\neg\alpha$ representa a negação da proposição α.

Implicação. A implicação corresponde ao operador de formação de frases traduzido pelas palavras portuguesas "se ... então". À frase que se segue à palavra "se" chama-se o *antecedente* e à frase que se segue à palavra "então" chama-se o *consequente*. A implicação corresponde a um dos operadores lógicos em relação aos quais existe mais controvérsia. Consideremos a proposição "se o Pedro tem nota positiva no exame, então o Pedro obtém aprovação na disciplina" e tentemos relacionar os valores lógicos do antecedente e do consequente com o valor lógico da frase. Deve ser evidente que se o antecedente é verdadeiro (ou seja, "o Pedro tem nota positiva no exame") então o consequente é obri-

gatoriamente verdadeiro (ou seja, "o Pedro obtém aprovação na disciplina").
Se alguém vier a saber que "o Pedro teve nota positiva no exame" e que "o
Pedro não obteve aprovação na disciplina", terá certamente razões para afirmar que a frase "se o Pedro tem nota positiva no exame, então o Pedro obtém
aprovação na disciplina" não é verdadeira. Assim, poderemos dizer que uma
frase da forma "se ... então" será verdadeira se o antecedente for verdadeiro e o
consequente também for verdadeiro e será falsa se o antecedente for verdadeiro
e o consequente for falso.

Suponhamos agora que o antecedente é falso, ou seja "o Pedro não teve nota
positiva no exame", o que é que podemos concluir juntando esta afirmação à
afirmação anterior? "O Pedro obtém aprovação na disciplina" ou "o Pedro
não obtém aprovação na disciplina"? Infelizmente, com esta informação, não
podemos concluir nada, pois a frase nada nos diz sobre o que acontece na
situação do antecedente ser falso. Podemos imaginar uma situação em que
uma nota positiva no exame dava dispensa de prova oral e aprovação imediata
na disciplina. Pelo que o Pedro poderá obter aprovação na disciplina se prestar
uma boa prova oral. Ou podemos imaginar a situação em que o exame é
a única prova da disciplina, pelo que a não obtenção de positiva no exame
origina a não aprovação na disciplina. A frase original, contudo, é omissa em
relação a estes casos, pelo que devemos admitir que se o antecedente for falso,
o consequente poderá ser verdadeiro ou ser falso. Assim, poderemos dizer que
uma frase da forma "se ... então" será verdadeira se o antecedente for falso,
independentemente do valor lógico do consequente.

Entusiasmados com esta discussão, podemos ser levados a fazer as seguintes
afirmações "se o Governo abolir os impostos, então eu dou 20 valores a todos os meus alunos" e "se o Pedro tem nota positiva no exame, então os cães
são mamíferos". Olhando *apenas* para os valores lógicos do antecedente e do
consequente destas proposições, podemos concluir que como o antecedente da
primeira proposição é falso (o Governo não vai mesmo abolir os impostos),
então eu sou livre para dar as notas justas a cada aluno, em lugar de lhes dar
cegamente 20 valores (o que eles muito gostariam); por outro lado, como o consequente da segunda proposição é verdadeiro (os cães são mesmo mamíferos),
a proposição é verdadeira, independentemente do valor lógico do antecedente.
No entanto, se qualquer destas afirmações fosse proferida numa conversa entre
seres humanos, elas seriam imediatamente rejeitadas por não existir qualquer
relação entre o antecedente e o consequente.

Estamos pois numa situação semelhante à encontrada para a disjunção, e de
certo modo para a conjunção, na qual existe uma divergência entre a utilização
comum de palavras em português e a utilização que definimos para a lógica.

Vamos adotar o símbolo lógico "→", designado por *implicação material*, ou apenas por *implicação*, para representar o operador de construção de frases correspondente às palavras portuguesas "se ... então" e cujo valor lógico *apenas* depende dos valores lógicos das proposições que correspondem ao antecedente e ao consequente. Se "α" e "β" corresponderem a proposições arbitrárias, a frase "$\alpha \to \beta$" lê-se "se α então β" ou "α implica β". O valor lógico da proposição "$\alpha \to \beta$" é falso apenas se o antecedente for verdadeiro e o consequente for falso. Novamente, tal como no caso da conjunção e da disjunção, a implicação (material) captura as *condições mínimas* que impomos à utilização das palavras portuguesas "se ... então".

Existem lógicas que adotam outros tipos de implicação, por exemplo, o símbolo "⇒", designado por *implicação relevante*, os quais não são meras funções lógicas dos valores do antecedente e do consequente, mas dependem da existência ou não de uma ligação de relevância entre o antecedente e o consequente. Estes outros tipos de implicação exigem um tratamento formal muito mais complicado do que o que apresentamos e estão fora do âmbito deste livro.

Outros símbolos lógicos. Para além dos quatro símbolos lógicos básicos que acabámos de apresentar, conjunção, disjunção, negação e implicação, é possível definir muitos outros. No Capítulo 4 introduzimos mais dois símbolos lógicos, "∀" e "∃", correspondentes aos operadores de formação de frases "para todo" e "existe". Lógicas mais sofisticadas utilizam outros símbolos, por exemplo, "□", para representar "é necessário" e "◇", para representar "é possível".

Argumentos em linguagem simbólica. Tal como em matemática existe um conjunto de símbolos para descrever os objetos de que a matemática trata, em lógica usam-se símbolos para descrever aqueles objetos que são comuns a formas de argumentos, os termos lógicos. Já apresentámos os símbolos "∧", "∨", "¬" e "→". Mencionámos outros, por exemplo, "∀". Usando estes símbolos lógicos, e outras convenções apresentadas neste livro, os argumentos podem ser escritos de forma muito mais rigorosa e compacta. Por exemplo, o argumento com a forma F_1 será escrito de um modo mais compacto como:

$$F_1': B(A)$$
$$\forall x[B(x) \to \neg C(x)]$$
$$\therefore \neg C(A)$$

1.3 Componentes de uma lógica

A análise que até agora efetuámos sobre a validade ou a invalidade de argumentos embora seja intuitivamente útil para apreender o conceito de validade e a sua possível relação com o conceito de veracidade, não é praticável em argumentos complexos como aqueles que vamos querer abordar. Tendo transmitido os conceitos básicos, vamos agora começar a desenvólver um formalismo para a análise sistemática de argumentos.

Antes de começar a falar sobre uma lógica, precisamos de especificar a linguagem a utilizar na descrição dos nossos argumentos. Esta linguagem estabelece as coisas sobre as quais podemos falar e o nível de detalhe com que podemos abordá-las. Por exemplo, podemos convencionar que usaremos letras para representar as proposições e que usaremos apenas os quatro símbolos lógicos que já mencionámos, a conjunção, a disjunção, a negação e a implicação. Se P e Q representarem proposições, então é natural que admitamos que $P \vee Q$, $P \wedge (Q \vee P)$ e $\neg P$ também representem proposições na nossa linguagem, mas poderemos ser levados a rejeitar $P \wedge \vee Q$ e $\wedge P$ como possíveis proposições. Em nome do rigor, esta linguagem deve ser definida de um modo claro e não ambíguo, o que nos leva ao conceito de fórmula bem formada.

Definição 1.3.1 (Fórmula bem formada)
A linguagem de uma lógica é definida através de um conjunto de regras de formação que especificam as frases legais da lógica, as chamadas *fórmulas bem formadas* (abreviadas por *fbfs*). Cada uma das frases da linguagem é designada por *fórmula bem formada* (abreviada por *fbf*). ▶

Exemplos de regras de formação de frases, para diferentes linguagens, são apresentados nos capítulos 2 e 4.

Definição 1.3.2 (Argumento – versão 2)
Sendo $\mathcal{L}$ a linguagem que corresponde às formulas bem formadas, um argumento é um par (Δ, α), no qual Δ é um conjunto, possivelmente infinito, de frases da linguagem $(\Delta \subset \mathcal{L})$ e α é uma frase da linguagem $(\alpha \in \mathcal{L})$[9]. ▶

Como em qualquer linguagem, sobre as frases de $\mathcal{L}$ podemos efectuar dois tipos distintos de operações:

- Podemos efetuar operações de manipulação de símbolos, considerando a linguagem apenas ao nível simbólico. Através destas operações efetua-

---

[9]Utilizamos letras gregas minúsculas (α, β, etc.) para representar proposições e letras gregas maiúsculas (Δ, Γ, etc.) para representar conjuntos de proposições.

mos o que se chama provas, sequências de frases da linguagem (*fbfs*), começando pelas premissas e tentando obter uma dada conclusão.

Suponhamos, por exemplo, que um dado conjunto de premissas continha a *fbf* $P \wedge Q$. É natural admitirmos que exista uma operação que nos permita escrever, a partir da *fbf* $P \wedge Q$, a *fbf* P. Recordando o significado de uma frase contendo a conjunção, podemos conceber uma regra de manipulação sintática que afirma que a partir de uma *fbf* da forma $\alpha \wedge \beta$, em que α e β são *fbfs* arbitrárias, podemos escrever (ou afirmar) a *fbf* α. Esta regra não considera o significado de α nem de β, concentrando-se apenas na estrutura sintática da *fbf* $\alpha \wedge \beta$.

Considerando esta regra de manipulação sintática, a partir do conjunto de premissas $\{P \wedge Q\}$, podemos escrever a conclusão P, originando uma prova para o argumento $(\{P \wedge Q\}, P)$;

- Podemos atribuir um significado aos símbolos, e através deste significado, podemos atribuir um valor lógico, às proposições que constituem um argumento.

Este será um dos passos para poder determinar a validade ou a invalidade do argumento. Note-se que, como sabemos, a validade ou a invalidade de um argumento não é uma função do valor lógico das proposições que o constituem, pelo que para determinar a validade ou a invalidade de um argumento teremos que fazer outras coisas baseadas no valor lógico dos constituintes de um argumento.

Consideremos como exemplo o argumento $(\{P \vee Q\}, P)$. Será que este argumento é válido ou é inválido? Suponhamos que atribuímos a P o valor *falso* e a Q o valor *verdadeiro*. Dado o significado da disjunção, a proposição representada pela *fbf* $P \vee Q$ tem o valor *verdadeiro*, pelo que estamos perante um argumento em que as premissas são verdadeiras e a conclusão falsa, logo o argumento é inválido.

Estas operações são efetuadas em diferentes componentes de uma lógica, nomeadamente, no sistema dedutivo e no sistema semântico.

1.3.1   O sistema dedutivo

O sistema dedutivo contém um conjunto de regras para a manipulação dos símbolos existentes na linguagem, as regras de inferência. Estas regras não fazem parte da linguagem da lógica mas *falam sobre* as entidades existentes na linguagem, ou seja, pertencem à *meta-linguagem* da lógica.

Definição 1.3.3 (Regra de inferência)
Uma *regra de inferência* é uma regra de manipulação de símbolos que especifica como gerar novas fórmulas bem formadas a partir de fórmulas bem formadas que já existem. ▶

As regras de inferência apenas consideram os símbolos que existem nas frases da linguagem sem se preocuparem com o significado destes símbolos. Ou seja, as regras de inferência permitem-nos escrever novas fórmulas bem formadas a partir da mera existência de outras fórmulas bem formadas. É evidente que na criação das regras de inferência o significado dos símbolos lógicos é tido em consideração, no entanto, a aplicação das regras de inferência é feita de uma forma mecânica.

Exemplo 1.3.1 (Utilização de regra de inferência)   Com aquilo que já sabemos sobre a conjunção é natural estabelecer a regra de inferência que afirma "se α e β são duas proposições arbitrárias *a que temos acesso*[10], então somos autorizados a escrever $\alpha \wedge \beta$". Se P e Q forem duas proposições da nossa linguagem, a que temos acesso, esta regra de inferência permite-nos escrever, entre muitas outras, as seguintes proposições:

$$P \wedge Q$$

$$P \wedge P$$

$$P \wedge (P \wedge P)$$

Notemos que embora não saibamos a que proposições correspondem P e Q, a regra de inferência autoriza-nos a escrever novas proposições utilizando exclusivamente manipulações sintáticas. ✪

O sistema dedutivo pode também conter um certo número de *fbfs* que são aceites sem prova, às quais se dá o nome de *axiomas*.

Definição 1.3.4 (Derivabilidade)
Dado um argumento (Δ, α), se existir uma sequência de regras de inferência que aplicadas às *fbfs* de Δ (e às *fbfs* geradas a partir de Δ) produz α, diz-se que α é *derivável* a partir de Δ e escreve-se $\Delta \vdash \alpha$. ▶

Definição 1.3.5 (Argumento demonstrável)
Se $\Delta \vdash \alpha$ então diremos que o argumento (Δ, α) é *demonstrável*. ▶

---

[10]Esta expressão "a que temos acesso" será, naturalmente, definida de um modo formal.

Note-se que o operador " ⊢ " é dependente do sistema dedutivo e, portanto, em rigor ele devia ser indexado com uma identificação do sistema dedutivo no qual se utiliza o conceito de derivabilidade. No entanto, para simplificar a notação e sempre que não haja perigo de confusão, utilizaremos apenas " ⊢ ", significando derivabilidade no sistema dedutivo em consideração.

Exemplo 1.3.2 (Derivabilidade)   Tendo em atenção a regra de inferência apresentada no Exemplo 1.3.1, podemos concluir que $\{P, Q\} \vdash P \wedge (P \wedge P)$. Contudo, se a regra de inferência apresentada nesse mesmo exemplo não existisse no nosso sistema dedutivo, já não teríamos a garantia que $P \wedge (P \wedge P)$ fosse derivável de $\{P, Q\}$. Note-se que dizemos *já não teríamos a garantia* pois a regra que permite essa derivação direta não existia, o que não quer dizer que não existam outras regras de inferência que permitam atingir o mesmo resultado. ⊗

Definição 1.3.6 (Prova)
A sequência de *fbfs* gerada a partir de Δ de modo a obter α (incluindo Δ e α) é chamada uma *prova* de α a partir de Δ. ▶

Uma *prova* é pois uma sequência finita de *fbfs* (normalmente escrita em forma de coluna), tal que cada *fbf* é ou uma premissa ou o resultado da aplicação de uma regra de inferência a uma das *fbfs* anteriores da prova[11].

Definição 1.3.7 (Teoria gerada a partir de um conjunto de *fbfs*)
Dado um conjunto de *fbfs* $\Delta \subset \mathcal{L}$, ao conjunto de todas as *fbfs* deriváveis a partir de Δ dá-se o nome de *teoria gerada a partir de* Δ e escreve-se $Th(\Delta)$. Formalmente, $Th(\Delta) = \{\alpha : \Delta \vdash \alpha\}$. ▶

1.3.2   O sistema semântico

O *sistema semântico* especifica as condições sob as quais as proposições, as *fbfs*, são verdadeiras ou são falsas. A semântica é baseada no conceito de *interpretação*, informalmente uma maneira de atribuir significado aos símbolos que compõem a linguagem[12]. Uma interpretação permite determinar os valores lógicos das proposições.

Definição 1.3.8 (Consequência semântica)
Dado um argumento (Δ, α), se não existir nenhuma interpretação que torna

---

[11]As linhas de uma prova também podem corresponder a axiomas ou a teoremas, mas isso não é relevante por agora.
[12]A semântica é especificada de um modo rigoroso nas Secções 2.3 e 4.3.

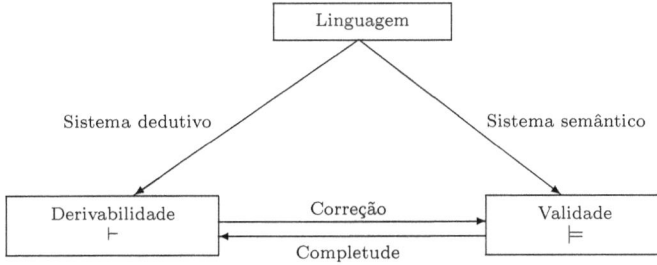

Figura 1.3: Relação entre o sistema dedutivo e o sistema semântico.

todas as proposições em Δ verdadeiras e α falsa, então diz-se que Δ *implica logicamente* α, ou que α *é uma consequência semântica de* Δ, e escreve-se $\Delta \models \alpha$. ▶

Da definição anterior podemos concluir que se $\Delta \models \alpha$, então o argumento (Δ, α) é válido.

Note-se que a frase "não existir nenhuma interpretação que torna todas as proposições em Δ verdadeiras e α falsa" corresponde a uma afirmação muito forte. Esta frase não significa que *não somos capazes* de encontrar uma interpretação nestas condições, mas sim que é *impossível* encontrá-la.

1.3.3 O sistema dedutivo e o sistema semântico

No sistema dedutivo nada se diz acerca da validade (o sistema dedutivo apenas envolve manipulação sintática de *fbfs*). Por outro lado, o sistema semântico nada diz sobre derivabilidade (o sistema semântico apenas se preocupa com a atribuição de significado a *fbfs*). Estes componentes fornecem diferentes perspetivas sobre as possíveis relações entre as premissas e a conclusão. Embora o sistema dedutivo e o sistema semântico sejam aspetos distintos de uma lógica, eles devem ser compatíveis para que a lógica faça sentido.

Definição 1.3.9 (Correção)
Uma lógica é *correta*[13] se qualquer argumento demonstrável (com o seu sistema dedutivo) é válido de acordo com a sua semântica (Figura 1.3). ▶

---

[13]Em inglês, *sound*.

Informalmente, uma lógica ser correta significa que a partir de proposições verdadeiras apenas podemos provar proposições verdadeiras. Ou seja, partindo de um conjunto de premissas, o nosso sistema dedutivo não gera nenhuma conclusão errada.

Note-se que o conceito de uma lógica ser correta aplica-se à existência ou não de regras de inferência erradas. Podemos levar este conceito ao extremo dizendo que se não existirem regras de inferência no sistema dedutivo, então não faremos qualquer erro no nosso raciocínio pois não podemos provar nada. Temos, neste caso uma lógica correcta mas sem qualquer interesse.

Definição 1.3.10 (Completude)
Uma lógica é *completa*[14] se qualquer argumento válido de acordo com a sua semântica é demonstrável no seu sistema dedutivo (Figura 1.3). ▶

Informalmente, uma lógica ser completa significa que podemos provar todas as proposições verdadeiras, tendo em atenção as premissas. Aqui também podemos imaginar um caso extremo, pensando num sistema dedutivo que nos permita derivar todas as fórmulas bem formadas. Neste caso extremo, dado que podemos inferir qualquer coisa, então podemos provar todas as proposições verdadeiras (e também todas as proposições falsas, se existirem). Neste caso a lógica será completa, mas não necessariamente correta[15], e também sem qualquer interesse.

Os conceitos de correção e de completude não são uma propriedade apenas do sistema dedutivo ou do sistema semântico mas sim uma relação entre os dois sistemas. Numa lógica correta e completa as noções de demonstrabilidade e de validade são extensionalmente equivalentes no sentido em que se aplicam exactamente aos mesmos argumentos.

1.4   O desenvolvimento de uma lógica

Os conceitos de derivabilidade e de validade são definidos para um sistema formal e apenas aplicáveis a argumentos formais. No nosso dia a dia tratamos com argumentos informais e classificamo-los em válidos ou em inválidos. Na realidade fazemos mais que isso, consideramos argumentos aceitáveis ou não aceitáveis em que um argumento aceitável, para além de ser intuitivamente válido apresenta uma ligação coerente entre as premissas e a conclusão.

---

[14]Do inglês, *complete*.
[15]É possível considerar uma lógica em que todas as *fbfs* são verdadeiras.

A questão que levantamos nesta secção diz respeito à relação entre a nossa noção intuitiva de validade e a noção formal de validade introduzida por uma lógica. Já vimos que em relação a quatro dos símbolos lógicos introduzimos algumas simplificações que fazem com que esses símbolos lógicos nem sempre tenham o mesmo significado que associamos às palavras portuguesas a que estes correspondem. Uma vez que uma lógica pretende formalizar os argumentos informais, representando-os numa forma precisa e generalizável, um sistema lógico para ser aceitável deveria apresentar a seguinte propriedade: se um dado argumento informal é traduzido num argumento formal da lógica então esse argumento formal deverá ser válido apenas se o argumento informal é intuitivamente válido.

Na realidade, podemos começar o desenvolvimento de um sistema formal com base na consideração de conceitos intuitivos de validade de argumentos informais. Representamos os argumentos informais através de uma notação simbólica e criamos regras de inferência e um sistema para avaliar a veracidade ou a falsidade de proposições, de modo que a representação formal de argumentos informais considerados válidos dê origem a argumentos válidos no nosso sistema e analogamente para argumentos inválidos.

Utilizando estas regras de inferência e o sistema semântico, outros argumentos formais válidos no sistema podem corresponder a argumentos informais que são intuitivamente considerados inválidos. Face a esta situação podemos rever as regras do sistema ou, eventualmente, se as regras a rever são aceitáveis e plausíveis e se a nossa intuição sobre a invalidade do argumento informal não é particularmente forte, podemos rever a nossa opinião sobre a validade do argumento informal.

À lógica intuitiva que utilizamos quotidianamente para avaliar a validade ou a invalidade de argumentos informais dá-se o nome de *lógica utens*, a lógica que possuímos. À avaliação rigorosa de argumentos baseada num sistema formal dá-se o nome de *lógica docens*, a lógica que aprendemos[16]. Na Figura 1.4 apresentamos a relação entre estas duas lógicas.

Como os argumentos informais contêm ambiguidade (recorde-se a discussão que apresentámos na Secção 1.2), na passagem de um argumento informal ao argumento formal correspondente algo se perde.

O primeiro passo para criar uma lógica corresponde à escolha de um conjunto de símbolos lógicos. Estes símbolos lógicos vão determinar quais os argumentos formais admissíveis e também o que se perde na passagem do argumento infor-

---

[16] As designações "lógica utens" e "lógica docens" foram introduzidas pelo matemático americano Charles Sanders Peirce (1839–1914), que, por sua vez, adotou esta terminologia dos trabalhos sobre lógica da Idade Média.

Logica utens   formalização   Logica docens
(argumentos informais)   ─────────────────────▶   (argumentos formais)

avaliação   avaliação

noção intuitiva de validade   noção formal de validade

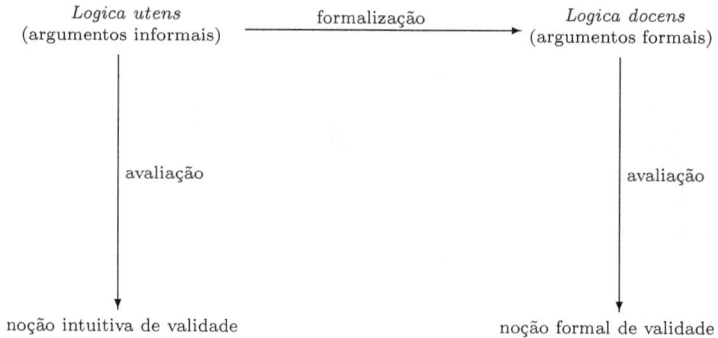

Figura 1.4: *Lógica utens* e *lógica docens*.

mal para o argumento formal correspondente. Desenvolve-se então um sistema
para decidir a validade de argumentos. Comparam-se os resultados produzidos
pelo sistema com as nossas noções intuitivas de validade e de invalidade. No
caso de resultados não concordantes podemos rever o sistema ou rever as nossas intuições. Uma vez o sistema "afinado" ele torna-se o elemento de decisão
sobre a validade ou a invalidade dos argumentos.

1.5   Notas bibliográficas

A Lógica é estudada há mais de 2000 anos. O seu desenvolvimento como disciplina científica é atribuído a Aristóteles (384–322 A.C.), o qual, através de
cinco livros, conhecidos como *Organon*, estabeleceu os princípios que viriam
a guiar esta disciplina durante cerca de dois milénios. O trabalho de Alfred
Tarski (1901–1983) durante a terceira década do Século XX introduziu a clara
distinção entre a sintaxe e a semântica, clarificando os conceitos de derivabilidade e de validade. Uma excelente apresentação do desenvolvimento histórico
da Lógica pode ser consultada em [Kneale e Kneale, 1988].

Uma boa discussão sobre o conceito de argumento e quanto à determinação da
forma de um argumento pode ser consultada nas páginas 22 a 27 de [Haack,
1978] e em [Corcoran, 1972].

Os livros sobre lógica podem ser considerados em duas grandes categorias, a
lógica filosófica [Burgess, 2009], [Gayling, 1998], [Haack, 1978], [Quine, 1986],

[Wolfram, 1989] e a lógica matemática [Church, 1956], [Fitch, 1952], [Kleene, 1952], [Lemmon, 1978], [Oliveira, 1991], [Tarski, 1965], [Whitehead e Russell, 1910]. A *lógica filosófica* estuda os aspetos filosóficos que surgem quando utilizamos ou pensamos sobre uma lógica formal, incluindo referência, identidade, veracidade, negação, quantificação, existência e necessidade, estando concentrada nas entidades – pensamentos, frases ou proposições – que podem ser verdadeiras ou falsas. Neste sentido, muitos dos aspetos considerados têm ligações à filosofia da mente e à filosofia da linguagem. A *lógica matemática* é uma sub-disciplina da Lógica e da Matemática. Esta disciplina aborda o estudo matemático da lógica e a aplicação deste estudo a outras áreas da Matemática. A lógica matemática tem estreitas relações com a Informática e com a lógica filosófica. Aspetos comuns na lógica matemática incluem o poder expressivo de uma lógica e o poder dedutivo de um sistema dedutivo.

1.6 Exercícios

1. Aplique a metodologia da lógica para determinar a validade ou a invalidade dos seguintes argumentos:

   (a) Fernando Pessoa é Alberto Caeiro
       Ricardo Reis é Alberto Caeiro
       ∴ Fernando Pessoa é Ricardo Reis

   (b) Fernando Pessoa é humano
       Ricardo Reis é humano
       ∴ Fernando Pessoa é Ricardo Reis

   (c) Fernando Pessoa é Alberto Caeiro
       Luis de Camões não é Ricardo Reis
       ∴ Luis de Camões não é Alberto Caeiro

   (d) Fernando Pessoa é humano
       Fernando Pessoa não é Luis de Camões
       ∴ Luis de Camões não é humano

   (e) Ricardo Reis é Alberto Caeiro
       Ricardo Reis é um poeta
       ∴ Alberto Caeiro é um poeta

2. Aplicando a metodologia da lógica, mostre se os seguintes argumentos são válidos ou são inválidos:

   (a) todos os homens são saudáveis
       uma mulher é saudável
       ∴ todos os homens são mulheres

    (b) o Pedro é um professor
         os professores são pessoas
         as pessoas são animais
         ∴ o Pedro é um animal

    (c) os homens são humanos
         o Silvestre não é um homem
         ∴ o Silvestre não é humano

3. Preencha a Tabela 1.1 com novos argumentos para cada uma das situações possíveis.

4. Considere a frase em português "o João foi despedido e revoltou-se". Discuta o significado informal desta frase, comparando-o com o significado atribuído pela lógica. Em particular, considere a comutatividade da conjunção.

Capítulo 2

Lógica Proposicional (I)

"Excellent!" I cried.
"Elementary," said he.
Sherlock Holmes, *The Adventure of the*
Crooked Man

Um dos aspetos envolvidos na definição de uma lógica corresponde à escolha da linguagem a utilizar na representação de proposições. A definição da linguagem vai determinar as coisas que podem ser expressas com a linguagem e o nível de detalhe com que estas coisas podem ser expressas.

A lógica proposicional, abordada neste capítulo, apresenta a uma linguagem muito simples. Em lógica proposicional, o nível mais elementar que utilizamos na representação é o conceito de símbolo de proposição. Um símbolo de proposição corresponde a uma proposição como um todo, ao interior da qual não podemos aceder. De modo a clarificar esta afirmação, consideremos a proposição "Sócrates é um homem". Esta proposição pode ser representada em lógica proposicional por um símbolo de proposição, digamos P. Este símbolo de proposição não nos dá nenhuma indicação sobre as entidades "Sócrates", nem "homem", nem sobre a relação que existe entre elas. A proposição existe apenas como um único símbolo. Definindo o *poder expressivo* de uma linguagem como as coisas que é possível representar na linguagem, diremos que, em relação à afirmação anterior, a lógica proposicional não tem poder expressivo suficiente para representar as entidades "Sócrates", nem "homem", nem a relação que existe entre elas.

Apesar do seu fraco poder expressivo, a grande vantagem da lógica proposicional advém da simplicidade com que esta permite apresentar certos conceitos, abrindo a porta para uma boa compreensão de lógicas mais complexas.

2.1 A linguagem

Símbolos da linguagem. Ao definir uma linguagem, teremos que começar por especificar quais os símbolos que fazem parte das frases da linguagem[1]. A linguagem da lógica proposicional admite três tipos de símbolos, os símbolos de pontuação, os símbolos lógicos[2] e os símbolos de proposição.

1. *Símbolos de pontuação*: ( )

2. *Símbolos lógicos*: $\neg \wedge \vee \rightarrow$

   (a) o símbolo "$\neg$" corresponde à operação de negação;

   (b) o símbolo "$\wedge$" corresponde à operação de conjunção;

   (c) o símbolo "$\vee$" corresponde à operação de disjunção;

   (d) o símbolo "$\rightarrow$" corresponde à operação de implicação.

3. *Símbolos de proposição*: P_i (para $i \geq 1$)

   Um símbolo de proposição, ou apenas uma *proposição*, corresponde a um símbolo que representa uma proposição e que, portanto, pode ter um valor lógico.

   A razão para parametrizar os símbolos de proposição, em lugar de utilizar símbolos individuais para os representar, resulta do facto que através desta parametrização obtemos uma capacidade ilimitada para definir novos símbolos de proposição.

   Representamos por $\mathcal{P}$ o conjunto de todos os símbolos de proposição da lógica proposicional, ou seja

   $$\mathcal{P} = \{P \ : \ P \text{ é um símbolo de proposição} \}.$$

Frases da linguagem. Nem todas as combinações de símbolos terminais correspondem a frases da linguagem. As frases legais em lógica proposicional são designadas por fórmulas bem formadas (ou apenas por *fbfs*).

---

[1]Em Informática, estes designam-se por *símbolos terminais*.
[2]Também conhecidos por *conectivas lógicas*.

Definição 2.1.1 (Fórmula bem formada)
As fórmulas bem formadas (ou *fbfs*) correspondem ao menor conjunto definido
através das seguintes regras de formação:

1. Os símbolos de proposição são *fbfs* (chamadas *fbfs atómicas*);

2. Se α é uma *fbf*, então $(\neg\alpha)$ é uma *fbf*;

3. Se α e β são *fbfs*, então $(\alpha \wedge \beta)$, $(\alpha \vee \beta)$ e $(\alpha \to \beta)$ são *fbfs*. ▶

Por "menor conjunto" entende-se que as únicas fórmulas que são *fbfs* são as
que o são em virtude das condições 1 a 3 da definição de *fórmula bem formada*.

A *fbf* $(\neg\alpha)$ lê-se "não α" ou, alternativamente, "não é verdade que α"; a *fbf*
$(\alpha \wedge \beta)$ lê-se "α e β"; a *fbf* $(\alpha \vee \beta)$ lê-se "α ou β" e a *fbf* $(\alpha \to \beta)$ lê-se "α
implica β" ou, alternativamente, "*se α* então β". Na *fbf* $(\alpha \to \beta)$, a *fbf* α diz-se
o *antecedente da implicação* e a *fbf* β diz-se o *consequente da implicação*.

A linguagem da lógica proposicional, designada por $\mathcal{L}_{LP}$, é composta por todas
as *fbfs* construídas a partir de símbolos do conjunto

$$\{(,)\} \cup \{\neg, \wedge, \vee, \to\} \cup \mathcal{P}.$$

Quando não existir perigo de confusão, utilizaremos letras romanas maiúsculas, P, Q, R, etc., sem índices, para representar símbolos de proposição;
assim, o conjunto de símbolos que fazem parte das frases da nossa linguagem
corresponde, de um modo simplificado, a

$$\{(,)\} \cup \{\neg, \wedge, \vee, \to\} \cup \{P, Q, R, \ldots\}.$$

De acordo com estas definições, se P, Q, e R correspondem a símbolos de
proposição, as seguintes frases são *fbfs*[3]:

$$(\neg P)$$

$$(P \wedge Q)$$

$$((P \wedge Q) \to R)$$

$$((P \vee ((P \wedge Q) \to R)) \wedge R)$$

Sempre que possível, os parênteses redundantes serão omitidos, pelo que as *fbfs*
apresentadas serão escritas do seguinte modo:

$$\neg P$$

---

[3]Como exercício, o leitor deve mostrar que estas frases são *fbfs*.

$$P \land Q$$

$$(P \land Q) \to R$$

$$(P \lor ((P \land Q) \to R)) \land R$$

As seguintes sequências de símbolos não são *fbfs*[4]:

$$()$$

$$(\to (\land \ P \ Q) \ R)$$

$$(P \lor \to ((P \land Q) \ R)) \land R)($$

Antes de continuar, apresentaremos alguns exemplos de *fbfs* em lógica proposicional e a sua relação com proposições expressas em português.

Exemplo 2.1.1 Suponhamos que P representa a proposição "está a chover", Q representa a proposição "está vento" e R representa a proposição "eu fico em casa". Neste caso, a *fbf* $P \land Q$ representa a proposição "está a chover *e* está vento"; a *fbf* $(P \land Q) \to R$ representa a proposição "*se* está a chover *e* está vento, *então* eu fico em casa". ⊗

2.2 O sistema dedutivo

O sistema dedutivo especifica as regras de inferência, regras que permitem a introdução de novas *fbfs* a partir de *fbfs* existentes.

Como dissemos no capítulo anterior, as regras de inferência *não* pertencem à linguagem da lógica, mas *falam sobre* as entidades da linguagem, ou seja, pertencem à *meta-linguagem* da lógica. As regras de inferência são consideradas como regras de manipulação simbólica pois especificam que a partir de um certo número de *fbfs* com uma certa forma, somos autorizados a escrever uma nova *fbf* com uma certa forma. Devemos também notar que uma vez que as regras de inferência pertencem à meta-linguagem, elas falam sobre *fbfs*, e por isso as regras de inferência utilizam variáveis cujo domínio é o conjunto das *fbfs*.

Por convenção, utilizaremos letras gregas minúsculas (α, β, γ, etc.) como meta-variáveis cujo domínio são as *fbfs*.

Exemplo 2.2.1 A *fbf* $(P \land Q) \to R$, poderá ser representada dos seguintes modos:

---

[4]Como exercício, o leitor deve mostrar que estas frases não são *fbfs*.

- Apenas por α, uma meta-variável cujo valor é a *fbf* $(P \wedge Q) \to R$.

- Por $\alpha \to \beta$ em que α é uma meta-variável cujo valor é a *fbf* $P \wedge Q$ e β é uma meta-variável cujo valor é a *fbf* R.

- Por $(\alpha \wedge \beta) \to \gamma$, em que α é uma meta-variável cujo valor é a *fbf* P, β é uma meta-variável cujo valor é a *fbf* Q, e γ é uma meta-variável cujo valor é a *fbf* R. ✐

Existem duas abordagens principais ao desenvolvimento de um sistema dedutivo. Uma delas, chamada *dedução natural*, apenas contém regras de inferência. A outra, chamada *axiomática*, baseia-se na existência de um conjunto de *fbfs*, os *axiomas*, que se aceitam sem prova, juntamente com um pequeno número de regras de inferência. Na próxima secção apresentamos uma abordagem da dedução natural e na Secção 2.2.3 apresentamos uma abordagem axiomática.

2.2.1 Abordagem da dedução natural

Em sistemas de dedução natural, existem tipicamente duas regras de inferência para cada símbolo lógico, a *regra de introdução* que diz como introduzir uma *fbf* que utiliza o símbolo lógico, e a *regra de eliminação* que diz como usar uma *fbf* que contém o símbolo lógico.

Antes de apresentar as regras de inferência, apresentamos de um modo rigoroso os conceitos de prova e de prova de uma conclusão a partir de um conjunto de premissas.

Definição 2.2.1 (Prova – versão 2)
Uma prova (também chamada *demonstração*) é uma sequência finita de linhas numeradas, cada uma das quais ou contém uma premissa ou uma *fbf* que é adicionada à prova recorrendo a uma das regras de inferência e utilizando as *fbfs* que existem nas linhas anteriores. No lado direito de cada linha existe uma justificação da introdução da linha na prova. ▶

Definição 2.2.2 (Prova de α a partir de Δ)
Uma prova de α a partir de Δ é uma prova cuja última linha contém a *fbf* α e cujas restantes linhas contêm ou uma *fbf* em Δ ou uma *fbf* obtida a partir das *fbfs* das linhas anteriores através da aplicação de uma regra de inferência. Se existir uma prova de α a partir de Δ, dizemos que α é *derivável* a partir de Δ e escrevemos $\Delta \vdash \alpha$. ▶

Definição 2.2.3 (Prova do argumento (Δ, α))
Uma prova do argumento (Δ, α) corresponde a uma prova de α a partir de Δ.
▶

Regra da premissa. Quando numa linha de uma prova surge uma fórmula de Δ, esta é marcada como uma premissa. A regra da *premissa*, identificada por "Prem", indica as *fbfs* correspondentes às premissas. Esta regra é representada do seguinte modo:

$$n \quad \alpha \qquad \text{Prem}$$

Na representação desta regra, n corresponde ao número da linha em que a *fbf* é introduzida, α corresponde à *fbf* introduzida pela regra da premissa e "Prem" indica a utilização da regra da premissa.

Exemplo 2.2.2 Começaremos com um exemplo simples, tentando provar que $\{P, Q\} \vdash P \wedge Q$. Intuitivamente, este resultado é óbvio, pois a partir das premissas P e Q, devemos ser capazes de inferir que $P \wedge Q$ (recorde-se a discussão apresentada na Secção 1.2 em relação ao significado da conjunção). Começamos a nossa prova, escrevendo as premissas:

$$
\begin{array}{lll}
1 & P & \text{Prem} \\
2 & Q & \text{Prem}
\end{array}
$$

Até aqui, escrevemos duas linhas, a linha 1 contém a *fbf* P e é justificada como uma premissa e a linha 2 contém a *fbf* Q e também é justificada como uma premissa. De modo a continuar a nossa prova precisamos de introduzir mais regras de inferência. ⊗

Regra da repetição. Existe uma regra de inferência que permite a repetição numa prova de uma linha que já existe na prova. Esta regra, chamada regra da *repetição*, identificada por "Rep", afirma que qualquer *fbf* pode ser repetida dentro de uma prova. Esta regra de inferência é representada do seguinte modo:

$$
\begin{array}{ll}
n & \alpha \\
\vdots & \vdots \\
m & \alpha \qquad \text{Rep, } n
\end{array}
$$

Ou seja, se a *fbf* α existe na linha n (sem nos preocuparmos com a razão pela qual esta existe na linha n), podemos escrever a *fbf* α na linha m ($m > n$), justificando esta nova linha pela aplicação da regra da repetição da linha n.

Exemplo 2.2.3 A regra da repetição permite-nos adicionar uma terceira linha à prova do Exemplo 2.2.2:

1	P	Prem
2	Q	Prem
3	P	Rep, 1

A linha 3 desta prova afirma que a *fbf* P foi introduzida pela repetição da linha 1. ⊛

Regras para a conjunção. Tal como acontece com os outros símbolos lógicos, existem duas regras de inferência para tratar a conjunção. Uma destas regras diz-nos como introduzir (ou como construir) uma *fbf* cujo símbolo lógico principal é uma conjunção. Esta regra chama-se *introdução da conjunção*, abreviada por "I∧".

A regra da introdução da conjunção afirma que numa prova em que aparecem as *fbfs* α e β, podemos derivar a *fbf* $\alpha \land \beta$:

n	α	
$\vdots$	$\vdots$	
m	β	
$\vdots$	$\vdots$	
k	$\alpha \land \beta$	I∧, (n, m)

A justificação da linha k, I∧, (n, m), indica que esta linha foi obtida a partir das linhas n e m usando a regra de introdução da conjunção.

Exemplo 2.2.4 Usando esta regra de inferência, podemos adicionar uma terceira linha à prova do Exemplo 2.2.2:

1	P	Prem
2	Q	Prem
3	$P \land Q$	I∧, $(1, 2)$

Com esta prova, podemos concluir que $\{P, Q\} \vdash P \land Q$, uma vez que a *fbf* $P \land Q$ foi obtida numa prova partindo das premissas P e Q. ⊛

Exemplo 2.2.5 (Necessidade da repetição) Por estranho que pareça, a partir das linhas 1 e 2 da prova apresentada no Exemplo 2.2.2, não podemos obter diretamente $Q \land P$ uma vez que esta dedução não segue o "padrão" especificado na regra de I∧ – esta regra de inferência permite-nos introduzir uma conjunção cujo primeiro elemento é a *fbf* na linha n e cujo segundo elemento é a *fbf* na linha m e $m > n$. Contudo, usando a regra da repetição, seguida da aplicação da regra da introdução da conjunção, somos capazes de obter o resultado desejado:

1	P	Prem
2	Q	Prem
3	P	Rep, 1
4	$Q \wedge P$	I$\wedge$, (2, 3)

Ⓔ⊗

A segunda regra para a conjunção diz-nos como utilizar uma *fbf* cujo símbolo lógico principal é uma conjunção. Esta regra, chamada *eliminação da conjunção*, abreviada por "E$\wedge$", afirma que a partir da *fbf* $\alpha \wedge \beta$ podemos derivar α, β, ou ambas.

$$
\begin{array}{lll}
n & \alpha \wedge \beta & \\
\vdots & \vdots & \\
m & \alpha & \text{E}\wedge, n
\end{array}
$$

ou

$$
\begin{array}{lll}
n & \alpha \wedge \beta & \\
\vdots & \vdots & \\
m & \beta & \text{E}\wedge, n
\end{array}
$$

É importante notar que existem duas formas da regra da eliminação da conjunção. A primeira diz-nos que a partir de uma conjunção podemos obter o primeiro elemento da conjunção, ao passo que a segunda diz-nos que a partir de uma conjunção podemos obter o segundo elemento da conjunção.

Exemplo 2.2.6 Usando as regras associadas à conjunção, apresentamos a seguinte prova para o argumento ($\{P \wedge Q, R\}, P \wedge R$):

1	$P \wedge Q$	Prem
2	R	Prem
3	P	E$\wedge$, 1
4	R	Rep, 2
5	$P \wedge R$	I$\wedge$, (3, 4)

Ⓔ⊗

Regras para provas hipotéticas. Os sistemas de dedução natural utilizam o conceito de *prova hipotética*, uma prova iniciada com a introdução de uma hipótese. Podemos pensar numa prova hipotética como um "contexto" ou um "ambiente" em que, para além das outras *fbfs* da prova, consideramos a hipótese que iniciou a prova. Em linguagem corrente, uma prova hipotética corresponde a raciocínio originado a partir do uso das palavras "vamos supor que" ou "imaginemos que".

Uma prova hipotética é introduzida pela *regra da hipótese*, abreviada por "Hip", a qual afirma que em qualquer ponto de uma prova podemos introduzir qualquer *fbf* como uma hipótese, começando uma nova prova hipotética. Esta regra é representada do seguinte modo (na qual um traço vertical é desenhado ao longo de todas as linhas que correspondem à prova hipotética):

$$n \quad\bigg|\ \alpha \qquad \text{Hip}$$
$$n+1 \quad\bigg|\ \ldots$$

Uma vez iniciada uma prova hipotética, todas as linhas que adicionarmos à prova pertencem à prova hipotética até que essa prova seja terminada. Dentro de uma prova hipotética podemos aplicar qualquer regra de inferência do mesmo modo que a aplicamos numa prova não hipotética, mas as *fbfs* a que a regra é aplicada devem estar dentro da prova hipotética. Em qualquer ponto, podemos abandonar a prova hipotética, regressando à prova onde esta foi introduzida. Existem regras de inferência (que ainda não apresentámos) que permitem introduzir *fbfs* na prova onde uma prova hipotética foi iniciada como resultado de *fbfs* existentes na prova hipotética.

Exemplo 2.2.7 A seguinte sequência de linhas corresponde a uma prova que contém uma prova hipotética:

$$
\begin{array}{lll}
1 & P \wedge Q & \text{Prem} \\
2 & P & \text{E}\wedge,\ 1 \\
3 & \big|\ R & \text{Hip} \\
4 & \big|\ R & \text{Rep, 3}
\end{array}
$$

Regra da reiteração. Existe uma regra de inferência especial, a qual apenas é aplicável em provas hipotéticas, e que nos permite repetir, dentro de uma prova hipotética, qualquer *fbf* que exista na prova que contém a prova hipotética. Esta chama-se *regra da reiteração*, escrita "Rei", a qual afirma que qualquer *fbf* numa prova pode ser reiterada (repetida) em qualquer prova hipotética que exista na prova. Esta regra representa-se do seguinte modo:

$$
\begin{array}{ll}
n & \alpha \\
\vdots & \quad\vdots \\
m & \Big|\;\; \alpha \qquad \text{Rei, } n
\end{array}
$$

Note-se que o recíproco desta regra não é regulamentado pelas regras de inferência. Ou seja, se uma *fbf* existir dentro de uma prova hipotética, *não* somos autorizados a escrever essa *fbf* fora da prova hipotética.

Exemplo 2.2.8 Com a regra da reiteração, podemos continuar a prova apresentada no Exemplo 2.2.7 do seguinte modo:

$$
\begin{array}{lll}
1 & P \wedge Q & \text{Prem} \\
2 & P & \text{E}\wedge,\ 1 \\
3 & \big|\ R & \text{Hip} \\
4 & \big|\ R & \text{Rep, } 3 \\
5 & \big|\ P & \text{Rei, } 2 \\
6 & \big|\ R \wedge P & \text{I}\wedge,\ (4,\ 5)
\end{array}
$$

Ⓔₓ

É importante notar que existem agora dois tipos de provas. A prova exterior, a qual não foi iniciada com a introdução de uma hipótese (a qual tem o nome de *prova categórica*) e as provas hipotéticas, as quais são iniciadas com a introdução de uma hipótese. As *fbfs* de uma prova hipotética são chamadas *contingentes*, uma vez que dependem da hipótese que iniciou a prova; as *fbfs* na prova exterior são chamadas *categóricas*.

Até agora, a necessidade de provas hipotéticas não é clara. Contudo, esta necessidade revela-se ao considerar as regras para a implicação.

Regras para a implicação.   Antes de apresentar as regras para a implicação, recordemos, da Secção 1.2, o significado intuitivo de uma proposição contendo uma implicação. Seja P a proposição "está a chover" e seja Q a proposição "eu fico em casa". A *fbf* $P \to Q$ lê-se "*se* está a chover, *então* eu fico em casa". Devemos lembrar que esta afirmação não depende do facto de estar ou não a chover, ela apenas afirma que no caso de estar a chover eu ficarei em casa; se não estiver a chover, então eu poderei ou não ficar em casa pois a proposição nada afirma sobre esta situação.

No caso de desejarmos provar que $P \to Q$, deveremos considerar um "contexto" hipotético no qual assumimos que está a chover; se dentro deste "contexto" conseguirmos provar que eu fico em casa, então a fórmula está provada. Deve também ser claro que esta prova é independente das condições metereológicas. Este "contexto" hipotético corresponde a uma prova hipotética.

A regra da *introdução da implicação*, abreviada por "I$\to$", afirma que, se numa prova iniciada pela hipótese α, formos capazes de derivar β, então, podemos terminar a prova hipotética e derivar $\alpha \to \beta$ na prova que contém a prova hipotética iniciada pela introdução da hipótese α:

$$
\begin{array}{lll}
n & \alpha & \text{Hip} \\
\vdots & \vdots & \\
m & \beta & \\
m+1 & \alpha \to \beta & \text{I}\to, (n, m)
\end{array}
$$

A justificação da *fbf* na linha $m + 1$, I$\to$$(n, m)$, diz que esta linha foi obtida a partir da prova iniciada pela hipótese na linha n e a *fbf* na linha m.

A regra da introdução da implicação é, por enquanto, a primeira regra que permite introduzir novas *fbfs* numa prova exterior, como consequência de *fbfs* existentes numa prova hipotética.

Exemplo 2.2.9 Consideremos a prova

$$
\begin{array}{lll}
1 & P & \text{Hip} \\
2 & P & \text{Rep, 1} \\
3 & P \to P & \text{I}\to, (1, 2)
\end{array}
$$

Ⓔ

Para além de ilustrar a utilização da regra da introdução da implicação, a prova do Exemplo 2.2.9, é a nossa primeira prova que não utiliza premissas. Uma vez que a *fbf* na linha 3 não depende de nenhuma premissa, esta prova significa que $\varnothing \vdash (P \to P)$.

Definição 2.2.4 (Teorema)
Uma *fbf* que é obtida numa prova que não contém premissas é chamada um *teorema*. Quando $\varnothing \vdash \alpha$, ou seja, quando α é um teorema, é usual escrever apenas $\vdash \alpha$. ▶

De modo a podermos utilizar uma *fbf* cujo símbolo lógico principal é uma implicação, necessitamos da regra da *eliminação da implicação*, abreviada por "E→", e também conhecida por *modus ponens*[5]. Esta regra afirma que numa prova que contém tanto α como $\alpha \to \beta$ podemos derivar β:

$$
\begin{array}{lll}
n & \alpha & \\
\vdots & \vdots & \\
m & \alpha \to \beta & \\
\vdots & \vdots & \\
k & \beta & \text{E}\!\to, (n, m)
\end{array}
$$

Exemplo 2.2.10 Consideremos a prova de $\{P \to Q, P\} \vdash Q$:

$$
\begin{array}{lll}
1 & P \to Q & \text{Prem} \\
2 & P & \text{Prem} \\
3 & P \to Q & \text{Rep, 1} \\
4 & Q & \text{E}\!\to, (2, 3)
\end{array}
$$

Note-se a utilização da regra da repetição na linha 3 para gerar o "padrão" especificado na regra de inferência. ⊛

Exemplo 2.2.11 A seguinte prova mostra que $(P \to (Q \to R)) \to ((P \land Q) \to R)$ é um teorema:

$$
\begin{array}{lll}
1 & P \to (Q \to R) & \text{Hip} \\
2 & \quad P \land Q & \text{Hip} \\
3 & \quad P & \text{E}\land, 2 \\
4 & \quad P \to (Q \to R) & \text{Rei, 1} \\
5 & \quad Q \to R & \text{E}\!\to, (3, 4) \\
6 & \quad Q & \text{E}\land, 2 \\
7 & \quad Q \to R & \text{Rep, 5} \\
8 & \quad R & \text{E}\!\to, (6, 7) \\
9 & (P \land Q) \to R & \text{I}\!\to, (2, 8) \\
10 & (P \to (Q \to R)) \to ((P \land Q) \to R) & \text{I}\!\to, (1, 9)
\end{array}
$$

⊛

---

[5]Do latim, *modus ponendo ponens*, o modo de afirmar, afirmando.

Exemplo 2.2.12 A seguinte prova mostra que $P \rightarrow (Q \rightarrow P)$ é um teorema.

1	P	Hip
2	Q	Hip
3	P	Rei, 1
4	$Q \rightarrow P$	I→, (2, 3)
5	$P \rightarrow (Q \rightarrow P)$	I→, (1, 4)

Este resultado, $\varnothing \vdash (P \rightarrow (Q \rightarrow P))$, pode chocar-nos à primeira vista. Informalmente, podemos ler este teorema como "*se P, então, para qualquer proposição Q, se Q então P*". Podemos também ler esta afirmação como "qualquer proposição implica uma proposição verdadeira". Este resultado é conhecido como um dos *paradoxos da implicação* e gerou algumas objeções à lógica clássica[6]. Os paradoxos da implicação são originados pela decisão que tomámos em relação ao significado da implicação (material) e cuja justificação apresentámos na Secção 1.2. ⊗

Regras para a negação. A regra da *introdução da negação*, abreviada por "I¬", utiliza o conceito de *prova por absurdo*: se a partir de uma dada premissa podemos derivar uma contradição (uma ocorrência de uma *fbf* da forma $\beta \wedge \neg\beta$), então rejeitamos a premissa, ou seja, aceitamos a sua negação, com base no facto que a premissa leva a uma conclusão absurda. A regra da introdução da negação afirma que se numa prova iniciada pela hipótese α, podemos derivar uma contradição (tanto β como $\neg\beta$), então somos autorizados a terminar a prova hipotética e a derivar $\neg\alpha$ na prova que contém a prova hipotética iniciada pela introdução da hipótese α:

n	α	Hip
$\vdots$	$\vdots$	
m	β	
$\vdots$	$\vdots$	
k	$\neg\beta$	
l	$\neg\alpha$	I¬, $(n, (m, k))$

A justificação da *fbf* na linha l, I¬$(n, (m, k))$, afirma que esta linha foi obtida a partir da prova iniciada com a hipótese na linha n e pela contradição entre

---

[6]Ver [Branquinho, 2001] ou [Haack, 1978], páginas 36–37.

as linhas m e k.

A regra da introdução da negação é outra regra de inferência que permite introduzir novas *fbfs* numa prova exterior, como consequência de *fbfs* existentes numa prova hipotética.

Exemplo 2.2.13 Usando a regra da introdução da negação, juntamente com as regras de inferência anteriores, podemos demonstrar que $\{P \rightarrow Q, \neg Q\} \vdash \neg P$:

1	$P \rightarrow Q$	Prem
2	$\neg Q$	Prem
3	$\quad P$	Hip
4	$\quad P \rightarrow Q$	Rei, 1
5	$\quad Q$	E$\rightarrow$, (3, 4)
6	$\quad \neg Q$	Rei, 2
7	$\neg P$	I$\neg$, (3, (5, 6))

Esta prova corresponde a um padrão de raciocínio conhecido como *modus tollens*[7], a partir de $\alpha \rightarrow \beta$ e $\neg\beta$, podemos derivar $\neg\alpha$. ⊛

A regra da *eliminação da negação*, abreviada por "E$\neg$", afirma que negar uma proposição duas vezes é o mesmo que afirmar essa proposição. Por exemplo, se P afirma que está a chover, então a *fbf* $\neg\neg P$ afirma que não é o caso de não estar a chover, o que equivale a dizer que está a chover.

A regra de eliminação da negação afirma que se numa prova a *fbf* α é negada duas vezes, então podemos concluir α:

n	$\neg\neg\alpha$	
$\vdots$	$\vdots$	
m	α	E$\neg$, n

Exemplo 2.2.14 A seguinte prova mostra que uma contradição implica qualquer proposição, o que é traduzido pelo teorema $(P \wedge \neg P) \rightarrow Q$. Este resultado é outro dos *paradoxos da implicação*[8].

---

[7]Do latim, *modus tollendo tollnes*, o modo de negar, negando.
[8]Ver [Branquinho, 2001] ou [Haack, 1978], páginas 36–37.

1	$P \wedge \neg P$	Hip
2	$\neg Q$	Hip
3	$P \wedge \neg P$	Rei, 1
4	P	E$\wedge$, 3
5	$\neg P$	E$\wedge$, 3
6	$\neg\neg Q$	I$\neg$, (2, (4, 5))
7	Q	E$\neg$, 6
8	$(P \wedge \neg P) \rightarrow Q$	I$\rightarrow$, (1, 7)

Regras para a disjunção. O significado intuitivo de uma disjunção é que pelo menos um dos elementos da disjunção se verifica, e que, eventualmente, ambos os elementos se podem verificar (recorde-se a discussão apresentada na Secção 1.2).

A regra da *introdução da disjunção*, abreviada por "I$\vee$", utiliza este significado, afirmando que a partir da *fbf* α, podemos derivar tanto $\alpha \vee \beta$ como $\beta \vee \alpha$ como ambas, em que β é qualquer *fbf*:

$$
\begin{array}{lll}
n & \alpha & \\
\vdots & \vdots & \\
m & \alpha \vee \beta & \text{I}\vee, n
\end{array}
$$

ou

$$
\begin{array}{lll}
n & \alpha & \\
\vdots & \vdots & \\
m & \beta \vee \alpha & \text{I}\vee, n
\end{array}
$$

A regra da *eliminação da disjunção*, abreviada por "E$\vee$", corresponde a um raciocínio por casos: a partir da *fbf* $\alpha \vee \beta$ (significando intuitivamente que pelo menos uma das *fbfs* α ou β se verifica), se formos capazes de derivar uma terceira *fbf*, γ, independentemente, a partir de cada uma das *fbfs* α e β, então, certamente que γ se verifica.

A regra é formalizada do seguinte modo: se numa prova temos (1) a *fbf* $\alpha \vee \beta$; (2) uma prova hipotética, iniciada com a hipótese α contendo a *fbf* γ; e (3) uma prova hipotética, iniciada com a hipótese β contendo a *fbf* γ, então, nessa prova, podemos derivar a *fbf* γ:

$$
\begin{array}{lll}
n & \alpha \vee \beta & \\
o & \quad\big|\ \alpha & \text{Hip} \\
\vdots & \quad\big|\ \vdots & \\
p & \quad\big|\ \gamma & \\
r & \quad\big|\ \beta & \text{Hip} \\
\vdots & \quad\big|\ \vdots & \\
s & \quad\big|\ \gamma & \\
\vdots & \vdots & \\
m & \gamma & \text{E}\vee,\ (n,\ (o,\ p),\ (r,\ s))
\end{array}
$$

A justificação da *fbf* na linha m, $\text{E}\vee(n,(o,p),(r,s))$, afirma que esta linha foi obtida a partir da *fbf* na linha n, juntamente com duas provas hipotéticas, uma iniciada pela hipótese na linha o e contendo a *fbf* na linha p, e a outra iniciada pela hipótese na linha r e contendo a *fbf* na linha s. A eliminação da disjunção é mais uma regra de inferência permite introduzir novas *fbfs* numa prova exterior, como consequência de *fbfs* existentes em provas hipotéticas.

Exemplo 2.2.15 Usando a regra da eliminação da disjunção, provamos o teorema $((P \vee Q) \wedge \neg P) \to Q$. Este teorema corresponde a um padrão de raciocínio a que se dá o nome de *silogismo disjuntivo*, e que corresponde à inferência da lógica proposicional que consiste em derivar α (ou respetivamente β) a partir de $\alpha \vee \beta$ e $\neg\beta$ (ou respetivamente $\neg\alpha$):

$$
\begin{array}{lll}
1 & (P \vee Q) \wedge \neg P & \text{Hip} \\
2 & P \vee Q & \text{E}\wedge,\ 1 \\
3 & \neg P & \text{E}\wedge,\ 1 \\
4 & \quad\big|\ P & \text{Hip} \\
5 & \quad\big|\ \quad\big|\ \neg Q & \text{Hip} \\
6 & \quad\big|\ \quad\big|\ P & \text{Rei},\ 4 \\
7 & \quad\big|\ \quad\big|\ \neg P & \text{Rei},\ 3
\end{array}
$$

8	$\neg\neg Q$	I$\neg$, (5, (6, 7))
9	Q	E$\neg$, 8
10	Q	Hip
11	Q	Rep, 10
12	Q	E$\vee$, (2, (4, 9), (10, 11))
13	$((P \vee Q) \wedge \neg P) \to Q$	I$\to$, (1, 12)

Ⓔ𝔁

Teoremas e regras de inferência derivadas. Como vimos, uma prova é uma sequência de linhas, cada uma das quais contendo uma *fbf*, cuja introdução é justificada por uma regra de inferência. À medida que vamos fazendo provas, verificamos que existem certos passos que são sistematicamente repetidos e sentimos a necessidade de introduzir algum nível de "abstração" nas nossas provas de modo a facilitar o trabalho, diminuindo o número de passos que são necessários nas provas. Existem duas maneiras de diminuir o número de linhas das provas, a primeira utiliza o conceito de teorema e a segunda o conceito de regra de inferência derivada.

Recordemos que um *teorema* é qualquer *fbf* que possa ser derivada a partir de um conjunto vazio de premissas. Sempre que nas nossas provas precisarmos de utilizar uma *fbf* que corresponda a um teorema, podemos introduzir na nossa prova todas as linhas que correspondem à prova do teorema, obtendo a *fbf* correspondente. É permissível a omissão da prova que corresponde ao teorema, introduzindo apenas a *fbf* respetiva e justificando-a como um teorema. Por exemplo, demonstrámos na página 37 que $P \to P$ é um teorema, por esta razão, em provas futuras, somos autorizados a utilizar a linha

$$n \quad P \to P \quad \text{Teo}$$

É importante notar ainda que embora tenhamos demonstrado que $P \to P$, a *fbf* P poderia ter sido substituída por qualquer outra *fbf*; assim, em lugar de um único teorema, temos um número infinito de *fbfs* da forma $\alpha \to \alpha$ correspondentes a teoremas. O conceito associado a esta afirmação chama-se *fórmula de inserção*.

Definição 2.2.5 (Fórmula de inserção)
Seja α uma *fbf*. Uma *fórmula de inserção de* α é qualquer *fbf* obtida a partir de α através da substituição de *todas* as ocorrências de qualquer dos seus símbolos de proposição por uma *fbf* qualquer. ▶

Exemplo 2.2.16 As seguintes *fbfs* correspondem a fórmulas de inserção de $(P \lor Q) \to \neg(\neg P \land \neg Q)$:

$$(R \lor Q) \to \neg(\neg R \land \neg Q)$$

$$((R \to S) \lor Q) \to \neg(\neg(R \to S) \land \neg Q)$$

$$(P \lor (\neg R \lor \neg S)) \to \neg(\neg P \land \neg(\neg R \lor \neg S))$$

⊕

Exemplo 2.2.17 A seguinte *fbf* não corresponde a uma fórmula de inserção de $(P \lor Q) \to \neg(\neg P \land \neg Q)$ pois apenas uma das instâncias do símbolo de proposição Q é substituída.

$$(P \lor R) \to \neg(\neg P \land \neg Q)$$

⊕

Teorema 2.2.1 (Teorema de inserção)
Qualquer fórmula de inserção de um teorema é um teorema.

DEMONSTRAÇÃO: Trivial. ■

O Teorema 2.2.1 não faz parte do nosso sistema de regras de inferência, representando uma afirmação do que pode ser feito usando as nossas regras de inferência, este é, pois, um *meta-teorema*. Este teorema não nos permite provar mais nada que não pudéssemos provar mas facilita-nos muito o trabalho ao realizar provas.

Uma outra maneira de simplificar as nossas provas corresponde à utilização de regras de inferência derivadas.

Definição 2.2.6 (Regra de inferência derivada)
Uma *regra de inferência derivada* é qualquer padrão de raciocínio correspondente à aplicação de várias regras de inferência. ▶

Uma regra de inferência derivada corresponde a uma abstração através da qual podemos agrupar a aplicação de várias regras de inferência num único passo.

Exemplo 2.2.18 (Variação da eliminação da implicação) Consideremos a regra da eliminação da implicação. Tendo em atenção a regra da repetição, podemos facilmente concluir que a seguinte sequência de inferências corresponde a um padrão correto de raciocínio:

$$
\begin{array}{lll}
n & \alpha \to \beta & \\
\vdots & \vdots & \\
m & \alpha & \\
\vdots & \vdots & \\
k & \beta & \text{E}\to', (n, m)
\end{array}
$$

Com efeito, a partir da existência de $\alpha \to \beta$ e α, podemos gerar o seguinte troço de prova

$$
\begin{array}{lll}
n & \alpha \to \beta & \\
\vdots & \vdots & \\
m & \alpha & \\
\vdots & \vdots & \\
k & \alpha \to \beta & \text{Rep}, n \\
\vdots & \vdots & \\
l & \beta & \text{E}\to, (m, k)
\end{array}
$$

Deste modo, seremos autorizados a utilizar a regra de E→' nas nossas provas. A regra de E→' corresponde a uma regra de inferência derivada. ⊗

Exemplo 2.2.19 (Dupla negação) Uma outra regra de inferência derivada, a *introdução da dupla negação*, representada por "I¬¬", é justificada através da seguinte prova:

$$
\begin{array}{lll}
1 & P & \text{Prem} \\
2 & \neg P & \text{Hip} \\
3 & P & \text{Rei}, 1 \\
4 & \neg P & \text{Rep}, 2 \\
5 & \neg\neg P & \text{I}\neg, (2, (3, 4))
\end{array}
$$

Portanto, numa prova que contém α podemos derivar $\neg\neg\alpha$:

$$
\begin{array}{lll}
n & \alpha & \\
\vdots & \vdots & \\
m & \neg\neg\alpha & \text{I}\neg\neg, n
\end{array}
$$

⊗

Exemplo 2.2.20 (Modus tollens) Na página 40, apresentámos um padrão de raciocínio chamado *modus tollens*, outro exemplo de uma regra de inferência derivada, o qual é formalizado dizendo que numa prova que contém tanto $\neg\beta$ como $\alpha \to \beta$, podemos derivar $\neg\alpha$.

$$
\begin{array}{lll}
n & \neg\beta & \\
\vdots & \vdots & \\
m & \alpha \to \beta & \\
\vdots & \vdots & \\
k & \neg\alpha & \text{MT}, (n, m)
\end{array}
$$

(Ex)

Em resumo, as *fbfs* numa prova são ou premissas, ou teoremas ou correspondem à aplicação de regras de inferência a outras *fbfs* da prova. As regras de inferência tanto podem ser regras que são definidas associadas aos símbolos lógicos (chamadas *regras de inferência de base*) como regras de inferência derivadas.

Novos símbolos lógicos. Os símbolos lógicos que apresentámos correspondem aos símbolos tradicionais de uma lógica. Pode ser demonstrado que apenas dois dos símbolos que apresentámos, $\neg$, e um dos símbolos do conjunto $\{\wedge, \vee, \to\}$, são realmente necessários para exprimir todas as *fbfs* possíveis em lógica proposicional.

Uma das finalidades deste livro é a de definir linguagens para exprimir conhecimento e raciocinar com as frases da linguagem. Sob esta perspetiva, é natural que desejemos utilizar linguagens que permitam exprimir de um modo fácil afirmações sobre o mundo que estamos a modelar.

Numa lógica, somos livres de introduzir novos símbolos lógicos como uma combinação de símbolos existentes. As fórmulas com estes novos símbolos podem ser consideradas como "açúcar sintático" para fórmulas mais complexas utilizando os símbolos lógicos tradicionais. A introdução de novos símbolos lógicos não aumenta o poder expressivo da nossa linguagem, facilitando apenas o modo com escrevemos as *fbfs*.

Nesta secção ilustramos este aspeto através da introdução de um novo símbolo lógico chamado *equivalência* (também conhecido por *bi-condicional*) e representado por "$\leftrightarrow$".

A introdução da equivalência leva-nos a rever as regras de formação para *fbfs* apresentadas na página 29, com a adição da regra:

3a. Se α e β são *fbfs*, então $(\alpha \wedge \beta)$, $(\alpha \vee \beta)$, $(\alpha \to \beta)$ e $(\alpha \leftrightarrow \beta)$ são *fbfs*.

A *fbf* ($\alpha \leftrightarrow \beta$) lê-se "$\alpha$ *é equivalente a* β", ou, de um modo alternativo, "α *se e só se* β".

Definimos a *fbf* contendo o símbolo lógico $\leftrightarrow$ como uma abreviatura da seguinte *fbf* [9]:

$$\alpha \leftrightarrow \beta \stackrel{\text{def}}{=} (\alpha \to \beta) \wedge (\beta \to \alpha)$$

Usando esta definição, introduzimos as seguintes regras de inferência para a equivalência.

A regra da *introdução da equivalência*, escrita "I$\leftrightarrow$", afirma que numa prova com as *fbfs* $\alpha \to \beta$ e $\beta \to \alpha$, podemos derivar $\alpha \leftrightarrow \beta$:

$$
\begin{array}{lll}
n & \alpha \to \beta & \\
\vdots & \vdots & \\
m & \beta \to \alpha & \\
\vdots & \vdots & \\
k & \alpha \leftrightarrow \beta & \text{I}\leftrightarrow, (n, m)
\end{array}
$$

A regra da *eliminação da equivalência*, escrita "E$\leftrightarrow$", afirma que a partir da *fbf* $\alpha \leftrightarrow \beta$, podemos derivar $\alpha \to \beta$, $\beta \to \alpha$, ou ambas.

$$
\begin{array}{lll}
n & \alpha \leftrightarrow \beta & \\
\vdots & \vdots & \\
m & \alpha \to \beta & \text{E}\leftrightarrow, n
\end{array}
$$

ou

$$
\begin{array}{lll}
n & \alpha \leftrightarrow \beta & \\
\vdots & \vdots & \\
m & \beta \to \alpha & \text{E}\leftrightarrow, n
\end{array}
$$

Alguns teoremas comuns. Listamos aqui alguns dos teoremas a que é comum recorrer em lógica proposicional e os quais utilizaremos ao longo deste livro. A sua prova é deixada como exercício.

1. Lei do terceiro excluído (a prova deste teorema é apresentada no Exemplo 2.2.22)

   $P \vee \neg P$

2. Lei da dupla negação

   $\neg\neg P \leftrightarrow P$

---

[9]O símbolo $\stackrel{\text{def}}{=}$, lê-se "por definição".

3. Primeiras leis de De Morgan[10]

$\neg(P \vee Q) \leftrightarrow (\neg P \wedge \neg Q)$

$\neg(P \wedge Q) \leftrightarrow (\neg P \vee \neg Q)$

4. Lei do contrapositivo

$(P \rightarrow Q) \leftrightarrow (\neg Q \rightarrow \neg P)$

5. Leis do silogismo

$(Q \rightarrow R) \rightarrow ((P \rightarrow Q) \rightarrow (P \rightarrow R))$

$(P \rightarrow Q) \rightarrow ((Q \rightarrow R) \rightarrow (P \rightarrow R))$

6. Lei do transporte

$(P \rightarrow (Q \rightarrow R)) \leftrightarrow ((P \wedge Q) \rightarrow R)$

7. Equivalência entre a implicação e a disjunção

$(P \rightarrow Q) \leftrightarrow (\neg P \vee Q)$

8. Propriedade distributiva da disjunção em relação à conjunção

$(P \vee (Q \wedge R)) \leftrightarrow ((P \vee Q) \wedge (P \vee R))$

9. Propriedade distributiva da conjunção em relação à disjunção

$(P \wedge (Q \vee R)) \leftrightarrow ((P \wedge Q) \vee (P \wedge R))$

2.2.2 Como construir provas

Uma questão que é pertinente levantar neste ponto corresponde a saber qual é a estratégia a seguir para a construção de uma prova. Para atingir este objetivo, deveremos começar por escrever as premissas (se estas existirem) e tentar obter uma linha com a *fbf* que desejamos provar.

Embora apresentemos aqui algumas sugestões gerais para realizar esta tarefa, estas devem ser consideradas como sugestões e não como passos a seguir cegamente.

O modo de desenvolver uma prova depende fundamentalmente da estrutura da fórmula que estamos a tentar demonstrar:

---

[10]Estas equivalências foram batizadas em honra do matemático inglês Augustus De Morgan (1806–1871).

- Ao tentar provar uma *fbf* da forma $\alpha \to \beta$, a alternativa mais comum é iniciar uma prova hipotética com a introdução da hipótese α e, dentro dessa prova, tentar obter a *fbf* β. Repare-se que ao fazermos isto, mudamos o nosso objetivo do problema de tentar provar $\alpha \to \beta$ para o problema de tentar obter a *fbf* β[11].

- Ao tentar provar uma *fbf* da forma $\alpha \wedge \beta$, deveremos tentar provar separadamente tanto α como β. Novamente, mudamos a atenção da prova de $\alpha \wedge \beta$ para duas provas separadas, respetivamente, de α e de β.

- Ao tentar provar uma *fbf* da forma $\alpha \vee \beta$, deveremos tentar provar *uma* das *fbfs* α ou β. Novamente, mudamos a atenção da prova de $\alpha \vee \beta$ para outra prova, seja a de α ou a de β.

- No caso de nenhuma das vias anteriores resultar, podemos tentar seguir um ou mais dos seguintes caminhos:

  - podemos tentar encontrar aplicações de regras de inferência que nos levam à introdução da *fbf* em questão;

  - se não formos capazes de encontrar uma prova direta, podemos tentar uma prova por absurdo, iniciando uma prova hipotética com a introdução da negação da *fbf* e tentar derivar uma contradição dentro dessa prova hipotética[12];

  - se na nossa prova existirem *fbfs* que correspondam a disjunções, poderemos tentar o raciocínio por casos.

Apresentamos agora algumas provas adicionais, explicando o nosso processo de raciocínio na sua construção.

Exemplo 2.2.21 Começaremos pela prova do teorema $P \to (Q \to (P \wedge Q))$.

Como estamos a provar um teorema não existem premissas.

Uma vez que desejamos provar uma *fbf* que corresponde a uma implicação, vamos iniciar uma prova hipotética, introduzindo a hipótese P e tentar provar

---

[11]Como exemplo de uma exceção a esta sugestão, suponhamos que estávamos a tentar provar a *fbf* $Q \to R$ numa prova que continha tanto P como $P \to (Q \to R)$, neste caso a nossa sugestão não é útil e devemos ser suficientemente espertos para aplicar a regra da E→.

[12]Repare-se que esta abordagem é muito semelhante à metodologia da lógica apresentada na Figura 1.1.

$Q \rightarrow (P \wedge Q)$ dentro desta prova.

$$
\begin{array}{ll}
1 \quad \big|\; P & \text{Hip} \\[4pt]
\quad \big|\; \text{\textit{Tentemos preencher estas linhas}} & \\[4pt]
n \quad \big|\; Q \rightarrow (P \wedge Q) &
\end{array}
$$

Uma vez que o nosso novo objetivo é provar uma *fbf* que corresponde a uma implicação, $Q \rightarrow (P \wedge Q)$, vamos começar uma nova prova hipotética com a introdução da hipótese Q, tentando provar $P \wedge Q$ dentro desta prova.

$$
\begin{array}{ll}
1 \quad \big|\; P & \text{Hip} \\[4pt]
2 \quad \big|\;\big|\; Q & \text{Hip} \\[4pt]
\quad \big|\;\big|\; \text{\textit{Tentemos preencher estas linhas}} & \\[4pt]
m \quad \big|\;\big|\; P \wedge Q & \\[4pt]
n \quad \big|\; Q \rightarrow (P \wedge Q) &
\end{array}
$$

De modo a provar uma *fbf* correspondente a uma conjunção, vamos provar separadamente cada um dos elementos da conjunção, ou seja, vamos tentar provar P e vamos tentar provar Q. Estas *fbfs* podem ser facilmente provadas, pelo que o resto da prova é trivial:

$$
\begin{array}{lll}
1 & \big|\; P & \text{Hip} \\[4pt]
2 & \big|\;\big|\; Q & \text{Hip} \\[4pt]
3 & \big|\;\big|\; P & \text{Rei, 1} \\[4pt]
4 & \big|\;\big|\; Q & \text{Rep, 2} \\[4pt]
5 & \big|\;\big|\; P \wedge Q & \text{I}\wedge,\ (3,4) \\[4pt]
6 & \big|\; Q \rightarrow (P \wedge Q) & \text{I}\rightarrow,\ (2,5) \\[4pt]
7 & P \rightarrow (Q \rightarrow (P \wedge Q)) & \text{I}\rightarrow,\ (1,6)
\end{array}
$$

Ⓔ

Exemplo 2.2.22 (Lei do terceiro excluído) Neste exemplo provamos o teorema $P \vee \neg P$. Este teorema é conhecido como a *lei do terceiro excluído* [13].

---

[13]Uma proposição ou é verdadeira ou é falsa, não existindo uma terceira hipótese.

Aqui a situação é mais complicada. Apesar de estarmos a tentar provar uma disjunção, não existe maneira de provar qualquer um dos elementos da disjunção (como um teorema). Na realidade não podemos provar um símbolo de proposição arbitrário a partir do nada. Vamos tentar recorrer a uma prova por absurdo, a partir da hipótese que corresponde à negação do teorema que queremos provar.

$$
\begin{array}{ll}
1 & \neg(P \vee \neg P) \qquad\qquad\qquad\qquad \text{Hip}\\[4pt]
& \textit{Tentemos preencher estas linhas}\\[8pt]
n & \alpha\\[4pt]
n+1 & \neg\alpha
\end{array}
$$

A dificuldade principal nesta prova é determinar qual a contradição a derivar (qual o valor de α na prova anterior). Uma vez que negámos $P \vee \neg P$, a qual, de acordo com a nossa intuição se deve verificar, tentaremos obter $P \vee \neg P$. De modo a derivar esta *fbf*, começamos por iniciar uma prova com a hipótese P. A partir daqui a prova é óbvia:

$$
\begin{array}{lll}
1 & \neg(P \vee \neg P) & \text{Hip}\\
2 & \quad P & \text{Hip}\\
3 & \quad P \vee \neg P & \text{I}\vee,\,2\\
4 & \quad \neg(P \vee \neg P) & \text{Rei, 1}\\
5 & \neg P & \text{I}\neg,\,(2,(3,4))\\
6 & P \vee \neg P & \text{I}\vee,\,5\\
7 & \neg(P \vee \neg P) & \text{Rep, 1}\\
8 & \neg\neg(P \vee \neg P) & \text{I}\neg,\,(1,(6,7))\\
9 & P \vee \neg P & \text{E}\neg,\,8
\end{array}
$$

2.2.3 Abordagem axiomática

Uma outra abordagem ao desenvolvimento de um sistema dedutivo consiste em utilizar um conjunto de axiomas e um número reduzido de regras de inferência.

Um *sistema axiomático* ou um sistema de *estilo Hilbert*[14] baseia-se na existência de um conjunto de axiomas (proposições que são aceites no sistema sem prova) e de um conjunto pequeno de regras de inferência (normalmente apenas com as regras de repetição e da eliminação da implicação).

Um sistema axiomático, que corresponde ao sistema dedutivo conhecido por *sistema L* (de Mendelson)[15], contém três axiomas e duas regras de inferência, a repetição e a a eliminação da implicação, a qual é designada por *modus ponens*.

Os axiomas do sistema L são os seguintes:

Ax1: $P \rightarrow (Q \rightarrow P)$

Ax2: $(P \rightarrow (Q \rightarrow R)) \rightarrow ((P \rightarrow Q) \rightarrow (P \rightarrow R))$

Ax3: $(\neg Q \rightarrow \neg P) \rightarrow ((\neg Q \rightarrow P) \rightarrow Q)$

O axioma Ax1 corresponde ao facto de uma proposição verdadeira ser implicada por qualquer proposição; o axioma Ax2 corresponde à distributividade da implicação; o axioma Ax3 é a lei da dupla negação, com efeito, se $\neg Q$ implica tanto P como $\neg P$, então $\neg Q$ tem que ser falso pelo que $\neg\neg Q$, ou seja, Q.

Chamar axioma a uma *fbf* significa que ela, ou qualquer fórmula de inserção que dela resulte, pode ser utilizada como uma linha de uma prova, sem depender de qualquer outra linha. A consideração de fórmulas de inserção significa que cada um dos axiomas Ax1, Ax2 e Ax3 corresponde a uma coleção infinita de *fbfs*, por exemplo as seguintes *fbfs* são fórmulas de inserção do axioma Ax1:

$$((P \wedge Q) \rightarrow R) \rightarrow ((S \vee T) \rightarrow ((P \wedge Q) \rightarrow R))$$

e

$$P \rightarrow (P \rightarrow P).$$

Por esta razão os axiomas Ax1, Ax2 e Ax3 são chamados *esquemas de axiomas*.

Note-se que os axiomas Ax1, Ax2 e Ax3 não tratam nem da conjunção nem da disjunção. Estes símbolos lógicos são tratados como abreviaturas sintáticas de combinações dos outros símbolos. Assim, teremos as seguintes definições[16]:

$$\alpha \wedge \beta \stackrel{\text{def}}{=} \neg(\alpha \rightarrow \neg\beta)$$

---

[14]Em honra do matemático alemão David Hilbert (1862–1943).

[15]Ver [Mendelson, 1987], página 29.

[16]Convém aqui recordar a observação feita na página 46 relativa à definição de símbolos lógicos em termos de outros símbolos lógicos.

$$\alpha \vee \beta \stackrel{\text{def}}{=} \neg\alpha \to \beta.$$

Uma das regras de inferência do sistema L, *modus ponens* (abreviada por "MP" no sistema apresentado por Mendelson e por nós abreviada por "E→" por uma questão de consistência), é traduzida pela frase "a partir de α e de $\alpha \to \beta$ podemos concluir β". A regra da *repetição* é semelhante à apresentada para o sistema de dedução natural.

No sistema L, uma prova tem uma definição semelhante à que utilizámos no sistema de dedução natural, existindo as regras da premissa, da repetição, de E→ e a possibilidade de adicionar uma fórmula de inserção de qualquer axioma, a qual é indicada através do nome do axioma utilizado.

Definição 2.2.7 (Prova – sistema axiomático)
Uma prova é uma sequência finita de linhas numeradas, cada uma das quais ou contém uma premissa, uma fórmula de inserção de um axioma ou uma *fbf* que é adicionada à prova recorrendo a uma das regras de inferência e utilizando as *fbfs* que existem nas linhas anteriores. No lado direito de cada linha existe uma justificação da introdução da linha na prova. ▶

A título de exemplo, apresentamos duas provas no sistema L, a prova do teorema $P \to P$ e a prova de $\{(P \to (Q \to R))\} \vdash (Q \to (P \to R))$.

Exemplo 2.2.23

1	$P \to ((P \to P) \to P)$	Ax1
2	$(P \to ((P \to P) \to P)) \to$	
	$((P \to (P \to P)) \to (P \to P))$	Ax2
3	$P \to (P \to P)$	Ax1
4	$(P \to (P \to P)) \to (P \to P)$	E→, $(1,2)$
5	$P \to P$	E→, $(3,4)$

Ⓔⓧ

Exemplo 2.2.24

1	$(P \to (Q \to R))$	Prem
2	$((P \to (Q \to R)) \to ((P \to Q) \to (P \to R))$	Ax2
3	$(P \to Q) \to (P \to R)$	E $\to$, $(1,2)$
4	$(((P \to Q) \to (P \to R))$ $\to (Q \to ((P \to Q) \to (P \to R))))$	Ax1
5	$((Q \to ((P \to Q) \to (P \to R)))$ $\to ((Q \to (P \to Q)) \to (Q \to (P \to R))))$	Ax2
6	$Q \to ((P \to Q) \to (P \to R))$	E $\to$, $(3,4)$
7	$(Q \to (P \to Q)) \to (Q \to (P \to R))$	E $\to$, $(5,6)$
8	$Q \to (P \to Q)$	Ax1
9	$(Q \to (P \to Q)) \to (Q \to (P \to R))$	Rep, 7
10	$Q \to (P \to R)$	E $\to$, $(8,9)$

Ⓔ

Mostra-se que se podem derivar *exatamente* os mesmos teoremas no sistema de dedução natural que apresentámos na Secção 2.2.1 e no sistema L de Mendelson. A complexidade das demonstrações num sistema axiomático é uma das razões para preferirmos um sistema de dedução natural.

2.2.4 Propriedades do sistema dedutivo

O sistema dedutivo da lógica proposicional da Secção 2.2.1[17] apresenta um certo número de propriedades, algumas das quais são descritas nesta secção. Todos os resultados que aqui apresentamos correspondem a meta-teoremas, pois são resultados sobre as propriedades do sistema dedutivo.

Teorema 2.2.2 (Teorema da dedução)
Se Δ é um conjunto de *fbfs*, α e β são *fbfs*, e se $(\Delta \cup \{\alpha\}) \vdash \beta$, então $\Delta \vdash (\alpha \to \beta)$.

DEMONSTRAÇÃO: ·Suponhamos que $(\Delta \cup \{\alpha\}) \vdash \beta$. Isto significa que existe uma prova iniciada com premissas em Δ, juntamente com a premissa correspondente à *fbf* α, cuja última linha contém a *fbf* β. Embora Δ possa ser um conjunto infinito, uma prova é uma sequência finita de linhas. Sejam $\delta_1, \ldots, \delta_n$ as *fbfs* de Δ usadas na prova. As primeiras $n + 1$ linhas desta prova contêm as *fbfs* δ_1, $\ldots, \delta_n$, α e a última linha desta prova, digamos que é a linha m, contém a *fbf*

---
[17]Bem como o sistema dedutivo da lógica de primeira ordem apresentado no Capítulo 4.

β:

1	δ_1	Prem
$\vdots$	$\vdots$	
n	δ_n	Prem
$n+1$	α	Prem
$\vdots$	$\vdots$	
m	β	

Iniciemos uma nova prova cujas n primeiras linhas são as premissas $\delta_1, \ldots, \delta_n$. Na linha $n+1$ desta nova prova iniciamos uma prova hipotética que contém a hipótese α.

Utilizando a regra da reiteração, introduzimos as linhas $n+1+1$ ($=n+2$) a $n+1+m$, contendo as premissas, ou seja, a linha $n+1+i$ ($1 \leq i \leq m$) contém a premisa δ_i.

As restantes linhas desta nova prova são construídas, recorrendo à prova original, do seguinte modo: para cada linha k ($k < n+1$) da prova original, introduza-se uma linha idêntica na nova prova na qual a justificação é obtida da justificação da linha k da prova original atualizando cada uma das referências a linhas com a adição de $n+1$.

A linha $m+n+1$ da nova prova contém a *fbf* β e está contida na prova hipotética que foi iniciada pela introdução da hipótese α:

1	δ_1	Prem
$\vdots$	$\vdots$	
n	δ_n	Prem
$n+1$	α	Hip
$\vdots$	$\vdots$	
$m+n+1$	β	

Usando a regra da introdução da implicação, podemos adicionar a linha $m+n+2$ à nova prova contendo a *fbf* $\alpha \to \beta$ e justificada por I$\to$, $(n+1, m+n+1)$:

1	δ_1	Prem
$\vdots$	$\vdots$	
n	δ_n	Prem
$n+1$	α	Hip
$\vdots$	$\vdots$	
$m+n+1$	β	
$m+n+2$	$\alpha \to \beta$	I$\to$, $(n+1, m+n+1)$

Esta nova prova mostra que $\Delta \vdash (\alpha \to \beta)$. ∎

Corolário 2.2.1

Se $\Delta = \{\alpha_1, \ldots \alpha_n\}$ é um conjunto de *fbfs*, se β é uma *fbf* e se $\Delta \vdash \beta$, então $\vdash \alpha_1 \rightarrow (\ldots (\alpha_n \rightarrow \beta))$.

DEMONSTRAÇÃO: A demonstração deste corolário corresponde a n aplicações do Teorema 2.2.2. ∎

Teorema 2.2.3

Se Δ é um conjunto de *fbfs*, α e β são *fbfs* e se $\Delta \vdash (\alpha \rightarrow \beta)$ então $(\Delta \cup \{\alpha\}) \vdash \beta$.

DEMONSTRAÇÃO: A demonstração utiliza uma linha de raciocínio semelhante à utilizada na demonstração do Teorema 2.2.2. ∎

Teorema 2.2.4 (Transitividade de $\vdash$)

Se Δ é um conjunto de *fbfs*, $\alpha_1, \ldots, \alpha_n$ são *fbfs*, β é uma *fbf*, se $\Delta \vdash \alpha_1, \ldots, \Delta \vdash \alpha_n$ e $\{\alpha_1, \ldots, \alpha_n\} \vdash \beta$, então $\Delta \vdash \beta$.

DEMONSTRAÇÃO: Suponhamos que para $1 \leq i \leq n$, $\Delta \vdash \alpha_i$. Seja $\{\delta_1, \ldots, \delta_m\}$ o conjunto das *fbfs* de Δ que são usadas como premissas nas provas $\Delta \vdash \alpha_i$ $(1 \leq i \leq n)$. Isto significa que existem n provas, cada uma delas começando com as premissas $\delta_1, \ldots, \delta_m$, e tendo a *fbf* α_i na linha k_i:

$$
\begin{array}{lll}
1 & \delta_1 & \text{Prem} \\
\vdots & \vdots & \\
m & \delta_m & \text{Prem} \\
\vdots & \vdots & \\
k_i & \alpha_i &
\end{array}
$$

Suponhamos que $\{\alpha_1, \ldots, \alpha_n\} \vdash \beta$. Isto significa que existe uma prova que é iniciada com as premissas $\alpha_1, \ldots, \alpha_n$ e cuja última linha, digamos l, contém a *fbf* β:

$$
\begin{array}{lll}
1 & \alpha_1 & \text{Prem} \\
\vdots & \vdots & \\
n & \alpha_n & \text{Prem} \\
\vdots & \vdots & \\
l & \beta &
\end{array}
$$

Iremos construir uma nova prova do seguinte modo: as primeiras m linhas contêm as premissas $\delta_1 \ldots \delta_m$; as linhas $m + 1$ a k_1 são idênticas às linhas $m + 1$ a k_1 da prova de $\Delta \vdash \alpha_1$; para $2 \leq j \leq n$, temos linhas idênticas às linhas $m + 1$ a k_j da prova de $\Delta \vdash \alpha_j$, exceto que as referências às aplicações das regras de inferência são atualizadas apropriadamente.

$$
\begin{array}{lll}
1 & \delta_1 & \text{Prem} \\
\vdots & \vdots & \\
m & \delta_m & \text{Prem} \\
\vdots & \vdots & \\
k_1 & \alpha_1 & \\
\vdots & \vdots & \\
\\
\vdots & \vdots & \\
\\
m + \sum_{i=1}^{n}(k_i - m) & \alpha_n &
\end{array}
$$

Usando a regra da repetição, podemos introduzir linhas com as *fbfs* $\alpha_1 \ldots \alpha_n$:

$$
\begin{array}{lll}
1 & \delta_1 & \text{Prem} \\
\vdots & \vdots & \\
m & \delta_m & \text{Prem} \\
\vdots & \vdots & \\
k_1 & \alpha_1 & \\
\vdots & \vdots & \\
\\
\vdots & \vdots & \\
\\
m + \sum_{i=1}^{n}(k_i - m) & \alpha_n & \\
m + \sum_{i=1}^{n}(k_i - m) + 1 & \alpha_1 & \text{Rep} \\
\vdots & \vdots & \\
m + \sum_{i=1}^{n}(k_i - m) + n & \alpha_n & \text{Rep}
\end{array}
$$

Escrevemos agora as linhas $n+1$ a l da prova de $\{\alpha_1, \ldots, \alpha_n\} \vdash \beta$, atualizando as referências respetivas:

$$
\begin{array}{lll}
1 & \delta_1 & \text{Prem} \\
\vdots & \vdots & \\
m & \delta_m & \text{Prem} \\
\vdots & \vdots & \\
k_1 & \alpha_1 & \\
\vdots & \vdots & \\
\\
\vdots & \vdots & \\
\\
m + \sum_{i=1}^{n}(k_i - m) & \alpha_n & \\
m + \sum_{i=1}^{n}(k_i - m) + 1 & \alpha_1 & \text{Rep} \\
\vdots & \vdots & \\
m + \sum_{i=1}^{n}(k_i - m) + n & \alpha_n & \text{Rep} \\
\vdots & & \\
m + \sum_{i=1}^{n}(k_i - m) + l & \beta &
\end{array}
$$

Esta nova prova mostra que $\Delta \vdash \beta$. ∎

Teorema 2.2.5 (Monotonicidade – versão 1)

Se Δ_1 e Δ_2 são conjuntos de *fbfs*, α é uma *fbf*, e $\Delta_1 \vdash \alpha$, então $(\Delta_1 \cup \Delta_2) \vdash \alpha$.

DEMONSTRAÇÃO: Suponhamos que $\Delta_1 \vdash \alpha$. Isto significa que existe um conjunto finito de *fbfs* de Δ_1, digamos $\{\delta_{11}, \ldots, \delta_{1n}\}$, que são usadas como premissas numa prova que termina com a *fbf* α:

$$
\begin{array}{lll}
1 & \delta_{11} & \text{Prem} \\
\vdots & \vdots & \\
n & \delta_{1n} & \text{Prem} \\
\vdots & \vdots & \\
k & \alpha &
\end{array}
$$

Seja $\{\delta_{21}, \ldots, \delta_{2m}\}$ um conjunto finito de *fbfs* de Δ_2. Iremos construir uma prova que se inicia com as premissas $\delta_{11}, \ldots, \delta_{1n}, \delta_{21}, \ldots, \delta_{2m}$ e cujas linhas, após a linha $n + m$ são idênticas às linhas $n + 1$ a k da prova de $\Delta_1 \vdash \alpha$, atualizando apropriadamente as referências às aplicações das regras de inferência:

$$
\begin{array}{lll}
1 & \delta_{11} & \text{Prem} \\
\vdots & \vdots & \\
n & \delta_{1n} & \text{Prem} \\
n+1 & \delta_{21} & \text{Prem} \\
\vdots & \vdots & \\
n+m & \delta_{2m} & \text{Prem} \\
\vdots & \vdots & \\
m+k & \alpha &
\end{array}
$$

Esta nova prova mostra que $(\Delta_1 \cup \Delta_2) \vdash \alpha$. ∎

Teorema 2.2.6

Para qualquer conjunto de *fbfs* Δ, o conjunto $Th(\Delta)$ é infinito[18].

DEMONSTRAÇÃO: É fácil demonstrar que qualquer que seja Δ, $Th(\Delta) \neq \varnothing$. De facto, mesmo que $\Delta = \varnothing$, $Th(\varnothing)$ contém todos os teoremas. Dada qualquer *fbf* em $Th(\Delta)$, digamos α, utilizando apenas as regra da I$\vee$, podemos originar um número infinito de *fbfs*, $\alpha \vee \alpha$, $\alpha \vee \alpha \vee \alpha$, ..., $\alpha \vee \ldots \vee \alpha$. ∎

Teorema 2.2.7 (Monotonicidade – versão 2)

Se Δ_1 e Δ_2 são conjuntos de *fbfs* e se $\Delta_1 \subset \Delta_2$, então $Th(\Delta_1) \subset Th(\Delta_2)$.

DEMONSTRAÇÃO: Mostramos que para qualquer *fbf* α tal que $\alpha \in Th(\Delta_1)$ então $\alpha \in Th(\Delta_2)$. Seja $\Delta_2 = \Delta_1 \cup \Delta_0$ (isto é uma consequência direta do facto de $\Delta_1 \subset \Delta_2$).

Seja α uma *fbf* tal que $\alpha \in Th(\Delta_1)$. Por definição, $\Delta_1 \vdash \alpha$. O Teorema 2.2.5 garante que $(\Delta_1 \cup \Delta_0) \vdash \alpha$. Portanto, $\alpha \in Th(\Delta_2)$. ∎

---

[18]Recorde-se do Capítulo 1 (página 20) que $Th(\Delta) = \{\alpha : \Delta \vdash \alpha\}$.

Teorema 2.2.8 (Ponto fixo)
Se Δ é um conjunto de *fbfs*, então

$$Th(\Delta) = Th(Th(\Delta)).$$

DEMONSTRAÇÃO: Mostramos que $Th(\Delta) \subset Th(Th(\Delta))$ e que $Th(Th(\Delta)) \subset Th(\Delta)$.

1. $Th(\Delta) \subset Th(Th(\Delta))$.

   Seja $\alpha \in Th(\Delta)$. Uma vez que $\{\alpha\} \vdash \alpha$, podemos concluir que $\alpha \in Th(Th(\Delta))$.

2. $Th(Th(\Delta)) \subset Th(\Delta)$.

   Suponhamos por absurdo que $Th(Th(\Delta)) \not\subset Th(\Delta)$. Isto significa que existe um α tal que $\alpha \in Th(Th(\Delta))$ e $\alpha \notin Th(\Delta)$.

   Uma vez que $\alpha \in Th(Th(\Delta))$ e $\alpha \notin Th(\Delta)$, a *fbf* α é originada numa prova com as premissas $\beta_1, \ldots, \beta_n$ tais que $\{\beta_1, \ldots, \beta_n\} \subset Th(\Delta)$. Pelo Teorema 2.2.3, isto significa que $\alpha \in Th(\Delta)$, o que é uma contradição. Pelo que $Th(Th(\Delta)) \subset Th(\Delta)$.

Então $Th(\Delta) = Th(Th(\Delta))$ ∎

2.3   O sistema semântico

No sistema semântico consideramos as *fbfs* e os símbolos lógicos sob o ponto de vista do seu significado. O sistema semântico baseia-se no conceito de interpretação, o qual, no caso da lógica proposicional, é definido a partir de uma função de valoração.

Definição 2.3.1 (Função de valoração)
Uma *função de valoração* é uma função, v, dos símbolos de proposição para os valores lógicos, *verdadeiro* (V) e *falso* (F). Ou seja, $v : \mathcal{P} \mapsto \{V, F\}$. ◗

Definição 2.3.2 (Interpretação)
Dada uma função de valoração, v, uma interpretação é uma função, I_v, das *fbfs* para os valores lógicos ($I_v : \mathcal{L}_{LP} \mapsto \{V, F\}$), definida recursivamente do seguinte modo:

1. $I_v(\alpha) = v(\alpha)$, se α é uma *fbf* atómica ($\alpha \in \mathcal{P}$);

2. Para *fbfs* não atómicas, o seu valor é definido através de uma função booleana[19], uma função que transforma valores lógicos em valores lógicos.

---

[19]Em honra do matemático inglês George Boole (1815–1864).

A definição das funções booleanas baseia-se nos significados intuitivos dos símbolos lógicos apresentados na Secção 1.2. Para cada símbolo lógico, esta função é especificada através de uma tabela, conhecida por *tabela de verdade*.

(a) $I_v(\neg\alpha)$ é definido a partir do valor de $I_v(\alpha)$, $I_v(\neg\alpha) = V$ se e só se $I_v(\alpha) = F$:

$I_v(\alpha)$	$I_v(\neg\alpha)$
V	F
F	V

(b) $I_v(\alpha\wedge\beta)$ é definido a partir dos valores de $I_v(\alpha)$ e $I_v(\beta)$, $I_v(\alpha\wedge\beta) = V$ se e só se $I_v(\alpha) = V$ e $I_v(\beta) = V$:

$I_v(\alpha)$	$I_v(\beta)$	$I_v(\alpha \wedge \beta)$
V	V	V
V	F	F
F	V	F
F	F	F

(c) $I_v(\alpha\vee\beta)$ é definido a partir dos valores de $I_v(\alpha)$ e $I_v(\beta)$, $I_v(\alpha\vee\beta) = V$ se e só se $I_v(\alpha) = V$ ou $I_v(\beta) = V$:

$I_v(\alpha)$	$I_v(\beta)$	$I_v(\alpha \vee \beta)$
V	V	V
V	F	V
F	V	V
F	F	F

(d) $I_v(\alpha \rightarrow \beta)$ é definido a partir dos valores de $I_v(\alpha)$ e $I_v(\beta)$, $I_v(\alpha \rightarrow \beta) = V$ se e só se $I_v(\alpha) = F$ ou $I_v(\beta) = V$:

$I_v(\alpha)$	$I_v(\beta)$	$I_v(\alpha \rightarrow \beta)$
V	V	V
V	F	F
F	V	V
F	F	V

Por abuso de linguagem, referimo-nos à interpretação I_v apenas por I.

Definição 2.3.3 (Satisfação)
Dada uma *fbf* α e uma interpretação I, dizemos que I *satisfaz* a *fbf* α se e só se $I(\alpha) = V$ (diz-se também que a *fbf* α é *verdadeira* segundo a interpretação I);

em caso contrário dizemos que a interpretação *não satisfaz* a *fbf* α (neste caso, diz-se também que a *fbf* α é *falsa* segundo a interpretação *I*). ▶

Exemplo 2.3.1 Dados os símbolos de proposição *P*, *Q*, e *R*, se quisermos saber sob que condições a *fbf* $(P \wedge Q) \to R$ é verdadeira, construímos a seguinte tabela de verdade:

P	Q	$P \wedge Q$	R	$(P \wedge Q) \to R$
V	V	V	V	V
V	V	V	F	F
V	F	F	V	V
V	F	F	F	V
F	V	F	V	V
F	V	F	F	V
F	F	F	V	V
F	F	F	F	V

Verificamos que a *fbf* $(P \wedge Q) \to R$ apenas não é verdadeira no caso de ambos os símbolos de proposição *P* e *Q* serem verdadeiros e o símbolo de proposição *R* ser falso. Ou seja, a *fbf* $(P \wedge Q) \to R$ não é satisfeita por nenhuma interpretação para a qual $I(P) = V$, $I(Q) = V$ e $I(R) = F$. ⊗

Definição 2.3.4 (Fórmula satisfazível)
Uma *fbf* diz-se *satisfazível* se e só se existe uma interpretação na qual a *fbf* é verdadeira. ▶

Exemplo 2.3.2 A *fbf* $(P \wedge Q) \to R$ é satisfazível (ver Exemplo 2.3.1). ⊗

Definição 2.3.5 (Fórmula falsificável)
Uma *fbf* diz-se *falsificável* se e só se existe uma interpretação na qual a *fbf* é falsa. ▶

Exemplo 2.3.3 A *fbf* $(P \wedge Q) \to R$ é falsificável (ver Exemplo 2.3.1). ⊗

Definição 2.3.6 (Fórmula tautológica)
Uma *fbf* diz-se *tautológica* ou *tautologia*[20] se é verdadeira para todas as interpretações. Se α é uma tautologia escrevemos $\varnothing \models \alpha$ ou apenas $\models \alpha$. ▶

Exemplo 2.3.4 De acordo com a seguinte tabela de verdade:

---
[20]Por abuso de linguagem, é comum também dizer que estas *fbfs* são *válidas*.

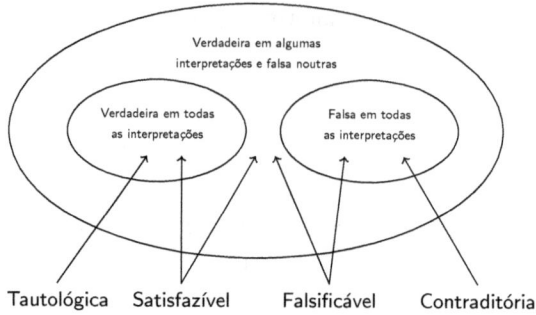

Figura 2.1: Classificação das *fbfs* em $\mathcal{L}_{LP}$.

P	Q	$P \rightarrow Q$	$P \wedge (P \rightarrow Q)$	$(P \wedge (P \rightarrow Q)) \rightarrow Q$
V	V	V	V	V
V	F	F	F	V
F	V	V	F	V
F	F	V	F	V

a *fbf* $(P \wedge (P \rightarrow Q)) \rightarrow Q$ é tautológica. ⓔ

Definição 2.3.7 (Fórmula contraditória)
Uma *fbf* diz-se *contraditória* ou *não satisfazível* se é falsa para todas as interpretações. ▶

Exemplo 2.3.5 A *fbf* $P \wedge \neg P$ é contraditória, como o mostra a seguinte tabela de verdade:

P	$\neg P$	$P \wedge \neg P$
V	F	F
F	V	F

ⓔ

Na Figura 2.1 apresentamos, graficamente, as relações entre *fbfs* tautológicas, satisfazíveis, falsificáveis e contraditórias.

Teorema 2.3.1
A *fbf* α é tautológica se e só se $\neg \alpha$ é contraditória.

DEMONSTRAÇÃO: Seja α uma *fbf* arbitrária e seja I uma interpretação. Por definição da interpretação para a negação $I(\alpha) = V$ se e só se $I(\neg\alpha) = F$ (ver página 60). Se α for verdadeira para todas as interpretações (α é tautológica), então $\neg\alpha$ será falsa para todas as interpretações ($\neg\alpha$ é contraditória). Reciprocamente, se $\neg\alpha$ for falsa para todas as interpretações, então α será verdadeira para todas as interpretações. ∎

Teorema 2.3.2
A *fbf* α é satisfazível se e só se $\neg\alpha$ é falsificável.

DEMONSTRAÇÃO: Seja α uma *fbf* arbitrária e seja I uma interpretação. Por definição da interpretação para a negação $I(\alpha) = V$ se e só se $I(\neg\alpha) = F$ (ver página 60). Se existir uma interpretação na qual α é verdadeira (α é satisfazível) então para essa interpretação $\neg\alpha$ é falsa ($\neg\alpha$ é falsificável). Conversamente, se existir uma interpretação para a qual $\neg\alpha$ é falsa, então para essa interpretação α é verdadeira. ∎

Definição 2.3.8 (Conjunto satisfazível)
Um conjunto de *fbfs* Δ diz-se satisfazível se e só se existe pelo menos uma interpretação que satisfaz todas as *fbfs* de Δ. ▶

Exemplo 2.3.6 Considerando o Exemplo 2.3.4, o conjunto $\{P, Q, P \rightarrow Q\}$ é satisfazível pois a interpretação $I(P) = V$ e $I(Q) = V$ satisfaz todas as *fbfs* deste conjunto. ✎

Definição 2.3.9 (Conjunto contraditório)
Um conjunto de *fbfs* Δ diz-se contraditório (também dito *não satisfazível*) se e só se não existe nenhuma interpretação que satisfaz todas as *fbfs* de Δ. ▶

Exemplo 2.3.7 O conjunto $\{P, \neg P\}$ é contraditório pois nenhuma interpretação satisfaz todas as *fbfs* deste conjunto. ✎

Definição 2.3.10 (Modelo de um conjunto de fórmulas)
Dado um conjunto de *fbfs* Δ, uma interpretação que satisfaz todas as *fbfs* de Δ diz-se um *modelo* do conjunto Δ. ▶

Usando a semântica podemos agora verificar a validade ou a invalidade de um argumento. Por definição o argumento (Δ, α) é válido se não existir nenhuma interpretação que torne todas as proposições em Δ *verdadeiras* e a conclusão (α) *falsa*[21]. Neste caso escrevemos $\Delta \models \alpha$.

---

[21] De um modo equivalente podemos dizer que todos os modelos das premissas são modelos da conclusão.

Exemplo 2.3.8 Dado o argumento $(\{P \wedge Q, R\}, P \wedge R)$, a seguinte tabela de verdade mostra a sua validade. Note-se que nesta tabela não existe nenhuma linha em que todas as premissas tenham o valor V e a conclusão tenha o valor F.

P	Q	R	$P \wedge Q$	$P \wedge R$
V	V	V	V	V
V	V	F	V	F
V	F	V	F	V
V	F	F	F	F
F	V	V	F	F
F	V	F	F	F
F	F	V	F	F
F	F	F	F	F

Ⓔ

Teorema 2.3.3 (Teorema da refutação)
Dado um conjunto de *fbfs* Δ e uma *fbf* α, $\Delta \models \alpha$ se e só se $\Delta \cup \{\neg\alpha\}$ não é satisfazível.

DEMONSTRAÇÃO:

⇒ Se $\Delta \models \alpha$ então $\Delta \cup \{\neg\alpha\}$ não é satisfazível. Uma vez que $\Delta \models \alpha$, não existe nenhuma interpretação que satisfaça Δ e não satisfaça α, o que significa que não existe nenhuma interpretação que satisfaça $\Delta \cup \{\neg\alpha\}$.

⇐ $\Delta \cup \{\neg\alpha\}$ não é satisfazível então $\Delta \models \alpha$. Uma vez que $\Delta \cup \{\neg\alpha\}$ não é satisfazível, qualquer interpretação que satisfaça todas as proposições em Δ não pode satisfazer $\neg\alpha$, o que significa que tem que satisfazer α, pelo que $\Delta \models \alpha$.

■

2.4   Correção e completude

Nesta secção apresentamos alguns resultados fundamentais em relação à lógica proposicional, nomeadamente a correção e a completude do formalismo apresentado ao longo deste capítulo.

Com a demonstração da correção mostramos que as nossas regras de inferência estão corretas, no sentido em que se existir uma prova de β a partir de α_1, ..., α_k, então para qualquer interpretação que torne todas as *fbfs* α_1, ..., α_k *verdadeiras*, esta interpretação também torna a *fbf* β *verdadeira*.

Na prova da correção utilizamos um processo de demonstração a que se dá o nome de *indução matemática* (completa). A indução matemática é utilizada para demonstrar que uma propriedade P definida no conjunto dos números naturais é verdadeira para todos eles. Na nossa demonstração, os números naturais que consideramos correspondem ao comprimento de uma prova, ou seja o número de linhas da prova.

Uma demonstração por indução matemática tem duas partes. A primeira, aborda o caso do primeiro número natural, mostrando que a propriedade se verifica para 1. Esta parte é conhecida como *base da indução*. A segunda parte tem a forma de uma implicação na qual no antecedente se assume que dado um inteiro arbitrário, n, a propriedade P se verifica para todos os inteiros menores ou iguais a n, e o consequente afirma que a propriedade P se verifica para o inteiro $n + 1$. Esta parte tem o nome de *passo de indução*. O resultado da indução matemática é a afirmação que a propriedade P se verifica para todos os inteiros.

Teorema 2.4.1 (Correção)
A lógica proposicional é correta. Para quaisquer *fbfs* α_1, ..., α_k e β, se $\{\alpha_1,$ ..., $\alpha_k\} \vdash \beta$ então $\{\alpha_1,$ ..., $\alpha_k\} \models \beta$.

DEMONSTRAÇÃO: Na nossa demonstração apenas consideramos as regras de inferência de base (as regras de inferência apresentadas entre as páginas 32 e 43), uma vez que as outras, os teoremas e as regras de inferência derivadas, correspondem a simplificações sintáticas da utilização das regras de inferência de base.

1. *Base da indução.*
   Utilizando apenas as regras de inferência de base, qualquer prova com apenas uma linha deve ter a forma:

   $$1 \quad \alpha \qquad \text{Prem}$$

   Da Definição 2.2.2 é evidente que $\{\alpha\} \vdash \alpha$. Por razões óbvias $\{\alpha\} \models \alpha$, pelo que a propriedade da correção se verifica para qualquer prova apenas com uma linha.

2. *Passo de indução*
   Suponhamos, por hipótese de indução, que para qualquer prova com n ou menos linhas, estabelecendo que $\{\alpha_1,$ ..., $\alpha_k\} \vdash \beta$, se verifica que $\{\alpha_1,$ ..., $\alpha_k\} \models \beta$.
   Iremos demonstrar, assumindo esta hipótese, que o mesmo resultado se verifica para qualquer prova com, no máximo, $n + 1$ linhas. Para demonstrar este resultado, iremos considerar exaustivamente as possibilidades de estender uma prova de n linhas para uma prova com $n + 1$ linhas, considerando, individualmente, cada uma das regras de inferência.

Prem　Suponhamos que estendíamos a prova adicionando a linha contendo a premissa α_{k+1}. Esta nova prova mostra que $\{\alpha_1, \ldots, \alpha_k, \alpha_{k+1}\} \vdash \alpha_{k+1}$. Dado que $\alpha_{k+1} \in \{\alpha_1, \ldots, \alpha_k, \alpha_{k+1}\}$, é impossível ter todas as premissas verdadeiras e a conclusão falsa, pelo que $\{\alpha_1, \ldots, \alpha_k, \alpha_{k+1}\} \models \alpha_{k+1}$.

Rep　Para estender a prova $\{\alpha_1, \ldots, \alpha_k\} \vdash \beta$, usando a regra da repetição iremos adicionar uma linha contendo uma *fbf* γ que já existe na prova. Esta nova prova demonstra que $\{\alpha_1, \ldots, \alpha_k\} \vdash \gamma$.

Como a *fbf* γ já existia na prova inicial, então $\{\alpha_1, \ldots, \alpha_k\} \vdash \gamma$, tendo esta prova no máximo n linhas. Pela hipótese de indução, podemos concluir que $\{\alpha_1, \ldots, \alpha_k\} \models \gamma$.

I∧　Para estender a prova $\{\alpha_1, \ldots, \alpha_k\} \vdash \beta$, usando a regra da I∧ teremos que introduzir a *fbf* $\gamma \wedge \delta$, a qual obriga a que tanto γ como δ existam em linhas da prova em consideração. Isto significa que as provas $\{\alpha_1, \ldots, \alpha_k\} \vdash \gamma$ e $\{\alpha_1, \ldots, \alpha_k\} \vdash \delta$ estão contidas na prova inicial, tendo cada uma destas provas no máximo n linhas[22]. Pela hipótese de indução, podemos concluir que $\{\alpha_1, \ldots, \alpha_k\} \models \gamma$ e que $\{\alpha_1, \ldots, \alpha_k\} \models \delta$. Por definição de consequência semântica, sempre que $\{\alpha_1, \ldots, \alpha_k\}$ forem verdadeiras tanto γ como δ serão verdadeiras. Podemos assim concluir que $\{\alpha_1, \ldots, \alpha_k\} \models \gamma \wedge \delta$.

E∧　Para estender a prova $\{\alpha_1, \ldots, \alpha_k\} \vdash \beta$, usando a regra da E∧ teremos que introduzir uma das *fbfs* γ ou δ a partir da *fbf* $\gamma \wedge \delta$. Para isso podemos considerar duas possibilidades:

Adicionando à prova original uma nova linha contendo a *fbf* γ, obtemos uma prova com no máximo $n+1$ linhas. Tendo em atenção que $\{\alpha_1, \ldots, \alpha_k\} \models \gamma \wedge \delta \ (= \beta)$, é fácil concluir que é impossível ter todas as premissas $\alpha_1, \ldots, \alpha_k$ verdadeiras e γ falsa, pelo que $\{\alpha_1, \ldots, \alpha_k\} \models \gamma$. Um raciocínio análogo pode ser estabelecido em relação à *fbf* δ.

I→　Para adicionar uma linha utilizando a regra da I→, na prova $\{\alpha_1, \ldots, \alpha_k\} \vdash \beta$ existe uma subprova iniciada com a hipótese α e cuja última linha é a *fbf* γ. A regra da I→ permite-nos escrever na próxima linha a *fbf* $\alpha \to \gamma$.

Consideremos uma prova alternativa contendo as hipóteses $\alpha_1, \ldots, \alpha_k$ e α. É óbvio que nesta prova podemos derivar a *fbf* γ, tendo esta nova prova no máximo n linhas. Pela hipótese de indução, podemos concluir que $\{\alpha_1, \ldots, \alpha_k, \alpha\} \models \gamma$.

Consideremos então a prova $\{\alpha_1, \ldots, \alpha_k\} \vdash \alpha \to \gamma$. Suponhamos, por absurdo, que existe uma situação que torna todas as premissas $\alpha_1, \ldots, \alpha_k$ verdadeiras e a conclusão $\alpha \to \gamma$ falsa. Se a *fbf* $\alpha \to \gamma$ é falsa, então a *fbf* α é verdadeira e a *fbf* γ é falsa, o que contradiz a hipótese de indução de que $\{\alpha_1, \ldots, \alpha_k, \alpha\} \models \gamma$. Logo, $\{\alpha_1, \ldots, \alpha_k\} \models \alpha \to \gamma$

---

[22]Note-se que estas provas poderão ser obtidas com menos premissas, mas isso não é relevante para a nossa demonstração.

E→ Para estender a prova $\{\alpha_1, \ldots, \alpha_k\} \vdash \beta$, utilizando a regra da E→ têm que existir nessa prova uma linha contendo a *fbf* $\alpha \to \beta$ e uma linha contendo a *fbf* α. Neste caso, tanto $\{\alpha_1, \ldots, \alpha_k\} \vdash \alpha \to \beta$ como $\{\alpha_1, \ldots, \alpha_k\} \vdash \alpha$, tendo cada uma destas provas no máximo n linhas. Pela hipótese de indução, podemos concluir que tanto $\{\alpha_1, \ldots, \alpha_k\} \models \alpha \to \beta$ como $\{\alpha_1, \ldots, \alpha_k\} \models \alpha$.

Utilizando a regra da E→ estabelecemos a prova $\{\alpha_1, \ldots, \alpha_k\} \vdash \beta$. No caso de todas as premissas serem verdadeiras, tanto $\alpha \to \beta$ com α são verdadeiras. Pela definição de implicação, também β será verdadeira, pelo que $\{\alpha_1, \ldots, \alpha_k\} \models \beta$.

I¬ Para adicionar uma linha à prova $\{\alpha_1, \ldots, \alpha_k\} \vdash \beta$, recorrendo à regra da I¬, na prova existe uma subprova iniciada com a hipótese α e cujas linhas contêm as *fbfs* γ e $\neg\gamma$. A regra da I¬ permite-nos escrever na próxima linha a *fbf* $\neg\alpha$.

Utilizando um raciocínio semelhante ao aplicado no caso da I→, podemos concluir que $\{\alpha_1, \ldots, \alpha_k, \alpha\} \models \gamma$ e também que $\{\alpha_1, \ldots, \alpha_k, \alpha\} \models \neg\gamma$.

Consideremos então a prova $\{\alpha_1, \ldots, \alpha_k\} \vdash \neg\alpha$. Será que é possível que todas as *fbfs* $\{\alpha_1, \ldots, \alpha_k\}$ sejam verdadeiras e a *fbf* $\neg\alpha$ seja falsa? Para isso, todas as *fbfs* $\{\alpha_1, \ldots, \alpha_k\}$ terão que ser verdadeiras e a *fbf* α também será verdadeira. Nestas condições, e pela hipótese de indução, sabemos que tanto γ como $\neg\gamma$ são verdadeiras, o que é uma contradição. Pelo que $\{\alpha_1, \ldots, \alpha_k\} \models \neg\alpha$.

E¬ Para adicionar uma linha à prova $\{\alpha_1, \ldots, \alpha_k\} \vdash \beta$, utilizando a regra da E¬, significa que na prova existe uma linha com a *fbf* $\neg\neg\alpha$. Como esta linha exite na prova podemos concluir que que $\{\alpha_1, \ldots, \alpha_k\} \vdash \neg\neg\alpha$, tendo esta prova no máximo n linhas. Pela hipótese de indução, podemos concluir que $\{\alpha_1, \ldots, \alpha_k\} \models \neg\neg\alpha$. Pela definição da negação, podemos também concluir que $\{\alpha_1, \ldots, \alpha_k\} \models \alpha$.

I∨ Para estender a prova $\{\alpha_1, \ldots, \alpha_k\} \vdash \beta$, usando a regra da I∨ iremos adicionar uma linha contendo a *fbf* $\gamma \vee \delta$ em que ou γ ou δ já existem na prova. Consideremos cada um destes casos:

(a) Suponhamos que a *fbf* γ já existe na prova. Isto significa que $\{\alpha_1, \ldots, \alpha_k\} \vdash \gamma$, tendo esta prova n ou menos linhas. Pela hipótese de indução $\{\alpha_1, \ldots, \alpha_k\} \models \gamma$.

Introduzindo a linha com a *fbf* $\gamma \vee \delta$ obtemos a prova $\{\alpha_1, \ldots, \alpha_k\} \vdash \gamma \vee \delta$. Pela hipótese de indução, sabemos que se todas as *fbfs* $\alpha_1, \ldots, \alpha_k$ forem verdadeiras então a *fbf* γ é verdadeira. Pela definição da disjunção, a *fbf* $\gamma \vee \delta$ também será verdadeira pelo que $\{\alpha_1, \ldots, \alpha_k\} \models \gamma \vee \delta$.

(b) Suponhamos que a *fbf* δ já existe na prova. O raciocínio é semelhante ao da alínea anterior.

E∨ Para estender a prova $\{\alpha_1, \ldots, \alpha_k\} \vdash \beta$, usando a regra da E∨ iremos adicionar uma linha contendo a *fbf* γ, partindo da existência de uma linha com a *fbf* $\phi \vee \delta$ e de duas subprovas, uma iniciada com a hipótese

ϕ e tendo γ como última linha e a outra iniciada com a hipótese δ e tendo γ como última linha.

Consideremos as seguintes situações:

(a) Como a linha contendo a *fbf* $\phi \lor \delta$ existe na prova original podemos concluir que $\{\alpha_1, \ldots, \alpha_k\} \vdash \phi \lor \delta$, tendo esta prova n ou menos linhas. Pela hipótese de indução, $\{\alpha_1, \ldots, \alpha_k\} \models \phi \lor \delta$.

(b) Como na prova original existe uma subprova iniciada com a hipótese ϕ e tendo γ como última linha, usando um raciocínio semelhante ao apresentado para a regra da I$\rightarrow$ podemos concluir que $\{\alpha_1, \ldots, \alpha_k, \phi\} \vdash \gamma$, tendo esta prova n ou menos linhas. Pela hipótese de indução então $\{\alpha_1, \ldots, \alpha_k, \phi\} \models \gamma$.

(c) Usando um raciocínio análogo ao da alínea anterior, podemos também concluir que $\{\alpha_1, \ldots, \alpha_k, \delta\} \models \gamma$.

Vejamos então se será possível encontrar uma situação em que as *fbfs* $\alpha_1, \ldots, \alpha_k$ são todas verdadeiras e a *fbf* γ é falsa. Pela alínea (a), se as *fbfs* $\alpha_1, \ldots, \alpha_k$ são todas verdadeiras então a *fbf* $\phi \lor \delta$ também é verdadeira. Neste caso, pela tabela da verdade da disjunção, pelo menos uma das *fbfs* ϕ ou δ terá que ser verdadeira. Supondo que a *fbf* ϕ é verdadeira, a alínea (b) garante-nos que γ é verdadeira. Por outro lado, supondo que δ é verdadeira, o mesmo resultado é garantido pela alínea (c). Logo γ é verdadeira pelo que $\{\alpha_1, \ldots, \alpha_k\} \models \gamma$.

Mostrámos que se para qualquer prova com n ou menos linhas de β a partir de $\alpha_1, \ldots, \alpha_k$ se verifica que $\{\alpha_1, \ldots, \alpha_k\} \models \beta$, então qualquer prova com $n + 1$ linhas corresponde a também a um argumento válido. Isto permite-nos concluir que para qualquer prova $\{\alpha_1, \ldots, \alpha_k\} \vdash \beta$ se verifica que $\{\alpha_1, \ldots, \alpha_k\} \models \beta$, ou seja, que a lógica é correta. ∎

Para demonstrar a completude precisamos de introduzir alguns conceitos, ao nível do sistema dedutivo, nomeadamente o conceito de conjunto de *fbfs* maximamente consistente.

Definição 2.4.1 (Conjunto consistente)
Um conjunto Δ de *fbfs* é *consistente* se e só se para nenhuma *fbf* α se verifica que $\Delta \vdash (\alpha \land \neg\alpha)$. ▶

Definição 2.4.2 (Conjunto inconsistente)
Um conjunto Δ de *fbfs* é *inconsistente* se e só se para alguma *fbf* α se verifica que $\Delta \vdash (\alpha \land \neg\alpha)$. ▶

Definição 2.4.3 (Conjunto maximamente consistente)
Um conjunto Δ de *fbfs* é *maximamente consistente* se e só se as duas condições seguintes se verificam:

1. Para nenhuma *fbf* α se verifica que $\Delta \vdash (\alpha \wedge \neg\alpha)$;

2. Para qualquer *fbf* α, ou α pertence a Δ ou (exclusivo) $\neg\alpha$ pertence a Δ.

▶

Informalmente, um conjunto maximamente consistente é um conjunto de *fbfs* que é tão grande quanto pode ser, sem ser inconsistente (ou seja sem conter simultaneamente as *fbfs* α e $\neg\alpha$). Sendo Δ um conjunto maximamente consistente, não lhe podemos adicionar nenhuma *fbf* sem originar um conjunto inconsistente. Na realidade, suponhamos que tentamos adicionar a Δ a *fbf* α. Podemos considerar 2 possibilidades (1) $\alpha \in \Delta$, neste caso o resultado da adição é o próprio Δ; ou (2) $\alpha \notin \Delta$, mas neste caso, pela segunda condição da Definição 2.4.3, $\neg\alpha \in \Delta$ pelo que a adição de α gerará um conjunto inconsistente.

Teorema 2.4.2
Qualquer conjunto consistente de *fbfs* pode ser estendido para um conjunto maximamente consistente.

DEMONSTRAÇÃO: Recordemos da página 28 que cada símbolo de proposição é indexado por um inteiro positivo. Esta indexação, juntamente com as regras de formação de *fbfs* apresentadas na página 29 permitem definir uma relação de ordem total sobre todas as *fbfs*, à qual se costuma chamar *enumeração*. Designamos a sequência ordenada de todas as *fbfs* por $[\beta_1, \beta_2 \ldots]$.

Seja Δ um conjunto consistente de *fbfs*. Tendo em atenção a relação de ordem total definida sobre as *fbfs*, definimos a seguinte sequência infinita de conjuntos de *fbfs*:

$$\Delta_0 = \Delta$$

$$\Delta_1 = \begin{cases} \Delta_0 \cup \{\beta_1\} & \text{se } \Delta_0 \cup \{\beta_1\} \text{ é consistente} \\ \Delta_0 \cup \{\neg\beta_1\} & \text{em caso contrário} \end{cases}$$

$$\vdots$$

$$\Delta_{n+1} = \begin{cases} \Delta_n \cup \{\beta_{n+1}\} & \text{se } \Delta_n \cup \{\beta_{n+1}\} \text{ é consistente} \\ \Delta_n \cup \{\neg\beta_{n+1}\} & \text{em caso contrário} \end{cases}$$

$$\vdots$$

Como Δ_0 é consistente, por construção, e se Δ_n for consistente então Δ_{n+1} é consistente, por indução matemática, podemos concluir que para todo o n, Δ_n é consistente.

Seja

$$\Delta_\infty = \bigcup_{i=0}^{\infty} \Delta_i.$$

Demonstramos agora que este conjunto é maximamente consistente, ou seja, (1) para nenhuma *fbf* α se verifica que $\Delta_\infty \vdash (\alpha \wedge \neg\alpha)$ e (2) para qualquer *fbf* α, ou α pertence a Δ_∞ ou $\neg\alpha$ pertence a Δ_∞.

Suponhamos por absurdo que Δ_∞ não é maximamente consistente. Neste caso, uma das condições (1) ou (2) é falsa.

1. Suponhamos que a condição (1) é falsa. Neste caso existe uma *fbf* α tal que $\Delta_\infty \vdash (\alpha \wedge \neg\alpha)$. Consideremos a prova de $\alpha \wedge \neg\alpha$ e seja β_m a *fbf* com o índice mais alto que é utilizada na prova. Recorde-se da Definição 2.2.1 que uma prova é uma sequência finita de linhas, pelo que existirá nessa prova uma *fbf* β_m nas condições desejadas. Então $\Delta_m \vdash (\alpha \wedge \neg\alpha)$, o que contradiz a condição que cada um dos elementos da sequência $[\Delta_0, \Delta_1, \ldots]$ é consistente.

2. Suponhamos que a condição (2) é falsa. Neste caso, existe uma *fbf* α tal que $\alpha \notin \Delta_\infty$ e $\neg\alpha \notin \Delta_\infty$. Seja m o índice da *fbf* α na sequência $[\beta_1, \beta_2 \ldots]$, ou seja, $\alpha = \beta_m$. A construção do conjunto Δ_m obriga a que ou α ou $\neg\alpha$ pertençam a Δ_m, o que contradiz a nossa hipótese.

Portanto, Δ_∞ é maximamente consistente. ∎

Teorema 2.4.3

Qualquer conjunto maximamente consistente tem um modelo, ou seja, existe uma interpretação que satisfaz todas as *fbfs* do conjunto.

DEMONSTRAÇÃO: Seja Δ um conjunto maximamente consistente. Iremos considerar uma interpretação que satisfaz todas as *fbfs* em Δ.

A prova da existência desta interpretação será realizada por indução matemática com base no número de símbolos lógicos que existem numa *fbf* em Δ. Mostramos, como base da indução, que a interpretação satisfaz todas as *fbfs* com zero símbolos lógicos, ou seja todas as *fbfs* correspondentes a símbolos de proposição. Assumimos como hipótese de indução que uma *fbf* α com n ou menos símbolos lógicos é satisfeita pela interpretação se e só se $\alpha \in \Delta$ e mostramos que daqui resulta que qualquer *fbf* β com $n+1$ símbolos lógicos é verdadeira se e só se $\beta \in \Delta$.

1. *Base da indução.*

   Seja α uma *fbf* com zero símbolos lógicos ($\alpha \in \mathcal{P}$). Consideremos a função de valoração v, definida do seguinte modo: se $\alpha \in \Delta$, então $v(\alpha) = V$; se $\alpha \notin \Delta$, então $v(\alpha) = F$. É claro que a interpretação I_v definida a partir da função de valoração v satisfaz α se e só se $\alpha \in \Delta$.

2. *Passo de indução.*

   Consideremos a interpretação I_v definida a partir da função de valoração estabelecida na base da indução. Suponhamos por hipótese de indução que qualquer *fbf* α com n ou menos símbolos lógicos é satisfeita pela interpretação I_v se e só se $\alpha \in \Delta$. Consideremos as possibilidades para construir uma *fbf* com $n + 1$ símbolos lógicos[23]:

(a) A *fbf* com $n + 1$ símbolos lógicos é da forma $\neg\alpha$. Então a *fbf* α tem n símbolos lógicos.

Queremos mostrar que $\neg\alpha$ é satisfeita pela interpretação I_v se e só se $\neg\alpha \in \Delta$. Para isso, teremos que mostrar que se $\neg\alpha$ é satisfeita pela interpretação I_v então $\neg\alpha \in \Delta$ (esta prova é assinalada com $\Rightarrow$) e teremos que mostrar que se $\neg\alpha \in \Delta$, então $\neg\alpha$ é satisfeita pela interpretação I_v (esta prova é assinalada com $\Leftarrow$).

$\Rightarrow$ Se $\neg\alpha$ é satisfeita pela interpretação I_v então $\neg\alpha \in \Delta$.

Suponhamos que $\neg\alpha$ é satisfeita pela interpretação I_v. Pela tabela de verdade para a negação, sabemos que α não é satisfeita pela interpretação I_v, o que significa que $\alpha \notin \Delta$. Como Δ é maximamente consistente, $\neg\alpha \in \Delta$.

$\Leftarrow$ Se $\neg\alpha \in \Delta$, então $\neg\alpha$ é satisfeita pela interpretação I_v.

Suponhamos que $\neg\alpha \in \Delta$. Como Δ é maximamente consistente, $\alpha \notin \Delta$, o que juntamente com a hipótese de indução nos permite concluir que α não é satisfeita pela interpretação I_v. Pela tabela de verdade da negação, concluímos que $\neg\alpha$ é satisfeita pela interpretação I_v, ou seja $\neg\alpha$ é verdadeira.

Portanto $\neg\alpha$ é verdadeira se e só se $\neg\alpha \in \Delta$.

(b) A *fbf* com $n + 1$ símbolos lógicos é da forma $\alpha \wedge \beta$. Podemos garantir que tanto α como β têm, no máximo, n símbolos lógicos.

Queremos mostrar que $\alpha \wedge \beta$ é satisfeita pela interpretação I_v se e só se $(\alpha \wedge \beta) \in \Delta$.

$\Rightarrow$ Se $\alpha \wedge \beta$ é satisfeita pela interpretação I_v então $(\alpha \wedge \beta) \in \Delta$.

Suponhamos que $\alpha \wedge \beta$ é satisfeita pela interpretação I_v. Sabemos pela tabela de verdade da conjunção que α é verdadeira e β é verdadeira. Uma vez que α e β têm no máximo n símbolos lógicos, pela hipótese de indução, $\alpha \in \Delta$ e $\beta \in \Delta$. Suponhamos por absurdo que $(\alpha \wedge \beta) \notin \Delta$. Como Δ é maximamente consistente $\neg(\alpha\wedge\beta) \in \Delta$, pelo que $\Delta \vdash \neg(\alpha\wedge\beta)$. Por outro lado, como $\alpha \in \Delta$, $\beta \in \Delta$ e como pela regra da I$\wedge$ sabemos que $\{\alpha, \beta\} \vdash (\alpha \wedge \beta)$, pelo teorema da monotonicidade (Teorema 2.2.5) podemos concluir que $\Delta \vdash (\alpha\wedge\beta)$. O que é uma contradição, pelo que teremos que abandonar a hipótese de $(\alpha \wedge \beta) \notin \Delta$, logo $(\alpha \wedge \beta) \in \Delta$.

$\Leftarrow$ Se $(\alpha \wedge \beta) \in \Delta$, então $\alpha \wedge \beta$ é satisfeita pela interpretação I_v.

Suponhamos que $(\alpha \wedge \beta) \in \Delta$. Suponhamos por absurdo que $\alpha \wedge \beta$ é falsa. Pela tabela de verdade da conjunção, sabemos que α é falsa ou que β é falsa.

i Suponhamos que α é falsa. Pela hipótese de indução, $\alpha \notin \Delta$. Como $(\alpha\wedge\beta) \in \Delta$, sabemos que α é verdadeira, o que contradiz

---

[23]Não estamos a considerar o caso da equivalência, pois esta é tratada como uma combinação dos outros símbolos lógicos.

a suposição que α é falsa.

ii Suponhamos que β é falsa. O raciocínio é análogo ao do caso anterior.

Portanto $\alpha \wedge \beta$ é verdadeira.

Portanto $\alpha \wedge \beta$ é verdadeira se e só se $(\alpha \wedge \beta) \in \Delta$.

(c) A *fbf* com $n+1$ símbolos lógicos é da forma $\alpha \vee \beta$. Podemos garantir que tanto α como β têm, no máximo, n símbolos lógicos.

Queremos mostrar que $\alpha \vee \beta$ é satisfeita pela interpretação I_v se e só se $(\alpha \vee \beta) \in \Delta$.

$\Rightarrow$ Se $\alpha \vee \beta$ é satisfeita pela interpretação I_v então $(\alpha \vee \beta) \in \Delta$.

Suponhamos que $\alpha \vee \beta$ é satisfeita pela interpretação I_v. Sabemos pela tabela de verdade da disjunção que α é verdadeira ou que β é verdadeira.

i Suponhamos que α é verdadeira. Uma vez que α tem no máximo n símbolos lógicos, pela hipótese de indução, $\alpha \in \Delta$. Suponhamos agora, por absurdo, que $(\alpha \vee \beta) \notin \Delta$. Como Δ é maximamente consistente, $\neg(\alpha \vee \beta) \in \Delta$, pelo que $\Delta \vdash \neg(\alpha \vee \beta)$. Como $\alpha \in \Delta$ e como pela regra da IV, $\{\alpha\} \vdash (\alpha \vee \beta)$, então pelo teorema da monotonicidade (Teorema 2.2.5) podemos concluir que $\Delta \vdash (\alpha \vee \beta)$ o que é uma contradição visto Δ ser consistente. Pelo que teremos que abandonar a hipótese de $(\alpha \vee \beta) \notin \Delta$ e concluir que $(\alpha \vee \beta) \in \Delta$.

ii Suponhamos que β é verdadeira. Um raciocínio análogo ao da alínea anterior leva-nos a concluir que $(\alpha \vee \beta) \in \Delta$.

Portanto, se $\alpha \vee \beta$ é satisfeita pela interpretação I_v então $(\alpha \vee \beta) \in \Delta$.

$\Leftarrow$ Se $(\alpha \vee \beta) \in \Delta$, então $\alpha \vee \beta$ é satisfeita pela interpretação I_v.

Suponhamos que $(\alpha \vee \beta) \in \Delta$. Suponhamos por absurdo que $\alpha \vee \beta$ é falsa. Pela tabela de verdade da disjunção, sabemos que α é falsa e que β é falsa. Uma vez que tanto α como β têm no máximo n símbolos lógicos, pela hipótese de indução, $\alpha \notin \Delta$ e $\beta \notin \Delta$. Como Δ é maximamente consistente $\neg\alpha \in \Delta$ e $\neg\beta \in \Delta$. Dado que $\{\neg\alpha, \neg\beta\} \vdash \neg(\alpha \vee \beta)$[24], também pelo teorema da monotonicidade (Teorema 2.2.5) podemos concluir que $\Delta \vdash \neg(\alpha \vee \beta)$, o que contradiz o facto de Δ ser consistente. Portanto, teremos que abandonar o pressuposto que $\alpha \vee \beta$ é falsa e concluir que $\alpha \vee \beta$ é verdadeira.

Portanto, se $(\alpha \vee \beta) \in \Delta$, então $\alpha \vee \beta$ é satisfeita pela interpretação I_v.

Portanto $\alpha \vee \beta$ é verdadeira se e só se $(\alpha \vee \beta) \in \Delta$.

(d) A *fbf* com $n+1$ símbolos lógicos é da forma $\alpha \to \beta$. Podemos garantir que tanto α como β têm, no máximo, n símbolos lógicos.

---

[24]Deixamos esta prova trivial com exercício para o leitor.

Queremos mostrar que $\alpha \to \beta$ é satisfeita pela interpretação I_v se e só se $(\alpha \to \beta) \in \Delta$.

$\Rightarrow$ Se $\alpha \to \beta$ é satisfeita pela interpretação I_v então $(\alpha \to \beta) \in \Delta$. Suponhamos que $\alpha \to \beta$ é satisfeita pela interpretação I_v. Sabemos pela tabela de verdade da implicação que α é falsa ou β é verdadeira. Uma vez que α e β têm no máximo n símbolos lógicos, pela hipótese de indução, $\alpha \notin \Delta$ ou $\beta \in \Delta$. Iremos considerar duas alternativas:

i Suponhamos que $\alpha \notin \Delta$. Como Δ é maximamente consistente, sabemos que $\neg \alpha \in \Delta$. É fácil provar que $\{\neg\alpha\} \vdash (\alpha \to \beta)$[25]. Suponhamos que $(\alpha \to \beta) \notin \Delta$. Como Δ é maximamente consistente, sabemos que $\neg(\alpha \to \beta) \in \Delta$, pelo que $\Delta \vdash \neg(\alpha \to \beta)$. Logo Δ é inconsistente. Rejeitamos a suposição que $(\alpha \to \beta) \notin \Delta$ e concluímos que $(\alpha \to \beta) \in \Delta$

ii Consideremos que $\beta \in \Delta$. Sabemos que $\{\beta\} \vdash (\alpha \to \beta)$ (ver a prova apresentada no Exemplo 2.2.12). Suponhamos que $(\alpha \to \beta) \notin \Delta$. Como Δ é maximamente consistente, sabemos que $\neg(\alpha \to \beta) \in \Delta$, pelo que $\Delta \vdash \neg(\alpha \to \beta)$. Logo Δ é inconsistente. Rejeitamos a suposição que $(\alpha \to \beta) \notin \Delta$ e concluímos que $(\alpha \to \beta) \in \Delta$.

Portanto $(\alpha \to \beta) \in \Delta$.

$\Leftarrow$ Se $(\alpha \to \beta) \in \Delta$, então $\alpha \to \beta$ é satisfeita pela interpretação I_v. Suponhamos que $(\alpha \to \beta) \in \Delta$. Suponhamos por absurdo que $\alpha \to \beta$ é falsa. Pela tabela de verdade da implicação, sabemos que α é verdadeira e β é falsa. Uma vez que α e β têm no máximo n símbolos lógicos, pela hipótese de indução, $\alpha \in \Delta$ e $\beta \notin \Delta$. Uma vez que pela regra da E$\to$ sabemos que $\{\alpha, \alpha \to \beta\} \vdash \beta$, podemos concluir que $\beta \in \Delta$, o que contradiz o facto de Δ ser consistente. Portanto, temos que abandonar a hipótese de $\alpha \to \beta$ ser falsa e concluir que $\alpha \to \beta$ é verdadeira.

Portanto, $\alpha \to \beta$ é satisfeita pela interpretação I_v se e só se $(\alpha \to \beta) \in \Delta$.

∎

Teorema 2.4.4

Para qualquer *fbf* α, se $\models \alpha$ então $\vdash \alpha$.

DEMONSTRAÇÃO: Seja Γ o conjunto de todos os teoremas ($\Gamma = Th(\{\})$). Suponhamos por absurdo que existe uma *fbf* α que é uma tautologia ($\models \alpha$) e que não é um teorema ($\alpha \notin \Gamma$).

Uma vez que α não é um teorema, o conjunto $\Gamma \cup \{\neg\alpha\}$ não é inconsistente. Note-se que se $\Gamma \cup \{\neg\alpha\}$ fosse inconsistente, poderíamos derivar $\neg\neg\alpha$ e consequentemente α o que contradiz o facto de α não ser um teorema.

---

[25] *Ibid.*

Seja Γ_∞ um conjunto maximamente consistente originado a partir de $\Gamma \cup \{\neg\alpha\}$. Pelo Teorema 2.4.2, este conjunto existe.

Pelo Teorema 2.4.3, existe um modelo para Γ_∞. Isto significa que existe uma interpretação que satisfaz todas as *fbfs* de Γ_∞, incluindo $\neg\alpha$. Contudo, se $\neg\alpha$ for verdadeira, então α é falsa, o que contradiz a nossa suposição que α é uma tautologia. Portanto α é um teorema. ∎

Teorema 2.4.5

Se $\{\alpha_1, \ldots, \alpha_{n-1}, \alpha_n\} \models \beta$, então $\{\alpha_1, \ldots, \alpha_{n-1}\} \models (\alpha_n \rightarrow \beta)$.

DEMONSTRAÇÃO: Suponhamos que $\{\alpha_1, \ldots, \alpha_{n-1}, \alpha_n\} \models \beta$. Isto significa que se todas as *fbfs* $\alpha_1, \ldots, \alpha_{n-1}, \alpha_n$ forem verdadeiras então a *fbf* β é verdadeira. Consideremos agora a expressão $\{\alpha_1, \ldots, \alpha_{n-1}\} \models (\alpha_n \rightarrow \beta)$ e vejamos se é possível conceber uma situação em que as premissas são verdadeiras e $\alpha_n \rightarrow \beta$ é falsa. Para isso, α_n terá que ser verdadeira e β falsa, o que não é possível uma vez que quando todas as *fbfs* $\alpha_1, \ldots, \alpha_{n-1}, \alpha_n$ forem verdadeiras a *fbf* β também é verdadeira. Então $\{\alpha_1, \ldots, \alpha_{n-1}\} \models (\alpha_n \rightarrow \beta)$. ∎

Teorema 2.4.6

Se $\{\alpha_1, \ldots, \alpha_n\} \models \beta$, então $\models (\alpha_1 \rightarrow (\ldots (\alpha_n \rightarrow \beta) \ldots))$.

DEMONSTRAÇÃO: Esta prova corresponde a n aplicações do Teorema 2.4.5. ∎

Teorema 2.4.7 (Completude)

A lógica proposicional é completa. Para quaisquer *fbfs* $\alpha_1, \ldots, \alpha_n, \beta$, se $\{\alpha_1, \ldots, \alpha_n\} \models \beta$ então $\{\alpha_1, \ldots, \alpha_n\} \vdash \beta$[26].

DEMONSTRAÇÃO: Suponhamos que $\{\alpha_1, \ldots, \alpha_n\} \models \beta$. Pelo Teorema 2.4.6, sabemos que $\models (\alpha_1 \rightarrow (\ldots (\alpha_n \rightarrow \beta) \ldots))$. Pelo Teorema 2.4.4, sabemos que $\vdash (\alpha_1 \rightarrow (\ldots (\alpha_n \rightarrow \beta) \ldots))$. Através de n aplicações do Teorema 2.2.3, podemos concluir que $\{\alpha_1 \ldots \alpha_n\} \vdash \beta$. ∎

2.5 Notas bibliográficas

O conceito de linguagem formal, com o nome de notação de conceitos ou *Begriffddchrift*, foi introduzido em 1897 por Gottlob Frege (1848–1925). Uma re-edição do artigo original pode ser consultada em [van Heijenhoort, 1967].

---

[26] A noção de completude apresentada é a noção de *completude fraca*, em que o conjunto de premissas é finito. A lógica proposicional é também *fortemente completa*, sendo o enunciado deste teorema também verificado no caso do número de premissas ser infinito.

Os sistemas de dedução natural têm as suas origens nos trabalhos de Gerhard Gentzen (1909–1945) (originalmente publicado em 1934 e re-editado em [Gentzen, 1969]) e de Stanislaw Jaskowski (1906–1965) (originalmente publicado em 1934 e re-editado em [Jaskowski, 1967]). Uma boa apresentação de uma alternativa aos sistemas de dedução natural, os sistemas axiomáticos, pode ser consultada em [Mendelson, 1987].

A semântica da lógica proposicional foi introduzida em 1854 por George Boole (1815–1864) [Boole, 1854]. A metodologia que apresentámos para calcular o valor lógico de uma proposição foi introduzida em 1936 por Alfred Tarski. Uma re-edição do artigo original de Tarski aparece em [Corcoran, 1983].

Ao longo dos últimos 40 anos, têm sido desenvolvidas lógicas que não apresentam os paradoxos da implicação mencionados nas páginas 39 e 40, [Anderson e Belnap, 1975], [Anderson et al., 1992], [Jeffreys, 1942], [Martins e Shapiro, 1988], [Priest et al., 1989], [Priest, 2002], [Read, 1988]. As lógicas nas quais uma contradição não implica qualquer proposição são conhecidas por *lógicas paraconsistentes*.

2.6 Exercícios

1. Considere a linguagem da lógica proposicional, $\mathcal{L}_{LP}$ e a semântica da lógica proposicional, como definida na Secção 2.3. Suponha que o sistema dedutivo desta lógica utilizava a abordagem da dedução natural e apenas continha duas regras de inferência, a regra da premissa e a regra da repetição. Diga, justificando, se esta lógica é:

   (a) Correta;
   (b) Completa.

2. Considere a linguagem da lógica proposicional, $\mathcal{L}_{LP}$, como definida na Secção 2.1 e a semântica da lógica proposicional como definida na Secção 2.3. Suponha que o sistema dedutivo desta lógica utilizava a abordagem da dedução natural e apenas continha duas regras de inferência, a regra da premissa e a seguinte regra de inferência (*Liberalização*, abreviada por "Lib"): em qualquer ponto de uma prova, podemos introduzir qualquer *fbf* por liberalização. Diga, justificando, se esta lógica é:

   (a) Correta;
   (b) Completa.

3. Usando apenas as regras do sistema de dedução natural apresentadas entre as páginas 32 e 43, prove os seguintes teoremas:

(a) Lei da dupla negação

$\neg\neg P \leftrightarrow P$

(b) Primeiras leis de De Morgan

$\neg(P \lor Q) \leftrightarrow (\neg P \land \neg Q)$

$\neg(P \land Q) \leftrightarrow (\neg P \lor \neg Q)$

(c) Lei do contrapositivo

$(P \to Q) \leftrightarrow (\neg Q \to \neg P)$

(d) Leis do silogismo

$(Q \to R) \to ((P \to Q) \to (P \to R))$

$(P \to Q) \to ((Q \to R) \to (P \to R))$

(e) Lei do transporte

$(P \to (Q \to R)) \leftrightarrow ((P \land Q) \to R)$

(f) Equivalência entre a implicação e a disjunção

$(P \to Q) \leftrightarrow (\neg P \lor Q)$

(g) Propriedade distributiva da disjunção em relação à conjunção

$(P \lor (Q \land R)) \leftrightarrow ((P \lor Q) \land (P \lor R))$

(h) Propriedade distributiva da conjunção em relação à disjunção

$(P \land (Q \lor R)) \leftrightarrow ((P \land Q) \lor (P \land R))$

4. Usando apenas as regras do sistema de dedução natural apresentadas entre as páginas 32 e 43, prove os seguintes teoremas:

(a) $(P \lor Q) \to \neg(\neg P \lor \neg Q)$

(b) $(P \to (Q \to R)) \to ((P \to Q) \to (P \to R))$

(c) $(P \land Q) \to \neg(P \to \neg Q)$

5. Usando apenas as regras do sistema de dedução natural apresentadas entre as páginas 32 e 43, prove os seguintes argumentos:

(a) $(\{P \to (P \to Q), P\}, Q)$

(b) $(\{P \to Q, Q \to R\}, P \to R\}$

(c) $(\{P\}, Q \to (P \land Q))$

(d) $(\{P \to (Q \lor R), Q \to S, R \to S\}, P \to S)$

6. Considere as seguntes *fbfs*

(a) $(P \to Q) \to (P \land Q)$

(b) $(P \land Q) \to (P \lor \neg Q)$

Classifique-as como satisfazíveis, falsificáveis, tautológicas ou contraditórias.

7. Considere o seguinte conjunto de *fbfs*:

$$\Delta = \{P \vee (Q \vee R), \neg P \to \neg(Q \vee R), Q \to \neg(R \vee P)\}.$$

   (a) Diga quais os modelos de Δ.

   (b) A *fbf* $P \wedge \neg Q$ é consequência semântica[27] de Δ? Porquê?

8. Considere o seguinte conjunto de *fbfs*:

$$\Delta = \{(P \vee Q) \to R, \neg R \vee S, \neg P\}.$$

   (a) Diga quais os modelos de Δ.

   (b) Mostre que a *fbf* S não é consequência semântica do conjunto Δ.

---

[27]Recorde-se da página 4, a definição de consequência semântica.

Capítulo 3

Lógica Proposicional (II)

Neste capítulo voltamos a considerar a lógica proposicional, mas sob a perspetiva da sua utilização por um sistema computacional. Dado que uma lógica
tem dois componentes, o sistema dedutivo e o sistema semântico, é natural que
consideremos aspetos relacionados com cada um destes componentes.

Em relação ao sistema dedutivo, e considerando a discussão apresentada na
Secção 2.2.2, deve ser claro que a geração automática de provas utilizando um
sistema de dedução natural não é uma tarefa trivial; considerando as provas
apresentadas na Secção 2.2.3, podemos concluir que a geração de provas num
sistema axiomático é ainda bastante mais difícil. A criação de provas exige
raciocínio e prática, existindo algumas regras empíricas, as quais nem sempre
funcionam. É pois natural que tenham sido desenvolvidos métodos para a automatização da geração de provas, ou, como por vezes são conhecidos, *métodos
para a automatização do raciocínio* ou *métodos para o raciocínio automático*.
Neste capítulo introduzimos um desses métodos, chamado resolução.

Quanto ao sistema semântico, poderá à primeira vista parecer que a utilização
das tabelas de verdade apresentadas na Secção 2.3 corresponde a um algoritmo

que permite sempre decidir em que condições uma *fbf* é satisfeita. No entanto, para uma *fbf* contendo n símbolos de proposição, a sua tabela de verdade contém 2^n linhas, cada uma das quais corresponde a uma combinação possível dos valores lógicos dos símbolos de proposição contidos na *fbf*. O problema com este algoritmo é que a sua complexidade cresce exponencialmente com o número de símbolos de proposição. Os algoritmos para determinar se uma *fbf* é satisfazível são importantes, por exemplo, para o projeto de circuitos eletrónicos. No projeto de um circuito eletrónico, um pequeno "chip" pode facilmente ter mais de 100 símbolos de proposição, o que exigiria uma tabela de verdade com mais de 2^{100} linhas (número esse que é superior a 10^{30}). Por esta razão, o outro tópico abordado neste capítulo corresponde ao desenvolvimento de algoritmos eficientes para determinar a satisfazibilidade de um conjunto de fórmulas.

3.1   Resolução

A resolução corresponde a uma abordagem ao sistema dedutivo que é baseada numa única regra de inferência, o princípio da resolução. A utilização do princípio da resolução obriga à transformação das *fbfs* para uma forma especial, a *forma clausal*, a qual corresponde a uma conjunção de cláusulas.

3.1.1   Forma clausal

Antes de apresentar a resolução precisamos de introduzir algumas definições e discutir o processo de transformação de uma *fbf* arbitrária para a sua forma clausal.

Definição 3.1.1 (Literal)
Uma *fbf* atómica ou a sua negação é chamada um *literal*. Um *literal positivo* é uma *fbf* atómica e um *literal negativo* é a negação de uma *fbf* atómica. ▶

Recorde-se da página 29 que uma *fbf* atómica corresponde a um símbolo de proposição.

Definição 3.1.2 (Cláusula)
Uma *cláusula* é um literal ou uma disjunção de literais. ▶

Definição 3.1.3 (Cláusula unitária)
Uma cláusula constituída apenas por um literal chama-se *cláusula unitária*. ▶

Exemplo 3.1.1 Sendo P e Q símbolos de proposição, as *fbfs* $\neg P$ e Q são literais, respetivamente, negativo e positivo. As *fbfs* P, $P \lor Q$ e $\neg P \lor Q$ são cláusulas. As *fbfs* P e $\neg P$ são cláusulas unitárias. ⊛

Definição 3.1.4 (Forma conjuntiva normal)
Uma *fbf* diz-se na *forma conjuntiva normal* se for da forma $\alpha_1 \land \ldots \land \alpha_n$ em que cada um dos α_i $(1 \leq i \leq n)$ é uma cláusula. ▶

Exemplo 3.1.2 A *fbf* $(P \lor \neg Q \lor \neg R) \land (\neg P \lor S) \land (Q \lor R \lor S)$ está na forma conjuntiva normal. ⊛

Uma forma conveniente para representar *fbfs* em forma conjuntiva normal consiste em recorrer à utilização de conjuntos. A cláusula $\alpha_1 \lor \ldots \lor \alpha_n$ é representada pelo conjunto de literais $\{\alpha_1, \ldots, \alpha_n\}$; a forma conjuntiva normal $\beta_1 \land \ldots \land \beta_n$ é representada pelo conjunto de cláusulas $\{\beta_1, \ldots, \beta_n\}$.

Exemplo 3.1.3 A *fbf* do Exemplo 3.1.2 é representada pelo conjunto $\{\{P, \neg Q, \neg R\}, \{\neg P, S\}, \{Q, R, S\}\}$. ⊛

Definição 3.1.5 (Cláusula – versão 2)
Uma *cláusula* é um conjunto de literais. ▶

Dado que uma cláusula passa a ser representada por um conjunto, utilizamos letras gregas maiúsculas para a designar.

A transformação de qualquer *fbf* para a sua representação em forma clausal pode ser realizada mecanicamente através da aplicação de uma sequência de passos. Antes de apresentar esta sequência (na realidade, um algoritmo) fazemos duas observações:

1. Apenas utilizamos os símbolos lógicos $\neg$, $\lor$, $\land$ e $\rightarrow$. Uma *fbf* com outros símbolos lógicos deverá ser transformada numa *fbf* equivalente utilizando apenas os símbolos lógicos anteriores.

2. A transformação é baseada em teoremas que correspondem a equivalências entre *fbfs*. Sendo α e β duas *fbfs*, a *fbf* $\alpha \leftrightarrow \beta$ permite-nos substituir a *fbf* α pela *fbf* β e vice-versa. Note-se que nestes passos estamos a *utilizar* propriedades da lógica e não a provar resultados com a lógica.

Passos para a transformação de uma *fbf* arbitrária em forma clausal:

1. *Eliminação do símbolo* →

   A eliminação do símbolo → baseia-se na equivalência entre a implicação
   e a disjunção:

   $$(\alpha \to \beta) \leftrightarrow (\neg\alpha \vee \beta)$$

   Este passo consiste na substituição de todas as ocorrências de $\alpha \to \beta$ por
   $\neg\alpha \vee \beta$.

   Exemplo 3.1.4 Consideremos a seguinte *fbf*:

   $$P \to \neg(Q \vee ((R \wedge S) \to P))$$

   aplicando a regra da eliminação do símbolo →, esta *fbf* será sucessivamente transformada em:

   $$\neg P \vee \neg(Q \vee ((R \wedge S) \to P))$$

   $$\neg P \vee \neg(Q \vee (\neg(R \wedge S) \vee P))$$

   Ⓔ

2. *Redução do domínio do símbolo* ¬

   O objetivo deste passo é o de reduzir ao mínimo o domínio de aplicação
   do símbolo ¬. No final da execução deste passo, a negação deve-se apenas
   aplicar a *fbfs* atómicas.

   Este passo é obtido utilizando repetitivamente as seguintes equivalências:

   (a) Lei da dupla negação

   $$\neg\neg\alpha \leftrightarrow \alpha$$

   (b) Primeiras leis de De Morgan

   $$\neg(\alpha \vee \beta) \leftrightarrow (\neg\alpha \wedge \neg\beta)$$

   $$\neg(\alpha \wedge \beta) \leftrightarrow (\neg\alpha \vee \neg\beta)$$

   Exemplo 3.1.5 Aplicando este passo à *fbf* do Exemplo 3.1.4, obtemos:

   $$\neg P \vee (\neg Q \wedge \neg(\neg(R \wedge S) \vee P))$$

   $$\neg P \vee (\neg Q \wedge (\neg\neg(R \wedge S) \wedge \neg P))$$

   $$\neg P \vee (\neg Q \wedge ((R \wedge S) \wedge \neg P))$$

   Ⓔ

3. *Obtenção da forma conjuntiva normal*

Neste passo aplicamos repetitivamente a propriedade distributiva da disjunção em relação à conjunção:

$$\alpha \vee (\beta \wedge \gamma) \leftrightarrow (\alpha \vee \beta) \wedge (\alpha \vee \gamma)$$

No final deste passo, a *fbf* corresponde a uma conjunção de disjunções.

Exemplo 3.1.6 A partir da *fbf* obtida no Exemplo 3.1.5, obtemos as seguintes transformações[1]:

$$(\neg P \vee \neg Q) \wedge (\neg P \vee ((R \wedge S) \wedge \neg P))$$

$$(\neg P \vee \neg Q) \wedge (\neg P \vee (R \wedge S)) \wedge (\neg P \vee \neg P)$$

$$(\neg P \vee \neg Q) \wedge (\neg P \vee R) \wedge (\neg P \vee S) \wedge (\neg P \vee \neg P)$$

Ⓔ⌧

4. *Eliminação do símbolo* $\wedge$

Este passo consiste em transformar a *fbf* num conjunto de cláusulas. Uma vez que a *fbf* gerada no passo anterior é já constituída por uma conjunção de cláusulas, este passo corresponde à formação de um conjunto com tantos elementos quanto o número de cláusulas existentes na *fbf*.

Exemplo 3.1.7 A partir da *fbf* do Exemplo 3.1.6, obtemos:

$$\{\neg P \vee \neg Q, \neg P \vee R, \neg P \vee S, \neg P \vee \neg P\}$$

Ⓔ⌧

5. *Eliminação do símbolo* $\vee$

Este passo consiste na transformação de cada cláusula num conjunto de literais. Uma vez que o símbolo lógico que liga os literais da cláusula é a disjunção, e esta é comutativa[2], podemos omiti-la. Obtemos assim um conjunto de conjuntos de literais.

Exemplo 3.1.8 A partir do conjunto do Exemplo 3.1.7, obtemos[3]:

$$\{\{\neg P, \neg Q\}, \{\neg P, R\}, \{\neg P, S\}, \{\neg P\}\}$$

Ⓔ⌧

---

[1]Dado que a conjunção é associativa, eliminámos os parênteses redundantes.

[2]Das regras de I$\vee$ e E$\vee$ é óbvio que $(\alpha \vee \beta) \leftrightarrow (\beta \vee \alpha)$.

[3]Note-se que a disjunção $\{\neg P \vee \neg P\}$ é transformada no conjunto singular $\{\neg P\}$.

1	$\alpha \vee \beta$	Prem
2	$\neg\alpha \vee \gamma$	Prem
3	α	Hip
4	$\neg\alpha \vee \gamma$	Rei, 2
5	$\neg\alpha$	Hip
6	$\neg\gamma$	Hip
7	α	Rei, 3
8	$\neg\alpha$	Rei, 5
9	$\neg\neg\gamma$	I$\neg$, (6, (7, 8))
10	γ	E$\neg$, 9
11	$\beta \vee \gamma$	I$\vee$, 10
12	γ	Hip
13	$\beta \vee \gamma$	I$\vee$, 12
14	$\beta \vee \gamma$	E$\vee$, (4, (5, 11), (12, 13))
15	β	Hip
16	$\beta \vee \gamma$	I$\vee$, 15
17	$\beta \vee \gamma$	E$\vee$, (1, (3, 14), (15, 16))

Figura 3.1: Padrão de raciocínio correspondente ao princípio da resolução.

3.1.2   O princípio da resolução

O princípio da resolução corresponde a um padrão de raciocínio que afirma que a partir de $\alpha \vee \beta$ e de $\neg\alpha \vee \gamma$ podemos concluir que $\beta \vee \gamma$. Este padrão de raciocínio é justificado pela prova apresentada na Figura 3.1[4]. O princípio da resolução é uma *regra de inferência derivada* que é aplicável a cláusulas, gerando novas cláusulas.

Definição 3.1.6 (Princípio da resolução)
Sejam Ψ e Φ duas cláusulas e α uma *fbf* atómica tal que $\alpha \in \Psi$ e $\neg\alpha \in \Phi$, então, podemos inferir a cláusula $(\Psi - \{\alpha\}) \cup (\Phi - \{\neg\alpha\})$.

---

[4]Note-se que esta prova utiliza meta-variáveis que representam *fbfs*.

$$\{P\} \qquad\qquad \{\neg P, Q\}$$

$$\{Q\}$$

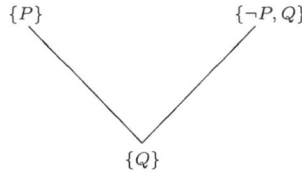

Figura 3.2: Representação gráfica da aplicação do princípio da resolução.

A cláusula obtida é chamada o *resolvente* das cláusulas Ψ e Φ, representado, em texto corrido, por $Res(\Psi, \Phi)$, as quais são designadas por *cláusulas mãe*. Os literais α e $\neg\alpha$ designam-se por *literais em conflito* nas cláusulas Ψ e Φ. Note-se que duas cláusulas podem ter mais do que um resolvente. Neste caso, dizemos que $(\Psi - \{\alpha\}) \cup (\Phi - \{\neg\alpha\})$ é o *resolvente-α* das cláusulas Ψ e Φ, representado por $Res_\alpha(\Psi, \Phi)$. ▶

Exemplo 3.1.9 Consideremos as cláusulas $\{\neg P, Q, S\}$ e $\{P, \neg Q\}$. O seu resolvente-P é $\{Q, \neg Q, S\}$ e o seu resolvente-Q é $\{P, \neg P, S\}$. ✑

Exemplo 3.1.10 Consideremos as cláusulas $\{P\}$ e $\{\neg P, Q\}$, as quais correspondem, respetivamente, às *fbfs* de lógica proposicional P e $P \to Q$. A aplicação do princípio da resolução a estas duas cláusulas dá origem à cláusula $\{Q\}$. Esta aplicação do princípio da resolução é representada através da seguinte sequência de linhas[5]:

$$
\begin{array}{lll}
1 & \{P\} & \text{Prem} \\
2 & \{\neg P, Q\} & \text{Prem} \\
3 & \{Q\} & \text{Res, } (1, 2)
\end{array}
$$

Note-se que esta aplicação do princípio da resolução corresponde à regra de inferência *modus ponens*. Usando resolução, é vulgar apresentar as inferências através de uma representação gráfica como se mostra na Figura 3.2. ✑

Exemplo 3.1.11 Consideremos as cláusulas $\{\neg P, Q\}$ e $\{\neg Q, R\}$, as quais correspondem, respetivamente, às *fbfs* de lógica proposicional $P \to Q$ e $Q \to R$. A aplicação do princípio da resolução a estas duas cláusulas dá origem à cláusula $\{\neg P, R\}$, a qual corresponde em lógica proposicional à *fbf* $P \to R$. Esta

---

[5]Esta sequência de linhas corresponde a uma prova no sistema de dedução natural com cláusulas em lugar de *fbfs* e utilizando a regra da resolução, abreviada por "Res".

aplicação pode ser expressa através da seguinte sequência de linhas:

$$\begin{array}{lll} 1 & \{\neg P, Q\} & \text{Prem} \\ 2 & \{\neg Q, R\} & \text{Prem} \\ 3 & \{\neg P, R\} & \text{Res}, (1, 2) \end{array}$$

Note-se que esta aplicação do princípio da resolução corresponde ao encadeamento de *fbfs* contendo implicações. ⊗

Exemplo 3.1.12 Consideremos as cláusulas $\{\neg P\}$ e $\{P\}$, as quais correspondem, respetivamente, às *fbfs* de lógica proposicional $\neg P$ e P. A aplicação do princípio da resolução a estas duas cláusulas dá origem à cláusula $\{\}$, chamada a *cláusula vazia*, a qual corresponde em lógica proposicional a uma contradição. ⊗

3.1.3   Prova por resolução

Uma prova por resolução é semelhante a uma prova no sistema de dedução natural com a diferença que as *fbfs* são escritas sob a forma de cláusulas e apenas utilizam duas regras de inferência, a regra da premissa e o princípio da resolução.

Definição 3.1.7 (Prova por resolução de Φ a partir de Δ)
Uma prova por resolução de uma cláusula Φ a partir de um conjunto de cláusulas Δ é uma sequência de cláusulas $\Omega_1, \ldots, \Omega_n$, tal que:

1. $\Omega_n = \Phi$;

2. Para todo o i $(1 \leq i \leq n)$,
$$\Omega_i \in \Delta$$
ou
$$\Omega_i = Res(\Gamma, \Theta), \text{ em que } \Gamma, \Theta \in \{\Omega_1, \ldots, \Omega_{i-1}\} \quad \blacktriangleright$$

Exemplo 3.1.13 Dado o conjunto de cláusulas

$$\Delta = \{\{\neg P, Q\}, \{\neg Q, R\}, \{\neg R, S\}, \{P\}\},$$

a seguinte sequência é uma prova por resolução de $\{S\}$ a partir de Δ:

1	$\{\neg P, Q\}$	Prem
2	$\{\neg Q, R\}$	Prem
3	$\{\neg R, S\}$	Prem
4	$\{P\}$	Prem
5	$\{\neg P, R\}$	Res, (1, 2)
6	$\{\neg P, S\}$	Res, (3, 5)
7	$\{S\}$	Res, (4, 6)

Normalmente a resolução aplica-se a provas por absurdo, as quais, utilizando a resolução se chamam *provas por refutação*[6]. Nas provas por refutação adiciona--se às premissas a negação da conclusão e gera-se uma contradição (a cláusula vazia).

Definição 3.1.8 (Prova por refutação)
Uma prova por refutação a partir de um conjunto de cláusulas Δ é uma prova por resolução de $\{\}$ a partir de Δ. ▶

Exemplo 3.1.14 Suponhamos que queremos demonstrar o teorema $(\neg P \wedge \neg Q) \to \neg(P \vee Q)$, ou seja, que queremos demonstrar que $\{\} \vdash (\neg P \wedge \neg Q) \to \neg(P \vee Q)$. Usando uma demonstração por refutação, adicionamos a negação da conclusão às premissas, tentando provar que a partir do conjunto $\{\neg((\neg P \wedge \neg Q) \to \neg(P \vee Q))\}$ podemos derivar uma contradição.

Começamos por obter a forma clausal:

Eliminação do símbolo $\to$:	$\neg(\neg(\neg P \wedge \neg Q) \vee \neg(P \vee Q))$
Redução do domínio do símbolo $\neg$:	$\neg\neg(\neg P \wedge \neg Q) \wedge \neg\neg(P \vee Q)$
	$(\neg P \wedge \neg Q) \wedge (P \vee Q)$
Obtenção da forma conjuntiva normal:	$\neg P \wedge \neg Q \wedge (P \vee Q)$
Eliminação do símbolo $\wedge$:	$\{\neg P, \neg Q, (P \vee Q)\}$
Eliminação do símbolo $\vee$:	$\{\{\neg P\}, \{\neg Q\}, \{P, Q\}\}$

Podemos agora efetuar a seguinte prova por refutação:

1	$\{\neg P\}$	Prem
2	$\{\neg Q\}$	Prem
3	$\{P, Q\}$	Prem
4	$\{Q\}$	Res, (1, 3)
5	$\{\}$	Res, (2, 4)

---

[6]O nome destas provas foi originado pelo teorema 2.3.3, o *teorema da refutação*.

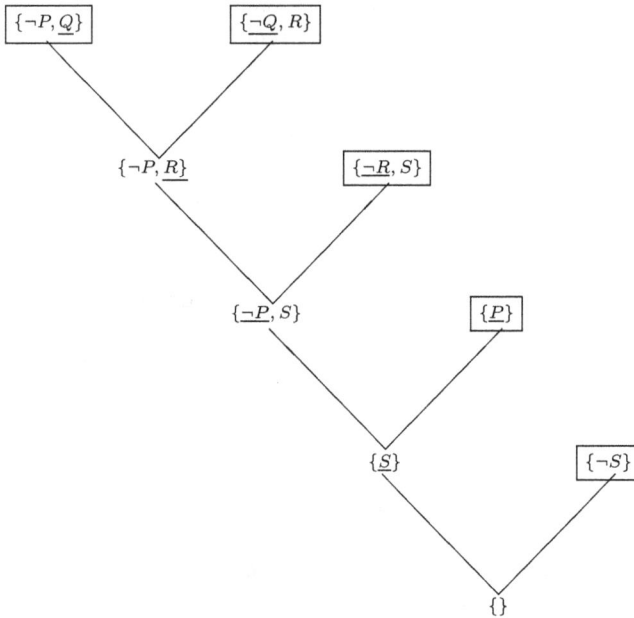

Figura 3.3: Representação gráfica de prova por refutação.

Exemplo 3.1.15 Recorrendo a uma prova por refutação, a prova apresentada no Exemplo 3.1.13 transforma-se em:

1	$\{\neg P, Q\}$	Prem
2	$\{\neg Q, R\}$	Prem
3	$\{\neg R, S\}$	Prem
4	$\{P\}$	Prem
5	$\{\neg S\}$	Prem
6	$\{\neg P, R\}$	Res, $(1, 2)$
7	$\{\neg P, S\}$	Res, $(3, 6)$
8	$\{S\}$	Res, $(4, 7)$
9	$\{\}$	Res, $(5, 8)$

Na Figura 3.3 mostramos uma representação gráfica desta prova, sendo as premissas representadas dentro de um retângulo e os literais que são utilizados na aplicação do princípio da resolução indicados a sublinhado. ⊗

3.1.4 Estratégias em resolução

Numa prova por resolução, a decisão de quais as cláusulas a utilizar em cada passo da prova é tomada recorrendo a uma *estratégia de resolução*. Correspondendo a resolução a um processo de inferência que é fácil de automatizar, é natural que se tenham desenvolvido várias estratégias para a geração sistemática de novas cláusulas a partir de cláusulas existentes.

Geração por saturação de níveis. Um dos processos de geração de cláusulas utilizado na resolução, chamado método de *resolução por saturação de níveis*, e que corresponde a um método sistemático de procura conhecido por *procura em largura*[7], consiste em separar as cláusulas geradas em vários níveis, cada um dos quais utiliza pelo menos uma das cláusulas existentes no nível anterior e gerar todas as cláusulas de um nível antes de começar a gerar as cláusulas do próximo nível.

Usando este método, uma prova por resolução da cláusula Φ a partir de um conjunto de cláusulas Δ é uma sequência de cláusulas $\Omega_1, \ldots, \Omega_n$, agrupadas em conjuntos (correspondentes aos níveis) $\Delta_0, \ldots, \Delta_m$ tais que:

1. $\Omega_n = \Phi$ $(\Omega_n \in \Delta_m)$;

2. $\Delta_0 = \Delta$;

3. Para $k > 0$, $\Delta_k = \{\Omega : \Omega = Res(\Phi, \Gamma) \wedge \Phi \in \bigcup_{i=0}^{k-1} \Delta_i \wedge \Gamma \in \Delta_{k-1}\}$.

Exemplo 3.1.16 Na Figura 3.4 apresentamos a prova por refutação de S a partir de $\{\{\neg P, Q\}, \{\neg Q, R\}, \{\neg R, S\}, \{P\}\}$, utilizando a estratégia de resolução por saturação de níveis. Note-se que algumas das cláusulas do nível 2 podem ser obtidas por diferentes aplicações do princípio da resolução, embora apenas uma delas seja apresentada na figura. ☻

A utilização da resolução por saturação de níveis fornece um algoritmo para a aplicação sistemática do princípio da resolução a um conjunto de cláusulas, que garante encontrar uma solução, se esta existir, que corresponde ao menor número de aplicações do princípio da resolução[8]. No entanto, como o Exemplo 3.1.16 claramente o mostra, a resolução por saturação de níveis origina muitas cláusulas que não são úteis para a prova e, além disso, gera cláusulas repetidas. Compare-se, por exemplo, as provas apresentadas na Figuras 3.3 e 3.4, as quais utilizam o mesmo conjunto de premissas.

---

[7]Do inglês, *"breath-first search"*.
[8]Como exercício, o leitor deverá convencer-se desta afirmação.

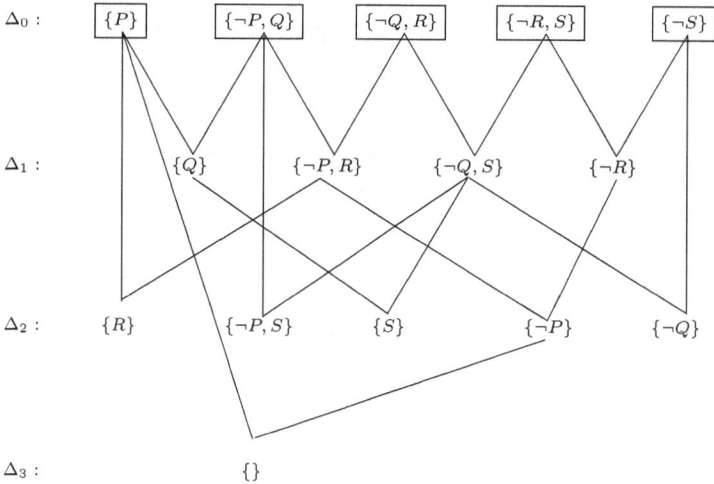

Figura 3.4: Utilização da resolução por saturação de níveis.

Para aumentar a eficiência do processo de geração de uma prova por resolução foram desenvolvidas estratégias que permitem simplificar o processo, dirigindo as inferências para o objetivo pretendido. Estas estratégias podem ser divididas em *estratégias de eliminação de cláusulas* que permitem a remoção de cláusulas redundantes e *estratégias de seleção de cláusulas* que permitem selecionar as cláusulas às quais vai ser aplicado o princípio da resolução. O número de estratégias aqui apresentadas está longe de ser exaustivo, recomendando-se ao leitor interessado a consulta das referências bibliográficas apresentadas na Secção 3.3.

Estratégias de eliminação de cláusulas. Uma estratégia de eliminação de cláusulas corresponde à remoção de certas cláusulas que não vão ser úteis numa prova por resolução, removendo-as antes de serem utilizadas. Apresentamos três estratégias de eliminação de cláusulas, a eliminação de teoremas, a eliminação de cláusulas não mínimas (ou subordinadas) e a eliminação de literais puros.

A *eliminação de teoremas*, também conhecida por *eliminação de tautologias*, corresponde à eliminação das cláusulas que contenham tanto α como $\neg\alpha$, em que α é um símbolo de proposição. Para justificar esta estratégia, notemos em primeiro lugar que para quaisquer *fbfs*, α e β, a *fbf* $(\alpha \vee \neg\alpha) \vee \beta$ é um teorema[9]. Sendo τ uma *fbf* correspondente a um teorema, é fácil provar que se $\Delta \cup \{\tau\} \vdash \gamma$ então $\Delta \vdash \gamma$. Podemos então concluir que a eliminação de cláusulas que contenham tanto α como $\neg\alpha$ não irá afetar as conclusões que é possível extrair a partir das restantes cláusulas.

A *eliminação de cláusulas não mínimas* está associada ao conceito de subordinação.

Definição 3.1.9 (Subordinação)
Uma cláusula Ψ *subordina* a cláusula Φ (também dito que Φ é *subordinada* por Ψ) se $\Psi \subseteq \Phi$. ▶

Dado um conjunto de cláusulas, podemos eliminar todas as cláusulas subordinadas por uma outra cláusula existente no conjunto[10]. Num conjunto de cláusulas, qualquer cláusula que seja subordinada por outra cláusula do conjunto é chamada *cláusula não mínima*.

Exemplo 3.1.17 Consideremos as cláusulas

$$\{\{\neg P, \neg Q, R\}, \{\neg P, \neg Q, Q\}, \{\neg P, \neg Q\}\}.$$

A eliminação de teoremas permite-nos eliminar a segunda cláusula, dando origem a

$$\{\{\neg P, \neg Q, R\}, \{\neg P, \neg Q\}\}$$

e a eliminação de cláusulas não mínimas permite-nos reduzir o conjunto anterior apenas à cláusula

$$\{\{\neg P, \neg Q\}\}.$$

Ⓔ

Como durante uma prova por resolução se podem gerar cláusulas subordinadas e cláusulas correspondentes a teoremas, estas duas estratégias de eliminação deverão ser aplicadas após cada geração de uma nova cláusula.

Definição 3.1.10 (Literal puro)
Dado um conjunto de cláusulas Δ, um literal diz-se *puro* se apenas o literal não negado (ou apenas a negação do literal) existir no conjunto de cláusulas. ▶

---

[9]Esta prova deixa-se como exercício.
[10]Note-se que para quaisquer *fbfs* α e β, $((\alpha \vee \beta) \wedge \alpha) \leftrightarrow \alpha$.

Exemplo 3.1.18 Consideremos o conjunto de cláusulas

$$\{\{\neg P, \neg Q, \neg R\}, \{\neg P, Q, R\}, \{\neg Q\}\}.$$

O literal P é puro; os literais Q e R não o são. ⊛

Numa prova por refutação, uma cláusula contendo um literal puro é inútil para a refutação pois o literal puro nunca pode ser eliminado. A *eliminação de literais puros* consiste em remover todas as cláusulas contendo literais puros antes do início de uma prova por refutação.

Ao contrário das duas estratégias anteriores de eliminação de cláusulas, a eliminação de literais puros é feita apenas uma vez, antes do início da prova por refutação.

Estratégias de seleção de cláusulas. Uma estratégia de seleção de cláusulas corresponde a um processo de controlar as cláusulas que são geradas numa prova por resolução, impondo restrições às cláusulas que podem ser candidatas à aplicação do princípio da resolução. Consideramos aqui apenas duas estratégias de seleção de cláusulas, a resolução unitária e a resolução linear.

Resolução unitária A resolução unitária baseia-se no facto que ao utilizarmos a resolução tentamos normalmente diminuir o número de literais existentes nas cláusulas produzidas (este aspeto é evidente nas provas por refutação). Se uma das cláusulas envolvidas numa aplicação do princípio da resolução apenas contiver um literal (se for uma cláusula unitária) então é garantido que o resolvente tem menos literais do que a cláusula mãe com maior número de literais.

A estratégia de *resolução unitária* consiste em aplicar o princípio da resolução utilizando sempre pelo menos uma cláusula unitária.

Exemplo 3.1.19 Consideremos a prova por refutação de $\neg Q$ a partir de $\{\{P, \neg Q\}, \{\neg P, \neg Q\}\}$ utilizando a resolução unitária:

1	$\{P, \neg Q\}$	Prem
2	$\{\neg P, \neg Q\}$	Prem
3	$\{Q\}$	Prem
4	$\{P\}$	Res, $(1, 3)$
5	$\{\neg P\}$	Res, $(2, 3)$
6	$\{\}$	Res, $(4, 5)$

A representação gráfica desta prova é apresentada na Figura 3.5. ⊛

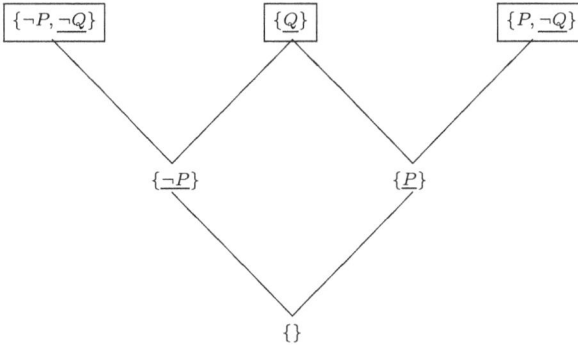

Figura 3.5: Utilização da resolução unitária.

Os processos de inferência baseados apenas na resolução unitária não são completos (recorde-se do Capítulo 1, página 21 que numa lógica completa se podem provar todos os argumentos válidos).

Exemplo 3.1.20 O conjunto de cláusulas

$$\{\{P,Q\},\ \{\neg P,Q\},\ \{P,\neg Q\},\ \{\neg P,\neg Q\}\}$$

não gera qualquer cláusula recorrendo ao método da resolução unitária (pois não contém cláusulas unitárias), embora

$$\{\{P,Q\},\ \{\neg P,Q\},\ \{P,\neg Q\},\ \{\neg P,\neg Q\}\} \vdash \{\}.$$

Ⓔ

Resolução linear   Utilizando a estratégia da resolução linear, começamos por selecionar uma cláusula entre as premissas, chamada a *cláusula inicial*, obtendo um resolvente entre a cláusula inicial e outra cláusula qualquer pertencente às premissas. A partir daí, sempre que se aplica o princípio da resolução, utiliza-se o último sucessor da cláusula inicial. Qualquer sucessor da cláusula inicial tem o nome de *cláusula central*.

Definição 3.1.11 (Prova por resolução linear)
Uma prova por resolução linear de uma cláusula Φ, a partir de um conjunto de cláusulas Δ, usando a cláusula $\Psi \in \Delta$ como cláusula inicial é uma sequência de cláusulas $\Omega_1,\ \ldots,\ \Omega_n$ em que:

   1. $\Omega_1 = \Psi$;

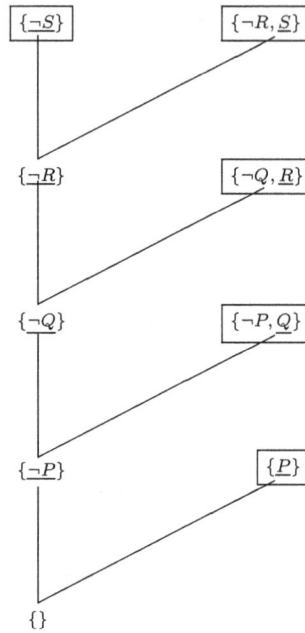

```
   {¬S}                    {¬R, S}


   {¬R}                    {¬Q, R}


   {¬Q}                    {¬P, Q}


   {¬P}                      {P}



            {}
```

Figura 3.6: Prova por resolução linear.

2. $\Omega_n = \Phi$;

3. Para todo o i $(1 \leq i \leq n - 1)$, $\Omega_{i+1} = Res(\Omega_i, \Gamma)$ em que $\Gamma \in \Delta \cup \{\Omega_1, \ldots, \Omega_i\}$.

As cláusulas Ω_2, ..., Ω_n correspondem às cláusulas centrais. ▶

Notemos que numa prova por resolução linear existe um grau de não determinismo pois em cada passo podem existir várias cláusulas candidatas à aplicação do princípio da resolução. No Capítulo 6 voltamos a abordar este assunto.

Um outro aspeto a considerar numa prova por resolução linear corresponde à escolha da cláusula inicial. É habitual escolher como cláusula inicial a cláusula que corresponde à negação da cláusula que queremos provar, utilizando uma prova por refutação.

A resolução linear herda o seu nome da forma linear que a representação gráfica das suas derivações apresenta.

Exemplo 3.1.21 Suponhamos que desejávamos provar que

$$\{\{\neg P, Q\}, \ \{\neg Q, R\}, \ \{\neg R, S\}, \ \{P\}\} \vdash \{S\}.$$

Utilizando uma prova por refutação, esta prova transforma-se em

$$\{\{\neg P, Q\}, \ \{\neg Q, R\}, \ \{\neg R, S\}, \ \{P\}, \ \{\neg S\}\} \vdash \{\}.$$

Na Figura 3.6 apresentamos a prova por resolução linear correspondente a esta prova. Uma vez que na prova original estamos a tentar provar S, utilizamos $\{\neg S\}$ como cláusula inicial. ⊛

3.1.5 Correção e completude da resolução

A resolução é correta mas não é completa, no sentido em que não existe a garantia de derivar todas as cláusulas que são consequências semânticas de um conjunto de cláusulas[11]. No entanto, a resolução é completa no que respeita a refutação, garantindo a derivação da cláusula vazia no caso do conjunto inicial de cláusulas ser insatisfazível.

Teorema 3.1.1
Sejam Ψ e Φ duas cláusulas. Então $\Psi \cup \Phi \models Res(\Psi, \Phi)$.

DEMONSTRAÇÃO: Seja $\Psi = \{\alpha\} \cup \Psi'$ e $\Phi = \{\neg\alpha\} \cup \Phi'$ em que Ψ' e Φ' são cláusulas. Sabemos que $Res(\Psi, \Phi) = \Psi' \cup \Phi'$. Consideremos uma interpretação que satisfaça tanto Ψ como Φ. Queremos provar que esta interpretação também satisfaz $\Psi' \cup \Phi'$. Notemos que uma das *fbfs* α ou $\neg\alpha$ é falsa nesta interpretação:

1. Suponhamos que α é falsa nesta interpretação. Neste caso, Ψ' é obrigatoriamente verdadeira nesta interpretação, pelo que a cláusula $\Psi' \cup \Phi'$ é verdadeira nesta interpretação.

2. Suponhamos que $\neg\alpha$ é falsa nesta interpretação. Neste caso, Φ' é obrigatoriamente verdadeira nesta interpretação, pelo que a cláusula $\Psi' \cup \Phi'$ é verdadeira nesta interpretação.

Ou seja, qualquer interpretação que satisfaça $\Psi \cup \Phi$ também satisfaz $\Psi' \cup \Phi'$. ∎

Teorema 3.1.2 (Correção da resolução)
Se existe uma prova por resolução da cláusula Φ a partir das cláusulas Δ, então $\Delta \models \Phi$.

---

[11]Para verificar esta afirmação, basta notar que $\{P\} \models \{P, Q\}$ e que a cláusula $\{P, Q\}$ não é derivável por resolução da cláusula $\{P\}$.

DEMONSTRAÇÃO: Resulta diretamente do Teorema 3.1.1. ∎

Teorema 3.1.3 (Completude da resolução em relação à refutação)
Se Δ é um conjunto não satisfazível de cláusulas, então existe uma prova por refutação a partir de Δ.

DEMONSTRAÇÃO: Seja Δ um conjunto não satisfazível de cláusulas. Se $\{\} \in \Delta$ existe uma prova trivial de $\{\}$ a partir de Δ. No caso de $\{\} \notin \Delta$, faremos a demonstração por indução no número de literais em excesso em Δ. Definimos o *número de ocorrências de literais num conjunto de cláusulas* como sendo a soma do número de ocorrências de literais em cada uma das cláusulas (a cardinalidade da cláusula). Definimos o *número de literais em excesso num conjunto de cláusulas* como sendo a diferença entre o número de ocorrências de literais no conjunto de cláusulas e o número de cláusulas do conjunto. Seja n o número de literais em excesso em Δ.

1. *Base da indução.*

   Se $n = 0$, então todas as cláusulas em Δ são cláusulas unitárias. Uma vez que Δ é um conjunto não satisfazível, deve existir pelo menos um par de cláusulas com o mesmo literal e sinais contrários (um positivo e o outro negativo). Aplicando o princípio da resolução a este par de cláusula obtemos a cláusula vazia.

2. *Hipótese indutiva.*

   Suponhamos, por hipótese indutiva, que se Δ é um conjunto não satisfazível de cláusulas com menos do que n literais em excesso, então existe uma prova por resolução de $\{\}$ a partir de Δ.

   Seja Δ um conjunto não satisfazível com n literais em excesso. Dado que $n > 0$ e que $\{\} \notin \Delta$, existe em Δ pelo menos uma cláusula não unitária. Seja Ψ essa cláusula. Selecionemos um literal $\alpha \in \Psi$ e consideremos a cláusula $\Psi' = \Psi - \{\alpha\}$.

   O conjunto $(\Delta - \{\Psi\}) \cup \Psi'$ é não satisfazível[12]. Como este conjunto tem menos um literal em excesso do que Δ, pela hipótese indutiva, existe uma prova por resolução de $\{\}$ a partir de Δ.

   De um modo análogo, o conjunto $(\Delta - \{\Psi\}) \cup \{\{\alpha\}\}$ também não é satisfazível, pelo que pela hipótese indutiva também existe uma prova por resolução de $\{\}$ a partir deste conjunto.

   Consideremos agora a dedução da cláusula vazia a partir de Δ. Se Ψ' não é utilizada na dedução da cláusula vazia a partir de $(\Delta - \{\Psi\}) \cup \Psi'$, então esta dedução é análoga para Δ. Caso contrário, podemos construir uma refutação para Δ do seguinte modo: adicionamos α a Ψ' e a todos os seus descendentes na refutação, de modo a que a prova seja uma refutação a partir de Δ. Se a cláusula vazia continua a ser um membro desta

---

[12]Suponhamos por absurdo que existia uma interpretação que satisfazia todas as cláusulas de $(\Delta - \{\Psi\}) \cup \Psi'$, então esta interpretação também satisfazia Δ.

refutação a prova está terminada. Em caso contrário, a adição de α à cláusula vazia criou uma cláusula unitária contendo α. Podemos agora criar uma dedução da cláusula vazia a partir de Δ, adicionando a dedução da cláusula vazia a partir de $(\Delta - \{\Psi\}) \cup \{\{\alpha\}\}$ no final desta dedução.

∎

3.2 O sistema semântico

Para resolver o problema associado ao crescimento exponencial do algoritmo baseado em tabelas de verdade, foram desenvolvidos métodos que permitem, de um modo mais eficiente, o cálculo dos possíveis valores lógicos de uma *fbf*. Nesta secção apresentamos alguns desses métodos, nomeadamente algoritmos recorrendo a diagramas de decisão binários e algoritmos de SAT.

3.2.1 Diagramas de decisão binários (BDDs)

O primeiro método que apresentamos corresponde à utilização de diagramas de decisão binários. Para definir um diagrama de decisão binário necessitamos do conceito de árvore de decisão.

Definição 3.2.1 (Árvore de decisão)
Uma *árvore de decisão* para uma *fbf* é uma árvore binária em que os nós contêm os símbolos de proposição existentes na *fbf* e as folhas da árvore são um dos valores $\boxed{V}$ e $\boxed{F}$, representando, respetivamente, *verdadeiro* e *falso*.

A cada nível de profundidade da árvore, todos os nós correspondem ao mesmo símbolo de proposição.

Cada um dos nós, com a exceção das folhas, domina duas árvores de decisão, a da esquerda, à qual está ligado por uma linha a tracejado e a da direita, à qual está ligado por uma linha a cheio.

Para uma dada interpretação, começando na raiz da árvore, para cada símbolo de proposição, tomando o ramo da esquerda (linha a tracejado) se o valor do símbolo de proposição for *falso* e o ramo da direita (linha a cheio) se o valor do símbolo de proposição for *verdadeiro*, o valor da folha que se atinge tem o valor lógico que surge na última coluna da linha correspondente da tabela de verdade. ▶

Uma tabela de verdade pode ser transformada numa árvore de decisão, representando em cada nível um dos símbolos de proposição, pela ordem em que

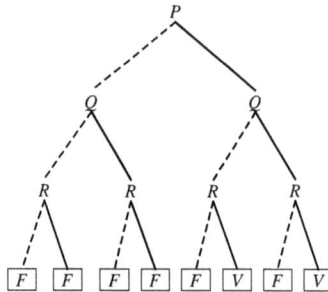

Figura 3.7: Árvore de decisão para a *fbf* $P \wedge ((Q \wedge R) \vee (R \wedge \neg Q))$.

aparecem nas colunas da tabela de verdade, ligando cada símbolo a um nível ao símbolo do nível seguinte através de uma linha a cheio e de uma linha a tracejado e inserindo as folhas da árvore com os valores correspondentes.

Exemplo 3.2.1 Consideremos a tabela de verdade para a *fbf* $P \wedge ((Q \wedge R) \vee (R \wedge \neg Q))$:

P	Q	R	$P \wedge ((Q \wedge R) \vee (R \wedge \neg Q))$
V	V	V	V
V	V	F	F
V	F	V	V
V	F	F	F
F	V	V	F
F	V	F	F
F	F	V	F
F	F	F	F

Na Figura 3.7 apresentamos a árvore de decisão construída a partir desta tabela de verdade. Considerando esta árvore de decisão, a interpretação definida com base na função de valoração $v(P) = V$, $v(Q) = F$ e $v(R) = V$, determina o valor lógico *verdadeiro* para a *fbf*. ⊛

Note-se que as árvores de decisão e as tabelas de verdade são basicamente seme-lhantes no que respeita à sua dimensão e ao número de pontos de decisão que é necessário considerar para avaliar uma *fbf*. No entanto, existe um conjunto de transformações que aplicado a árvores de decisão permite transformá-las em grafos acíclicos dirigidos e rotulados que representam, de um modo compacto, a mesma informação.

Definição 3.2.2 (Grafo dirigido)
Um *grafo dirigido* corresponde a uma estrutura (N, A) em que N é um conjunto finito e A é uma relação binária definida sobre N. O conjunto N corresponde aos *nós* do grafo e o conjunto A corresponde aos *arcos* do grafo. ▶

De acordo com esta definição, os arcos correspondem a um conjunto de pares em que cada elemento do conjunto, (n_i, n_j), pertence a N^2. Se $(n_i, n_j) \in A$, diz-se que existe um arco que parte de n_i e que termina em n_j. Em texto, representamos o arco (n_i, n_j) por $n_i \Rightarrow n_j$.

Dado um grafo dirigido (N, A), um nó n para o qual não existe nenhum arco que nele termina, ou seja não existe nenhum par em A cujo segundo elemento é n, diz-se um *nó inicial* ou uma *raiz*; um nó n para o qual não existe nenhum arco que dele parte, ou seja não existe nenhum par em A cujo primeiro elemento é n, diz-se um *nó terminal* ou uma *folha*. Note-se que, contrariamente a uma árvore, num grafo podem existir zero ou mais raízes e zero ou mais folhas. Um nó que não seja nem um nó inicial nem um nó terminal diz-se nó *não terminal*.

Definição 3.2.3 (Caminho)
Num grafo dirigido, (N, A), define-se um *caminho* como sendo uma sequência de nós, $[n_1, n_2, \dots, n_k]$, tal que para cada nó na sequência existe um arco para o próximo nó da sequência, ou seja, para $1 \leq i \leq k - 1$ verifica-se que $(n_i, n_{i+1}) \in A$. No caminho $[n_1, n_2, \dots, n_k]$, o nó n_1 diz-se o *início do caminho* e o nó n_k diz-se o *fim do caminho*. ▶

Definição 3.2.4 (Grafo acíclico)
Um grafo dirigido diz-se *acíclico* se não é possível construir nenhum caminho que começa e termina no mesmo nó. ▶

Exemplo 3.2.2 Na Figura 3.8 mostramos a representação do grafo $(\{n_1, n_2, n_3, n_4, n_5\}, \{(n_1, n_3), (n_2, n_1), (n_2, n_3), (n_2, n_4), (n_3, n_3), (n_3, n_4)\})$. Esta representação mostra o arco $n \Rightarrow m$ como uma seta de n para m, no entanto, a seta pode ser substituída por uma linha se a direção estiver implícita.

Os nós n_2 e n_5 são nós iniciais (raízes) e os nós n_4 e n_5 são nós terminais (folhas). Note-se que o nó n_5 não pertence a nenhum par da relação, sendo, por isso, simultaneamente um nó inicial e um nó terminal.

As sequências $[n_2, n_3, n_3, n_3, n_4]$, $[n_2, n_1, n_3, n_4]$ e $[n_3, n_3]$ são exemplos de caminhos neste grafo, pelo que o grafo não é acíclico. ✪

Definição 3.2.5 (Grafo dirigido e rotulado)
Um *grafo dirigido e rotulado* corresponde a uma estrutura (N, A) em que N é

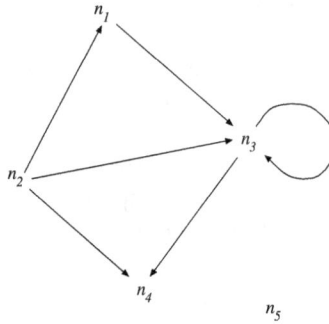

Figura 3.8: Exemplo de representação de um grafo.

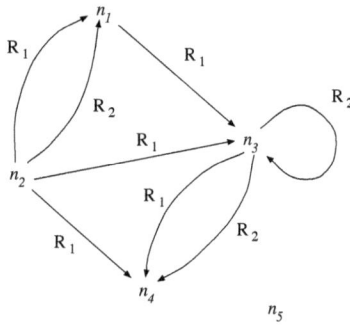

Figura 3.9: Exemplo de representação de um grafo dirigido e rotulado.

um conjunto finito e A é um *conjunto* de relações binárias definidas sobre N. O conjunto N corresponde aos *nós* do grafo e o conjunto A corresponde aos *arcos* do grafo. Cada relação em A corresponde a um conjunto de arcos com um dado rótulo. ▶

Exemplo 3.2.3 Na Figura 3.9 mostramos a representação do grafo ($\{n_1, n_2, n_3, n_4, n_5\}$, $\{\{(n_1,n_3), (n_2,n_1), (n_2,n_3), (n_2,n_4), (n_3,n_4)\}, \{(n_2,n_1), (n_3,n_3), (n_3,n_4)\}\}$). Esta representação mostra o arco $n \Rightarrow m$ como uma seta de n para m, seta essa que é rotulada com uma indicação da relação, R_1 ou R_2. ⊛

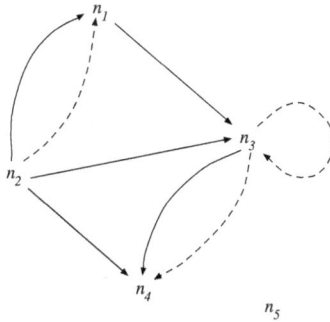

Figura 3.10: Representação alternativa para o grafo da Figura 3.9.

Note-se que, na representação gráfica, em lugar de rotular os arcos com os nomes das relações, podemos ter diferentes tipos de representações gráficas para cada uma das relações.

Exemplo 3.2.4 O grafo da Figura 3.9 pode ser representado como se indica na Figura 3.10, utilizando uma linha a cheio para os arcos que correspondem à relação R_1 e uma linha a tracejado para os arcos que correspondem à relação R_2. ✍

Com a introdução de grafos dirigidos e rotulados, a definição de caminho deve ser reformulada, existindo duas possibilidades para esta definição.

Definição 3.2.6 (Caminho segundo uma relação)
Num grafo dirigido e rotulado define-se um *caminho segundo uma relação* como sendo uma sequência de nós, $[n_1, n_2, \ldots, n_k]$, tal que existe uma relação $R \in A$, tal que para cada nó na sequência existe um arco, segundo essa relação, para o próximo nó da sequência, ou seja, para $1 \leq i \leq k - 1$ verifica-se que $(n_i, n_{i+1}) \in R$. ▶

Definição 3.2.7 (Caminho segundo qualquer relação)
Num grafo dirigido e rotulado define-se um *caminho segundo qualquer relação* como sendo uma sequência de nós, $[n_1, n_2, \ldots, n_k]$, tal que para cada nó na sequência existe um arco, segundo uma relação em A, para o próximo nó da sequência, ou seja, para cada i ($1 \leq i \leq k-1$), existe uma relação $R_j \in A$ tal que $(n_i, n_{i+1}) \in R_j$. ▶

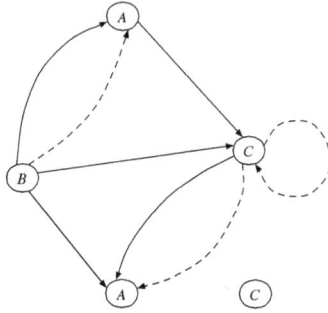

Figura 3.11: Representação alternativa para o grafo da Figura 3.9.

Na representação gráfica de um grafo, os nós podem estar associados a rótulos, mostrando-se o rótulo e não o nó (o elemento de N). No entanto não se deve confundir um nó com o seu rótulo; os nós são únicos no grafo (correspondem a elementos do conjunto N), ao passo que dois ou mais nós podem ter o mesmo rótulo.

Exemplo 3.2.5 O grafo da Figura 3.9 pode ser representado como se indica na Figura 3.11, utilizando os seguintes rótulos para os nós $rótulo(n_1) = A$, $rótulo(n_2) = B$, $rótulo(n_3) = C$, $rótulo(n_4) = A$ e $rótulo(n_5) = C$. ✍

Definição 3.2.8 (BDD)
Um *diagrama de decisão binário*[13], designado por *BDD*, é um grafo acíclico dirigido e rotulado em que os rótulos dos nós pertencem ao conjunto $\mathcal{P} \cup \{\boxed{V}, \boxed{F}\}$[14].

Num BDD existem duas relações, uma representada graficamente por arcos a cheio e a outra representada por arcos a tracejado.

Para além destas condições, um BDD tem um único nó inicial e todos os seus nós terminais têm os rótulos $\boxed{V}$ ou $\boxed{F}$. Os rótulos dos nós não terminais correspondem a símbolos de proposição. ▶

O significado das relações existentes num BDD é semelhante ao significado dos arcos existentes numa árvore de decisão. Dado qualquer nó, n, que não seja uma folha, seguindo o arco a tracejado (chamado o *arco negativo*) a partir de

---

[13]Do inglês, *"Binary Decision Diagram"*, abreviado por BDD.
[14]Recorde-se, da página 28, que $\mathcal{P}$ representa o conjunto dos símbolos de proposição.

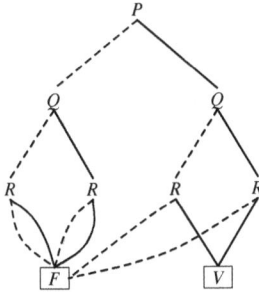

Figura 3.12: Exemplo de um BDD.

n leva-nos para um nó no qual se assume que o símbolo de proposição que corresponde ao rótulo do nó n é *falso*; seguindo o arco a cheio (chamado o *arco positivo*) a partir de n leva-nos para um nó no qual se assume que o símbolo de proposição que corresponde ao rótulo do nó n é *verdadeiro*. Por abuso de linguagem, e sempre que não exista perigo de confusão, num BDD referimo-nos a um nó indicando apenas o seu rótulo.

Na representação de um BDD omitimos as setas nas extremidades dos arcos, estando implícito que os arcos correspondem a uma linha dirigida do nó mais acima para o nó mais abaixo.

Exemplo 3.2.6 Na Figura 3.12 apresentamos um exemplo de um BDD. Neste BDD, o nó inicial tem o rótulo P, os nós não terminais têm os rótulos Q e R. Notemos, mais uma vez, que no grafo subjacente ao BDD cada nó tem um identificador único, o qual não mostramos. ⊗

Definição 3.2.9 (Profundidade de um nó)
Num BDD, define-se a *profundidade* de um nó como o número de nós que existem num caminho segundo qualquer relação entre a raiz e esse nó, não contando com a raiz. A profundidade da raiz de qualquer BDD é zero. Dado um inteiro não negativo, m, e um BDD, os nós ao *nível m* do BDD correspondem ao conjunto de todos os nós do BDD cuja profundidade é m. ▶

Definição 3.2.10 (Profundidade máxima de um BDD)
A *profundidade máxima* de um BDD é a maior profundidade a que é possível encontrar um nó no BDD. ▶

Definição 3.2.11 (BDD positivo e negativo)
Dado um BDD que não seja uma folha, o BDD que se atinge tomando, a

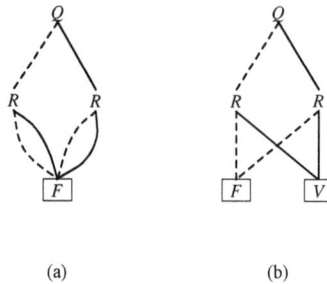

(a)   (b)

Figura 3.13: BDDs negativo e positivo do BDD da Figura 3.12.

partir do nó inicial, o arco que corresponde à situação do símbolo de proposição
associado a este nó ter o valor *falso* (o arco negativo) chama-se o *BDD negativo*;
o BDD que se atinge tomando, a partir do nó inicial, o arco que corresponde
à situação do símbolo de proposição associado a este nó ter o valor *verdadeiro*
(o arco positivo) chama-se o *BDD positivo*. ▶

Exemplo 3.2.7 Considerando o BDD da Figura 3.12, os seus BDDs negativo
e positivo estão representados, respetivamente, na Figura 3.13 (a) e (b). ⊗

Transformações aplicáveis em BDDs.   É importante notar que uma árvore
de decisão binária pode ser considerada um BDD. Com efeito, cada ramo da
árvore pode ser considerado como um arco, dirigido (do nó mais acima para o
nó mais abaixo) ligando dois nós. Uma árvore de decisão binária tem um único
nó inicial (a raiz da árvore) e todos os seus nós terminais (as folhas) têm os
rótulos $\boxed{V}$ ou $\boxed{F}$. Para além disso, todos os nós não terminais correspondem
a símbolos de proposição.

Existe um conjunto de transformações, conhecidas por *reduções*, que aplicadas a
BDDs permitem transformá-los em BDDs equivalentes (equivalentes, no sentido
em que calculam o mesmo valor para a mesma interpretação) mas com uma
representação mais compacta:

R1 *Remoção de folhas duplicadas.* Se o BDD tem mais do que uma folha com
    o rótulo $\boxed{V}$ ou com o rótulo $\boxed{F}$, todas as folhas com o mesmo rótulo
    são unificadas, sendo os arcos associados redirecionados para refletir esta
    alteração.

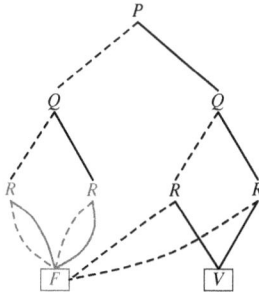

Figura 3.14: Indicação de testes redundantes no BDD da Figura 3.12.

Exemplo 3.2.8 Usando esta transformação, a árvore de decisão da Figura 3.7 é transformada no BDD apresentado na Figura 3.12. ⊛

R2 *Remoção de testes redundantes.* Se ambos os arcos que saem de um nó (o *nó de saída*) se dirigem ao mesmo nó (o *nó de entrada*), então podemos eliminar o nó de saída, redirecionando os arcos que entram no nó de saída para o nó de entrada.

Exemplo 3.2.9 Na Figura 3.14 mostramos a cinzento os testes redundantes existentes no BDD da Figura 3.12. A aplicação de um passo desta transformação pode dar origem a outros testes redundantes, pelo que esta transformação pode ser aplicada mais do que uma vez. Na Figura 3.15 mostra-se o resultado final da aplicação sucessiva da transformação R2 ao BDD da Figura 3.14[15]. ⊛

R3 *Remoção de nós redundantes.* Se dois nós distintos são os nós iniciais de dois sub-BDDs estruturalmente semelhantes[16], então podemos eliminar um deles, dirigindo os nós relevantes do outro. Note-se que a transformação R1 é um caso particular desta transformação.

Exemplo 3.2.10 No BDD da Figura 3.15 os sub-BDDs cuja raiz tem o rótulo *R* são estruturalmente semelhantes. Novamente, esta transformação pode ter que ser aplicada mais do que uma vez, eventualmente

---

[15]A verificação deste resultado deixa-se como exercício.

[16]Dois BDDs correspondentes a folhas são estruturalmente semelhantes se tiverem o mesmo rótulo; dois BDDs que não sejam folhas são estruturalmente semelhantes se os nós correspondentes às suas raízes tiverem o mesmo rótulo e se os seus BDDs positivos e negativos forem, respetivamente, estruturalmente semelhantes.

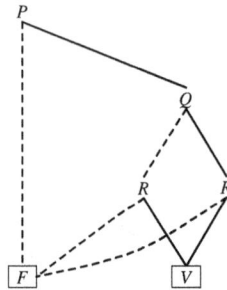

Figura 3.15: Resultado da aplicação sucessiva da transformação R2.

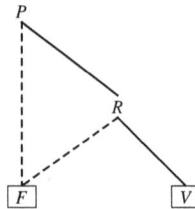

Figura 3.16: Resultado final da aplicação das transformações.

em conjunção com as outras transformações. Na Figura 3.16 apresentamos o resultado final da aplicação das transformações R1, R2 e R3 ao BDD da Figura 3.12[17]. ⊗

Definição 3.2.12 (BDD reduzido)
Um BDD ao qual não é possível aplicar nenhuma das transformações R1, R2 ou R3 diz-se um *BDD em forma reduzida* ou *BDD reduzido.* ▶

Composição de BDDs. As transformações que descrevemos, embora permitam simplificar a representação de uma *fbf* através de uma árvore de decisão binária, obrigam à construção da árvore de decisão binária para a *fbf* em causa, o que por si só, é um problema de complexidade exponencial.

Uma das vantagens da utilização de BDDs corresponde à possibilidade de construir um BDD para uma *fbf* diretamente a partir dos BDDs que correspondem

---

[17]A verificação deste resultado deixa-se como exercício.

às componentes dessa *fbf*.

Na descrição que apresentamos apenas consideramos os símbolos lógicos ¬, ∧ e ∨. As *fbfs* que contenham outros símbolos lógicos deverão ser transformadas em *fbfs* que apenas contenham os símbolos considerados. Por exemplo, a *fbf* $\alpha \to \beta$ deverá ser transformada em $\neg \alpha \vee \beta$.

Sejam BDD_α e BDD_β, respetivamente, os BDDs correspondentes às *fbfs* α e β[18]. Então:

1. O BDD para a *fbf* $\neg \alpha$ pode ser criado a partir de BDD_α substituindo, simultaneamente o nó com o rótulo $\boxed{V}$ por $\boxed{F}$ e o nó com o rótulo $\boxed{F}$ por $\boxed{V}$.

2. O BDD para a *fbf* $\alpha \wedge \beta$ pode ser criado a partir de BDD_α, substituindo o nó com o rótulo $\boxed{V}$ pelo BDD_β e aplicando ao BDD resultante as transformações R1 a R3.

3. O BDD para a *fbf* $\alpha \vee \beta$ pode ser criado a partir de BDD_α, substituindo o nó com o rótulo $\boxed{F}$ pelo BDD_β e aplicando ao BDD resultante as transformações R1 a R3.

Exemplo 3.2.11 Consideremos as *fbfs* $(P \vee Q) \wedge (P \vee R)$ e $\neg P \vee R$, às quais correspondem, respetivamente, os BDDs representados na Figura 3.17 (a) e (b). Suponhamos que queríamos construir um BDD para a *fbf* $((P \vee Q) \wedge (P \vee R)) \wedge (\neg P \vee R)$. De acordo com as regras enunciadas, obteríamos o BDD da Figura 3.18 (a), o qual, usando as transformações R1, R2 e R3, seria transformado no BDD da Figura 3.18 (b). ✌

Note-se, que na definição de BDD, nada proíbe que um símbolo de proposição apareça mais do que uma vez num caminho do grafo, tal como acontece na Figura 3.18 (b). Neste caso, contudo, teremos que considerar apenas *caminhos consistentes* ao longo do BDD. O caminho que atinge o nó $\boxed{V}$ considerando a possibilidade de P ser *falso* e de P ser *verdadeiro*, não é consistente pois ao longo deste caminho o mesmo símbolo de proposição (P) é simultaneamente considerado como *verdadeiro* e *falso*.

Note-se também, que se construirmos de raiz (ou seja, partindo da árvore de decisão binária) um BDD para a *fbf* $((P \vee Q) \wedge (P \vee R)) \wedge (\neg P \vee R)$, obtemos o BDD apresentado na Figura 3.19, o qual, para além de estar mais simplificado, não apresenta caminhos inconsistentes.

---

[18]Se uma destas *fbfs* for um símbolo de proposição, o seu BDD terá uma raíz cujo rótulo é esse símbolo de proposição e cujos BDDs positivo e negativo são, respetivamente, $\boxed{V}$ e $\boxed{F}$.

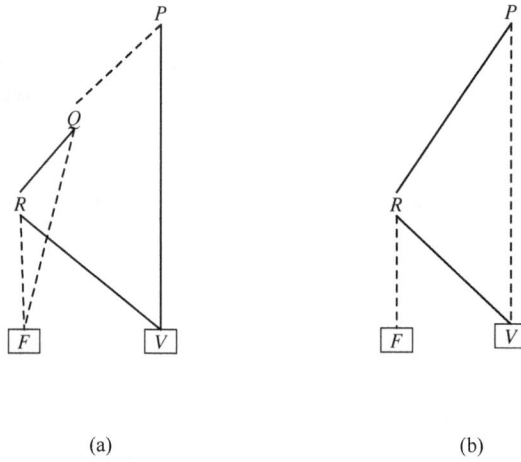

(a)   (b)

Figura 3.17: BDDs correspondentes a $(P \vee Q) \wedge (P \vee R)$ e a $\neg P \vee R$.

Os problemas encontrados na construção dos BDDs da Figura 3.18 foram originados do facto das *fbfs* $((P \vee Q) \wedge (P \vee R))$ e $(\neg P \vee R)$ partilharem símbolos de proposição e o BDD que resulta da composição dos BDDs destas *fbfs* não tomar esse aspeto em consideração.

Para resolver este problema teremos que introduzir o conceito de diagrama de decisão binário ordenado.

3.2.2   Diagramas de decisão binários ordenados (OBDDs)

Seja $\{P_1, \ldots, P_n\}$ um conjunto de símbolos de proposição e seja $\prec$ uma relação de ordem total definida sobre o conjunto $\{P_1, \ldots, P_n\}$. Note-se que pelo facto de $\{P_1, \ldots, P_n\}$ ser um conjunto, está implícito que este não tem elementos repetidos.

Definição 3.2.13 (Relação de ordem total)
Uma *relação de ordem total*, $\prec$, definida sobre $\{P_1, \ldots, P_n\}$ é uma relação binária, transitiva, antirreflexiva e antisimétrica, que permite que todos os elementos do conjunto sejam comparáveis. Ou seja, dados dois elementos quaisquer de $\{P_1, \ldots, P_n\}$, P_i e P_j, exatamente uma das duas relações se verifica $P_i \prec P_j$ ou $P_j \prec P_i$. ▶

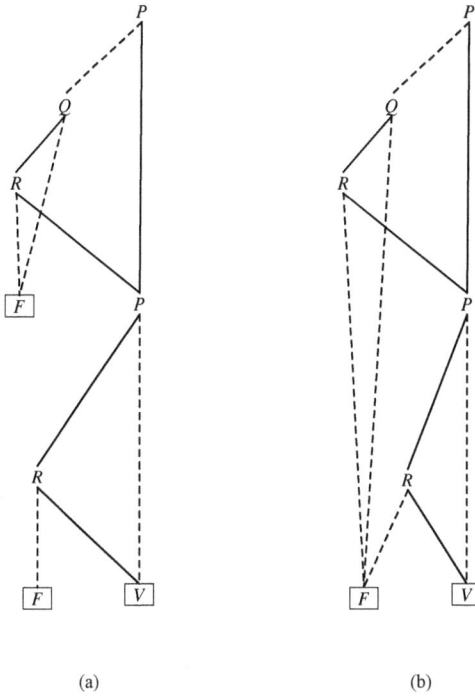

(a)   (b)

Figura 3.18: BDD correspondente a $((P \vee Q) \wedge (P \vee R)) \wedge (\neg P \vee R)$.

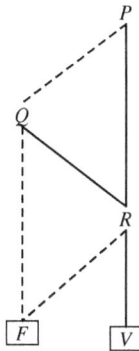

Figura 3.19: Outro BDD correspondente a $((P \vee Q) \wedge (P \vee R)) \wedge (\neg P \vee R)$.

Definição 3.2.14 (Ordenação introduzida por relação)
Diz-se que a relação de ordem total $\prec$ *introduz uma ordenação* no conjunto $\{P_1, \ldots, P_n\}$, a qual é representada por $[P_1, \ldots, P_n]_\prec$ (quando não haja risco de confusão, este será abreviado para apenas $[P_1, \ldots, P_n]$). Na sequência $[P_1, \ldots, P_n]_\prec$, para todo o i $(1 \leq i \leq n-1)$ verifica-se que $P_i \prec P_{i+1}$. Na sequência $[P_1, \ldots, P_n]_\prec$, P_1 é o elemento com *maior prioridade* e P_n é o elemento com *menor prioridade*. ▶

Definição 3.2.15 (Sequência satisfaz uma ordem)
Sendo $\prec$ uma relação de ordem total definida sobre o conjunto $\{P_1, \ldots, P_n\}$ e dado o conjunto $\{Q_1, \ldots, Q_m\} \subseteq \{P_1, \ldots, P_n\}$, diz-se que a sequência $[Q_1, \ldots, Q_m]$ *satisfaz a ordem* $\prec$ se e só se para todo o i $(1 \leq i \leq m-1)$ se verifica que $Q_i \prec Q_{i+1}$. ▶

Definição 3.2.16 (BDD satisfaz uma ordem)
Seja $\{P_1, \ldots, P_n\}$ um conjunto de símbolos de proposição, seja $\prec$ uma relação de ordem total definida sobre $\{P_1, \ldots, P_n\}$ e seja D um BDD que apenas contém símbolos de proposição pertencentes ao conjunto. Sendo *rótulo* a função que associa a cada nó do BDD o símbolo de proposição que corresponde ao seu rótulo, diz-se que D *satisfaz a ordem* $\prec$ se e só se para qualquer caminho segundo qualquer relação, $n_1, n_2, \ldots, n_k$ em D a sequência de símbolos de proposição $[rótulo(n_1), rótulo(n_2), \ldots, rótulo(n_k)]$ satisfizer a ordem $\prec$, ou seja para todo o i, $1 \leq i \leq k-1$, $rótulo(n_i) \prec rótulo(n_{i+1})$. ▶

Definição 3.2.17 (OBDD)
Um *diagrama de decisão binário ordenado*[19], designado por *OBDD*, é um BDD que satisfaz alguma relação de ordem total para os símbolos de proposição que contém. ▶

Dadas as propriedades das relações de ordem totais, é fácil concluir que num OBDD não podem existir caminhos que contenham mais do que uma vez o mesmo símbolo de proposição. Por esta razão, os BDDs apresentados na Figura 3.18 não são OBDDs.

Definição 3.2.18 (Nível de um OBDD)
Seja $\{P_1, \ldots, P_n\}$ um conjunto de símbolos de proposição, seja $\prec$ uma relação de ordem total definida sobre $\{P_1, \ldots, P_n\}$, seja D um OBDD que apenas contém símbolos de proposição pertencentes ao conjunto e que satisfaz a ordem $\prec$. Define-se o *nível i do OBDD D* $(1 \leq i \leq n)$ como sendo o conjunto de todos os nós de D cujo rótulo é P_i. ▶

---

[19]Do inglês, *"Ordered Binary Decision Diagram"* ou OBDD.

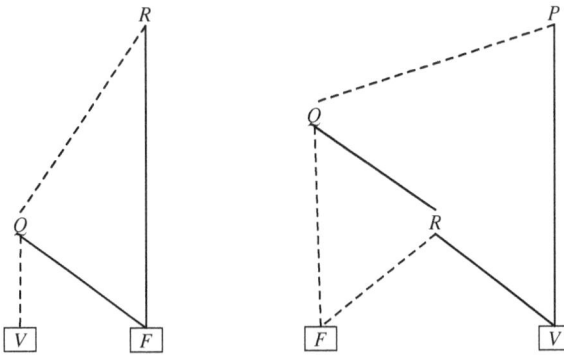

Figura 3.20: Exemplo de OBDDs não compatíveis.

Definição 3.2.19 (OBDDs compatíveis)
Dados dois OBDDs, D_1 e D_2, um conjunto de símbolos de proposição $\{P_1,$ $\ldots, P_n\}$ contendo todos os símbolos de proposição em D_1 e em D_2, diz-se que os OBDDs D_1 e D_2 são *compatíveis* se e só se existe uma ordem $\prec$ aplicada ao conjunto de símbolos de proposição $\{P_1, \ldots, P_n\}$ tal que ambos os OBDDs satisfazem a ordem. ▶

Exemplo 3.2.12 Os OBDDS apresentados na Figura 3.17 são compatíveis; os OBDDS apresentados na Figura 3.20 não são compatíveis. ✑

A importância dos OBDDs resulta, em parte, do Teorema 3.2.1. Para a sua demonstração, necessitamos de introduzir a seguinte definição:

Definição 3.2.20 (Restrição de valor de um símbolo de proposição)
Seja α uma *fbf* contendo o símbolo de proposição P, então $\alpha \mid_{P=V}$ (respetivamente, $\alpha \mid_{P=F}$) corresponde à *fbf* obtida de α tomando P como verdadeiro (respetivamente, como falso). ▶

Teorema 3.2.1
Dada uma *fbf* α e uma relação de ordem total para os símbolos de proposição de α, o OBDD reduzido correspondente a α é único.

DEMONSTRAÇÃO: Apresentamos uma prova por indução matemática baseada na profundidade máxima de um OBDD[20].

─────────────────────────
[20] A nossa prova é baseada em [Bryant, 1986], páginas 5 e 6.

1. *Base da indução.*

   Consideremos um OBDD com profundidade máxima 0. Este corresponde a uma das folhas $\boxed{V}$ ou $\boxed{F}$.

   Seja α uma *fbf* correspondente a uma tautologia e seja O_α o seu OBDD reduzido. Como α é uma tautologia, O_α não pode conter folhas com o rótulo $\boxed{F}$. Suponhamos, por absurdo, que O_α continha um nó não terminal. Como O_α é um grafo acíclico, existe um nó não terminal, m, cujos OBDDs positivo $(pos(m))$ e negativo $(neg(m))$ correspondem a folhas. Resulta ainda que $pos(m) = neg(m) = \boxed{V}$, pelo que O_α não é um OBDD reduzido. Podemos concluir que o único OBDD reduzido correspondente a α contém apenas uma folha com o rótulo $\boxed{V}$.

   O mesmo raciocínio é aplicável a uma *fbf* correspondente a uma contradição.

2. *Hipótese indutiva*

   Suponhamos, como hipótese indutiva, que dada uma *fbf* α e uma relação de ordem total para os símbolos de proposição existentes em α, o seu OBDD reduzido, com uma profundidade máxima inferior a n $(n > 0)$, é único. Iremos demonstrar, assumindo esta hipótese, que o mesmo resultado se verifica para qualquer OBDD com profundidade máxima n, correspondente a uma *fbf* β.

   Seja β uma *fbf* e O_β o seu OBDD reduzido com profundidade máxima n. Seja R o rótulo da raíz de O_β. Tanto o OBDD positivo de O_β $(pos(O_\beta))$ como o OBDD negativo de O_β $(neg(O_\beta))$ têm profundidade máxima inferior a n, pelo que pela hipótese indutiva correspondem a uma representação única das *fbfs* $\beta|_{R=V}$ e $\beta|_{R=F}$.

   Sejam O_β e O'_β dois OBDDs reduzidos correspondentes à *fbf* β. Mostraremos que estes OBDDs são isomórficos e que são constituídos por uma raiz de rótulo R e com OBDDs positivo e negativo correspondentes, respetivamente, às *fbfs* $\beta|_{R=V}$ e $\beta|_{R=F}$.

   Sejam N e N' nós não terminais de O_β e O'_β tais que os seus rótulos são iguais a R $(raiz(N) = raiz(N') = R)$. Os OBDDs de raízes N e N' correspondem ambos à *fbf* β, visto que R é o símbolo de maior prioridade. Os sub-OBDDs $pos(N)$ e $pos(N')$ representam a *fbf* $\beta|_{R=V}$ e por hipótese indutiva são isomórficos de acordo com um mapeamento que designaremos por f_p. O mesmo se aplica a $neg(N)$ e $neg(N')$, de acordo com um mapeamento que designaremos por f_n.

   Os OBDDs de raízes N e N' são isomórficos de acordo com o mapeamento

   $$f(n) = \begin{cases} N' & \text{se } n = N \\ f_p(n) & \text{se } n \in pos(N) \\ f_n(n) & \text{se } n \in neg(N). \end{cases}$$

   Para provar esta afirmação, devemos mostrar que f é bem definida e que corresponde a um mapeamento isomórfico. Note-se que se o nó com rótulo M pertence a ambos os OBDDs, $pos(M)$ e $neg(M)$, então os sub-OBDDs $f_p(M)$ e $f_n(M)$ devem ser isomórficos ao OBDD com raiz M e, consequentemente, são isomórficos entre si. Como O'_β não contém sub-OBDDs isomórficos, isto implica que $f_n(M) = f_p(M)$ e consequentemente não existe conflito na definição de f.

Usando um raciocínio semelhante, podemos concluir que f é injetiva: se existissem nós distintos U_1 e U_2 em O_β com $f(U_1) = f(U_2)$, então os OBDDs com estas raizes seriam isomórficos aos sub-OBDDs $f(U_1)$ e $f(U_2)$, implicando que O_β não era um OBDD reduzido. Finalmente, a propriedade de que f é bijetiva e corresponde a um mapeamento isomórfico resultam diretamente da sua definição e do facto que tanto f_p como f_n satisfazem estas propriedades.

Analogamente, podemos concluir que O_β contém exatamente um nó com rótulo R pois se existisse outro nó com o mesmo rótulo, os OBDDs com este rótulo seriam isomórficos. Afirmamos, adicionalmente, que o nó com o rótulo R é a raiz de O_β. Suponhamos, por absurdo, que existia um nó M com rótulo $S \prec R$ e que não existia nenhum outro nó K tal que $S \prec raiz(K) \prec R$. Neste caso a *fbf* β não depende do símbolo de proposição S e consequentemente ambos os sub-OBDDs $neg(M)$ e $pos(M)$ correspondem a β, mas isto implica que $neg(M) = pos(M)$, ou seja que O_β não é um OBDD reduzido. De um modo semelhante, o nó N' deve ser a raiz de O'_β e consequentemente os dois OBDDs são isomórficos.

■

Corolário 3.2.1

A verificação se dois OBDDs reduzidos correspondem à mesma *fbf* é feita verificando se estes são isomórficos.

DEMONSTRAÇÃO: Resulta diretamente do Teorema 3.2.1. ■

Do Teorema 3.2.1 e do Corolário 3.2.1, podemos extrair um conjunto de testes triviais para verificar propriedades de *fbfs*:

1. *Teste para tautologia.* Uma *fbf* α é tautológica se e só se o seu OBDD reduzido é $\boxed{V}$.

2. *Teste para satisfazibilidade.* Uma *fbf* α é satisfazível se e só se o seu OBDD reduzido não é $\boxed{F}$.

3. *Teste para não satisfazibilidade.* Uma *fbf* α é contraditória se e só se o seu OBDD reduzido é $\boxed{F}$.

4. *Teste para equivalência.* Duas *fbfs* α e β são equivalentes se e só se os seus OBDDs são estruturalmente semelhantes.

É importante notar que a relação de ordem escolhida tem influência no tamanho do OBDD. Por exemplo, na Figura 3.21 mostram-se os OBDDs reduzidos para a *fbf* $(P_1 \vee P_2) \wedge (P_3 \vee P_4) \wedge (P_5 \vee P_6)$ usando as ordens totais $P_1 \prec P_2 \prec P_3 \prec P_4 \prec P_5 \prec P_6$ e $P_1 \prec P_3 \prec P_5 \prec P_2 \prec P_4 \prec P_6$[21]. Apesar deste resultado negativo, é possível encontrar heurísticas eficientes para determinar a ordem dos símbolos de proposição a utilizar num OBDD.

Algoritmos para a manipulação de OBDDs. Dada a importância dos resultados traduzidos pelos testes de verificação de propriedades de *fbfs* usando OBDDs, vamos agora concentrar-nos no desenvolvimento de algoritmos para a manipulação de OBDDs.

Para facilitar a apresentação destes algoritmos, consideramos um OBDD como um tipo abstrato de informação, em relação ao qual são definidas as seguintes operações básicas[22]:

1. *Construtores*:
   - *cria-folha* : $\{\boxed{V}, \boxed{F}\} \mapsto OBDD$
     cria-folha(b) devolve um OBDD correspondente a uma folha cujo rótulo é b.
   - *cria-OBDD* : $\mathcal{P} \times OBDD \times OBDD \mapsto OBDD$
     cria-OBDD(r, o_n, o_p) tem como valor o OBDD cuja raiz tem o rótulo r, cujo OBDD negativo é o_n e cujo OBDD positivo é o_p.

2. *Seletores*:
   - *raiz* : $OBDD \mapsto \mathcal{P} \cup \{\boxed{V}, \boxed{F}\}$
     raiz(o) recebe um OBDD, o, e tem como valor o rótulo do nó que corresponde à sua raiz.
   - *neg* : $OBDD \mapsto OBDD$
     neg(o) recebe um OBDD, o, e tem como valor o OBDD negativo de o. Se o OBDD corresponder a uma folha, o valor desta operação é a própria folha.
   - *pos* : $OBDD \mapsto OBDD$
     pos(o) recebe um OBDD, o, e tem como valor o OBDD positivo de o. Se o OBDD corresponder a uma folha, o valor desta operação é a própria folha.

---

[21]Exemplo introduzido por [Bryant, 1986] e adaptado de [Huth e Ryan, 2004], página 371.
[22]Na definição destas operações assume-se que $\mathcal{N}$ é o conjunto de nós do OBDD. Os rótulos dos nós pertencem ao conjunto $\mathcal{P} \cup \{\boxed{V}, \boxed{F}\}$.

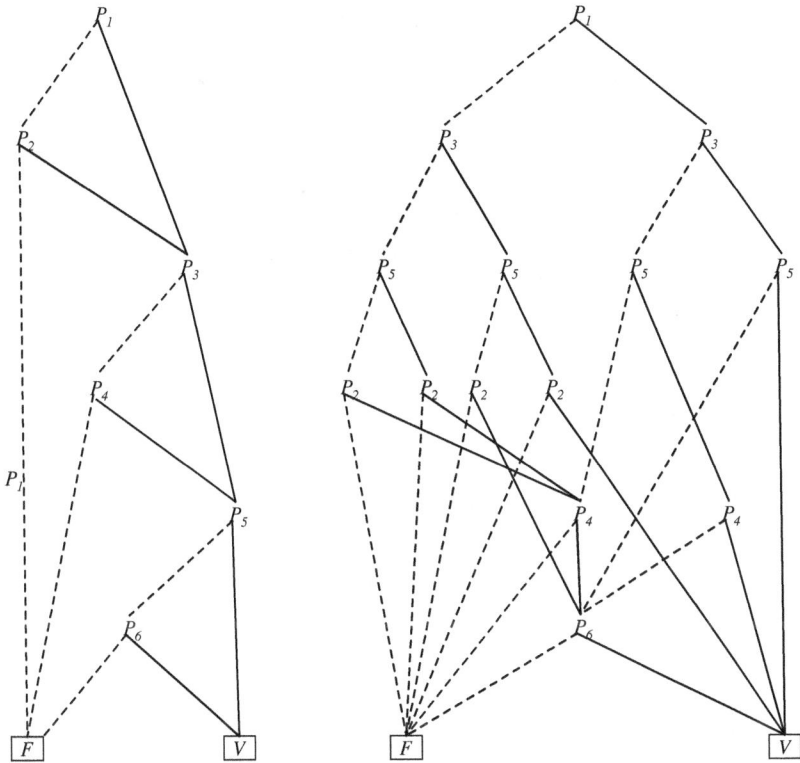

$[P_1, P_2, P_3, P_4, P_5, P_6]$ $[P_1, P_3, P_5, P_2, P_4, P_6]$

Figura 3.21: OBDDs para a mesma *fbf* com diferentes ordenações.

3. *Modificadores*:

- *muda-neg* : $OBDD \times OBDD \mapsto OBDD$

  muda-neg(o, o_n) recebe um OBDD, o, e muda destrutivamente o seu OBDD negativo para o_n. Se o for uma folha nada acontece.

- *muda-pos* : $OBDD \times OBDD \mapsto OBDD$

  muda-pos(o, o_p) recebe um OBDD, o, e muda destrutivamente o seu OBDD positivo para o_p. Se o for uma folha nada acontece.

4. *Reconhecedores*:

- *folha* : $OBDD \mapsto \{V, F\}$

  folha(o) tem o valor V (*verdadeiro*) se o OBDD o corresponde a uma folha e tem o valor F (*falso*), em caso contrário.

Consideramos também que as seguintes operações de alto nível estão definidas para OBDDs:

- *folhas* : $OBDD \mapsto 2^{OBDD}$

  folhas(o) devolve o conjunto de todos os OBDDs que correspondem a folhas do OBDD o.

- *nivel* : $OBDD \times \mathbb{N}_0 \mapsto 2^{OBDD}$

  nivel(o, n) devolve o conjunto de todos os OBDDs cujas raízes se encontram ao nível n no OBDD o, ou, simplesmente, os OBDDs do nível n do OBDD o.

- *prof-max* : $OBDD \mapsto \mathbb{N}_0$

  prof-max(o) devolve o valor da maior profundidade a que é possível encontrar um nó no OBDD o.

Para além do tipo OBDD, os nossos algoritmos trabalham com conjuntos e com listas associativas. Consideramos que as seguintes operações estão definidas para o tipo conjunto e para o tipo lista associativa.

Conjunto. Nestas operações, *elem* corresponde ao tipo dos elementos do conjunto:

1. *Construtores:*

- *novo-conjunto* : $\{\} \mapsto conjunto$

  novo-conjunto$()$ devolve um conjunto vazio.

- *junta : elem × conjunto ↦ conjunto*

  junta(*e, c*) devolve o conjunto que se obtém adicionando o elemento *e* a *c*. Se *e* já pertencer ao conjunto, esta operação devolve *c*.

2. *Seletores:*

- *escolhe : conjunto ↦ elem*

  escolhe(*c*) devolve um elemento do conjunto *c*. Este elemento é escolhido arbitrariamente. Se *c* for o conjunto vazio, o valor desta operação é indefinido.

- *subtrai : elem × conjunto ↦ conjunto*

  subtrai(*e, c*) devolve o conjunto que se obtém de *c* removendo o elemento *e*. Se *e* não pertencer ao conjunto, esta operação devolve *c*.

- *card : conjunto ↦* $\mathbb{N}_0$

  card(*c*) tem como valor o número de elementos (a *cardinalidade*) do conjunto *c*.

3. *Reconhecedores:*

- *vazio : conjunto ↦* {*V, F*}

  vazio(*c*) tem o valor *V* (*verdadeiro*) se *c* corresponde ao conjunto vazio e tem o valor *F* (*falso*), em caso contrário.

Lista associativa. Uma lista associativa é uma lista cujos elementos são pares. O primeiro elemento de cada par, a *chave*, corresponde a um identificador único na lista. O segundo elemento do par, o *conteúdo*, pode ser qualquer tipo de informação. Entre outras, as listas associativas têm as seguintes operações básicas. Nestas operações, *chave* corresponde ao tipo escolhido para a chave e *universal* corresponde a qualquer tipo de informação.

1. *Construtores:*

- *nova-lst-ass :* {} ↦ *lista-assoc*

  nova-lst-ass() devolve uma nova lista associativa sem elementos.

2. *Seletores:*

- *conteúdo : chave × lista-assoc ↦ universal*

  conteúdo(*ch, l-a*) devolve o segundo elemento do par existente em *l-a* cuja chave é *ch*. Se não existir nenhum par com essa chave, o valor desta operação é indefinido.

3. *Modificadores:*

- *insere-lst-ass* : *chave* × *universal* × *lista-assoc* ↦ *lista-assoc*
  insere-lst-ass(*ch, cont, l-a*) modifica destrutivamente a lista associativa *l-a* através da introdução do par (*ch, cont*). Se em *l-a* já existir
  um par com a chave *ch*, este par é alterado para (*ch, cont*).

Utilizamos listas associativas cujas chaves correspondem aos identificadores
produzidos pelo algoritmo *reduz* (Algoritmo 1), inteiros não negativos, e em
que os elementos correspondem a OBDDs.

Algoritmo *reduz*. O objetivo do algoritmo *reduz* (Algoritmo 1) é transformar um OBDD, satisfazendo uma ordenação $[P_1, \ldots, P_n]_\prec$ num OBDD
reduzido, satisfazendo a mesma ordenação.

Este algoritmo baseia-se no facto de um OBDD satisfazendo a ordenação $[P_1,$
$\ldots, P_n]_\prec$ ter no máximo n níveis. O algoritmo associa, a cada um dos sub-
OBDDs do OBDD, um identificador correspondente a um número inteiro não
negativo. Para isso, assumimos que existem as seguintes operações para mani-
pular estes identificadores:

- $id : OBDD \mapsto \mathbb{N}_0$
  $id(o)$ recebe um OBDD, o, e tem como valor o identificador associado a
  esse OBDD.

- $muda\text{-}id : OBDD \times \mathbb{N}_0 \mapsto \bot$
  $muda\text{-}id(o, n)$ recebe um OBDD, o, e um inteiro não negativo, n, e associa
  o inteiro n como o identificador do OBDD o. Esta operação tem valor
  indefinido.

O algoritmo *reduz* percorre, por níveis, o grafo correspondente ao OBDD
começando nas suas folhas. Ao percorrer o grafo, atribui um identificador
a cada OBDD de tal modo que dois OBDDs o_1 e o_2 representam a mesma
fbf se e só se os seus identificadores são iguais, ou seja, se $id(o_1) = id(o_2)$.

1. Num primeiro passo, o identificador 0 é atribuído a todos os OBDDs
   folhas com o rótulo $\boxed{F}$ e o identificador 1 é atribuído a todos os OBDDs
   folhas com o rótulo $\boxed{V}$. Este passo é realizado pelo algoritmo *associa-
   id-a-folhas* (Algoritmo 2).

Algoritmo 1 $reduz(O)$

$l\text{-}a := nova\text{-}lst\text{-}ass()$
$associa\text{-}id\text{-}a\text{-}folhas(folhas(O), l\text{-}a)$
$próx\text{-}id := 2$
$OBDDs\text{-}com\text{-}id := folhas(O)$
for $i = prof\text{-}max(O) - 1$ **to** 0 **with increment** -1 **do**
  $Nivel\text{-}i := nivel(O, i)$
  repeat
    $o_1 := escolhe(Nivel\text{-}i)$
    if $id(pos(o_1)) = id(neg(o_1))$ **then**
      $muda\text{-}id(o_1, id(neg(o_1)))$
    else
      $redundante := F$
      $verificados := OBDDs\text{-}com\text{-}id$
      while $\neg vazio(verificados)$ **and** $\neg redundante$ **do**
        $o_2 := escolhe(verificados)$
        $verificados := subtrai(o_2, verificados)$
        if $(raiz(o_1) = raiz(o_2))$ **and** $(id(neg(o_1)) = id(neg(o_2)))$ **and**
        $(id(pos(o_1)) = id(pos(o_2)))$ **then**
          $redundante := V$
        end if
      end while
      if $redundante$ **then**
        $muda\text{-}id(o_1, id(o_2))$
      else
        $associa\text{-}id(o_1, próx\text{-}id, l\text{-}a)$
        $próx\text{-}id := próx\text{-}id + 1$
      end if
      $OBDDs\text{-}com\text{-}id := junta(o_1, OBDDs\text{-}com\text{-}id)$
    end if
    $Nivel\text{-}i := subtrai(o_1, Nivel\text{-}i)$
  until $vazio(Nivel\text{-}i)$
end for
return $compacta(conteúdo(id(o), l\text{-}a), l\text{-}a)$

Algoritmo 2 $associa\text{-}id\text{-}a\text{-}folhas(F, l\text{-}a)$

---

for all f **in** F **do**
  if $raiz(f) = V$ **then**
    $associa\text{-}id(f, 1, l\text{-}a)$
  else
    $associa\text{-}id(f, 0, l\text{-}a)$
  end if
end for

Algoritmo 3 $associa\text{-}id(o, id, l\text{-}a)$

  $muda\text{-}id(o, id)$
  $insere\text{-}lst\text{-}ass(id, o, l\text{-}a)$

---

2. A atribuição de identificadores aos OBDDs do nível i é feita assumindo que o algoritmo já atribuiu identificadores a todos os OBDDs do nível $i + 1$.

   Dado um OBDD, o:

   (a) Se os seus sub-OBDDs positivo e negativo têm o mesmo identificador $(id(neg(o)) = id(pos(o)))$, então é atribuído o mesmo identificador ao OBDD o $(muda\text{-}id(o, id(neg(o))))$ pois a raiz de o efetua um teste redundante e pode ser removida pela transformação R2.

   (b) Se, entre os OBDDs que já têm identificadores, existe um OBDD, o_{Id}, tal que o e o_{Id} têm raízes com rótulos iguais e os seus OBDDs positivos e negativos têm os mesmos identificadores, ou seja, se as seguintes condições são cumulativamente verificadas

   $$raiz(o) = raiz(o_{Id}),$$

   $$id(neg(o)) = id(neg(o_{Id})) \quad \text{e}$$

   $$id(pos(o)) = id(pos(o_{Id})),$$

   então o identificador de o_{Id} é atribuído ao OBDD o $(muda\text{-}id(o, id(o_{Id})))$ pois este OBDD corresponde a um OBDD redundante e pode ser removido pela transformação R3.

   (c) Em caso contrário, é atribuído um novo identificador ao OBDD o.

3. Após a atribuição de identificadores a todos os sub-OBDDs, o OBDD resultante é compactado recorrendo ao algoritmo *compacta* (Algoritmo 4).

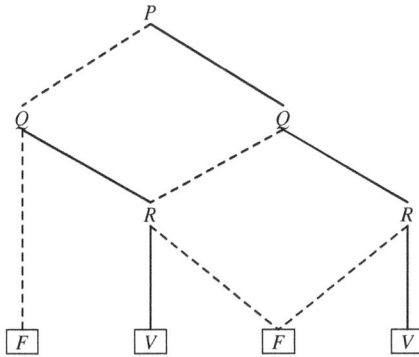

Figura 3.22: OBDD antes da aplicação do algoritmo *reduz*.

Exemplo 3.2.13 (Utilização do algoritmo *reduz*) Consideremos o OBDD apresentado na Figura 3.22.

- O primeiro passo do algoritmo *reduz* corresponde à associação de identificadores aos nós com rótulos $\boxed{F}$ e $\boxed{V}$. Na Figura 3.23 (a) mostram-se os identificadores associados às folhas correspondentes.

- Consideremos agora os OBDDs cujas raizes são nós pertencentes ao nível 2, indicados dentro de uma linha a tracejado na Figura 3.23 (b). Ambos os OBDDs têm uma raiz que corresponde ao símbolo de proposição R, calculando exatamente a mesma operação lógica, por esta razão, o mesmo identificador é atribuído a ambos os OBDDs. Note-se que através do Algoritmo 1, um destes OBDDs é escolhido arbitrariamente, sendo-lhe atribuído o identificador 2. Quando o segundo OBDD é selecionado, conclui-se que este OBDD é redundante, sendo-lhe atribuído o mesmo identificador.

- Considerando os OBDDs cujas raízes são os nós ao nível 1 (indicados dentro de uma linha a tracejado na Figura 3.24 (a)), embora as raízes destes OBDDs correspondam ao mesmo símbolo de proposição, Q, o OBDD da direita efetua um teste redundante (ambos os seus arcos ligam-se a OBDDs com o mesmo identificador), sendo-lhe atribuído o identificador anterior, o OBDD da esquerda não efetua nenhum teste redundante, pelo que lhe é atribuído um novo identificador.

- Finalmente, ao nível 0 apenas temos o OBDD com raiz correspondente ao símbolo de proposição P, ao qual é atribuído um novo identificador.

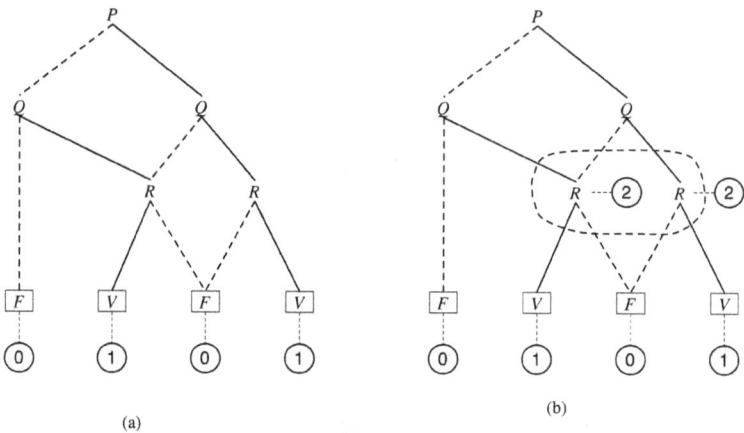

(a)   (b)

Figura 3.23: Atribuição de identificadores.

O resultado da aplicação do algoritmo *reduz* (Algoritmo 1) é apresentado na Figura 3.24 (b). Note-se que como efeito secundário da execução deste algoritmo, foi criada a lista associativa apresentada na Figura 3.25. Para cada chave, esta lista associativa contém o OBDD que deve aparecer no OBDD compactado correspondente a essa chave. Na Figura 3.25, as chaves são apresentadas usando os identificadores produzidos pelo algoritmo *reduz* (Algoritmo 1) e um triângulo por baixo de cada símbolo de proposição, que representa esquematicamente o OBDD situado abaixo desse símbolo de proposição.⊗

Algoritmo *compacta.* Consideremos o algoritmo *compacta* (Algoritmo 4) que recebe um OBDD com identificadores associados e a correspondente lista associativa e substitui cada sub-OBDD cujo identificador é i pelo OBBD que se encontra associado à chave i da lista associativa.

Este algoritmo é invocado pelo algoritmo *reduz* (Algoritmo 1) tendo como argumentos o OBDD com os identificadores associados e a lista associativa construída. De um modo recursivo, este algoritmo altera destrutivamente os sub-OBDD negativo e positivo do OBDD recebido de modo a que estes correspondam aos OBDDS da lista associativa.

Exemplo 3.2.14 (Utilização do algoritmo *compacta***)** Vamos seguir o funcionamento do algoritmo *compacta* (Algoritmo 4) com o argumento O correspondente ao OBDD da Figura 3.24 (b) e a lista associativa *l-a* correspondendo

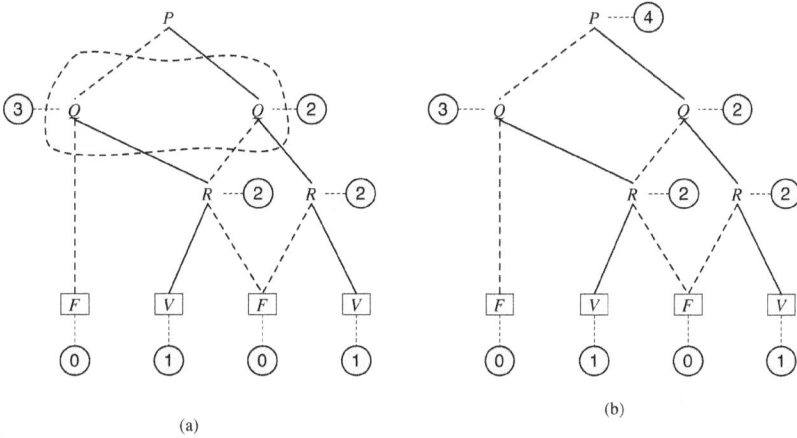

Figura 3.24: Atribuição de identificadores (parte 2).

à lista representada na Figura 3.25. Na nossa explicação, usamos os nomes indicados na Figura 3.26 para nos referirmos aos vários OBDDs. O nome de cada OBDD encontra-se representado à esquerda da raiz de cada OBDD. Usando estes nomes, a lista associativa *l-a* tem o conteúdo que se apresenta na Figura 3.27.

A avaliação de *compacta*(O9, *l-a*), origina as duas avaliações *muda-neg*(O9,O8) e *muda-pos*(O9,O6). Após estas avaliações o OBDD O9 encontra-se como se mostra na Figura 3.28.

A avaliação de *compacta*(O8, *l-a*), origina a avaliação de *muda-neg*(O8, O2) e de *muda-pos*(O8, O6). Após estas avaliações o OBDD O9 encontra-se como se mostra na Figura 3.29. As restantes avaliações

$$compacta(O2, \textit{l-a}),$$
$$compacta(O4, \textit{l-a}),$$
$$compacta(O6, \textit{l-a}),$$

Figura 3.25: Lista associativa com OBDDs.

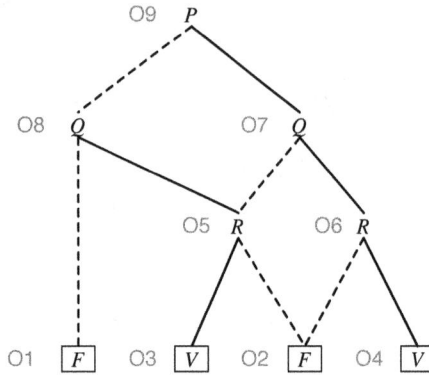

Figura 3.26: Nomes dos OBDDs.

Figura 3.27: Lista associativa com os nomes dos OBDDs.

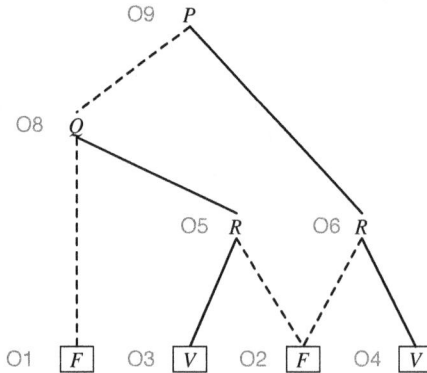

Figura 3.28: Resultado da primeira compactação.

Algoritmo 4 *compacta(O, l-a)*

---

  if $id(O) = 0$ **or** $id(O) = 1$ **then**
    return *conteúdo(id(O), l-a)*
  else
    muda-neg(O, conteúdo(id(neg(O)), l-a))
    muda-pos(O, conteúdo(id(pos(O)), l-a))
    compacta(neg(O), l-a)
    compacta(pos(O), l-a)
    return *O*
  end if

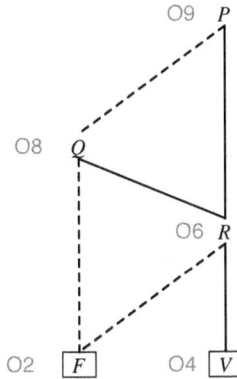

Figura 3.29: Resultado da segunda compactação.

$$muda\text{-}neg(\text{O6}, \text{O2}),$$
$$muda\text{-}pos(\text{O6}, \text{O4}),$$
$$compacta(\text{O2}, l\text{-}a) \text{ e}$$
$$compacta(\text{O4}, l\text{-}a)$$

não alteram nada, pelo que o resultado final é o OBDD da Figura 3.29. ⊗

Algoritmo *aplica.* Tendo um algoritmo que efetua as transformações R1, R2 e R3 sobre um OBDD, produzindo o OBDD reduzido, vamos concentrar a nossa atenção no algoritmo que recebe um operador lógico, *op*, e dois OBDDs reduzidos e compatíveis o_α e o_β, correspondentes às *fbfs* α e β e que devolve o OBDD reduzido correspondente à *fbf* $(\alpha \ op \ \beta)$. Note-se que este aspeto já foi considerado na página 106, quando analisámos a composição de BDDs, tendo nós feito, separadamente, a análise para a operação ¬ e para as operações ∧ e ∨.

Por uma questão de generalização e de uniformização, o algoritmo que apresentamos apenas considera operações binárias. Para desenvolver este algoritmo vamos introduzir um novo símbolo lógico, a disjunção exclusiva. A *disjunção exclusiva*, representada por $\oplus$[23] (ver a discussão apresentada na Secção 1.2), é definida pela seguinte tabela de verdade:

α	β	$\alpha \oplus \beta$
V	V	F
V	F	V
F	V	V
F	F	F

A disjunção exclusiva permite-nos escrever a expressão

$$(\neg\alpha) \leftrightarrow (\alpha \oplus V)$$

na qual V corresponde ao valor *verdadeiro*. Note-se que $(\neg\alpha) \leftrightarrow (\alpha \oplus V)$ não é uma *fbf*, pois a constante V não pertence à linguagem $\mathcal{L}_{LP}$. No entanto, para qualquer símbolo de proposição $P \in \mathcal{P}$ a *fbf* $(\neg\alpha) \leftrightarrow (\alpha \oplus (P \to P))$ é uma tautologia. É com base neste facto que introduzimos este abuso de linguagem.

O algoritmo *aplica* (Algoritmo 5) calcula o OBDD que resulta da aplicação de uma operação lógica a dois OBDDs. A avaliação de $aplica(op, o_\alpha, o_\beta)$, em que op é uma operação lógica binária, devolve o OBDD correspondente à *fbf* α *op* β. Dado que a aplicação direta deste algoritmo pode originar OBDDs que não estão na forma reduzida, definimos a operação:

$$cria\text{-}OBDD\text{-}reduzido(r, o_\alpha, o_\beta) = reduz(cria\text{-}OBDD(r, o_\alpha, o_\beta))$$

A intuição subjacente ao *aplica* é a seguinte:

1. Se ambos os ODBBs corresponderem a folhas, aplica-se a operação *op* aos correspondentes valores lógicos.

2. Em caso contrário, escolhe-se o símbolo de proposição com maior prioridade existente em o_α e o_β (deixa-se como exercício a demonstração que este símbolo de proposição corresponde à raiz de pelo menos um dos

---

[23]Ao introduzir este símbolo lógico, devemos aumentar as nossas regras de formação de *fbfs* para contemplar a seguinte situação: se α e β são *fbfs* então $\alpha \oplus \beta$ é uma *fbf*.

Algoritmo 5 $aplica(op, o_\alpha, o_\beta)$

---

if $folha(o_\alpha)$ **and** $folha(o_\beta)$ **then**
  return $cria\text{-}folha(raiz(o_\alpha) \ op \ raiz(o_\beta))$
else
  $P := max\text{-}pred(o_\alpha, o_\beta)$
  if $raiz(o_\alpha) = P$ **and** $raiz(o_\beta) = P$ **then**
    return $cria\text{-}OBDD\text{-}reduzido(P,$
$$aplica(op, neg(o_\alpha), neg(o_\beta)),$$
$$aplica(op, pos(o_\alpha), pos(o_\beta)))$$
  else if $raiz(o_\alpha) = P$ **then**
    return $cria\text{-}OBDD\text{-}reduzido(P,$
$$aplica(op, neg(o_\alpha), o_\beta),$$
$$aplica(op, pos(o_\alpha), o_\beta))$$
  else
    return $cria\text{-}OBDD\text{-}reduzido(P,$
$$aplica(op, o_\alpha, neg(o_\beta)),$$
$$aplica(op, o_\alpha, pos(o_\beta)))$$
  end if
end if

OBDDs), e divide-se o problema em dois subproblemas num dos quais o símbolo de proposição é *verdadeiro* e no outro o símbolo de proposição é *falso*.

(a) Se o símbolo de proposição é a raiz de ambos os OBDDs, o OBDD resultante terá esse símbolo de proposição como raiz, o seu OBDD negativo resulta de aplicar recursivamente o algoritmo aos correspondentes OBDDs negativos e analogamente para o seu OBDD positivo.

(b) Em caso contrário, o OBDD resultante terá esse símbolo de proposição como raiz, o seu OBDD negativo resulta de aplicar recursivamente o algoritmo ao OBDD negativo do OBDD que contém o símbolo de proposição e ao outro OBDD (que não contém o símbolo de proposição), e analogamente para o OBDD positivo.

Exemplo 3.2.15 (Utilização do algoritmo $aplica$**)**
Consideremos os OBDDs compatíveis apresentados na Figura 3.30, correspondentes às *fbfs* $\neg P \wedge \neg R$ (Figura 3.30 (a)) e $P \vee (Q \wedge R)$ (Figura 3.30 (b)), os quais serão designados, respetivamente, por $O_{\neg P \wedge \neg R}$ e $O_{P \vee (Q \wedge R)}$. Estes OBDDs satisfazem a ordem $[P, Q, R]$.

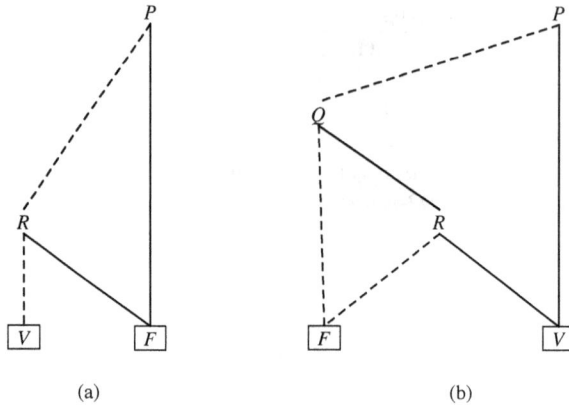

(a)   (b)

Figura 3.30: OBDDS correspondentes às *fbfs* $\neg P \wedge \neg R$ e $P \vee (Q \wedge R)$.

Vamos seguir a execução de

$$aplica(\wedge, O_{\neg P \wedge \neg R}, O_{P \vee (Q \wedge R)}).$$

O símbolo de proposição com maior prioridade é P, sendo a raiz de ambos os OBDDs, pelo que o valor devolvido pelo algoritmo é

$cria\text{-}OBDD\text{-}reduzido(P,$
$\qquad aplica(\wedge, neg(O_{\neg P \wedge \neg R}), neg(O_{P \vee (Q \wedge R)})),$
$\qquad aplica(\wedge, pos(O_{\neg P \wedge \neg R}), pos(O_{P \vee (Q \wedge R)})))$

O resultado desta aplicação é um OBDD cuja raiz é P, resultando os seus OBDDs negativo e positivo de invocações do algoritmo *aplica*. Na Figura 3.31 representa-se esquematicamente o resultado desta aplicação, estando as invocações ao algoritmo *aplica* representadas dentro de retângulos, representando-se a aplicação do operador através de notação infixa.

O resultado da aplicação do algoritmo ao OBDD positivo da Figura 3.31 é $\boxed{F}$, correspondendo à aplicação do operador às duas folhas.

No que respeita ao OBDD negativo da Figura 3.31, o símbolo de proposição com maior prioridade, Q, apenas aparece num dos OBDDs, pelo que o OBDD resultante, com raiz Q, está representado esquematicamente na Figura 3.32, originando duas invocações ao algoritmo *aplica*. Expandindo o OBDD negativo da Figura 3.32, podemos concluir que tanto o OBDD negativo como o positivo

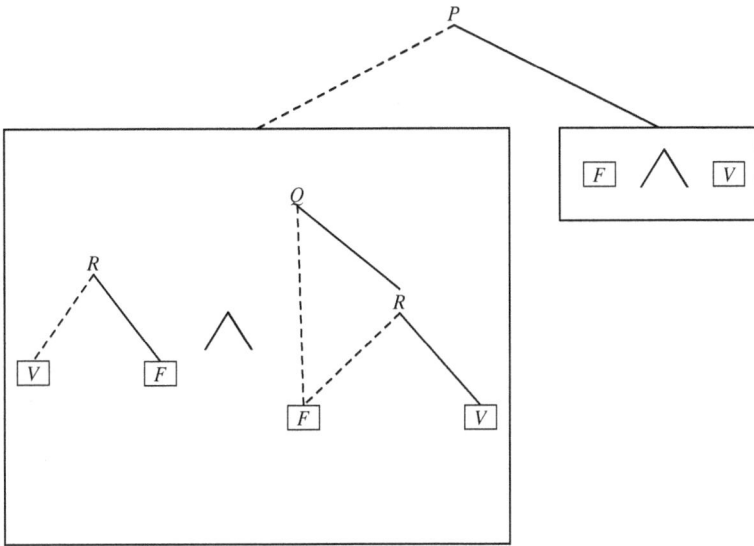

Figura 3.31: OBDD com raiz P.

correspondem a $\boxed{F}$. É importante notar que esta conclusão já poderia ter sido obtida através da análise da Figura 3.32. Com efeito, sendo *falso* o valor absorvente da conjunção, o resultado da conjunção de qualquer OBDD com $\boxed{F}$ terá $\boxed{F}$ como resultado. Um raciocínio semelhante pode ser feito para o elemento neutro da conjunção. Portanto, para qualquer OBDD, o, verificam-se as seguintes igualdades:

$$aplica(\wedge, o, \boxed{F}) = \boxed{F}$$

$$aplica(\wedge, o, \boxed{V}) = o$$

Expandindo o OBDD positivo da Figura 3.32, obtemos um OBDD cujo valor é $\boxed{F}$.

Considerando o OBDD positivo da Figura 3.32, este resultado era expectável pois este corresponde à conjunção de duas *fbfs* em que uma é a negação da outra.

Compilando os resultados das avaliações parciais, concluímos que o OBDD resultante do nosso exemplo é $\boxed{F}$, o que significa que a *fbf* $(\neg P \wedge \neg R) \wedge (P \vee (Q \wedge R))$ é contraditória. ⊛

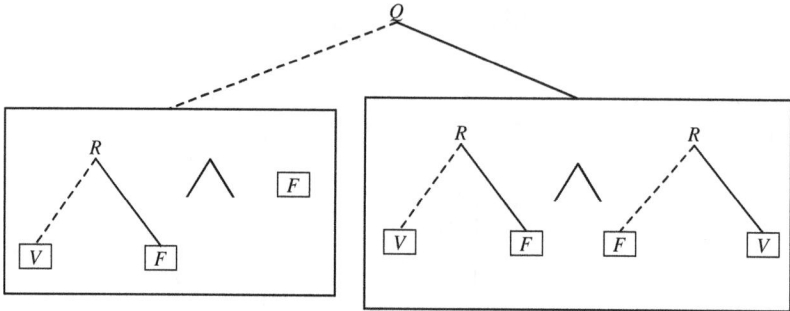

Figura 3.32: OBDD com raiz Q.

Algoritmo 6 $restringe(o, p, v)$

```
if folha(o) then
    return o
else if raiz(o) = p then
    if v = V then
        return pos(o)
    else
        return neg(o)
    end if
else
    return cria-OBDD(raiz(o),
                     restringe(neg(o), p, v),
                     restringe(pos(o), p, v))
end if
```

Restrição de valores de símbolos de proposição. Recorde-se a definição
3.2.20. O algoritmo $restringe(o, pred, val)$ (Algoritmo 6) devolve o OBDD
resultante de restringir o símbolo de proposição *pred* ao valor *val* na *fbf* correspondente ao OBDD *o*. O resultado não está reduzido.

Exemplo 3.2.16 Na Figura 3.33 (b) mostra-se o resultado da aplicação do
algoritmo *restringe* ao OBDD apresentado em Figura 3.33 (a) com $pred = R$
e $val = F$. ⊛

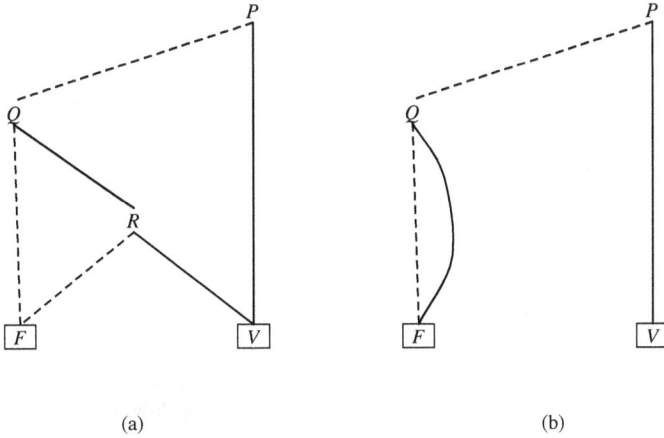

(a)   (b)

Figura 3.33: Exemplo da aplicação de *restringe*.

3.2.3 Algoritmos de SAT

Os algoritmos de SAT[24] têm o objetivo de determinar se uma dada *fbf* é satisfazível ou não e, em caso afirmativo, produzir uma interpretação que a satisfaça. Os diagramas de decisão binários já permitem responder a esta questão, pois dada uma *fbf*, através do seu BDD é possível determinar se esta é satisfazível ou não, e, em caso afirmativo, determinar todas as interpretações que a satisfazem. No entanto, quando não necessitamos de conhecer *todas* as interpretações que satisfazem determinada *fbf*, mas apenas de saber se essa *fbf* é satisfazível ou não, os algoritmos de SAT respondem a esta questão de uma forma mais eficiente do que a construção do BDD correspondente à *fbf*. Recordemos que o facto de sabermos se uma *fbf* é satisfazível, ou não, permite responder à questão fundamental em Lógica, de saber se uma determinada *fbf* é consequência semântica de um conjunto de *fbfs*. Com efeito, dado um conjunto de *fbfs* Δ e uma *fbf* α, $\Delta \models \alpha$ se e só se $\Delta \cup \{\neg\alpha\}$ não é satisfazível (Teorema 2.3.3).

Apresentamos dois algoritmos de SAT[25]. O primeiro, que designamos por *algoritmo baseado em propagação de marcas*, é muito eficiente, mas não é completo, ou seja, pode terminar sem fornecer uma resposta. O segundo, o *algoritmo DP*, apesar de menos eficiente, é completo.

---

[24]Do inglês, *"satisfiability"*.

[25]Agradeço à Prof. Maria dos Remédios Cravo a sua contribuição para a esta secção.

Algoritmo baseado em propagação de marcas. A ideia subjacente ao algoritmo baseado em propagação de marcas é, dada uma *fbf* α, determinar as restrições que têm de ser satisfeitas pelas suas sub-fórmulas de modo a que α seja verdadeira. Dada uma *fbf* da forma $\neg\alpha$, a sua *sub-fórmula* é α; dada uma *fbf* da forma $\alpha \wedge \beta$, $\alpha \vee \beta$ ou $\alpha \rightarrow \beta$, as suas *sub-fórmulas* são α e β.

Exemplo 3.2.17 Consideremos a *fbf* $P \wedge \neg Q$ e raciocinemos do seguinte modo: para esta *fbf* ser *verdadeira*, ambas as suas sub-fórmulas P e $\neg Q$ têm que ser *verdadeiras*; para $\neg Q$ ser *verdadeira*, Q tem de ser *falsa*. Deste modo, determinámos, por um lado, que a *fbf* $P \wedge \neg Q$ é satisfazível e, por outro, uma interpretação I que a satisfaz, $I(P) = V$ e $I(Q) = F$. ⊛

Sempre que é imposta uma restrição a uma sub-fórmula α, ou seja, sempre que se conclui que α tem de ser *verdadeira* ou que α tem de ser *falsa*, dizemos que α foi *marcada* com V ou com F, respetivamente.

Exemplo 3.2.18 No Exemplo 3.2.17, começámos por marcar a *fbf* $P \wedge \neg Q$, com V. Em seguida, propagámos esta marca para as sub-fórmulas P e $\neg Q$: como se tratava de uma conjunção, ambas estas sub-fórmulas foram marcadas com V. Finalmente, propagámos a marca de $\neg Q$ à sub-fórmula Q: como se tratava de uma negação, Q foi marcada com F. ⊛

De modo a aplicar o algoritmo baseado em propagação de marcas, é necessário obter um grafo dirigido e acíclico, vulgarmente conhecido por DAG[26] que corresponde à *fbf* cuja satisfazibilidade queremos verificar. Este grafo é obtido através de dois passos:

1. Transformação da *fbf* original numa *fbf* que só contenha conjunções e negações. Para realizar este passo, basta eliminar as disjunções e as implicações que ocorrem na *fbf*, usando as equivalências

$$(\alpha \vee \beta) \leftrightarrow \neg(\neg\alpha \wedge \neg\beta)$$

   e

$$(\alpha \rightarrow \beta) \leftrightarrow \neg(\alpha \wedge \neg\beta).$$

   Utilizamos também a eliminação da dupla negação,

$$\neg\neg\alpha \rightarrow \alpha,$$

   a qual não é requerida pelo algoritmo. No entanto, para uma maior simplicidade dos grafos, a eliminação da dupla negação é sempre aplicada.

---

[26]Do inglês, "*Directed Acyclic Graph*".

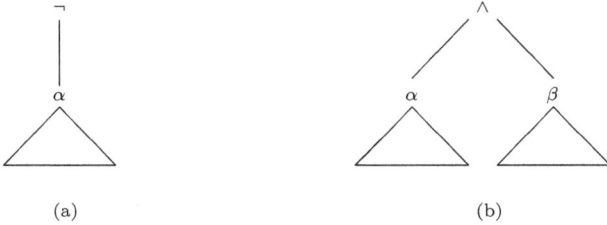

(a)   (b)

Figura 3.34: Representação da negação e da conjunção.

Exemplo 3.2.19 Consideremos a *fbf* $\neg(P \rightarrow \neg(\neg P \vee Q))$. Para a transformar numa *fbf* apenas com negações e conjunções, aplicamos os seguintes passos:

$$\neg\neg(P \wedge \neg\neg(\neg P \vee Q))$$
$$P \wedge (\neg P \vee Q)$$
$$P \wedge \neg(P \wedge \neg Q)$$

Ⓔ

2. Construção do grafo dirigido e acíclico que representa a *fbf* obtida no passo anterior. Neste segundo passo, começa-se por construir uma árvore do seguinte modo:

   (a) Uma *fbf* atómica, ou seja, um símbolo de proposição, é representada por uma árvore constituída unicamente por uma raiz cujo rótulo é esse símbolo de proposição.

   (b) A negação $\neg\alpha$ é representada por uma árvore cuja raiz é um nó de rótulo $\neg$ do qual sai um arco para a raiz da árvore que representa α (Figura 3.34 (a)).

   (c) A conjunção $\alpha \wedge \beta$ é representada por uma árvore cuja raiz é um nó de rótulo $\wedge$ do qual saem dois arcos, um para a raiz da árvore que representa α e o outro para a raiz da árvore que representa β (Figura 3.34 (b)).

Aplicando sucessivamente os passos anteriores a uma *fbf* obtemos uma árvore cujas folhas são os símbolos de proposição que ocorrem na *fbf*. Após a construção da árvore, para obter o grafo dirigido e acíclico basta juntar as folhas de rótulos repetidos[27].

---

[27]Poderemos também partilhar os nós repetidos, o que permite um aumento da eficiência do algoritmo. Mas não o faremos aqui.

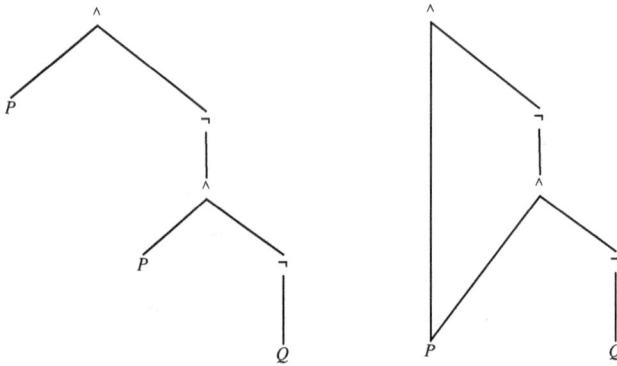

Figura 3.35: Árvore e grafo representando a *fbf* $\neg(P \to \neg(\neg P \lor Q))$.

Exemplo 3.2.20 Na Figura 3.35 mostramos a árvore e o grafo que representam a *fbf* do Exemplo 3.2.19[28]. ⊛

Uma vez obtido o grafo, é feita a propagação das marcas pelo grafo, atribuindo as marcas V ou F aos nós do grafo. Para iniciar o processo, é atribuída a marca V à raiz do grafo. As marcas dos restantes nós do grafo são atribuídas de acordo com as seguintes regras:

- *Regras para a negação.* Sejam $n_\neg$ um nó de rótulo $\neg$, e n_α o nó no fim do arco que sai de $n_\neg$. Então:

    N1: A marca contrária[29] à marca de $n_\neg$ é propagada a n_α (Figura 3.36, N1);

    N2: A marca contrária à marca de n_α é propagada a $n_\neg$ (Figura 3.36, N2).

    Estas regras correspondem a dizermos que se $\neg\alpha$ é *verdadeira* (respetivamente, *falsa*) então α tem de ser *falsa* (respetivamente, *verdadeira*), e se α é *verdadeira* (respetivamente, *falsa*) então $\neg\alpha$ tem de ser *falsa* (respetivamente *verdadeira*). A regra N1 propaga as marcas no sentido descendente do grafo e a regra N2 propaga as marcas no sentido ascendente.

---

[28]Tal como fizemos com os BDDs, nos nossos grafos, omitimos as setas dos arcos. Por convenção, um arco dirige-se sempre do nó mais acima para o nó mais abaixo.

[29]A marca contrária de V é F e a marca contrária de F é V.

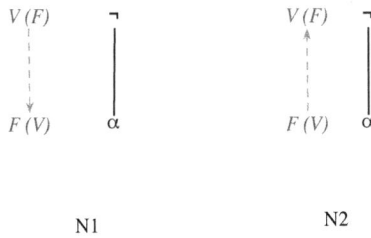

$$N1 \qquad N2$$

Figura 3.36: Regras para a negação.

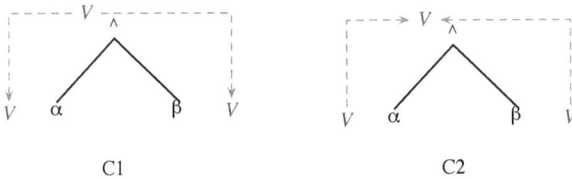

$$C1 \qquad C2$$

Figura 3.37: Regras para a conjunção.

- *Regras para a conjunção.* Sejam $n_\wedge$ um nó de rótulo $\wedge$ e n_α e n_β os nós no fim dos arcos que saem de $n_\wedge$. Então:

  C1: Se $n_\wedge$ tiver a marca V, tanto n_α como n_β são marcados com V. Esta regra corresponde a dizer que se uma conjunção $\alpha \wedge \beta$ é *verdadeira*, tanto α como β têm de ser *verdadeiras* (Figura 3.37, C1).

  C2: Se n_α e n_β tiverem a marca V, $n_\wedge$ é marcado com V. Esta regra corresponde a dizer que se α e β são *verdadeiras*, então a conjunção $\alpha \wedge \beta$ é *verdadeira* (Figura 3.37, C2).

  C3: Se n_α ou n_β tiverem a marca F, $n_\wedge$ é marcado com F. Esta regra corresponde a dizer que se α ou β são *falsas*, então a conjunção $\alpha \wedge \beta$ é *falsa* (Figura 3.38).

  C4: Se n_α (respetivamente, n_β) tiver a marca V, e $n_\wedge$ tiver a marca F, n_β (respetivamente, n_α) é marcado com F. Esta regra corresponde a dizer que se α (respetivamente, β) é *verdadeira*, e a conjunção $\alpha \wedge \beta$ é *falsa*, então β (respetivamente, α) é *falsa* (Figura 3.39).

A regra C1 propaga as marcas no sentido descendente, enquanto que as regras C2 e C3 o fazem no sentido ascendente. A regra C4 propaga as marcas em ambos os sentidos.

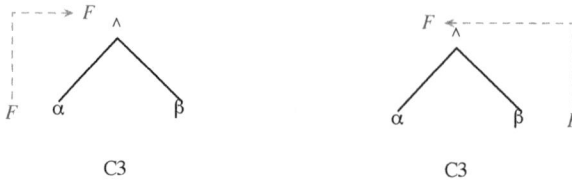

Figura 3.38: Regras para a conjunção (parte 2).

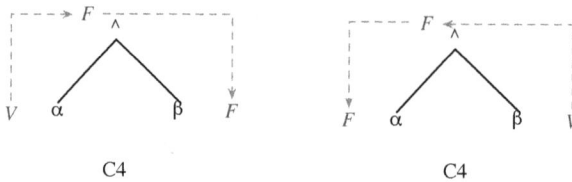

Figura 3.39: Regras para a conjunção (parte 3).

Se a propagação de marcas apenas for feita no sentido descendente é ainda necessário um passo final, a verificação das marcas. Esta verificação consiste em propagar as marcas atribuídas às folhas do grafo de baixo para cima, verificando se as marcas assim determinadas são as mesmas do que as determinadas anteriormente. Em caso afirmativo, encontrámos uma interpretação que satisfaz a *fbf* representada pelo grafo, uma *testemunha* (de que a *fbf* é satisfazível). Se as novas marcas não coincidirem com as anteriores, então a *fbf* não é satisfazível.

Exemplo 3.2.21 Consideremos a *fbf* do Exemplo 3.2.19, $\neg(P \to \neg(\neg P \vee Q))$, a qual é equivalente à *fbf* $P \wedge \neg(P \wedge \neg Q)$ e cujo grafo apresentamos na Figura 3.35. Na Figura 3.40 mostramos o resultado de propagar a marca V da raiz do grafo. Nesta figura, os inteiros que aparecem associados às marcas indicam a ordem pela qual as marcas foram atribuídas aos respetivos nós. Se propagarmos as marcas atribuídas às folhas, de baixo para cima, obtemos exatamente as mesmas marcas. Isto significa que a *fbf* $P \wedge \neg(P \wedge \neg Q)$ é satisfazível, e que a interpretação I, tal que $I(P) = I(Q) = V$, é uma testemunha. ⊜

Exemplo 3.2.22 Consideremos a *fbf* $(P \wedge \neg(P \wedge \neg Q)) \wedge \neg Q$. A Figura 3.41 mostra o grafo correspondente, bem como o resultado da propagação da marca V da raiz. Se propagarmos as marcas atribuídas às folhas, de baixo para cima, verificamos que, partindo do nó com rótulo Q, o nó $\neg$ marcado com V (2: V) recebe agora a marca F. Isto significa que a *fbf* não é satisfazível. ⊜

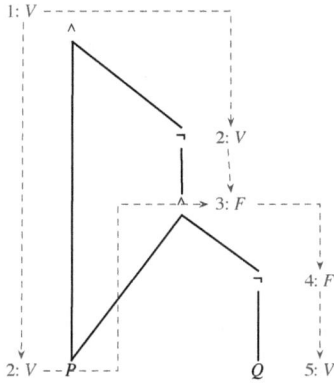

Figura 3.40: Propagação de marcas relativas à *fbf* $P \wedge \neg(P \wedge \neg Q)$.

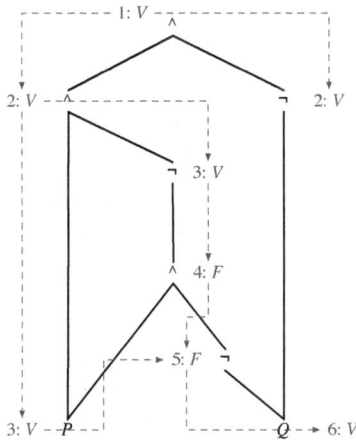

Figura 3.41: Propagação de marcas relativas à *fbf* $(P \wedge \neg(P \wedge \neg Q)) \wedge \neg Q$.

Apresentámos exemplos nos quais o algoritmo de propagação de marcas termina de duas formas diferentes, encontrando marcas consistentes para todos os nós, ou chegando a uma contradição. Em qualquer dos casos, o problema fica resolvido. No primeiro caso, foi encontrada uma testemunha, e no segundo caso a *fbf* não é satisfazível. O algoritmo de propagação de marcas apresenta uma ordem de crescimento linear em função do número de símbolos de proposição existentes na *fbf*. Contudo, este algoritmo pode ainda terminar de uma terceira forma, não conseguindo determinar marcas para todos os nós. Neste caso, o problema continua por resolver, não sabemos se a *fbf* é satisfazível ou não. Para ilustrar esta situação, aplique-se o algoritmo de propagação de marcas à *fbf* $P \lor Q$[30].

Quando o algoritmo de propagação de marcas não consegue marcar todos os nós de um grafo, deve ser aplicado um outro algoritmo, o *algoritmo de teste de nós*, o qual apresenta uma ordem de crescimento cúbica em relação ao número de símbolos proposicionais existentes na *fbf*. Este algoritmo escolhe um dos nós por marcar e *testa* esse nó, marcando-o temporariamente com um valor lógico, efetuando a propagação desta marca temporária e determinando eventualmente outras marcas *temporárias*. Se este teste não permitir resolver o problema, o mesmo nó é testado com o valor lógico contrário.

Após o teste de um nó, várias situações podem ocorrer:

- Se todos os nós ficaram marcados com marcas consistentes, o algoritmo termina, pois foi encontrada uma testemunha;

- Se foi encontrada uma contradição, então o nó é marcado *permanentemente* com a marca contrária à que foi usada no teste, e é utilizado o algoritmo de propagação de marcas;

- Se nenhuma das situações anteriores se verifica, são comparadas as marcas obtidas nos dois testes do nó; as marcas (temporárias) comuns aos dois testes são passadas a permanentes, e propagadas pelo algoritmo de propagação de marcas.

Exemplo 3.2.23 Consideremos a *fbf* $(P \to Q) \land (P \to \neg Q) \land (P \lor R)$, cuja *fbf* equivalente apenas com negações e conjunções é $\neg(P \land \neg Q) \land \neg(P \land Q) \land \neg(\neg P \land \neg R)$. Na Figura 3.42, mostramos o resultado da aplicação do algoritmo de propagação de marcas ao grafo desta *fbf*. Uma vez que nem todos os nós ficaram marcados, deve agora ser aplicado o algoritmo de teste de nós. Suponhamos que era escolhido o nó de rótulo P para ser testado; se testarmos este nó com a marca temporária V, chegamos a uma contradição (Figura 3.43).

---

[30]Deixamos este caso como exercício.

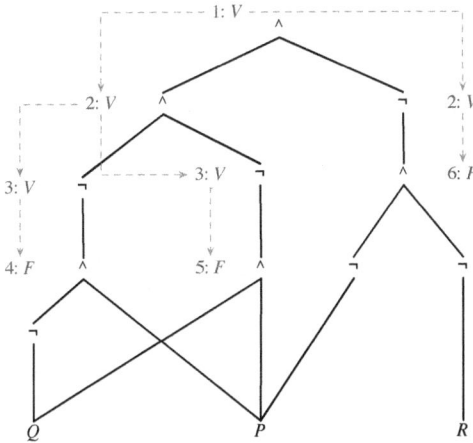

Figura 3.42: Propagação de marcas relativas à *fbf* $(P \to Q) \land (P \to \neg Q) \land (P \lor R)$.

Logo, este nó é marcado permanentemente com F. A propagação desta marca, determina a marca V para o nó de rótulo R (Figura 3.44). Nesta altura, apenas falta rotular o nó de rótulo Q. O teste deste nó com qualquer valor lógico leva à descoberta de uma testemunha (Figura 3.44). ✏

Exemplo 3.2.24 Consideremos a *fbf* $(P \land (\neg P \lor Q)) \to Q$, cuja *fbf* equivalente apenas com negações e conjunções é $\neg((P \land \neg(P \land \neg Q)) \land \neg Q)$. Na Figura 3.45, mostramos o resultado da aplicação do algoritmo de propagação de marcas ao grafo desta *fbf*. Como nem todos os nós ficaram marcados, é aplicado o algoritmo de teste de nós. Suponhamos que era escolhido o nó de rótulo Q para ser testado; se testarmos este nó com a marca temporária F, ficam nós por marcar (Figura 3.45), o mesmo nó é agora testado com a marca contrária, isto é, V e novamente ficam nós por marcar. Se testarmos o nó de rótulo P com qualquer marca, o outro continua por marcar. Assim, o algoritmo termina sem determinar se a *fbf* é satisfazível ou não. ✏

Verificamos que o algoritmo de propagação de marcas não é completo, como dissemos no início desta secção. Apesar do recurso ao algoritmo de teste de nós permitir resolver mais alguns casos, continua a não resolver todos.

Apresentamos os algoritmos baseados em propagação de marcas. Para facilitar a sua apresentação, consideramos um nó e um grafo como tipos abstratos de

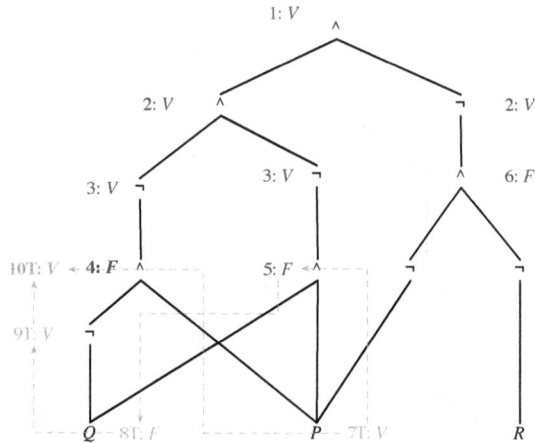

Figura 3.43: Contradição na propagação de marcas.

informação, em relação aos quais são definidas as seguintes operações básicas[31]:

O tipo nó. Um *nó* é uma estrutura de informação constituída por um rótulo, uma marca e um tipo de marca. Um *rótulo* pode ser um símbolo de proposição, $\wedge$ ou $\neg$, ou seja, os rótulos pertencem ao conjunto $\mathcal{P} \cup \{\wedge, \neg\}$. A *marca*, se existir, pode ser F (*falso*) ou V (*verdadeiro*). Quando um nó tem uma marca diz-se que está marcado. O *tipo de marca*, que apenas existe se o nó estiver marcado, pode ser P, que indica que a marca é permanente, ou T, que indica que a marca é temporária.

1. *Seletores*:

   - $rótulo : \mathcal{N} \mapsto \mathcal{P} \cup \{\wedge, \neg\}$
     rótulo(n) devolve o rótulo do nó n.
   - $marca : \mathcal{N} \mapsto \{F, V\}$
     marca(n) devolve a marca do nó n. Se o nó não estiver marcado, o valor devolvido por esta operação é indefinido.
   - $tipo\text{-}marca : \mathcal{N} \mapsto \{P, T\}$
     tipo-marca(n) devolve o tipo da marca do nó n. Se o nó não estiver marcado, o valor devolvido por esta operação é indefinido.

---

[31]Na definição destas operações assumimos que $\mathcal{N}$ é o conjunto de todos os nós e que $\mathcal{G}$ é o conjunto de todos os grafos.

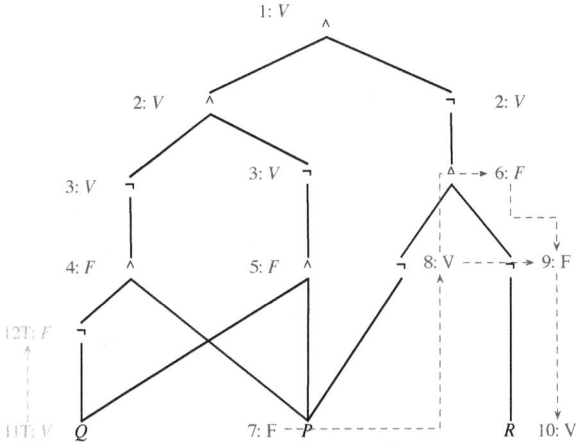

Figura 3.44: Testemunha para a *fbf* $(P \to Q) \wedge (P \to \neg Q) \wedge (P \vee R)$.

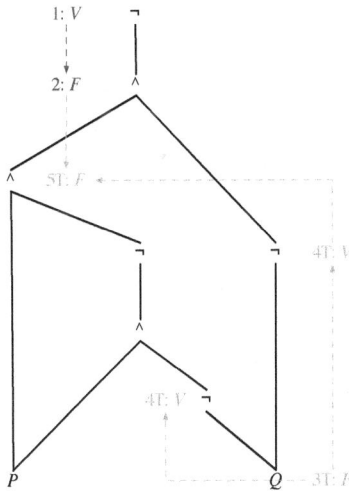

Figura 3.45: Propagação de marcas relativas à *fbf* $(P \wedge (\neg P \vee Q)) \to Q$.

2. *Reconhecedores*:

- *átomo* : $\mathcal{N} \mapsto lógico$

  átomo(n) devolve *verdadeiro* apenas se o rótulo do nó n for um símbolo proposicional, ou seja, se o nó n corresponder a uma *fbf* atómica.

- *negação* : $\mathcal{N} \mapsto lógico$

  negação(n) devolve *verdadeiro* apenas se o rótulo do nó n for ¬, ou seja, se o nó n corresponder a uma negação.

- *conjunção* : $\mathcal{N} \mapsto lógico$

  conjunção(n) devolve *verdadeiro* apenas se o rótulo do nó n for ∧, ou seja, se o nó n corresponder a uma conjunção.

- *marcado* : $\mathcal{N} \mapsto lógico$

  marcado(n) devolve *verdadeiro* se o nó n estiver marcado e devolve *falso* em caso contrário.

Modificador:

- *marca-nó* : $\mathcal{N} \times \{F, V\} \times \{P, T\} \mapsto \perp$

  marca(n, m, t) altera a marca e o tipo de marca do nó n para m e t, respetivamente. O valor devolvido por esta operação é indefinido[32].

Utilizamos a função de alto nível *inv*(m) que recebe uma marca e que devolve a marca contrária, ou seja, *inv*(F) = V e *inv*(V) = F.

O tipo grafo acíclico dirigido–   Um *grafo acíclico dirigido* é uma estrutura constituída por um conjunto de nós e um conjunto de arcos.

1. *Construtor*:

- *faz-grafo* : $\mathcal{L} \mapsto \mathcal{G}$

  faz-grafo(α) devolve o grafo correspondente à *fbf* α[33].

2. *Seletores*:

- *raiz-grafo* : $\mathcal{G} \mapsto \mathcal{N}$

  raiz-grafo(g) devolve a raiz do grafo g.

---

[32]Representado por $\perp$.

[33]Esta operação corresponde aos passos 1. e 2. descritos nas páginas 132 a 135.

- *nós-não-marcados* : $\mathcal{G} \mapsto 2^{\mathcal{N}}$

  nós-não-marcados(g) devolve o conjunto de nós não marcados do grafo g.

- *nó-negado* : $\mathcal{N} \times \mathcal{G} \mapsto \mathcal{N}$

  nó-negado(n, g) devolve o nó que se encontra no fim do arco que sai do nó n, no grafo g. Se o nó n não for um nó negação, o valor devolvido por esta operação é indefinido.

- *nós-negação* : $\mathcal{N} \times \mathcal{G} \mapsto 2^{\mathcal{N}}$

  nós-negação(n, g) devolve o conjunto de nós correspondentes a uma negação[34] dos quais saem arcos que terminam no nó n, no grafo g.

- *el1-conjunção* : $\mathcal{N} \times \mathcal{G} \mapsto \mathcal{N}$

  el1-conjunção(n, g) devolve o nó que se encontra no fim de um dos arcos que saem do nó n, no grafo g. Se o nó n não for um nó conjunção, o valor devolvido por esta operação é indefinido.

- *el2-conjunção* : $\mathcal{N} \times \mathcal{G} \mapsto \mathcal{N}$

  el2-conjunção(n, g) devolve o nó que se encontra no fim do outro[35] arco que sai do nó n. Se o nó n não for um nó conjunção, o valor devolvido por esta operação é indefinido.

- *outro-el-conjunção* : $\mathcal{N} \times \mathcal{N} \times \mathcal{G} \mapsto \mathcal{N}$

  sendo n um dos elementos do nó conjunção nc, *outro-el-conjunção*(n, nc, g) devolve o nó que se encontra no fim do outro arco que sai do nó nc, no grafo g. Se o nó nc não for um nó conjunção, ou o nó n não for um dos elementos da conjunção correspondente ao nó nc, o valor devolvido por esta operação é indefinido.

- *nós-conjunção* : $\mathcal{N} \times \mathcal{G} \mapsto 2^{\mathcal{N}}$

  nós-conjunção(n, g) devolve o conjunto de nós correspondentes a uma conjunção[36] dos quais saem arcos que terminam no nó n, no grafo g.

3. *Reconhecedores*:

- *nós-por-marcar* : $\mathcal{G} \mapsto$ *lógico*

  nós-por-marcar(g) devolve *verdadeiro* se existir no grafo g pelo menos um nó sem marca e devolve *falso* em caso contrário.

---

[34]Nós com o rótulo ¬.
[35]Em relação à operação *el1-conjunção*.
[36]Nós com o rótulo ∧.

4. *Modificadores*:

- *remove-marcas-temp* : $\mathcal{G} \mapsto \bot$

  remove-marcas-temp(g) remove todas as marcas temporárias do nós do grafo g. O valor devolvido por esta operação é indefinido (representado por $\bot$).

Para além destas, são ainda usadas as seguintes operações de alto nível:

- *contradição* : *universal* $\mapsto$ *lógico*

  contradição(u) devolve verdadeiro se u é igual a *contradição*, e devolve falso em caso contrário.

- *marcas-temp* : $\mathcal{G} \mapsto 2^{\mathcal{N} \times \{V,F\}}$

  marcas-temp(g) devolve o conjunto de pares (n, m), tais que n é um nó de g com uma marca *temporária* e m é essa marca.

- *repõe-marcas* : $2^{\mathcal{N} \times \{V,F\}} \mapsto \bot$

  repõe-marcas(*nós-marcas*) marca o nó n com a marca *permanente* m, para cada par (n, m) do conjunto *nós-marcas*.

- *remove-nós-marcados* : $2^{\mathcal{N}} \mapsto 2^{\mathcal{N}}$

  remove-nós-marcados(c) devolve o conjunto de nós resultante de remover os nós marcados do conjunto de nós c.

- *testemunha* : $\mathcal{G} \mapsto 2^{\mathcal{N} \times \{V,F\}}$

  testemunha(g) devolve um conjunto de pares (n, m), em que n é um nó marcado do grafo g e m a respetiva marca. No caso de todos os nós de g estarem marcados, apenas os nós atómicos são considerados. Em caso contrário, apenas são considerados os nós marcados.

Algoritmo *propaga-marcas*. Este algoritmo (Algoritmo 7) recebe uma *fbf*, cria o grafo correspondente e propaga o rótulo V a partir da sua raiz utilizando o algoritmo *propaga-marca*. Se algum dos nós não foi marcado, utiliza o algoritmo *testa-nó* para continuar a propagação. Este algoritmo usa as operações básicas *escolhe* e *subtrai* definidas para o tipo conjunto (descritas na página 116).

Algoritmo 7 *propaga-marcas(fbf)*

$g := faz\text{-}grafo(fbf)$
$raiz := raiz\text{-}grafo(g)$
if *contradição(propaga-marca(g, V, P, raiz))* **then**
  return A fbf não é satisfazível.
else
  candidatos-teste := nós-não-marcados(g)
  while *candidatos-teste $\neq \emptyset$* **do**
    $n := escolhe(candidatos\text{-}teste)$
    if *contradição(testa-nó(n, g))* **then**
      return A fbf não é satisfazível.
    end if
    candidatos-teste := subtrai(n, candidatos-teste)
    candidatos-teste := remove-nós-marcados(candidatos-teste)
  end while
  return *testemunha(g)*
end if

Algoritmo 8 *propaga(g, marca, tipo, nó)*

---

if *marcado(nó)* **then**
  if *marca(nó) $\neq$ marca* **then**
    return-all Contradição
  end if
else
  marca-e-propaga(g, marca, tipo, nó)
  propaga-negação(g, marca, tipo, nó)
  propaga-conjunção(g, marca, tipo, nó)
end if

Algoritmo *propaga.* Este algoritmo (Algoritmo 8) recebe um grafo (g), uma marca (*marca*), um tipo de marca (*tipo*), e um nó (*nó*), e para além de marcar o nó com a marca e o tipo recebidos e propaga essa marca através do grafo[37].

O algoritmo começa por verificar se o nó já está marcado. Neste caso, se a marca for a marca contrária, é devolvido *contradição*. Se o nó ainda não estiver marcado, este é marcado apropriadamente e a marca é propagada através do grafo, usando as regras enunciadas na página 134. Em primeiro lugar, é feita

---

[37]A instrução **return-all** *val*, faz com que o valor *val* seja devolvido pela primeira invocação de "*propaga*".

Algoritmo 9 $marca\text{-}e\text{-}propaga(g, marca, tipo, n\acute{o})$

$marca\text{-}n\acute{o}(n\acute{o}, marca, tipo)$
if $nega\varsigma\~ao(n\acute{o})$ **then**
  $propaga(g, inv(marca), tipo, n\acute{o}\text{-}negado(n\acute{o}, g))$
else
  if $conjun\varsigma\~ao(n\acute{o})$ **then**
    $conj1 := el1\text{-}conjun\varsigma\~ao(n\acute{o}, g)$
    $conj2 := el2\text{-}conjun\varsigma\~ao(n\acute{o}, g)$
    if $marca = V$ **then**
      $propaga(g, V, tipo, conj1)$
      $propaga(g, V, tipo, conj2)$
    else
      if $marca(conj1) = V$ **then**
        $propaga(g, F, tipo, conj2)$
      else
        if $marca(conj2) = V$ **then**
          $propaga(g, F, tipo, conj1)$
        end if
      end if
    end if
  end if
end if

---

a propagação no sentido descendente (Algoritmo 9), o que apenas é possível quando o nó corresponde a uma negação ou a uma conjunção. Em seguida, é feita a propagação no sentido ascendente, o que apenas é possível quando o nó está negado (Algoritmo 10) e/ou é um dos elementos de uma conjunção (Algoritmo 11).

Algoritmo 10 $propaga\text{-}nega\varsigma\~ao(g, marca, tipo, n\acute{o})$

---

for $nn \in n\acute{o}s\text{-}nega\varsigma\~ao(n\acute{o}, g)$ **do**
  $propaga(g, inv(marca), tipo, nn)$
end for

Algoritmo 11 *propaga-conjunção(g, marca, tipo, nó)*

---

for $nc \in$ *nós-conjunção(nó, g)* **do**
  if *marca(nó)* $=$ *F* **then**
    propaga(g, F, tipo, nc)
  else
    if *marca(outro-el-conjunção(nó, nc, g))* $=$ *V* **then**
      propaga(g, V, tipo, nc)
    else
      if *marca(nc)* $=$ *F* **then**
        propaga(g, F, tipo, outro-el-conjunção(nó, nc, g))
      end if
    end if
  end if
end for

Algoritmo 12 *testa-nó(n, g)*

---

if *contradição(propaga(g, V, T, n))* **then**
  remove-marcas-temp(g)
  propaga(g, F, P, n)
else
  if *nós-por-marcar(g)* **then**
    marcas-temp := marcas-temp(g)
    remove-marcas-temp(g)
    if *contradição(propaga(g, F, T, n))* **then**
      remove-marcas-temp(g)
      repõe-marcas(marcas-temp)
    else
      marcas-perm := marcas-temp $\cup$ marcas-temp(g)
      remove-marcas-temp(g)
      for $(n, m) \in$ *marcas-perm* **do**
        if *contradição(propaga(g, m, P, n))* **then**
          return Contradição
        end if
      end for
    end if
  end if
end if

Algoritmo *testa-nó.* Este algoritmo (Algoritmo 12) recebe um nó e um grafo, e testa o nó, começando por marcá-lo com a marca temporária V, e propagando esta marca através do algoritmo *propaga*. Se for encontrada uma contradição, todas as marcas temporárias são removidas, e em seguida é invocado de novo o algoritmo *propaga*, desta vez para marcar o nó com a marca permanente F, e propagar esta marca. Se o teste do nó com a marca temporária V não produz uma contradição, e ainda existem nós por marcar, as marcas temporárias são removidas, e o nó é testado com a marca temporária F. Se este teste dá origem a uma contradição, são repostas as marcas temporárias obtidas com o teste com a marca V, mas desta vez como permanentes. Se o teste do nó com a marca F não der origem a uma contradição, são removidas todas as marcas temporárias, e passadas a permanentes as marcas comuns aos dois testes. Se a propagação de alguma destas marcas der origem a uma contradição, o algoritmo *testa-nó* devolve Contradição.

Algoritmos baseados em DP. Os algoritmos baseados em DP[38] utilizam regras que transformam conjuntos de cláusulas em conjuntos de claúsulas. Quando um conjunto obtido por uma destas transformações apresenta certas características ou quando já não é possível aplicar mais transformações, a decisão sobre a satisfazibilidade ou a insatisfazibilidade do conjunto pode ser tomada de uma forma trivial. A principal vantagem dos algoritmos baseados em DP é serem completos, isto é, terminam sempre com uma resposta, qualquer que seja a *fbf* em questão.

Recordemos que utilizando a forma clausal, uma *fbf* Δ é tautológica se corresponder ao conjunto vazio ($\Delta = \{\}$) e que uma *fbf* Δ é contraditória se contiver o conjunto vazio ($\{\} \in \Delta$). Na nossa versão do algoritmo baseado em DP utilizamos o conceito de conjunto obtido por eliminação de um símbolo de proposição.

Definição 3.2.21 (Conjunto obtido por eliminação de P_i)
Sejam Δ um conjunto de cláusulas e P_i um símbolo de proposição. O conjunto de cláusulas obtido de Δ por eliminação de P_i, escrito $\exists P_i(\Delta)$ é o conjunto obtido a partir de Δ aplicando sequencialmente os seguintes passos:

1. Todos os resolventes-P_i, gerados a partir de cláusulas de Δ, são adicionados[39];

---

[38]Nomeados em honra aos criadores da versão original deste algoritmo, Martin Davis e Hilary Putman [Davis e Putnam, 1960], embora muitas variações tenham surgido ao longo dos anos.
[39]Ver a Definição 3.1.6 na página 84.

2. Todas as cláusulas de Δ que mencionam P_i são retiradas. ▶

Note-se que nenhuma cláusula do conjunto $\exists P_i(\Delta)$ menciona o símbolo de proposição P_i.

Exemplo 3.2.25 Seja $\Delta = \{\{P, Q\}, \{\neg P, Q\}, \{\neg P, S\}, \{\neg Q, R\}\}$. Então $\exists P(\Delta) = \{\{Q\}, \{Q, S\}, \{\neg Q, R\}\}$. ⊛

A nossa apresentação do algoritmo DP baseia-se no seguinte teorema:

Teorema 3.2.2
Sejam Δ uma *fbf* na forma clausal e P_i um símbolo de proposição. Então, Δ é satisfazível se e só se $\exists P_i(\Delta)$ é satisfazível.

DEMONSTRAÇÃO: Seja Δ a forma clausal de uma *fbf* e seja P um símbolo de proposição. A *fbf* Δ pode escrita na seguinte forma:

$$\Delta = \{\{P\} \cup \alpha_{P_1}, \ldots, \{P\} \cup \alpha_{P_n}, \{\neg P\} \cup \alpha_{\neg P_1}, \ldots, \{\neg P\} \cup \alpha_{\neg P_m}, \alpha_1, \ldots, \alpha_j\}$$

em que $\alpha_{P_1}, \ldots, \alpha_{P_n}, \alpha_{\neg P_1}, \ldots, \alpha_{\neg P_m}, \alpha_1, \ldots, \alpha_j$ são cláusulas que não contêm P. O conjunto $\exists P_i(\Delta)$ é dado por:

$$\exists P_i(\Delta) = \{\alpha_{P_1} \cup \alpha_{\neg P_1}, \ldots, \alpha_{P_n} \cup \alpha_{\neg P_m}, \alpha_1, \ldots, \alpha_j\}.$$

$\Rightarrow$ Se I é um modelo de Δ então I é um modelo de $\exists P_i(\Delta)$.

Uma vez que I é um modelo de Δ, I satisfaz as cláusulas $\alpha_1, \ldots, \alpha_j$. Em relação às restantes cláusulas, consideremos os seguintes casos:

(a) Se em Δ existirem $\alpha_{P_i} = \{\}$ e $\alpha_{\neg P_j} = \{\}$, então $\{P\}$ e $\{\neg P\}$ pertencem a Δ e este conjunto não é satisfazível. Neste caso, $\exists P_i(\Delta)$ contém a cláusula vazia, pelo que também não é satisfazível.

(b) Se existir $\alpha_{P_i} = \{\}$ e todos os $\alpha_{\neg P_j} \neq \{\}$, então todas as interpretações que satisfazem Δ são tais que $I(P) = V$, o que significa que $\forall j\ I(\alpha_{\neg P_j}) = V$.

(c) Se existir $\alpha_{\neg P_i} = \{\}$ e todos os $\alpha_{P_j} \neq \{\}$, a demonstração é semelhante à alínea anterior.

(d) Se em Δ todos os $\alpha_{P_i} \neq \{\}$ e todos os $\alpha_{\neg P_j} \neq \{\}$, então dois casos podem ocorrer, $I(P) = V$ ou $I(P) = F$.

   i. Suponhamos que $I(P) = V$, então $\forall i\ I(\alpha_{\neg P_i}) = V$. Como as cláusulas de $\exists P_i(\Delta)$ (para além das cláusulas $\alpha_1, \ldots, \alpha_j$, que são satisfeitas por I) são da forma $\alpha_{P_a} \cup \alpha_{\neg P_b}$ ($1 \leq a \leq n$, $1 \leq b \leq m$), I satisfaz todas esta cláusulas, pelo que I é um modelo de $\exists P_i(\Delta)$.

   ii. Se $I(P) = F$ a demonstração é semelhante.

⇐ Se I é um modelo de $\exists P_i(\Delta)$ então I é um modelo de Δ.

Comecemos por mostrar que qualquer modelo de $\exists P_i(\Delta)$ ou satisfaz todas as cláusulas α_{P_i} ($1 \leq i \leq n$) ou satisfaz todas as cláusulas $\alpha_{\neg P_j}$ ($1 \leq j \leq n$). Suponhamos por absurdo que I é um modelo de $\exists P_i(\Delta)$ que não satisfaz esta condição. Então existem i e j tais que α_{P_i} e $\alpha_{\neg P_j}$ não são satisfeitas por I. Mas $\exists P_i(\Delta)$ contém a cláusula $\alpha_{P_i} \cup \alpha_{\neg P_j}$ que não é satisfeita por I, o que é uma contradição.

Se M for um modelo de $\exists P_i(\Delta)$ que satisfaz todos os α_{P_i} (respetivamente, todos os $\alpha_{\neg P_j}$) basta fazer $M(P) = F$ (respetivamente, $M(P) = V$) para que M seja um modelo de Δ.

∎

Exemplo 3.2.26 Considerando o Exemplo 3.2.25, de acordo com o Teorema 3.2.2, $\Delta = \{\{P, Q\}, \{\neg P, Q\}, \{\neg P, S\}, \{\neg Q, R\}\}$ é satisfazível se e só se $\exists P(\Delta) = \{\{Q\}, \{Q, S\}, \{\neg Q, R\}\}$ o for. ⊛

O algoritmo DP consiste em, partindo de uma *fbf* Δ na forma clausal, ir eliminando sucessivamente os símbolos de proposição que ocorrem em Δ. Os conjuntos de cláusulas que vão sendo obtidos mencionam cada vez menos símbolos de proposição. Eventualmente, ocorre uma de duas situações:

1. É gerada a cláusula vazia. Como a cláusula corresponde a uma contradição, podemos concluir que a *fbf* inicial não é satisfazível.

2. Obtemos um conjunto vazio de cláusulas. Como este conjunto corresponde a uma tautologia, podemos concluir que a *fbf* inicial é satisfazível.

Exemplo 3.2.27 Consideremos a *fbf* representada em forma clausal por

$$\Delta = \{\{P, Q\}, \{\neg P, Q\}, \{\neg Q, R\}, \{\neg R\}\}.$$

Por eliminação de P, Q e R, por esta ordem, obtemos, sucessivamente, os conjuntos:

$$\exists P(\Delta) = \{\{Q\}, \{\neg Q, R\}, \{\neg R\}\}$$
$$\exists Q(\exists P(\Delta)) = \{\{R\}, \{\neg R\}\}$$
$$\exists R(\exists Q(\exists P(\Delta))) = \{\{\}\}.$$

Como o último conjunto contém a cláusula vazia e consequentemente não é satisfazível, podemos concluir que Δ não é satisfazível. ⊛

Exemplo 3.2.28 Consideremos a *fbf* representada em forma clausal por

$$\Delta = \{\{P, Q\}, \{\neg P, Q\}, \{\neg Q, R\}\}.$$

Por eliminação de P, Q e R, por esta ordem, obtemos, sucessivamente, os conjuntos:

$$\exists P(\Delta) = \{\{Q\}, \{\neg Q, R\}\}$$
$$\exists Q(\exists P(\Delta)) = \{\{R\}\}$$
$$\exists R(\exists Q(\exists P(\Delta))) = \{\}.$$

Notemos que na penúltima linha não são gerados resolventes-R, mas a cláusula contendo R é removida. Como o último conjunto é satisfazível, podemos concluir que Δ é satisfazível. ✍

Exemplo 3.2.29 Consideremos a *fbf* $(P \wedge (\neg P \vee Q)) \rightarrow Q$ do Exemplo 3.2.24, cuja satisfazibilidade não é decidida pelos algoritmos baseados em propagação de marcas. Transformando esta *fbf* em forma clausal obtemos sucessivamente:

$$(P \wedge (\neg P \vee Q)) \rightarrow Q$$

$$\neg(P \wedge (\neg P \vee Q)) \vee Q$$

$$(\neg P \vee \neg(\neg P \vee Q)) \vee Q$$

$$(\neg P \vee (P \wedge \neg Q)) \vee Q$$

$$((\neg P \vee P) \wedge (\neg P \vee \neg Q)) \vee Q$$

$$(\neg P \vee P \vee Q) \wedge (\neg P \vee \neg Q \vee Q)$$

$$\{\{\neg P, P, Q\}, \{\neg P, \neg Q, Q\}\}$$

Tendo em atenção a estratégia de eliminação de teoremas apresentada na página 90, podemos concluir que a forma clausal desta *fbf* é equivalente a um conjunto vazio de cláusulas, pelo que a *fbf* é tautológica. ✍

Um modo de implementar o algoritmo DP, baseado no Teorema 3.2.2, consiste em utilizar o conceito de balde[40]. Um *balde* corresponde a um conjunto de cláusulas. Dada uma *fbf* Δ na forma clausal, o algoritmo consiste nos seguintes passos:

1. *Criação e preenchimento de baldes.*

   Este passo corresponde à execução de três passos sequenciais:

---

[40]Do inglês, *"bucket"*.

(a) Estabelece-se arbitrariamente uma relação de ordem total entre os símbolos de proposição em Δ (a quantidade de processamento necessária poderá depender desta ordem).

(b) Cria-se um balde (sem elementos) por cada símbolo de proposição P_i que ocorra em Δ. Cada um destes baldes é designado por b_{P_i}. Os baldes são ordenados de acordo com a ordem estabelecida no passo 1. (a).

(c) Cada cláusula em Δ é colocada no primeiro balde b_{P_i}, tal que a cláusula menciona o símbolo de proposição P_i.

2. *Processamento dos baldes.*

Este passo, consiste em processar cada balde, pela ordem estabelecida no passo 1. (a), da seguinte forma:

(a) Para processar o balde b_{P_i} geram-se todos os resolventes-P_i a partir exclusivamente de cláusulas de b_{P_i}.

(b) Cada um dos resolventes obtidos no passo anterior é colocado no primeiro balde b_{P_j}, tal que o resolvente menciona o símbolo de proposição P_j.

Se durante o processamento de um balde for gerada a cláusula vazia, o algoritmo termina indicando que a *fbf* dada não é satisfazível. Se todos os baldes forem processados sem nunca ser gerada a cláusula vazia, então a *fbf* dada é satisfazível.

Note-se que, de acordo com o Teorema 3.2.2, após o processamento de um balde b_{P_i}, sabemos que a *fbf* dada será satisfazível se e só se o conjunto de cláusulas correspondente à união dos baldes a seguir a b_{P_i} for satisfazível.

Exemplo 3.2.30 Consideremos a *fbf* representada em forma clausal por

$$\Delta = \{\{P, Q, \neg R\}, \{\neg P, S, T, R\}, \{\neg P, Q, S\}, \{\neg Q, \neg R\}, \{S\}\}.$$

Estabelecendo entre os símbolos de proposição a ordem $P \prec Q \prec R \prec S \prec T$, após a criação e preenchimento dos baldes obtemos:

b_P :　$\{P, Q, \neg R\}, \{\neg P, S, T, R\}, \{\neg P, Q, S\}$
b_Q :　$\{\neg Q, \neg R\}$
b_R :
b_S :　$\{S\}$
b_T :

O processamento do balde b_P origina duas cláusulas, $\{Q, \neg R, S, T, R\}$ e $\{Q, \neg R, S\}$. A primeira destas cláusulas é uma tautologia, pelo que é ignorada; a segunda cláusula é colocada no balde b_Q:

b_P : $\{P, Q, \neg R\}, \{\neg P, S, T, R\}, \{\neg P, Q, S\}$
b_Q : $\{\neg Q, \neg R\}$, $\qquad\qquad\qquad$ $\{Q, \neg R, S\}$
b_R :
b_S : $\{S\}$
b_T :

O processamento do balde b_Q origina a cláusula $\{\neg R, S\}$, que é colocada no balde b_R:

b_P : $\{P, Q, \neg R\}, \{\neg P, S, T, R\}, \{\neg P, Q, S\}$
b_Q : $\{\neg Q, \neg R\}$, $\qquad\qquad\qquad$ $\{Q, \neg R, S\}$
b_R : $\qquad\qquad\qquad\qquad\qquad\qquad\qquad\qquad$ $\{\neg R, S\}$
b_S : $\{S\}$
b_T :

O processamento dos restantes baldes não gera novas cláusulas, pelo que se conclui que Δ é satisfazível. ✪

Exemplo 3.2.31 Consideremos a *fbf* correspondente à cláusula $\Delta = \{\{P, Q\}, \{\neg P, Q\}, \{\neg Q\}, \{R, S\}\}$ e a ordem $P \prec Q \prec R \prec S$. Após a criação e preenchimento dos baldes obtemos:

b_P : $\{P, Q\}, \{\neg P, Q\}$
b_Q : $\{\neg Q\}$
b_R : $\{R, S\}$
b_S :

O processamento do balde b_P gera a nova cláusula $\{Q\}$, que é colocada no balde b_Q:

b_P : $\{P, Q\}, \{\neg P, Q\}$
b_Q : $\{\neg Q\}$, $\qquad$ $\{Q\}$
b_R : $\{R, S\}$
b_S :

O processamento do balde b_Q gera a cláusula vazia, pelo que o algoritmo termina, indicando que a *fbf* não é satisfazível. ✪

Depois de todos os baldes terem sido processados, e se a *fbf* é satisfazível, a inspeção dos baldes por ordem inversa à ordem de processamento permite determinar uma interpretação que satisfaça a *fbf* da seguinte forma: a inspeção do balde b_{P_i} atribui um valor lógico ao símbolo de proposição P_i de forma a que sejam satisfeitas todas as cláusulas de b_{P_i}, e considerando os valores lógicos já atribuídos a outros símbolos de proposição.

Exemplo 3.2.32 Podemos determinar uma interpretação I que satisfaz a *fbf* do Exemplo 3.2.30, raciocinando da seguinte forma:

1. Começamos pelo último balde b_T. Uma vez que este balde está vazio, podemos escolher qualquer valor para T. Suponhamos que escolhemos $I(T) = V$.

2. Inspecionamos o balde b_S, que contém uma única cláusula, $\{S\}$. Para esta cláusula ser satisfeita temos de ter $I(S) = V$.

3. Inspecionamos o balde b_R, que contém uma única cláusula, $\{\neg R, S\}$. Uma vez que já temos $I(S) = V$, esta cláusula será satisfeita qualquer que seja o valor de R. Suponhamos que escolhemos $I(R) = V$.

4. Para satisfazer a cláusula $\{\neg Q, \neg R\}$ do balde b_Q temos de ter $I(Q) = F$. A outra cláusula deste balde já é satisfeita, independentemente do valor de Q.

5. Finalmente, no balde b_P a única cláusula cuja satisfação depende do valor de P é a cláusula $\{P, Q, \neg R\}$, pelo que temos de ter $I(P) = V$.

Concluímos assim que a seguinte interpretação satisfaz Δ: $I(T) = V$, $I(S) = V$, $I(R) = V$, $I(Q) = F$ e $I(P) = V$. ⊛

Exemplo 3.2.33 (Importância da escolha da ordem) Suponhamos que, ao estabelecer uma ordem entre os símbolos de proposição da *fbf* do Exemplo 3.2.30 escolhíamos a ordem $S \prec R \prec P \prec Q \prec T$. Neste caso, após a criação e preenchimento dos baldes teríamos:

b_S : $\{\neg P, S, T, R\}, \{\neg P, Q, S\}, \{S\}$
b_R : $\{P, Q, \neg R\}, \{\neg Q, \neg R\}$
b_P :
b_Q :
b_T :

O processamento dos baldes não gera nenhuma nova cláusula, pelo que a escolha desta ordem levou a menos processamento do que a escolha da ordem $P \prec Q \prec R \prec S \prec T$ que utilizámos no Exemplo 3.2.30. ⊛

O algoritmo DP tem uma ordem de crescimento exponencial, o que significa que é menos eficiente do que o algoritmo de propagação de marcas. Contudo, este algoritmo tem a vantagem de ser completo, isto é, de terminar sempre com uma resposta, qualquer que seja a *fbf* em questão.

3.3 Notas bibliográficas

Com a introdução dos computadores, no final da década de 1940, começaram a ser desenvolvidos programas para a demonstração automática de teoremas. Segundo [Wos, 1988], a designação *raciocínio automático* surgiu em 1980. O campo do raciocínio automático é utilizado para demostrar teoremas matemáticos, projetar circuitos lógicos, verificar a correção de programas, resolver puzzles e apoiar um grande número de atividades humanas que requerem raciocínio. Uma evolução histórica deste campo pode ser consultada em [Davis, 2001] e algumas das suas aplicações podem ser consultadas em [Wos et al., 1984]. As coletâneas [Robinson e Voronkov, 2001a] e [Robinson e Voronkov, 2001b] apresentam uma perspetiva do campo do raciocínio automático, quer sob o ponto de vista da sua evolução histórica, quer sob o ponto de vista das suas aplicações.

O princípio da resolução foi introduzido por John Alan Robinson em 1963, tendo sido publicado em [Robinson, 1965] e reeditado em [Robinson, 1983]. A eliminação de cláusulas subordinadas foi inicialmente estudada por [Kowalski e Hayes, 1969] e [Kowalski, 1970]. A resolução unitária resulta diretamente da regra do literal unitário proposta por [Davis e Putnam, 1960]. A resolução linear foi proposta de forma independente por Donald W. Loveland [Loveland, 1970] (re-editado em [Loveland, 1983]) e por David C. Luckham [Luckham, 1970] (re-editado em [Luckham, 1983]), tendo sido melhorada por [Andersen e Bledsoe, 1970], [Reiter, 1971] e [Loveland, 1972]. Outras estratégias importantes de resolução, não apresentadas neste capítulo, correspondem à paramodulação [Robinson e Wos, 1969] (re-editado em [Robinson e Wos, 1983]) e à demodulação [Wos et al., 1967]. Entre os textos que apresentam o princípio da resolução, recomendamos a leitura de [Bachmair e Ganzinger, 2001b] e [Gabbay et al., 1993].

Os BDDs foram introduzidos por [Lee, 1959] e os OBDDS por [Bryant, 1986]. A ordenação dos símbolos proposicionais num OBDD continua a ser um problema em aberto ([Bollig e Wegener, 1996] e [Sieling, 2002]). Os BDDS têm sido aplicados à síntese de circuítos lógicos e à verificação formal [Malik et al., 1988], [Fujita et al., 1991], [Hachtel e Somenzi, 2006], [Aziz et al., 1994]. No final da década de 1990 os algoritmos de propagação de marcas começam a receber maior interesse do que os BDDs, mas estes continuam ainda a ser utilizados em várias aplicações, [Damiano e Kukula, 2003], [Franco et al., 2004], [Jin e

Somenzi, 2005] e [Pan e Vardi, 2005].

Os algoritmos de SAT [Biere et al., 2009] correspondem a uma área de forte investigação, a qual engloba vários domínios do conhecimento. A sua história remonta a meados do Século XX e pode ser consultada em [Franco e Martin, 2009]. Os algoritmos de propagação de marcas e de teste de nós que apresentámos correspondem a variantes dos algoritmos desenvolvidos por [Stålmarck e Såflund, 1990]. Em [Darwiche e Pipatsrisawat, 2009] pode ser consultada uma perspetiva dos algoritmos baseados em DP. O algortimo apresentado na página 151 foi proposto por [Dechter, 1997], a sua complexidade computacional pode ser consultada em [Dechter e Rish, 1994].

3.4 Exercícios

1. Transforme as seguintes *fbfs* em forma clausal:

   (a) $P \rightarrow (\neg Q \wedge \neg R)$

   (b) $(P \wedge Q) \rightarrow \neg(P \rightarrow \neg Q)$

   (c) $P \leftrightarrow ((\neg Q \vee \neg R) \rightarrow S)$

2. Utilizando o princípio da resolução, prove por refutação os seguintes argumentos:

   (a) $\{\neg P \vee Q\} \vdash \neg(P \wedge \neg Q)$

   (b) $(\{(P \rightarrow (P \rightarrow Q)) \wedge P\}, Q)$

   (c) $(\{\neg P \rightarrow \neg Q\}, Q \rightarrow P)$

   (d) $(\{(P \rightarrow Q) \wedge (Q \rightarrow R)\}, P \rightarrow R\}$

   (e) $(\{P \wedge \neg P\}, Q)$

   (f) $(\{P \rightarrow \neg P\}, \neg P)$

   (g) $(\{P\}, Q \rightarrow (P \wedge Q))$

   (h) $\{(P \wedge Q) \rightarrow R, P \rightarrow Q\} \vdash P \rightarrow R$

3. Produza uma prova por refutação para os seguintes conjuntos de cláusulas:

   (a) $\{\{\neg P, Q, S\}, \{\neg Q, S, P\}, \{\neg S, R\}, \{\neg S, P\}, \{Q, \neg R\}, \{\neg P, \neg Q\}\}$

   (b) $\{\{P, Q, R\}, \{P, Q, \neg R\}, \{P, \neg Q\}, \{\neg P, \neg R\}, \{\neg P, R\}\}$

4. Suponha que se podem produzir as seguintes reações químicas[41]:

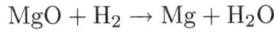

$$MgO + H_2 \rightarrow Mg + H_2O$$

$$C + O_2 \rightarrow CO_2$$

$$CO_2 + H_2O \rightarrow H_2CO_3.$$

Utilizando o princípio da resolução, mostre que a partir de MgO, H_2, C e O_2 é possível produzir H_2CO_3.

5. Utilizando o princípio da resolução mostre que é possível gerar uma contradição a partir dos seguintes conjuntos de cláusulas:

(a) $\{\{\neg P, Q, S\}, \{P, \neg Q, S\}, \{\neg S, R\}, \{\neg S, P\}, \{P, Q\}, \{\neg R, Q\}, \{\neg P, \neg Q\}\}$

(b) $\{\{\neg P, Q\}, \{\neg Q, R\}, \{\neg R, P\}, \{P, R\}, \{\neg P, \neg R\}\}$

(c) $\{\{P, Q, R\}, \{P, Q, \neg R\}, \{P, \neg Q\}, \{\neg P, \neg R\}, \{\neg P, R\}\}$

6. (a) Desenhe a árvore de decisão correspondente à seguinte *fbf*:

$$P \wedge (Q \vee (P \wedge R))$$

(b) Transforme a árvore de decisão da alínea anterior num BDD reduzido. Indique os passos seguidos.

7. Considere os seguintes OBDDs:

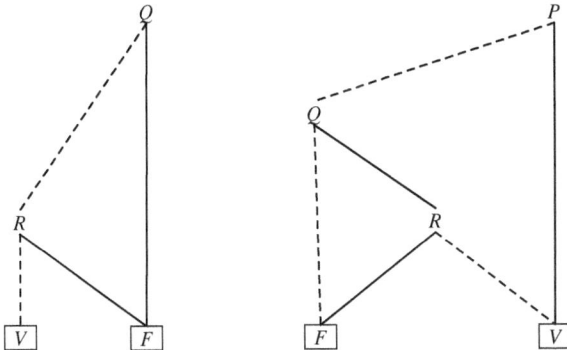

Utilizando o algoritmo *aplica*, calcule o OBDD que resulta de disjunção das *fbfs* que correspondem a estes OBDDS. Mostre os passos utilizados.

---

[41]Exemplo de [Chang e Lee, 1973], página 21.

8. (a) Diga como pode usar o OBDD de uma *fbf* para determinar os modelos dessa *fbf*.

   (b) Aplique a resposta da alínea (b) ao seguinte OBDD:

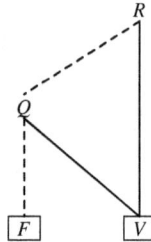

9. Usando OBDDs, mostre que $\{P, P \rightarrow Q\} \models Q$. SUGESTÃO: Utilizando o algoritmo *aplica*, construa o OBDD para a conjunção das premissas e veja o que pode concluir em relação à conclusão do argumento.

10. Dado um OBDD qualquer, *o*, mostre que os seguintes resultados são verificados:

   (a) $aplica(\wedge, o, \boxed{F}) = \boxed{F}$

   (b) $aplica(\wedge, \boxed{F}, o) = \boxed{F}$

   (c) $aplica(\wedge, o, \boxed{V}) = o$

   (d) $aplica(\wedge, \boxed{V}, o) = o$

   (e) $aplica(\vee, o, \boxed{V}) = \boxed{V}$

   (f) $aplica(\vee, \boxed{V}, o) = \boxed{V}$

   (g) $aplica(\vee, o, \boxed{F}) = o$

   (h) $aplica(\vee, \boxed{F}, o) = o$

11. Considere o seguinte grafo usado no algoritmo de propagação de marcas:

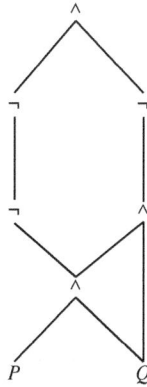

(a) Qual a *fbf* que é diretamente representada por esse grafo?

(b) Usando o algoritmo de propagação de marcas, mostre que essa *fbf* não é satisfazível. Justifique a sua resposta.

(c) Sem fazer mais cálculos, negue a fórmula anterior. Indique o que poderá concluir em relação à sua satisfazibilidade. Justifique a sua resposta.

12. Considere o seguinte conjunto de cláusulas: $\{\{\neg P, \neg Q\}, \{P, \neg Q\}, \{Q\}\}$. Aplique o algoritmo DP eliminando as variáveis usando a ordem $Q \prec P$. Caso a fórmula seja satisfazível, indique uma testemunha.

13. Considere a seguinte fórmula na forma clausal $\{\{P, Q\}, \{\neg P, Q\}, \{\neg Q, R\}\}$. Aplique o algoritmo DP recorrendo a baldes e usando a ordem alfabética. Se a fórmula for satisfazível indique uma testemunha.

14. Considere o seguinte conjunto de cláusulas: $\{\{\neg S, Q\}, \{\neg R, P\}, \{\neg P, S, R\}, \{\neg R, T\}, \{\neg T\}\}$. Aplique o algoritmo DP eliminando as variáveis usando a ordem $R \prec T \prec S \prec P \prec Q$. Caso a fórmula seja satisfazível, indique uma testemunha.

15. Considere a seguinte fórmula $((P \rightarrow Q) \vee (P \rightarrow R)) \wedge (\neg P \vee S)$. Determine se ela é satisfazível e se for indique uma testemunha, usando:

   (a) O algoritmo de propagação de marcas (e o algoritmo de teste de nós, se necessário);

   (b) O algoritmo DP.

Capítulo 4

Lógica de Primeira Ordem (I)

He was, I take it, the most perfect reasoning and observing machine that the
world has seen
Sherlock Holmes, *A Scandal in Bohemia*

A lógica proposicional apenas permite lidar com uma classe muito restrita de argumentos. Embora tenhamos considerado proposições de certo modo complexas, os seus componentes elementares correspondem a símbolos de proposição, ao interior dos quais não podemos aceder. Recorde-se da página 27 que, em lógica proposicional, a representação da proposição "Sócrates é um homem" não permitia a representação de Sócrates, nem de homem, nem da relação entre estas duas entidades.

Neste capítulo, apresentamos uma lógica cuja linguagem nos permite considerar o "interior" das proposições. Com esta nova linguagem, as proposições elementares deixam de ser um todo, passando a ter uma estrutura na qual podem existir constantes, variáveis e funções. A lógica resultante chama-se *lógica de primeira ordem* ou *lógica de predicados*. A passagem da lógica proposicional para a lógica de primeira ordem obriga a uma reformulação das regras para a formação de *fbfs* (contemplando variáveis), à introdução de novos símbolos lógicos e de novas regras de inferência, bem como a uma reformulação completa do conceito de interpretação.

4.1   A linguagem

A linguagem da lógica de primeira ordem é muito mais rica do que a da lógica proposicional. Para além de conter todos os símbolos da lógica proposicional, a lógica de primeira ordem contém dois símbolos lógicos adicionais, os quantificadores, e permite a utilização de funções e de variáveis. Além disso, em lugar dos símbolos de proposição, a lógica de primeira ordem introduz predicados, os quais têm uma estrutura no sentido em que correspondem a relações com argumentos.

Antes de apresentar a linguagem da lógica de primeira ordem, discutimos os conceitos de função, de relação e de variável.

Funções.   A palavra "função" é usada no sentido lato para representar uma correspondência (ou uma transformação) entre duas classes de entidades. Do ponto de vista da teoria dos conjuntos, uma função é um conjunto (potencialmente infinito) contendo os elementos (pares ordenados) que correspondem à transformação. Como exemplos, podemos pensar em funções que correspondem à capital de um país, ao ano de nascimento de uma pessoa ou ao sucessor de um número natural. Os seguintes conjuntos listam parcialmente estas transformações:[1]

$$\{(Portugal, \ Lisboa), \ (França, \ Paris), (Espanha, \ Madrid), \ldots\}$$

$$\{(Augustus\_De\_Morgan, \ 1806), \ (Alonzo\_Church, \ 1903), \ldots\}$$

$$\{(1, \ 2), \ (2, \ 3), \ (3, \ 4), \ldots\}$$

De um modo mais rigoroso, uma *função* é um conjunto de pares ordenados que não contém dois pares distintos com o mesmo primeiro elemento. O conjunto de todos os primeiros elementos dos pares é chamado o *domínio* da função e o conjunto de todos os segundos elementos dos pares é chamado o *contradomínio* da função.

Ao definir uma função não é comum apresentar uma lista exaustiva de todos os pares que pertencem à função, em muitos casos isto não é mesmo possível, por exemplo, se o domínio for infinito. De um modo geral, ao definir uma função, especificamos qual o seu domínio e fornecemos uma *expressão designatória*[2] que ao receber um elemento do domínio da função (chamado o *argumento* da

---

[1]Note-se que o primeiro conjunto é finito, o segundo conjunto é muito grande (considerando todas as pessoas), mas também é finito, e o terceiro conjunto é infinito.

[2]Uma expressão que se transforma numa designação quando as variáveis que esta contém são substituídas por constantes.

função) calcula o elemento correspondente do contradomínio (chamado o *valor da função*).

Exemplo 4.1.1 As funções anteriores podem ser definidas pelas seguintes expressões designatórias (partindo do princípio que o seu domínio já foi especificado):

$$capital(x) = \text{a capital de } x$$

$$n(x) = \text{o ano de nascimento de } x$$

$$s(x) = x + 1$$

Para calcular o valor da função para um determinado valor do seu domínio, o que tem de ser feito é a substituição da variável pelo valor correspondente na expressão designatória que corresponde à definição da função.

Exemplo 4.1.2 Para calcular o valor da função s do Exemplo 4.1.1 para o valor 2, teremos que substituir x por 2 na expressão $x + 1$, obtendo 3. ⊛

Tendo em atenção que as funções correspondem a transformações, estas podem ser utilizadas para descrever entidades. Por exemplo, usando novamente a função s, $s(2)$, representa o número natural 3.

Embora a nossa discussão apenas tenha considerado funções com um argumento, podemos facilmente considerar funções de n argumentos, ou funções de aridade n, $(n \geq 0)$ do seguinte modo: uma função de n argumentos é um conjunto de $(n+1)$-tuplos ordenados que não contém dois tuplos com os mesmos n primeiros elementos. De acordo com esta definição, uma função com zero argumentos corresponde a um conjunto singular e é considerada como uma constante.

Variáveis. Chamam-se *variáveis* a certos símbolos que desempenham o papel de designações sem serem propriamente designações. Cada variável pode ter como valor qualquer elemento de um conjunto denominado *domínio da variável*.

As variáveis correspondem de certo modo a "espaços em branco" de um formulário a preencher, sendo o seu uso regulamentado por duas regras:

1. Se uma variável figura em mais do que um lugar numa expressão, só podemos atribuir-lhe de cada vez um mesmo valor, em todos os lugares que a variável ocupa na expressão.

2. A variáveis diferentes é lícito atribuir um mesmo valor, desde que esse valor pertença ao domínio de ambas as variáveis.

As variáveis, por si só, não representam entidades, mas podem ser substituídas por elementos apropriados do seu domínio.

Relações. A palavra "relação" é usada para representar qualquer relação entre elementos de conjuntos. Do ponto de vista matemático, uma relação de n argumentos (também dita relação de aridade n ou relação n-ária) é um conjunto de n-tuplos ordenados.

Como exemplo, podemos pensar na relação binária[3] correspondendo ao conjunto dos países que partilham uma fronteira terrestre. O seguinte conjunto contém alguns dos países que estão envolvidos nesta relação:

$$\{(Portugal, \ Espanha), \ (Espanha, \ Portugal), \ (Espanha, \ França), \ \ldots\}$$

Os pares (*Espanha, Portugal*) e (*Espanha, França*) fazem parte desta relação uma vez que Espanha tem fronteira terrestre tanto com Portugal como com a França, ao passo que os pares (*Portugal, Dinamarca*) e (*México, Canadá*) não pertencem a esta relação pois os países envolvidos não têm fronteira terrestre. Repare-se que nesta relação existe mais do que um par com o mesmo primeiro elemento. De facto, listámos dois pares nestas condições, (*Espanha, Portugal*) e (*Espanha, França*), o que faz com que esta relação não seja uma função.

Uma relação é normalmente definida através da especificação dos conjuntos aos quais o primeiro e o segundo elemento dos pares pertencem, juntamente com uma *expressão proposicional*[4] que a partir dos elementos destes conjuntos faz uma afirmação sobre a sua relação. Sob esta perspetiva, a relação anterior pode ser definida do seguinte modo:

$$Tem\_fronteira(x, y) = x \text{ tem fronteira terrestre com } y$$

Relações apenas com um argumento são normalmente conhecidas por *classes* ou *propriedades*.

Do ponto de vista matemático, qualquer função pode ser considerada como uma relação, ambas correspondem a conjuntos de pares, mas as funções colocam uma restrição adicional sobre os elementos desses conjuntos. No entanto, a utilização de funções e de relações é bastante diferenciada.

---

[3]Relação de dois argumentos.

[4]Uma expressão que se transforma numa proposição quando as variáveis que esta contém são substituídas por constantes.

Exemplo 4.1.3 Consideremos a relação S que relaciona um número natural com o seu sucessor e a função s que corresponde ao sucessor de um número natural:

$$S(x, y) = y \text{ é o sucessor de } x$$

$$s(x) = x + 1$$

A relação S contém os pares $\{(1,2), (2,3), (3,4), \ldots\}$. Este conjunto é igual ao conjunto que corresponde à função s. No entanto, usando uma relação não podemos falar sobre o sucessor de um dado número, como acontece com a utilização de uma função; recorrendo a uma relação, apenas podemos afirmar, por exemplo, que o par $(3,4)$ pertence à relação S. ✆

Com a conclusão desta pequena discussão sobre funções, variáveis e relações, vamo-nos agora concentrar no tópico desta secção, a definição da linguagem da lógica de primeira ordem.

Alfabeto básico. O alfabeto da lógica de primeira ordem, para além dos símbolos de pontuação e dos símbolos lógicos, tem um número infinito de símbolos de função, um número infinito de símbolos de relação e um número infinito de variáveis individuais.

1. *Símbolos de pontuação:* , ( ) [ ]

2. *Símbolos lógicos:* ¬ ∧ ∨ → ∀ ∃

   Para além dos símbolos lógicos já utilizados na lógica proposicional, existem dois novos símbolos lógicos:

   (a) o símbolo ∀ chama-se *quantificador universal* e corresponde à quantificação universal;

   (b) o símbolo ∃ chama-se *quantificador existencial* e corresponde à quantificação existencial.

3. *Letras de função* com n argumentos (ou funções de aridade n), f_i^n (para $n \geq 0$ e $i \geq 1$).

   A razão de indexarmos as letras de função em lugar de utilizarmos letras individuais para as designar é o facto de o recurso a um índice nos fornecer uma capacidade ilimitada para criar novos nomes de funções.

   As funções com aridade zero (ou seja, as funções sem argumentos, correspondentes a f_i^0) correspondem a constantes.

   Quando não haja perigo de confusão, as letras de função são designadas por cadeias de caracteres começando por uma letra minúscula. Por exemplo, f, g, h, *capital* e *pai*.

4. *Letras de predicado* com aridade n, P_i^n (para $n \geq 0$ e $i \geq 1$). Uma letra de predicado com n argumentos representa uma relação n-ária.

Quando não haja perigo de confusão, representaremos as letras de predicado por cadeias de caracteres começando com uma letra maiúscula. Por exemplo, P, Q, R, *Humano* e *Homem*.

5. *Variáveis individuais*, x_i (para $i \geq 1$).

Quando não haja perigo de confusão, representaremos as variáveis individuais por x, y, z, etc.

Termos. Os termos representam as entidades sobre as quais queremos falar e correspondem a sintagmas nominais em língua natural.

Existem vários tipos de termos, *constantes* (que correspondem a funções de zero argumentos ou de aridade zero), *variáveis* e *aplicações de funções* ao número apropriado de termos.

Definição 4.1.1 (Termo)
Os termos correspondem ao menor conjunto definido recursivamente através das seguintes regras de formação:

1. Cada letra de função com aridade zero (letra de constante) é um termo;

2. Cada variável é um termo;

3. Se t_1, t_2, ..., t_n são termos, então $f_i^n(t_1, t_2, \ldots, t_n)$ é um termo. ▶

Exemplo 4.1.4 Suponhamos que *Portugal* e *Augustus_De_Morgan* são constantes;[5] suponhamos que *capital* é uma função de um argumento, cujo valor é a cidade que é a capital do país que é seu argumento, que *pai* é uma função de um argumento cujo valor é o pai da pessoa que corresponde ao seu argumento; suponhamos ainda que x é uma variável. De acordo com a definição anterior, as seguintes expressões são termos:

$$Portugal \tag{4.1}$$

$$Augustus\_De\_Morgan \tag{4.2}$$

$$capital(Portugal) \tag{4.3}$$

---

[5] Estamos aqui a violar a nossa convenção de que um termo começa por uma letra minúscula. No entanto, como é habitual escrever nomes próprios começando por uma letra maiúscula, adotaremos essa convenção para nomes próprios.

$$pai(Augustus\_De\_Morgan) \tag{4.4}$$

$$pai(pai(pai(Augustus\_De\_Morgan))) \tag{4.5}$$

$$x \tag{4.6}$$

$$capital(x) \tag{4.7}$$

$$pai(x) \tag{4.8}$$

Nos termos anteriores utilizamos uma abordagem que é comum em programação. Em lugar de utilizar nomes apenas com uma letra, usamos uma cadeia de caracteres que sugere o significado do nome. Note-se, contudo, que não existe nenhum significado formal correspondente a estes nomes. ⊕

Definição 4.1.2 (Termo fechado)
Um termo que não contém variáveis é chamado um *termo fechado* ou *termo chão*[6]. ▶

Exemplo 4.1.5 No Exemplo 4.1.4, os termos 4.1 a 4.5 são termos fechados e os termos 4.6 a 4.8 não são termos fechados. ⊕

Fórmulas bem formadas. As *fórmulas bem formadas* (ou apenas *fbfs*) são definidas com base na aplicação de uma letra de predicado ao número apropriado de argumentos e com base na combinação de *fbfs* utilizando símbolos lógicos.

A linguagem da lógica de primeira ordem, ou seja o conjunto de todas as *fbfs*, é representada por $\mathcal{L}_{LPO}$.

Definição 4.1.3 (Fórmula bem formada de $\mathcal{L}_{LPO}$)
As fórmulas bem formadas (ou *fbfs*) correspondem ao menor conjunto definido através das seguintes regras de formação:

1. Se t_1, t_2, ..., t_n são termos, então $P_i^n(t_1, t_2, \ldots, t_n)$ é uma *fbf* (esta *fbf* é chamada *fbf atómica*);

2. Se α é uma *fbf*, então $(\neg \alpha)$ é uma *fbf*;

3. Se α e β são *fbfs*, então $(\alpha \wedge \beta)$, $(\alpha \vee \beta)$, e $(\alpha \rightarrow \beta)$ são *fbfs*;

4. Se α é uma *fbf*, então $\forall x[\alpha]$ e $\exists x[\alpha]$ são *fbfs*. ▶

A *fbf* $\forall x[\alpha]$ lê-se "para todo o x, α" e a *fbf* $\exists x[\alpha]$ lê-se "existe um x tal que α".

---

[6]Do inglês, *"ground term"*.

Exemplo 4.1.6 Se P for uma letra de predicado com aridade 2, Q for uma letra de predicado com aridade um, R e S forem letras de predicado com aridade zero, a, b e c forem letras de função com aridade zero, f for uma letra de função com aridade um, e g for uma letra de função com aridade 3, então, de acordo com a definição anterior, as seguintes expressões são *fbfs*:

$$(\neg P(a, g(a, b, c)))$$

$$(P(a, b) \to (\neg Q(f(d))))$$

$$(R \wedge S)$$

Sempre que possível, os parênteses redundantes serão eliminados, pelo que as *fbfs* anteriores serão escritas abreviadamente como

$$\neg P(a, g(a, b, c))$$

$$P(a, b) \to \neg Q(f(d))$$

$$R \wedge S.$$

ⓒ

Exemplo 4.1.7 Suponhamos que $Tem\_fronteira$ e $Vive\_em$ são letras de predicado com aridade 2, $Travaram\_guerra$ é uma letra de predicado com aridade 3, $capital$ é uma letra de função com aridade 1 e $Portugal$ e $Espanha$ são constantes (letras de função com aridade zero). Então, as seguintes expressões são *fbfs*:

$$Tem\_fronteira(Portugal, Espanha) \tag{4.9}$$

$$Tem\_fronteira(x, y) \tag{4.10}$$

$$\forall x\ [\forall y\ [Tem\_fronteira(x, y) \to \exists g\ [Travaram\_guerra(g, x, y)]]] \tag{4.11}$$

$$Vive\_em(x, capital(Portugal)) \tag{4.12}$$

ⓒ

Definição 4.1.4 (Fórmula chã)
Uma *fbf* que não contém variáveis diz-se uma *fórmula chã*[7]. ▶

Exemplo 4.1.8 No Exemplo 4.1.7, a *fbf* 4.9 é uma fórmula chã. ⓒ

Sempre que possível, abreviaremos uma sequência de quantificadores do mesmo tipo, por exemplo, $\forall x\ [\forall y\ [\ldots]]$, por uma única ocorrência do quantificador seguido de uma lista das variáveis correspondentes, por exemplo, $\forall x, y\ [\ldots]$.

---

[7]Do inglês, "*ground formula*".

Exemplo 4.1.9 De acordo com esta convenção, a *fbf* 4.11 será escrita do seguinte modo:

$$\forall x, y \ [Tem\_fronteira(x, y) \to \exists g \ [Travaram\_guerra(g, x, y)]] \qquad (4.13)$$

⊗

Variáveis livres e variáveis ligadas. A utilização de quantificadores leva à distinção entre dois tipos de ocorrências de variáveis, as variáveis livres e as variáveis ligadas.

Definição 4.1.5 (Domínio de um quantificador)
Na *fbf* $\forall x[\alpha]$ e na *fbf* $\exists x[\alpha]$, a *fbf* α é chamada o *domínio do* quantificador[8] ($\forall$ ou $\exists$) e diz-se que o quantificador *liga*[9] a variável x. ▶

Exemplo 4.1.10 Considerando a *fbf* 4.13, o domínio do segundo quantificador universal[10] é a *fbf*

$$Tem\_fronteira(x, y) \to \exists g \ [Travaram\_guerra(g, x, y)]$$

e o domínio do quantificador existencial é a *fbf*

$$Travaram\_guerra(g, x, y).$$

Na *fbf* 4.13, o primeiro quantificador universal liga a variável x, o segundo quantificador universal liga a variável y e o quantificador existencial liga a variável g. ⊗

Note-se que a *fbf* α que aparece no domínio de um quantificador que liga a variável x não tem necessariamente que conter a variável x, como acontece, por exemplo, com a *fbf*

$$\forall x \ [Tem\_fronteira(Portugal, Espanha)].$$

Neste caso, tanto $\forall x[\alpha]$ como $\exists x[\alpha]$ têm o mesmo significado que α.

Definição 4.1.6 (Variável ligada)
Uma ocorrência da variável x diz-se *ligada*[11] numa *fbf* se esta ocorrência aparecer dentro do domínio do quantificador que a introduz. ▶

---

[8]Também chamado o *alcance* do quantificador.
[9]Do inglês, "*binds*".
[10]Recorde-se que $\forall x, y \ [\ldots]$ é uma abreviatura de $\forall x \ [\forall y \ [\ldots]]$.
[11]Do inglês, "*bound*".

Definição 4.1.7 (Variável livre)
Uma ocorrência da variável x diz-se *livre*[12] se esta não for uma ocorrência ligada. ▶

Exemplo 4.1.11 A *fbf* $P(x)$ contém uma ocorrência livre de x (o que também é referido dizendo que $P(x)$ contém a *variável livre x*). ☺

Exemplo 4.1.12 A *fbf* $\forall x[P(x)]$ contém a variável ligada x. ☺

Exemplo 4.1.13 A *fbf* $P(x) \rightarrow \exists x[Q(x)]$ contém uma ocorrência livre de x, em $P(x)$, e uma ocorrência ligada de x, em $Q(x)$. ☺

Em resumo, uma ocorrência da variável x na *fbf* α é ligada nas *fbfs* $\forall x[\alpha]$ e $\exists x[\alpha]$.

Definição 4.1.8 (Fórmula fechada)
Uma *fbf* sem variáveis livres diz-se *fechada*. ▶

Substituições. Sabemos que intuitivamente as variáveis correspondem a "espaços em branco" para designar entidades. Ao lidar com *fbfs* com variáveis, precisamos frequentemente de substituir instâncias de variáveis por termos (note-se que os termos correspondem ao domínio destas variáveis).

Definição 4.1.9 (Substituição)
Uma *substituição* é um conjunto finito de pares ordenados $\{t_1/x_1, \ldots, t_n/x_n\}$ em que cada x_i $(1 \leq i \leq n)$ é uma variável individual e cada t_i $(1 \leq i \leq n)$ é um termo.

Numa substituição, todas as variáveis individuais são diferentes (ou seja, para todo o i e $j, 1 \leq i \leq n, 1 \leq j \leq n$ se $i \neq j$ então $x_i \neq x_j$) e nenhuma das variáveis individuais é igual ao termo correspondente (ou seja, para todo o $i, 1 \leq i \leq n$ $x_i \neq t_i$).

A cada um dos pares t_i/x_i $(1 \leq i \leq n)$ chama-se uma *ligação*. ▶

Exemplo 4.1.14 Supondo que a e b são constantes, x, y e z são variáveis individuais e que f, g e h são funções de aridade 1, então os seguintes conjuntos são exemplos de substituições

$$\{f(x)/x, z/y\}$$

---

[12]Do inglês, "*free*".

$$\{a/x, g(y)/y, f(g(h(b)))/z\}$$

os seguintes conjuntos *não* são exemplos de substituições[13]

$$\{x/x, z/y\}$$

$$\{a/x, g(y)/y, b/x, f(g(h(b)))/c\}$$

Ⓔⓧ

Existem dois casos especiais de substituições, a substituição vazia e as substituições chãs.

Definição 4.1.10 (Substituição vazia)
A *substituição vazia* corresponde ao conjunto vazio e é representada por ε. ▶

Definição 4.1.11 (Substituição chã)
Uma *substituição chã*[14] é uma substituição na qual nenhum dos termos contém variáveis. ▶

A ideia subjacente a uma substituição é que esta será utilizada como um guia para substituir certas variáveis numa *fbf*: cada variável individual na substituição será substituída pelo termo que lhe está associado. Esta ideia justifica a razão das restrições impostas a uma substituição, nomeadamente a restrição de que todas as variáveis individuais são diferentes (caso contrário não saberíamos qual o termo a usar para substituir a variável) e a restrição de que nenhuma variável é igual ao termo correspondente (caso contrário a substituição seria inútil).

Definição 4.1.12 (Aplicação de substituição)
A *aplicação da substituição* $s = \{t_1/x_1, \ldots, t_n/x_n\}$ à *fbf* α (representada por $\alpha \cdot s$) é a *fbf* obtida de α substituindo todas as ocorrências livres da variável x_i por t_i $(1 \leq i \leq n)$. ▶

Exemplo 4.1.15 Dada a *fbf*

$$P(x, f(a, y)),$$

a qual contém as variáveis livres x e y, e a substituição

$$s = \{a/x, f(a, b)/y\},$$

---

[13]Como exercício, deve explicar a razão porque estes conjuntos não são substituições.
[14]Do inglês, *"ground substitution"*.

a aplicação da substituição s a $P(x, f(a, y))$ resulta em

$$P(x, f(a, y)) \cdot \{a/x, f(a, b)/y\} = P(a, f(a, f(a, b))).$$

O mesmo resultado seria obtido aplicando a substituição

$$s' = \{a/x, f(a, b)/y, c/z\}$$

a $P(x, f(a, y))$.

A aplicação da substituição s a $A(x) \rightarrow \exists x[B(x)]$ resulta em

$$(A(x) \rightarrow \exists x[B(x)]) \cdot \{a/x, f(a, b)/y\} = A(a) \rightarrow \exists x[B(x)].$$

Ⓔ

Exemplo 4.1.16 Dada a substituição s do Exemplo 4.1.15 e a *fbf*

$$\forall x[P(x, f(a, y))], \tag{4.14}$$

temos

$$\forall x[P(x, f(a, y))] \cdot \{a/x, f(a, b)/y\} = \forall x[P(x, f(a, f(a, b)))].$$

Ⓔ

Escreveremos $\alpha(x_1, \ldots, x_n)$ para indicar que a *fbf* α tem x_1, ..., x_n como variáveis livres. Note-se que isto não impede que α tenha outras variáveis livres. Com esta notação escreveremos também

$$\alpha(x_1, \ldots, x_n) \cdot \{t_1/x_1, \ldots, t_n/x_n\} = \alpha(t_1, ..., t_n).$$

Exemplo 4.1.17 Consideremos a substituição

$$\{a/x, x/y\}.$$

A aplicação desta substituição à *fbf* 4.14 tem como resultado:

$$\forall x[P(x, f(a, y))] \cdot \{a/x, x/y\} = \forall x[P(x, f(a, x))].$$

A aplicação desta substituição teve um resultado indesejável, a variável x que está ligada pelo quantificador universal é introduzida como segundo argumento do predicado P. Esta alteração muda o significado da *fbf* 4.14, o que não era o objetivo da aplicação da substituição. Para evitar casos como este, é necessário introduzir a definição de um termo ser livre para uma variável numa *fbf*. Ⓔ

Definição 4.1.13 (Termo livre para uma variável)
Se α for uma *fbf* e t um termo, dizemos que t *é livre para x em α* se nenhuma ocorrência livre de x em α ocorrer dentro do domínio do quantificador $\forall y$ (ou $\exists y$) em que y é uma variável em t. ▶

Informalmente, t ser livre para x em α significa que se todas as ocorrências livres de x em α forem substituídas por t nenhuma ocorrência de uma variável em t deixa de ser livre em $\alpha(t)$. Por outras palavras, se aplicarmos a substituição $\{t/x\}$ a α, nenhuma variável livre de t passou a estar ligada.

Exemplo 4.1.18 O termo $g(y, f(b))$ é livre para x na *fbf* $P(x, y)$ mas não o é na *fbf* $\forall y[P(x, y)]$. ⊗

Note-se, por definição, que um termo sem variáveis é sempre livre para qualquer variável em qualquer *fbf*.

4.2 O sistema dedutivo

O sistema dedutivo da lógica de primeira ordem difere do sistema dedutivo da lógica proposicional no que respeita às regras de inferência e, eventualmente, aos axiomas utilizados num sistema axiomático. Neste livro apenas abordamos a dedução natural.

As provas em lógica de primeira ordem são semelhantes às provas em lógica proposicional, exceto que contêm novas regras de inferência para lidar com a introdução e com a eliminação de quantificadores. Isto significa que todas as regras de inferência apresentadas na Secção 2.2 são também aplicáveis à lógica de primeira ordem.

Regras para a quantificação universal.   Antes de abordar as regras para a quantificação universal, consideremos o significado intuitivo da *fbf* $\forall x[\alpha(x)]$. Esta fórmula afirma que, para qualquer termo t, se substituirmos x por t, a *fbf* $\alpha(t)$ verifica-se. A regra de *introdução do quantificador universal*, escrita "I$\forall$", terá que refletir este aspeto, ou seja, para introduzir a *fbf* $\forall x[\alpha(x)]$, teremos que provar $\alpha(t)$ para um termo arbitrário t. De modo a garantir que não existem restrições em relação ao termo t que satisfaz a propriedade $\alpha(t)$, utilizamos uma técnica semelhante à utilizada na regra da introdução da implicação, criamos um novo "contexto" no qual aparece um novo termo (um termo que nunca apareceu antes na prova) e tentamos provar que este termo tem a propriedade α. Este raciocínio é obtido começando uma nova prova hipotética, a qual introduz uma nova variável, x_0, que nunca apareceu antes na prova. A nova prova hipotética estabelece o domínio da variável em lugar do domínio da hipótese como acontece na regra da I→.

A regra da introdução da quantificação universal afirma que se numa prova iniciada pela introdução da variável x_0 que nunca tinha aparecido antes na prova, conseguirmos derivar a *fbf* $\alpha(x_0)$,[15] então, podemos escrever $\forall x[\alpha(x)]$ na prova que contém imediatamente a prova hipotética iniciada com a introdução da variável x_0:

$$
\begin{array}{lll}
n & x_0 & \\
\vdots & \quad \vdots & \\
m & \quad \alpha(x) \cdot \{x_0/x\} & \\
m+1 & \forall x[\alpha(x)] & \text{I}\forall, (n, m)
\end{array}
$$

Na representação desta regra de inferência, x_0 à esquerda da linha vertical que delimita a prova hipotética, significa que x_0 é uma nova variável, nunca utilizada anteriormente na prova. Esta nova prova hipotética inicia-se com a introdução da variável e termina com a derivação da *fbf* que permite introduzir uma fórmula com o quantificador universal.

Antes de apresentar um exemplo, vamos apresentar a regra da *eliminação do quantificador universal*, escrita "E∀", que utiliza uma *fbf* contendo um quantificador universal. A partir de $\forall x[\alpha(x)]$, podemos inferir $\alpha(x) \cdot \{t/x\}$, em que t é qualquer termo (sujeito à condição óbvia que t seja livre para x em α):

$$
\begin{array}{lll}
n & \forall x[\alpha(x)] & \\
\vdots & \vdots & \\
m & \alpha(x) \cdot \{t/x\} & \text{E}\forall, n
\end{array}
$$

Exemplo 4.2.1 Consideremos a prova do argumento $(\{\forall x[P(x) \rightarrow Q(x)],$ $\forall x[Q(x) \rightarrow R(x)]\}, \forall x[P(x) \rightarrow R(x)])$:

---

[15]Repare-se que $\alpha(x_0) = \alpha(x) \cdot \{x_0/x\}$.

1		$\forall x[P(x) \rightarrow Q(x)]$	Prem
2		$\forall x[Q(x) \rightarrow R(x)]$	Prem
3	x_0	$\forall x[P(x) \rightarrow Q(x)]$	Rei, 1
4		$\forall x[Q(x) \rightarrow R(x)]$	Rei, 2
5		$P(x_0) \rightarrow Q(x_0)$	E$\forall$, 3
6		$Q(x_0) \rightarrow R(x_0)$	E$\forall$, 4
7		$P(x_0)$	Hip
8		$P(x_0) \rightarrow Q(x_0)$	Rei, 5
9		$Q(x_0)$	E$\rightarrow$, (7, 8)
10		$Q(x_0) \rightarrow R(x_0)$	Rei, 6
11		$R(x_0)$	E$\rightarrow$, (9, 10)
12		$P(x_0) \rightarrow R(x_0)$	I$\rightarrow$, (7, 11)
13		$\forall x[P(x) \rightarrow R(x)]$	I$\forall$, (3, 12)

Poderemos também usar a seguinte prova alternativa, na qual, na linha 4 se inicia simultaneamente uma prova para introduzir o quantificador universal e uma prova hipotética:

1		$\forall x[P(x) \rightarrow Q(x)]$	Prem
2		$\forall x[Q(x) \rightarrow R(x)]$	Prem
3	x_0	$P(x_0)$	Hip
4		$\forall x[P(x) \rightarrow Q(x)]$	Rei, 1
5		$P(x_0) \rightarrow Q(x_0)$	E$\forall$, 4
6		$Q(x_0)$	E$\rightarrow$, (3, 5)
7		$\forall x[Q(x) \rightarrow R(x)]$	Rei, 2
8		$Q(x_0) \rightarrow R(x_0)$	E$\forall$, 7
9		$R(x_0)$	E$\rightarrow$, (6, 8)
10		$P(x_0) \rightarrow R(x_0)$	I$\rightarrow$, (3, 9)
11		$\forall x[P(x) \rightarrow R(x)]$	I$\forall$, (4, 10)

Regras para a quantificação existencial. A regra de *introdução do quantificador existencial*, escrita "I∃", é muito simples. A partir de $\alpha(t)$, em que t é qualquer termo, podemos inferir $\exists x[\alpha(x)]$, em que x é livre para t em $\alpha(x)$:

$$
\begin{array}{ll}
n & \alpha(t) \\
\vdots & \vdots \\
m & \exists x[\alpha(x)] \qquad \text{I}\exists, n
\end{array}
$$

A regra de *eliminação do quantificador existencial*, escrita "E∃", é um pouco mais complicada. Note-se que a *fbf* $\exists x[\alpha(x)]$ afirma que existe uma entidade que satisfaz a propriedade α. Embora saibamos que tal entidade existe, não sabemos *qual* é a entidade que satisfaz esta propriedade. Suponhamos que t é *a entidade* tal que $\alpha(t)$. É importante notar que como não sabemos qual é a entidade t, não podemos fazer qualquer afirmação sobre t para além de $\alpha(t)$. Na nossa prova, iremos criar um "contexto" em que surge uma nova entidade que nunca foi mencionada anteriormente. Se, dentro deste "contexto" formos capazes de derivar a *fbf* β, a qual não menciona a entidade t, então β deve-se verificar, independentemente de t.

A regra da eliminação da quantificação existencial usa o conceito de uma subprova que combina as provas hipotéticas iniciadas pela introdução de uma hipótese e as provas hipotéticas iniciadas pela introdução de uma variável. Esta regra afirma que, se a partir da *fbf* $\exists x[\alpha(x)]$ e de uma prova iniciada com a introdução da variável x_0 (que nunca apareceu antes na prova), juntamente com a hipótese de que $\alpha(x_0)$, formos capazes de derivar a *fbf* β a qual não contém a variável x_0, então, podemos derivar β na prova que contém imediatamente a prova hipotética iniciada pela introdução conjunta da variável x_0 e da hipótese $\alpha(x_0)$:

$$
\begin{array}{lll}
n & \exists x[\alpha(x)] & \\
m & \quad x_0 \;\big|\; \alpha(x) \cdot \{x_0/x\} & \text{Hip} \\
\vdots & \qquad \vdots & \\
k & \qquad \beta & \\
k+1 & \beta & \text{E}\exists, (m, (m, k))
\end{array}
$$

Exemplo 4.2.2 Usando as regras de inferência para os quantificadores, provamos agora um teorema que é parte das *segundas leis de De Morgan*, $\exists x[P(x)] \rightarrow$

$\neg\forall x[\neg P(x)]$:

1	$\exists x[P(x)]$		Hip
2	x_0 $\quad P(x_0)$		Hip
3	$\forall x[\neg P(x)]$		Hip
4	$P(x_0)$		Rei, 2
5	$\neg P(x_0)$		E$\forall$, 3
6	$\neg\forall x[\neg P(x)]$		I$\neg$, (3, (4, 5))
7	$\neg\forall x[\neg P(x)]$		E$\exists$, (1, (2, 6))
8	$\exists x[P(x)] \rightarrow \neg\forall x[\neg P(x)]$		I$\rightarrow$, (1, 7)

4.2.1 Propriedades do sistema dedutivo

O sistema dedutivo da lógica de primeira ordem apresenta as mesmas propriedades que enunciámos na Secção 2.2.4 para a lógica proposicional. As
demonstrações são idênticas.

4.3 O sistema semântico

O sistema semântico especifica em que condições as *fbfs* da nossa linguagem
são *verdadeiras* ou *falsas*. Recorde-se que uma *fbf* é apenas uma sequência
de símbolos, combinados segundo determinadas regras sintáticas. Assim, para
determinar a veracidade ou a falsidade de uma *fbf* será necessário, em primeiro lugar, "interpretar" cada um dos seus símbolos constituintes por forma
a atribuir um significado à *fbf*. O passo seguinte será verificar se o significado
atribuído à *fbf* está de acordo com o mundo ou com a situação que pretendemos
descrever. Em caso afirmativo diremos que a *fbf* é *verdadeira*, em caso contrário
diremos que a *fbf* é *falsa*.

Exemplo 4.3.1 Suponhamos que desejávamos descrever a situação representada na Figura 4.1, usando as seguintes *fbfs*:

$$A(a_1) \tag{4.15}$$

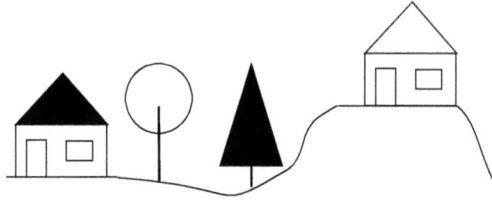

Figura 4.1: Situação do mundo.

$$A(a_2) \tag{4.16}$$

$$C(c_1) \tag{4.17}$$

$$C(c_2) \tag{4.18}$$

$$N(c_2, a_1) \tag{4.19}$$

$$N(a_1, a_2) \tag{4.20}$$

$$N(a_2, c_1) \tag{4.21}$$

$$N(c_2, e(a_2)) \tag{4.22}$$

Juntamente com *fbfs* que relacionam alguns dos predicados utilizados nas fórmulas:

$$\forall x, y[N(x, y) \rightarrow N(y, x)] \tag{4.23}$$

$$\forall x, y, z[(N(x, y) \wedge N(y, z) \wedge x \neq y) \rightarrow E(x, y, z)] \tag{4.24}$$

A *fbf* $N(a_1, a_2)$ só fará sentido se atribuirmos um significado aos símbolos N, a_1 e a_2. Suponhamos que fornecemos um significado para estes símbolos, de modo a que a *fbf* $N(a_1, a_2)$ significa "*a árvore de copa preta é adjacente à arvore de copa branca*". De acordo com esta intrepretação, a *fbf* $N(a_1, a_2)$ é *verdadeira*. ⊛

Este processo para determinar se uma *fbf* é verdadeira ou falsa vai ser usado nesta secção, mas precisa de ser formalizado para ter qualquer utilidade num sistema lógico. Com efeito, há pelo menos dois aspetos que não são aceitáveis nos passos que seguimos no Exemplo 4.3.1. Em primeiro lugar, o significado da *fbf* foi dado por uma frase em língua natural, com todas as ambiguidades que daí podem decorrer. Por exemplo, o significado da relação "N" é ambíguo; será que a árvore de copa branca também seria adjacente à árvore de copa preta se entre estas duas entidades existisse uma casa? Em segundo lugar, a descrição da situação em causa foi feita através de uma figura, que não pode, como é óbvio, ser considerada uma descrição formal, embora seja muito útil.

Assim, o que faremos é definir formalmente, como determinar se uma *fbf* é *verdadeira* ou *falsa*. Começaremos por ver como descrever um mundo ou situação. Esta descrição designa-se por conceptualização.

Define-se uma *conceptualização* como um triplo (D, F, R) em que:

1. D é o conjunto das entidades que constituem o mundo sobre o qual vamos falar, o chamado *universo de discurso*. No universo de discurso definimos todas as entidades que poderemos considerar (note-se que estas entidades correspondem a um subconjunto de todas as entidades do mundo real; elas correspondem apenas àquelas entidades que nos interessa considerar). Estas poderão ser entidades concretas (por exemplo, o planeta Vénus, a cidade de Lisboa, Vasco da Gama ou um conjunto de blocos), abstratos (por exemplo, o conceito de beleza ou o conjunto dos números naturais) ou ficcionais (por exemplo, Sherlock Holmes ou a Branca de Neve).

   Por exemplo, em relação à situação representada na Figura 4.1, podemos dizer que o universo de discurso tem 4 entidades, ⚲, ▲, 🏠 e 🏠. Ao tomarmos esta decisão sobre o universo de discurso, não poderemos falar sobre o facto da casa de telhado branco se encontrar num monte, pois a entidade "monte" não existe no nosso universo de discurso.

2. F é o *conjunto das funções* que podem ser aplicadas às entidades do universo de discurso. Tal como na explicitação do universo de discurso em que apenas consideramos um subconjunto de todas as entidades existentes (aquele subconjunto de entidades que nos interessa para uma dada aplicação), aqui, entre todas as possíveis funções sobre as entidades do universo de discurso, apenas iremos considerar um subconjunto. Por exemplo, se o universo de discurso incluísse os números naturais, uma das funções que poderíamos considerar, seria a função "*sucessor*"; se o universo de discurso contivesse as entidades representadas na Figura 4.1, uma das funções que poderíamos considerar seria a função "*d*".

   Recorde-se que uma função de aridade n é representada por um conjunto de $(n+1)$-tuplos de entidades do universo de discurso. Por exemplo, se a situação a descrever fosse a situação representada na Figura 4.1, a função "*d*" poderia ser definida por $\{(🏠, ⚲), (⚲, ▲), (▲, 🏠)\}$. Note-se que uma função pode ser parcial, ou seja, pode não estar definida para todos os elementos do universo de discurso, como é o caso da função "*d*".

3. R é o *conjunto das relações* ou predicados que podem ser aplicados às entidades do universo de discurso. Novamente, entre todas as relações

possíveis envolvendo as entidades do universo de discurso, apenas consideramos aquelas que consideramos relevantes. Por exemplo, se o universo incluísse os números naturais, uma das possíveis relações seria a relação "*Menor*"; se o universo de discurso contivesse as entidades representadas na Figura 4.1, uma das relações que poderíamos considerar seria a relação "*C*". Recorde-se que uma relação de aridade n é definida por um conjunto de n-tuplos de entidades do universo de discurso. Por exemplo, se o universo de discurso fossem os números naturais de 1 a 3, a relação "*Menor*" seria definida por $\{(1,2),(1,3),(2,3)\}$; se a situação a descrever fosse a situação representada na Figura 4.1, a relação "*C*" poderia ser definida por $\{(⌂),(⌂)\}$.

Definição 4.3.1 (Conceptualização)
Uma *conceptualização* é um triplo (D, F, R) em que D é o conjunto das entidades que constituem o mundo sobre o qual vamos falar, F é o *conjunto das funções* que podem ser aplicadas às entidades de D, e R é o *conjunto das relações* ou predicados que podem ser aplicados às entidades de D. ▶

Exemplo 4.3.2 Consideremos novamente a situação representada na Figura 4.1. Podemos criar a seguinte conceptualização:

1. *Universo de discurso.*

   $D = \{⚲, ▲, ⌂, ⌂\}$

2. *Conjunto de funções.* Consideramos apenas duas funções:

   $f_1 = \{(⚲,⌂),(▲,⚲),(⌂,▲)\}$

   $f_2 = \{(⌂,⚲),(⚲,▲),(▲,⌂)\}$

   Por conseguinte:

   $F = \{\{(⚲,⌂),(▲,⚲),(⌂,▲)\}, \{(⌂,⚲),(⚲,▲),(▲,⌂)\}\}$

3. *Conjunto de relações.* Iremos considerar quatro relações:

   $R_1 = \{(⚲),(▲)\}$

   $R_2 = \{(⌂),(⌂)\}$

   $R_3 = \{(⌂,⚲),(⚲,⌂),(⚲,▲),(▲,⚲),(▲,⌂),(⌂,▲)\}$

   $R_4 = \{(⌂,⚲,▲),(⚲,▲,⌂)\}$

   Então:

$$R = \{\{(\text{⛺}), (\spadesuit)\}, \{(\text{🏠}), (\text{🏠})\},$$
$$\{(\text{🏠}, \text{⛺}), (\text{⛺}, \text{🏠}), (\text{⛺}, \spadesuit), (\spadesuit, \text{⛺}), (\spadesuit, \text{🏠}), (\text{🏠}, \spadesuit)\},$$
$$\{(\text{🏠}, \text{⛺}, \spadesuit), (\text{⛺}, \spadesuit, \text{🏠})\}\}$$

Uma conceptualização descreve formalmente uma situação ou um mundo. É importante notar que, dada uma situação, não existirá apenas uma conceptualização que a descreve. A escolha de uma determinada conceptualização dependerá dos aspetos relevantes para a aplicação em vista. A conceptualização apresentada no Exemplo 4.3.2 não permite considerar o monte apresentado na Figura 4.1. Se desejássemos falar sobre esta entidade deveríamos criar uma conceptualização que a contemplasse.

Uma vez definido o conceito de conceptualização, podemos passar à definição de um conceito fundamental em semântica, o conceito de interpretação. De um modo simplista, uma *interpretação* é uma função, I, cujo domínio são as entidades da linguagem (constantes, letras de função e letras de predicado) e o contradomínio são as entidades da conceptualização. O facto de uma interpretação ser uma função das entidades da linguagem para as entidades da conceptualização significa, entre outras coisas, que cada entidade da linguagem é associada apenas a uma entidade da conceptualização mas também que várias entidades da linguagem podem ser associadas à mesma entidade da conceptualização.

Dada uma conceptualização (D, F, R), o objetivo de uma interpretação é definir, para cada *fbf* α, o que significa dizer que "α é verdadeira (ou satisfeita) em (D, F, R)". Intuitivamente, a ideia é simples, α é verdadeira em (D, F, R) se e só se aquilo que α afirma sobre os elementos de D na realidade se verifica. A complicação surge quando consideramos *fbfs* contendo variáveis livres.

Dada uma interpretação, as variáveis existentes nas *fbfs* são consideradas como pertencendo ao universo de discurso. Para uma dada interpretação, uma *fbf* fechada representa uma proposição que é verdadeira ou falsa, ao passo que uma *fbf* com variáveis livres pode ser verdadeira para alguns valores do universo de discurso e pode ser falsa para outros valores do universo de discurso.

Exemplo 4.3.3 Consideremos uma linguagem contendo a letra de função de dois argumentos m, definida como $m(x, y) = x + y$, e a letra de predicado de dois argumentos M, definida como $M(x, y) = x < y$. Consideremos a conceptualização $(\mathbb{N}, \{\{((0,0), 0), ((0,1), 1), \ldots\}\}, \{\{(0,1), (1,2), \ldots\}\})$. Qual o significado da *fbf* $M(m(x, y), 5)$? A resposta a esta questão depende dos valores que considerarmos para x e y, se associarmos x com 1 e y com 2, a *fbf* é verdadeira; se associarmos x com 4 e y com 3, a *fbf* é falsa. ⬢

Em conclusão, dada uma conceptualização (D, F, R), para poder determinar o valor lógico de qualquer *fbf*, necessitamos de atribuir valores de D às variáveis da linguagem, antes de podermos dizer se uma dada *fbf* é verdadeira ou é falsa. Para isso necessitamos do conceito de atribuição. Recordemos da página 166 que as variáveis individuais são indexadas aos números naturais.

Definição 4.3.2 (Atribuição)
Dada uma conceptualização (D, F, R), uma *atribuição* é uma sequência enumerável[16], $\vec{s} = [s_0, s_1, \ldots]$, de elementos de D. ▶

Dada uma atribuição, $\vec{s} = [s_0, s_1, \ldots]$ em (D, F, R), supomos tacitamente que a cada variável x_i é atribuído o valor s_i.

Dizemos que a atribuição $\vec{s} = [s_1, s_2, \ldots]$, satisfaz[17] a *fbf* α contendo as variáveis livres $x_{j_1}, x_{j_2}, \ldots, x_{j_n}$ $(j_1 < j_2 < \ldots < j_n)$, se associarmos x_{j_1} com s_{j_1}, x_{j_2} com $s_{j_2}, \ldots, x_{j_n}$ com s_{j_n}, a *fbf* α for satisfeita.

Exemplo 4.3.4 Considerando o Exemplo 4.3.3, tanto $\vec{s}_1 = [0, 1, 2, 3, \ldots]$ como $\vec{s}_2 = [10, 11, 12, 13, \ldots]$ são atribuições. A *fbf* $M(m(x_0, x_1), 5)$ é satisfeita pela atribuição $\vec{s}_1$ mas não o é pela atribuição $\vec{s}_2$. ⊗

Definição 4.3.3 (Interpretação – versão 2)
Dada uma conceptualização (D, F, R), uma *interpretação*, I, é uma função das entidades da linguagem para $D \cup F \cup R$, que deve obedecer às seguintes condições:

1. Cada constante individual f_i^0 é associada com uma entidade do universo de discurso D;

2. Cada letra de função f_i^n é associada a uma função de F com aridade n. Se f_i^n é uma letra de função com aridade n, correspondendo à função $I(f_i^n)$ da conceptualização, e se $t_1, \ldots, t_n$ são termos, então $f_i^n(t_1, \ldots, t_n)$ corresponde à entidade $I(f_i^n)(I(t_1), \ldots, I(t_n))$ da conceptualização;

3. A cada letra de predicado P_i^n é associada uma relação de R com aridade n. ▶

Exemplo 4.3.5 Considerando os exemplos 4.3.1 e 4.3.2, podemos fornecer a seguinte interpretação:

---

[16]Um conjunto é *enumerável* se é possível estabelecer uma bijeção com o conjunto $\mathbb{N}$. Uma sequência é *enumerável* se os seus elementos correspondem a um conjunto enumerável.

[17]Estamos aqui a recorrer a uma noção intuitiva de satisfação. A definição formal é apresentada na página 184.

$I(a_1) \mapsto$ ⚐

$I(a_2) \mapsto$ 🌲

$I(c_1) \mapsto$ 🏠

$I(c_2) \mapsto$ 🏠

$I(e) \mapsto \{(⚐, 🏠), (🌲, ⚐), (🏠, 🌲)\}$

$I(d) \mapsto \{(🏠, ⚐), (⚐, 🌲), (🌲, 🏠)\}$

$I(A) \mapsto \{(⚐), (🌲)\}$

$I(C) \mapsto \{(🏠), (🏠)\}$

$I(N) \mapsto \{(🏠, ⚐), (⚐, 🏠), (⚐, 🌲), (🌲, ⚐), (🌲, 🏠), (🏠, 🌲)\}$

$I(E) \mapsto \{(🏠, ⚐, 🌲), (⚐, 🌲, 🏠)\}$ ⊗

Seja (D, F, R) uma conceptualização e seja I uma interpretação. Seja Σ o conjunto de todas as atribuições de elementos de D. Vamos definir o que significa a atribuição $\vec{s} = [s_1, s_2, \ldots]$ em Σ satisfazer a *fbf* α segundo a interpretação I. Como passo prévio, para uma sequência $\vec{s} \in \Sigma$ definimos a função s^* que atribui a cada termo t um elemento de D.

Definição 4.3.4 (Função s^*)
Seja (D, F, R) uma conceptualização e seja I uma interpretação. Seja Σ o conjunto de todas as atribuições de elementos de D. Seja $\vec{s} = [s_1, s_2, \ldots] \in \Sigma$. Seja t um termo. A função s^* é definida do seguinte modo:

1. Se t é a variável x_j, então $s^*(t) = s_j$;

2. Se t é a constante individual f_i^0, então $s^*(t)$ é a interpretação desta constante, $I(f_i^0)$;

3. Se $t = f_i^n(t_1, \ldots, t_n)$, então $s^*(f_i^n(t_1, \ldots, t_n)) = I(f_i^n)(s^*(t_1), \ldots, s^*(t_n))$.

Intuitivamente, $s^*(t)$ é o elemento de D obtido, substituindo para cada j um nome de s_j para todas as ocorrências de x_j em t e efetuando a operação de interpretação correspondendo às letras de função em t.

Definição 4.3.5 (Satisfação segundo uma atribuição)
Seja (D, F, R) uma conceptualização e seja I uma interpretação. Seja Σ o conjunto de todas as atribuições de elementos de D. Seja $\vec{s} = [s_1, s_2, \ldots] \in \Sigma$. Dada uma *fbf* α, diz-se que $\vec{s}$ satisfaz α nas seguintes condições:

1. Se α for uma *fbf* atómica, ou seja, uma *fbf* da forma $P_i^n(t_1, \ldots, t_n)$, então a atribuição $\vec{s}$ satisfaz α se e só se o n-tuplo $(s^*(t_1), \ldots, s^*(t_n))$ for um elemento da relação $I(P_i^n)$.

2. A atribuição $\vec{s}$ satisfaz a *fbf* $\neg\alpha$ se e só se $\vec{s}$ não satisfizer α.

3. A atribuição $\vec{s}$ satisfaz a *fbf* $\alpha \wedge \beta$ se e só se $\vec{s}$ satisfizer ambas as *fbfs*, α e β.

4. A atribuição $\vec{s}$ satisfaz a *fbf* $\alpha \vee \beta$ se e só se $\vec{s}$ satisfizer pelo menos uma das *fbfs*, α ou β.

5. A atribuição $\vec{s}$ satisfaz a *fbf* $\alpha \rightarrow \beta$ se e só se $\vec{s}$ não satisfizer α ou $\vec{s}$ satisfizer β.

6. A atribuição $\vec{s}$ satisfaz a *fbf* $\forall x_i[\alpha]$ se e só se, todas as atribuições em Σ que diferem de $\vec{s}$ pelo menos no i-ésimo componente satisfizerem α [18].

7. A atribuição $\vec{s}$ satisfaz a *fbf* $\exists x_i[\alpha]$ se e só se existir uma atribuição $[s_1, s_2, \ldots, s_i, \ldots] \in \Sigma$ que satisfaz α. ▶

Intuitivamente, a atribuição $\vec{s} = [s_1, s_2, \ldots]$ satisfaz α se e só se, quando, para cada i, substituímos todas as ocorrências livres de x_i em α pela entidade correspondente a s_i, a proposição resultante é verdadeira de acordo com a interpretação I.

Definição 4.3.6 (Satisfação – versão 2)
Seja (D, F, R) uma conceptualização e seja I uma interpretação. Seja Σ o conjunto de todas as atribuições de elementos de D. Dada uma *fbf* α, diz-se que a interpretação I satisfaz α se e só se para qualquer atribuição $\vec{s} \in \Sigma$, a atribuição $\vec{s}$ satisfaz α. ▶

Exemplo 4.3.6 Considerando os exemplos 4.3.1 a 4.3.5, a interpretação I satisfaz as *fbfs*

$$A(a_1)$$

---

[18]Por outras palavras, a atribuição $\vec{s} = [s_1, s_2, \ldots, s_i, \ldots]$ satisfaz $\forall x_i[\alpha]$ se e só se para cada elemento $d \in D$ a atribuição $[s_1, s_2, \ldots, d, \ldots]$ satisfizer α. A atribuição, $[s_1, s_2, \ldots, d, \ldots]$ representa a atribuição obtida de $[s_1, s_2, \ldots, s_i, \ldots]$ substituindo s_i pod d.

e

$$N(c_2, e(a_2)).$$

Com efeito,

1. $A(a_1)$.

   O tuplo $(I(a_1)) = (\text{⚲})$ pertence à relação $I(A) = \{(\text{⚲}), (\text{♠})\}$;

2. $N(c_2, e(a_2))$.

   O tuplo
   $$(I(c_2), I(e(a_2))) = (\text{⌂}, I(e)(I(a_2))) =$$
   $$= (\text{⌂}, I(e)(\text{♠})) = (\text{⌂}, \text{⚲})$$

   pertence à relação

   $$I(N) = \{(\text{⌂}, \text{⚲}), (\text{⚲}, \text{⌂}), (\text{⚲}, \text{♠}), (\text{♠}, \text{⚲}), (\text{♠}, \text{⌂}), (\text{⌂}, \text{♠})\}.$$

Ⓔⓧ

Definição 4.3.7 (Fórmula verdadeira segundo uma interpretação)
Dizemos que a *fbf* α é *verdadeira segundo a interpretação* I, se e só se I satisfizer
α; em caso contrário, diremos que α é *falsa segundo a interpretação* I (ou que
a interpretação I *falsifica* a *fbf* α). ▶

Se α for verdadeira segundo a interpretação I escreveremos $\models_I \alpha$.

Definição 4.3.8 (Fórmula satisfazível)
Dada uma *fbf* α, dizemos que α é *satisfazível* se existe uma interpretação que
satisfaz α. ▶

Definição 4.3.9 (Fórmula contraditória)
Dada uma *fbf* α, dizemos que α é *contraditória* ou *não satisfazível* se nenhuma
interpretação satisfaz α. ▶

Definição 4.3.10 (Fórmula tautológica)
Dada uma *fbf* α, dizemos que α é *tautológica* se todas as interpretações satisfazem α. ▶

Definição 4.3.11 (Fórmula falsificável)
Dada uma *fbf* α, dizemos que α é *falsificável* se existe uma interpretação que
não satisfaz α. ▶

Definição 4.3.12 (Modelo)

Uma interpretação que satisfaz todas as *fbfs* de um conjunto de *fbfs*, chama-se um *modelo* desse conjunto. ▶

Definição 4.3.13

Caso exista um modelo para um conjunto de *fbfs* estas dizem-se *satisfazíveis*. Definem-se analogamente os conceitos de conjunto de *fbfs não satisfazíveis* (ou *contraditórias*), *tautológicas* e *falsificáveis*. ▶

Exemplo 4.3.7 Nos exemplos 4.3.1 a 4.3.6, a interpretação I satisfaz todas as *fbfs* do seguinte conjunto (expressões 4.15 a 4.24):

$$\{A(a_1),\ A(a_2),\ C(c_1),\ C(c_2),\ N(c_2,a_1),\ N(a_1,a_2),\ N(a_2,c_1),\ N(c_2,e(a_2)),$$
$$\forall x,y[N(x,y) \to N(y,x)],\ \forall x,y,z[(N(x,y) \land N(y,z) \land x \neq y) \to E(x,y,z)]\}.$$

Portanto, esta interpretação é um modelo destas *fbfs*. ⊛

Exemplo 4.3.8 Se considerarmos, contudo, a interpretação J, definida do seguinte modo:

$J(a_1) \mapsto$ ▲

$J(a_2) \mapsto$ ♀

$J(c_1) \mapsto$ 🏠

$J(c_2) \mapsto$ 🏠

$J(e) \mapsto \{($♀, 🏠$),\ ($▲, ♀$),\ ($🏠, ▲$)\}$

$J(d) \mapsto \{($🏠, ♀$),\ ($♀, ▲$),\ ($▲, 🏠$)\}$

$J(A) \mapsto \{($♀$),\ ($▲$)\}$

$J(C) \mapsto \{($🏠$),\ ($🏠$)\}$

$J(N) \mapsto \{($🏠, ♀$),\ ($♀, 🏠$),\ ($♀, ▲$),\ ($▲, ♀$),\ ($▲, 🏠$),\ ($🏠, ▲$)\}$

$J(E) \mapsto \{($🏠, ♀, ▲$),\ ($♀, ▲, 🏠$)\}$

As *fbfs* $N(c_2, a_1)$ e $N(a_2, c_1)$, por exemplo, têm o valor *falso* pelo que J não é um modelo das *fbfs* anteriores. ⊛

Definição 4.3.14 (Consequência semântica)

Seja Δ um conjunto de *fbfs* fechadas e seja α uma *fbf* fechada, diz-se que α é uma consequência semântica de Δ, escrito $\Delta \models \alpha$, se todas as interpretações que sejam modelos de Δ também são modelos de α. ▶

Teorema 4.3.1 (Teorema da Refutação)
Seja Δ um conjunto de *fbfs* fechadas e seja α uma *fbf* fechada, então α é uma consequência semântica de Δ se e só se $\Delta \cup \{\neg\alpha\}$ não é satisfazível.

DEMONSTRAÇÃO: Semelhante à prova do Teorema 2.3.3. ■

4.4 Correção e completude

É possível provar as seguintes propriedades para a lógica de primeira ordem, as propriedades correspondentes às apresentadas na Secção 2.4 para a lógica proposicional. A sua demonstração está fora do âmbito deste livro.

Teorema 4.4.1 (Correção)
A lógica de primeira ordem é correta. Para quaisquer *fbfs* $\alpha_1, \ldots, \alpha_k$ e β, se $\{\alpha_1, \ldots, \alpha_k\} \vdash \beta$ então $\{\alpha_1, \ldots, \alpha_k\} \models \beta$.

Teorema 4.4.2 (Completude)
A lógica de primeira ordem é completa. Para quaisquer *fbfs* $\alpha_1, \ldots, \alpha_n$ e β, se $\{\alpha_1, \ldots, \alpha_n\} \models \beta$ então $\{\alpha_1, \ldots, \alpha_n\} \vdash \beta$ [19].

4.5 Notas bibliográficas

A lógica simbólica, tanto a lógica proposicional como a lógica de primeira ordem, foi formulada por Gottlob Frege (1848–1925) [Frege, 1897], embora um formalismo semelhante tenha sido desenvolvido independentemente por Charles Sanders Peirce (1839–1914). Na primeira década do Século XX, Bertrand Russell (1872–1970) e Alfred North Whitehead (1861–1947) publicaram um dos trabalhos mais importantes em lógica desde o *Organon* de Aristoteles [Whitehead e Russell, 1910]. Nos anos 30, David Hilbert (1862–1943) e Paul Isaac Bernays (1888–1977) criaram a designação "lógica de primeira ordem".

A metodologia apresentada neste capítulo para determinar a veracidade ou falsidade de *fbfs* foi·proposta por Alfred Tarski em 1936. Uma tradução inglesa do artigo original pode ser consultada em [Corcoran, 1983]. Outras formulações

---

[19] A noção de completude apresentada é a noção de *completude fraca*, em que o conjunto de premissas é finito.

da semântica da lógica de primeira ordem podem ser consultadas em [Mendelson, 1987] e [Oliveira, 1991]. A completude da lógica de primeira ordem foi demonstrada por Kurt Gödel (1906–1978) [Gödel, 1930].

4.6 Exercícios

1. Seja $f_i^n(t_1, \ldots, t_n)$ um termo. Suponha que este termo é também um termo fechado. Será que $f_i^n(t_1, \ldots, t_n)$ é um termo chão? Justifique a sua resposta.

2. Seja $P_i^n(t_1, \ldots, t_n)$ uma *fbf* atómica. Suponha que esta *fbf* é fechada. Será que $P_i^n(t_1, \ldots, t_n)$ é também uma *fbf* chã? Se sim, justifique a sua resposta, se não dê um contraexemplo.

3. Identifique as variáveis livres nas seguintes *fbfs*:

   (a) $\forall x \ [P(x,y) \to \forall z \ [Q(z,x)]]$

   (b) $Q(z) \to \forall x, y \ [P(x,y,a)]$

   (c) $\forall x \ [P(x)] \to \forall y \ [Q(x,y)]$

4. Usando dedução natural, prove que as seguintes *fbfs* são teoremas:

   (a) $\forall x \ [P(x) \lor \neg P(x)]$

   (b) $P(a) \to \neg \forall x \ [\neg P(x)]$

   (c) $(P(a) \land Q(a)) \to (\exists x \ [P(x)] \land \exists y \ [Q(y)])$

   (d) $\forall x \ [P(x)] \to \exists y \ [P(y) \lor Q(y)]$

   (e) $(P(a) \land \forall x \ [P(x) \to Q(x)]) \to Q(a)$

   (f) $(\forall x \ [P(x) \to R(x)] \land \exists y \ [P(y)]) \to \exists z \ [R(z)]$

   (g) $\exists x \ [P(x) \land \neg Q(x)] \to \neg \forall x \ [P(x) \to Q(x)]$

5. Usando dedução natural, prove que as seguintes *fbfs* são teoremas. Estas *fbfs* correspondem às regras de De Morgan para quantificadores, também conhecidas por segundas leis de De Morgan.

   (a) $\neg \forall x [P(x)] \leftrightarrow \exists x [\neg P(x)]$

   (b) $\neg \exists x [P(x)] \leftrightarrow \forall x [\neg P(x)]$

6. Considere o conjunto de *fbfs* $\Delta = \{\forall x [P(x)], \forall y [\neg Q(y, f(y,a))]\}$ e a seguinte conceptualização:[20]

---

[20]Para facilitar a compreensão, a função e as relações envolvidas são apresentadas nas Tabelas 4.1 e 4.2.

x	y	$f(x,y)$
•	•	•
•	⊙	⊙
⊙	•	⊙
⊙	⊙	•

Tabela 4.1: Função f.

x	$P(x)$
•	V
⊙	F

x	y	$Q(x,y)$
•	•	F
•	⊙	V
⊙	•	F
⊙	⊙	V

Tabela 4.2: Relações P e Q.

- $D = \{\bullet, \odot\}$
- $F = \{\{(\bullet,\bullet,\bullet),(\bullet,\odot,\odot),(\odot,\bullet,\odot),(\odot,\odot,\bullet)\}\}$
- $R = \{\{(\bullet)\},$
  $\{(\bullet,\odot),(\odot,\odot)\}\}$

Justifique que a seguinte interpretação é um modelo de Δ.

$I(a) \mapsto \bullet$

$I(f) \mapsto \{(\bullet,\bullet,\bullet),(\bullet,\odot,\odot),(\odot,\bullet,\odot),(\odot,\odot,\bullet)\}$

$I(P) \mapsto \{(\bullet)\}$

$I(Q) \mapsto \{(\bullet,\odot),(\odot,\odot)\}$

7. Considere a seguinte conceptualização:

    - *Universo de discurso.* $D = \{\spadesuit, \heartsuit\}$
    - *Conjunto de funções.* $F = \{\{(\spadesuit,\heartsuit),(\heartsuit,\spadesuit)\}\}$
    - *Conjunto de relações.* $R = \{\{(\spadesuit,\spadesuit),(\spadesuit,\heartsuit)\}\}$

Suponha que as seguintes *fbfs* se referem a uma situação relativa a esta conceptualização:

$$P(a, f(a)) \wedge P(b, f(b))$$

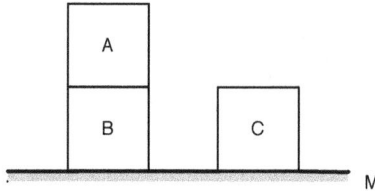

Figura 4.2: Situação no mundo dos blocos.

$$P(a, a)$$

$$\forall x[\exists y[P(x, y)]]$$

$$\forall x, y[P(x, y) \rightarrow P(f(x), f(y))]$$

Diga, justificando, quais das *fbfs* anteriores são satisfeitas pela seguinte interpretação:

$I(a) \mapsto \spadesuit$
$I(b) \mapsto \heartsuit$
$I(f) \mapsto \{(\spadesuit, \heartsuit), (\heartsuit, \spadesuit)\}$
$I(P) \mapsto \{(\spadesuit, \spadesuit), (\spadesuit, \heartsuit)\}$

8. Considere a situação representada na Figura 4.2 e a seguinte interpretação:

$I(a) \mapsto A$
$I(b) \mapsto B$
$I(c) \mapsto C$
$I(t) \mapsto M$
$I(sob) \mapsto \{(A, B), (B, M), (C, M)\}$
$I(Limpo) \mapsto \{A, C\}$
$I(Empilhados) \mapsto \{(A, B)\}$

Diga, justificando, quais das seguintes *fbfs* são satisfeitas por esta interpretação:

$$Limpo(a)$$

$$Limpo(c)$$

$$\neg Limpo(sob(a))$$

$$Empilhados(a, b)$$

9. Volte a responder à pergunta anterior considerando a interpretação:

$J(a) \mapsto A$
$J(b) \mapsto B$

$J(c) \mapsto C$
$J(t) \mapsto M$
$J(sob) = \{(B, A)\}$
$J(Limpo) = \{B\}$
$J(Empilhados) = \{(A, B)\}$

Capítulo 5

Lógica de Primeira Ordem (II)

Openshaw: "He said that you could solve anything."
Holmes: "He said too much."
Sherlock Holmes, *The Five Orange Pips*

De um modo semelhante ao que fizemos no Capítulo 3, neste capítulo apresentamos técnicas para a automatização de alguns aspetos relacionados com a lógica de primeira ordem. Dado que uma lógica tem dois componentes, o sistema dedutivo e o sistema semântico, é natural que consideremos aspetos relacionados com cada um destes componentes. Em relação ao sistema dedutivo, voltamos a considerar a resolução, e em relação ao sistema semântico, apresentamos o método de Herbrand. Antes de abordar os principais tópicos deste capítulo, vamos considerar a utilização da lógica de primeira ordem para representar conhecimento sobre um mundo ou uma situação.

5.1 Representação de conhecimento

Como em qualquer formalismo de representação, o primeiro passo a tomar é "inventar" um modelo daquilo que estamos a representar. Um *modelo* corresponde a uma abstração do mundo que apenas captura os seus aspetos que são relevantes para um certo problema ou para uma certa tarefa. Neste modelo devemos definir as entidades do mundo sobre as quais queremos falar (o chamado universo de discurso) e as funções e as relações que iremos utilizar.

Ao fazer isto, estamos a definir o *vocabulário* que é utilizado pelas *fbfs* da nossa representação. Em relação às regras de formação apresentadas na página 165, estamos a particularizar as letras de função e as letras de predicado que vamos considerar. É boa prática documentar as decisões tomadas quanto ao significado intuitivo das constantes, funções e relações utilizadas.

Depois de tomadas estas decisões, a tarefa da representação consiste em escrever *fbfs* que relacionam constantes, funções e relações. Estas *fbfs* são vulgarmente designadas por *axiomas próprios*, ou seja proposições que aceitamos sem prova em relação ao domínio que está a ser representado, em oposição aos *axiomas lógicos* que num sistema axiomático são aceites sem prova independentemente do domínio.

Exemplo 5.1.1 (Os Simpsons) Neste exemplo, apresentamos conceitos relacionados com relações familiares. Para ilustrar o nosso exemplo, usamos uma família bem conhecida, os Simpsons, cuja árvore geneológica é apresentada na Figura 5.1[1].

Começaremos com a definição do vocabulário, as constantes, as funções e as relações que iremos utilizar. Juntamente com cada relação e com cada função fornecemos o seu significado intuitivo. Usamos a expressão "significado intuitivo" porque o significado formal é definido através do tuplos que correspondem à relação ou à função (como descrito na Secção 4.3).

Usamos as seguintes constantes para representar cada um dos membros desta família, *Hugo* (Hugo Simpson), *Bart* (Bart J. Simpson), *Lisa* (Lisa Simpson), *Maggie* (Maggie Simpson), *Herb* (Herb Powers), *Homer* (Homer J. Simpson), *Marge* (Marge B. Simpson), *Selma* (Selma Bouvier), *Paty* (Paty Bouvier), *Sra.Y* (a pessoa sem nome na zona inferior esquerda da árvore), *Abe* (Abraham Simpson), *Penelope* (Penelope Olsen), *Jackie* (Jackie Bouvier) e *Sr.B* (Mr. Bouvier).

Utilizamos as relações de um argumento, *Homem* e *Mulher*, com os seguintes significados intuitivos:

$$Homem(x) = x \text{ é um homem}$$

$$Mulher(x) = x \text{ é uma mulher}$$

---

[1]Esta imagem foi obtida em `http://duffzone.co.uk/desktops/tree/`. Reproduzida com a autorização de `www.duffzone.co.uk`.

Figura 5.1: A árvore genealógica dos Simpsons.

Note-se que as relações de um argumento circunscrevem tipos de entidades ou definem as propriedades que estas possuem. Por esta razão são normalmente conhecidas por *classes* ou *propriedades*.

Uma outra relação binária que utilizamos é a de ascendente direto, que corresponde ao pai ou à mãe de uma entidade. A relação de dois argumentos AD tem o seguinte significado intuitivo:

$$AD(x, y) = x \text{ é um ascendente direto de } y$$

Utilizamos também as relações de dois argumentos, *Pai*, *Mãe*, *Avô*, *Avó*, *A2Linha* (um avô ou uma avó), *Ant* (antepassado), *DD* (descendente direto), *Filho*, *Filha*, *Irmão*, *Irmã*, e *ADC* (ascendente direto comum) com os seguintes significados intuitivos:

$$Pai(x, y) = x \text{ é o pai de } y$$

$$M\tilde{a}e(x,y) = x \text{ é a mãe de } y$$

$$Av\hat{o}(x,y) = x \text{ é um avô de } y$$

$$Av\acute{o}(x,y) = x \text{ é uma avó de } y$$

$$A2Linha(x,y) = x \text{ é um ascendente de } 2^a \text{ linha de } y$$

$$Ant(x,y) = x \text{ é um antepassado de } y$$

$$DD(x,y) = x \text{ é um descendente direto de } y$$

$$Filho(x,y) = x \text{ é um filho de } y$$

$$Filha(x,y) = x \text{ é uma filha de } y$$

$$Irm\tilde{a}o(x,y) = x \text{ é um irmão de } y$$

$$Irm\tilde{a}(x,y) = x \text{ é uma irmã de } y$$

$$ADC(x,y) = x \text{ e } y \text{ têm um ascendente direto em comum}$$

Com estas relações, e com base na informação da Figura 5.1, podemos escrever, entre outras, as seguintes *fbfs* chãs:

$$Homem(Sr.B) \tag{5.1}$$

$$Homem(Abe) \tag{5.2}$$

$$Homem(Homer) \tag{5.3}$$

$$Homem(Bart) \tag{5.4}$$

$$AD(Abe, Homer) \tag{5.5}$$

$$AD(Homer, Bart) \tag{5.6}$$

Usando as relações que definimos, podemos escrever, entre outras, as seguintes *fbfs*:

$$\forall\, x,y,z\; [(AD(x,y) \land AD(y,z)) \to A2Linha(x,z)] \tag{5.7}$$

$$\forall\, x,y\; [AD(x,y) \to Ant(x,y)] \tag{5.8}$$

$$\forall\, x,y,z\; [(Ant(x,y) \land AD(y,z)) \to Ant(x,z)] \tag{5.9}$$

$$\forall\, x,y\; [(AD(x,y) \land Homem(x)) \leftrightarrow Pai(x,y)] \tag{5.10}$$

$$\forall\, x,y\; [(AD(x,y) \land Mulher(x)) \leftrightarrow M\tilde{a}e(x,y)] \tag{5.11}$$

$$\forall\, x,y\; [(A2Linha(x,y) \land Homem(x)) \leftrightarrow Av\hat{o}(x,y)] \tag{5.12}$$

$$\forall\, x,y\; [(A2Linha(x,y) \land Mulher(x)) \leftrightarrow Av\acute{o}(x,y)] \tag{5.13}$$

$$\forall\, x,y\; [AD(x,y) \leftrightarrow DD(y,x)] \tag{5.14}$$

$$\forall\, x, y\, [(DD(x, y) \wedge Homem(x)) \leftrightarrow Filho(x, y)] \qquad (5.15)$$

$$\forall\, x, y\, [(DD(x, y) \wedge Mulher(x)) \leftrightarrow Filha(x, y)] \qquad (5.16)$$

$$\forall\, x, y\, [(Irmão(x, y) \vee Irmã(x, y)) \rightarrow ADC(x, y)] \qquad (5.17)$$

A *fbf* 5.17 poderia ter sido escrita, alternativamente, como duas *fbfs*, separadas;

$$\forall\, x, y\, [Irmão(x, y) \rightarrow ADC(x, y)] \qquad (5.18)$$

$$\forall\, x, y\, [Irmã(x, y) \rightarrow ADC(x, y)] \qquad (5.19)$$

A decisão de utilizar a *fbf* 5.17 ou as *fbfs* 5.18 e 5.19 é fundamentalmente uma questão de facilidade de expressão.

Algumas destas *fbfs* utilizam o símbolo lógico correspondente à equivalência. A utilização deste símbolo significa que a *fbf* contém as condições necessárias e suficientes para a definição do predicado. Por exemplo, a *fbf* 5.10, define completamente o predicado *Pai* através da combinação dos predicados *AD* e *Homem*. *Fbfs* deste tipo são vulgarmente designadas por *definições completas*.

Um outro tipo de *fbf* a que é muito vulgar recorrer, chamada *disjunção*,[2] afirma que certas combinações de uma relação são disjuntas. Por exemplo, sabemos que a relação *Ant* é antirreflexiva:

$$\forall\, x, y\, [Ant(x, y) \rightarrow \neg Ant(y, x)] \qquad (5.20)$$

Ao conjunto de todas as constantes, funções, relações e axiomas próprios definidos para um dado domínio dá-se o nome de *ontologia* do domínio.

Considerando a representação que definimos, podemos pensar em representar que uma pessoa apenas tem um pai. Repare-se que nada na nossa representação aborda este aspeto. Este facto pode ser representado através da seguinte *fbf*:

$$\forall x, y, z[(Pai(x, z) \wedge Pai(y, z)) \rightarrow Eq(x, y)]$$

na qual *Eq* é a relação

$$Eq(x, y) = x \text{ é igual a } y$$

A relação *Eq* é tão utilizada em lógica que frequentemente a expressão $Eq(x, y)$ é abreviada para $x = y$. É importante mencionar que a decisão sobre a igualdade de dois elementos está longe de ser um aspeto trivial. Neste exemplo assumimos que esta relação satisfaz os seguintes axiomas:

$$\forall x[x = x]$$

---

[2]Não confundir esta designação com o símbolo lógico "disjunção".

$$\forall x, y[(x = y) \rightarrow (y = x)]$$

$$\forall x, y, z[((x = y) \land (y = z)) \rightarrow (x = z)]$$

Para além de termos definido a relação *Pai*, poderíamos ter também escolhido utilizar a função *pai*. Esta função pode ser definida do seguinte modo

$$pai(x) = \text{o pai de } x$$

Neste caso, podemos escrever a *fbf* $\forall x[Homem(pai(x))]$. ⊕

Exemplo 5.1.2 Considerando de novo o Exemplo 5.1.1, podemos utilizar as *fbfs* 5.1 a 5.17 como premissas para derivar informação sobre a família Simpson. A seguinte prova (que apenas utiliza as premissas relevantes, 5.2, 5.3, 5.4, 5.5, 5.6, 5.7, e 5.12) mostra que *Abe* é avô de *Bart*:

1	$Homem(Abe)$	Prem
2	$Homem(Homer)$	Prem
3	$Homem(Bart)$	Prem
4	$AD(Abe, Homer)$	Prem
5	$AD(Homer, Bart)$	Prem
6	$\forall\, x, y, z\ [(AD(x,y)\ \land AD(y,z)) \rightarrow A2Linha(x,z)]$	Prem
7	$\forall\, x, y\ [(A2Linha(x,y)\ \land Homem(x)) \leftrightarrow Avô(x,y)]$	Prem
8	$(AD(Abe, Homer)\ \land$ $\quad\quad AD(Homer, Bart)) \rightarrow$ $\quad\quad\quad\quad A2Linha(Abe, Bart)$	E∀, 6
9	$AD(Abe, Homer)\ \land AD(Homer, Bart)$	I∧, (4, 5)
10	$A2Linha(Abe, Bart)$	E→, (9, 8)
11	$(A2Linha(Abe, Bart) \land Homem(Abe)) \leftrightarrow$ $\quad\quad\quad\quad Avô(Abe, Bart)$	E∀, 7
12	$(A2Linha(Abe, Bart) \land Homem(Abe)) \rightarrow$ $\quad\quad\quad\quad Avô(Abe, Bart)$	E↔, 11
13	$A2Linha(Abe, Bart) \land Homem(Abe)$	I∧, (10, 1)
14	$Avô(Abe, Bart)$	E→, (13, 12)

⊕

5.2   Resolução

5.2.1   Forma Clausal

A utilização da resolução obriga à transformação de *fbfs* para a forma clausal. No caso da lógica de primeira ordem, as transformações que apresentámos na Secção 3.1.1 terão que ser revistas à luz dos novos símbolos e conceitos existentes nesta lógica.

Nesta secção, apresentamos as regras de transformação de uma *fbf* de $\mathcal{L}_{LPO}$ para a forma clausal. Dado que algumas destas transformações são as mesmas que em lógica proposicional, sempre que isso acontecer, indicamos o nome da transformação e o número da página em que a transformação é apresentada no Capítulo 3. As transformações são exemplificadas utilizando a *fbf*[3]:

$$\forall x[P(x) \rightarrow (\forall y[P(y) \rightarrow P(f(x,y))] \wedge \neg \forall y[Q(x,y) \rightarrow P(y)])]. \qquad (5.21)$$

A transformação de uma *fbf* fechada para a forma clausal pode ser realizada mecanicamente através da aplicação da seguinte sequência de passos[4]:

1. *Eliminação do símbolo* $\rightarrow$

   Esta transformação é idêntica à apresentada na página 82.

   Exemplo 5.2.1 A *fbf* 5.21 será transformada em:

   $$\forall x[\neg P(x) \vee (\forall y[\neg P(y) \vee P(f(x,y))] \wedge \neg \forall y[\neg Q(x,y) \vee P(y)])] \qquad (5.22)$$

   Ⓔ

2. *Redução do domínio do símbolo* $\neg$

   Esta transformação é idêntica à apresentada na página 82, com a adição das seguintes transformações que lidam com quantificadores:

   (c) As segundas leis de De Morgan

   $$\neg \forall x[\alpha(x)] \leftrightarrow \exists x[\neg \alpha(x)]$$

   $$\neg \exists x[\alpha(x)] \leftrightarrow \forall x[\neg \alpha(x)]$$

   Exemplo 5.2.2 Aplicando este passo à *fbf* 5.22 do Exemplo 5.2.1, obtemos:

   $$\forall x[\neg P(x) \vee (\forall y[\neg P(y) \vee P(f(x,y))] \wedge \exists y[\neg(\neg Q(x,y) \vee P(y))])] \qquad (5.23)$$

   $$\forall x[\neg P(x) \vee (\forall y[\neg P(y) \vee P(f(x,y))] \wedge \exists y[\neg \neg Q(x,y) \wedge \neg P(y)])] \qquad (5.24)$$

   $$\forall x[\neg P(x) \vee (\forall y[\neg P(y) \vee P(f(x,y))] \wedge \exists y[Q(x,y) \wedge \neg P(y)])] \qquad (5.25)$$

   Ⓔ

---

[3]Exemplo de [Nilsson, 1971], páginas 165 a 168.

[4]Nas transformações apresentadas apenas consideramos os símbolos lógicos $\neg$, $\vee$, $\wedge$, $\rightarrow$, $\forall$, e $\exists$.

3. *Normalização de variáveis*

   Este passo baseia-se no facto de que as ocorrências ligadas de uma variável (ocorrências dentro do domínio do quantificador que introduz a variável) correspondem a variáveis mudas.

   A normalização de variáveis consiste em mudar o nome de algumas das variáveis de modo a que cada ocorrência de um quantificador esteja associada a um único nome de variável.

   Exemplo 5.2.3 Na *fbf* 5.25 obtida no Exemplo 5.2.2, existem dois quantificadores associados à variável y pelo que a sua segunda ocorrência é mudada para z. Assim, a nossa *fbf* transforma-se em:

   $$\forall x[\neg P(x) \lor (\forall y[\neg P(y) \lor P(f(x,y))] \land \exists z[Q(x,z) \land \neg P(z)])] \qquad (5.26)$$

   ⊛

4. *Eliminação dos quantificadores existenciais*[5]

   Neste passo, eliminam-se todas as ocorrências de quantificadores existenciais. A eliminação destes quantificadores baseia-se em dois princípios:

   (a) *Eliminação de um quantificador isolado*

      Recordemos da página 176 que a *fbf* $\exists x[\alpha(x)]$ afirma que existe uma entidade que satisfaz a propriedade α mas não afirma *qual* é essa entidade. Esta transformação permite-nos substituir a *fbf* $\exists x[\alpha(x)]$ por $\alpha(c)$ em que "c" é uma nova constante (chamada *constante de Skolem*[6]).

   (b) *Dependências entre quantificadores existenciais e universais*

      Se um quantificador existencial aparecer dentro do domínio de um quantificador universal, existe a possibilidade do valor da variável quantificada existencialmente depender do valor da variável quantificada universalmente.

      Exemplo 5.2.4 Considerando o domínio dos números naturais, sabemos que para qualquer número natural existe um número natural que é maior do que ele. Esta afirmação traduz-se na seguinte *fbf* $\forall x[NumNatural(x) \rightarrow \exists y[NumNatural(y) \land y > x]]$. Usando

---

[5]Demonstra-se, ver, por exemplo [Ben-Ari, 2003], páginas 145 e 146, que as funções de Skolem utilizadas neste passo preservam a não satisfazibilidade das *fbfs*. Ou seja, se α é uma *fbf* fechada, então existe uma *fbf*, α', em forma clausal tal que α' é não satisfazível se e só se α é não satisfazível.

[6]Em honra do matemático Norueguês Thoralf Albert Skolem (1887–1963).

uma constante de Skolem, obtemos $\forall x[NumNatural(a) \wedge a > x]$, a qual afirma que existe um número natural que é maior do que qualquer outro, o que claramente é falso. ✑

No Exemplo 5.2.4, o valor de y depende do valor de x, pelo que para eliminar o quantificador existencial devemos substituir a variável a ele associada por um termo formado por um novo símbolo de função aplicado à variável quantificada universalmente (esta função é chamada *função de Skolem*[7]). Seja $f(x)$ uma função de Skolem, então eliminando o quantificador existencial na *fbf* $\forall x[NumNatural(x) \rightarrow \exists y[NumNatural(y) \wedge y > x]]$ obtemos a *fbf* $\forall x[NumNatural(f(x)) \wedge f(x) > x]$.

Note-se que a alínea (a) é um caso particular desta alínea.

Obtemos assim a seguinte regra: se α for uma *fbf* contendo as variáveis x_1, ..., x_n, se $[Q_1 x_1, \ldots, Q_n x_n]$ for a sequência de quantificadores dentro de cujo domínio se encontra α e se $Q_r \in \{Q_1, \ldots, Q_n\}$ for um quantificador existencial, então:

(a) Se nenhum quantificador universal aparecer antes de Q_r escolhemos uma nova constante (c), substituímos todas as ocorrências de x_r em α por c e removemos $Q_r x_r$ da sequência $Q_1 x_1, \ldots, Q_n x_n$.

(b) Se $Q_{u_1}, \ldots, Q_{u_m}$ são todos os quantificadores universais que aparecem antes de Q_r, $1 \le u_1 \le \ldots \le u_m \le r$, escolhemos uma nova letra de função, f, com m argumentos, substituímos x_r em α por $f(x_{u_1}, \ldots, x_{u_m})$ e removemos $Q_r x_r$ da sequência.

Exemplo 5.2.5 Na *fbf* 5.26 do Exemplo 5.2.3 temos apenas um quantificador existencial (associado à variável z) o qual se encontra dentro do domínio de um quantificador universal (associado à variável x).

Usando esta transformação, a *fbf* 5.26 transforma-se em:

$$\forall x[\neg P(x) \vee (\forall y[\neg P(y) \vee P(f(x,y))] \wedge (Q(x,g(x)) \wedge \neg P(g(x))))] \quad (5.27)$$

em que $g(x)$ é uma função de Skolem. ✑

5. *Conversão para a forma "Prenex" normal*[8]

O objetivo deste passo é o de mover todas as ocorrências de quantificadores universais para a esquerda da *fbf*.

Este passo é obtido utilizando o princípio que diz que se α não contiver a variável x então $\forall x[\alpha]$ significa o mesmo que α.

---

[7] *Ibid.*
[8] Do inglês, "*Prenex normal form*".

Exemplo 5.2.6 Em relação à *fbf* 5.27 do Exemplo 5.2.5, teremos:

$$\forall x \forall y [\neg P(x) \lor ((\neg P(y) \lor P(f(x,y))) \land (Q(x,g(x)) \land \neg P(g(x))))] \quad (5.28)$$

ⓔ

6. *Eliminação da quantificação universal*

Uma vez que a *fbf* de origem não tinha variáveis livres, todas as variáveis existentes na *fbf* após o Passo 5 são quantificadas universalmente, e como a ordem por que aparecem os quantificadores universais não é importante, podemos eliminar a ocorrência explícita dos quantificadores universais e *assumir* que todas as variáveis são quantificadas universalmente.

Exemplo 5.2.7 Obtemos assim, a partir da *fbf* 5.28 do Exemplo 5.2.6,

$$\neg P(x) \lor ((\neg P(y) \lor P(f(x,y))) \land (Q(x,g(x)) \land \neg P(g(x)))) \quad (5.29)$$

ⓔ

7. *Obtenção da forma conjuntiva normal*

Esta transformação é idêntica à apresentada na página 83.

Exemplo 5.2.8 Obtemos assim, a partir da *fbf* 5.29 do Exemplo 5.2.7, as seguintes transformações:

$$(\neg P(x) \lor (\neg P(y) \lor P(f(x,y)))) \land (\neg P(x) \lor (Q(x,g(x)) \land \neg P(g(x)))) \quad (5.30)$$

$$(\neg P(x) \lor \neg P(y) \lor P(f(x,y))) \land (\neg P(x) \lor Q(x,g(x))) \land (\neg P(x) \lor \neg P(g(x)))$$
$$(5.31)$$

ⓔ

8. *Eliminação do símbolo $\land$*

Esta transformação é idêntica à apresentada na página 83.

Exemplo 5.2.9 A partir da *fbf* 5.31 do Exemplo 5.2.8, obtemos:

$$\{\neg P(x) \lor \neg P(y) \lor P(f(x,y)), \neg P(x) \lor Q(x,g(x)), \neg P(x) \lor \neg P(g(x))\}$$
$$(5.32)$$

ⓔ

9. *Eliminação do símbolo $\lor$*

Esta transformação é idêntica à apresentada na página 83.

Exemplo 5.2.10 A partir das cláusulas 5.32 do Exemplo 5.2.9, obtemos:

$$\{\{\neg P(x), \neg P(y), P(f(x,y))\}, \{\neg P(x), Q(x, g(x))\}, \{\neg P(x), \neg P(g(x))\}\}.$$
(5.33)

Ⓔⓧ

5.2.2 Unificação

A *unificação* é o processo que permite determinar se duas *fbfs* atómicas podem ser tornadas iguais através de substituições apropriadas para as suas variáveis livres. Antes de considerar o problema da unificação temos de introduzir o conceito de composição de substituições.

Definição 5.2.1 (Composição de substituições)
Sendo s_1 e s_2 duas substituições, a *composição das substituições* s_1 e s_2, representada por $s_1 \circ s_2$, é a substituição s tal que para qualquer *fbf* α, $\alpha \cdot s = (\alpha \cdot s_1) \cdot s_2$. Ou seja, $\alpha \cdot (s_1 \circ s_2) = (\alpha \cdot s_1) \cdot s_2$. ▶

Teorema 5.2.1 (Composição com a substituição vazia)
Para qualquer substituição s, $s \circ \varepsilon = \varepsilon \circ s = s$.

DEMONSTRAÇÃO: Trivial. ■

Teorema 5.2.2 (Associatividade)
Para quaisquer substituições s_1, s_2 e s_3, $s_1 \circ (s_2 \circ s_3) = (s_1 \circ s_2) \circ s_3$.

DEMONSTRAÇÃO: Trivial. ■

É fácil de verificar que a composição das substituições $s_1 = \{t_1/x_1, \ldots, t_n/x_n\}$ e $s_2 = \{u_1/y_1, \ldots, u_m/y_m\}$ obtém-se aplicando s_2 aos termos de s_1 e adicionando a s_1 os elementos de s_2 que contêm variáveis que não ocorrem em s_1.

Em termos práticos, o cálculo de $s_1 \circ s_2$ é efetuado aplicando s_2 aos termos de s_1, adicionando a este resultado todos os elementos $u_j/y_j \in s_2$ tais que $y_j \notin \{x_1 \ldots x_n\}$ e removendo todos os elementos $(t_i \cdot s_2)/x_i$ tais que $t_i \cdot s_2 = x_i$. Ou seja,

$$s_1 \circ s_2 = (\{(t_1 \cdot s_2)/x_1, \ldots, (t_n \cdot s_2)/x_n\} \cup \{u_j/y_j \in s_2 : y_j \notin \{x_1, \ldots, x_n\}\}) - \{(t_i \cdot s_2)/x_i : (t_i \cdot s_2) = x_i\}.$$

Exemplo 5.2.11 Sejam s_1 e s_2 as substituições:

$$s_1 = \{f(y)/x, z/y, a/w\}$$

e

$$s_2 = \{a/x, b/y, y/z, a/w\}.$$

A composição das substituições, $s_1 \circ s_2$, é dada por:

$$
\begin{aligned}
s_1 \circ s_2 &= (\{(f(y) \cdot \{a/x, b/y, y/z, a/w\})/x, (z \cdot \{a/x, b/y, y/z, a/w\})/y, \\
&\quad (a \cdot \{a/x, b/y, y/z, a/w\})/w\} \cup \{y/z\}) - \\
&\quad -\{(z \cdot \{a/x, b/y, y/z, a/w\})/y\} = \\
&= \{f(b)/x, y/y, a/w, y/z\} - \{y/y\} = \\
&= \{f(b)/x, a/w, y/z\}.
\end{aligned}
$$

Teorema 5.2.3 (Não comutatividade)

A composição de substituições não é comutativa.

DEMONSTRAÇÃO: Consideremos, por exemplo, as substituições $s_1 = \{f(x)/x\}$ e $s_2 = \{x/y\}$. Neste caso temos, $s_1 \circ s_2 = \{f(x)/x, x/y\}$ e $s_2 \circ s_1 = \{f(x)/y, f(x)/x\}$. ∎

Definição 5.2.2 (Conjunto unificável)

Um conjunto finito e não vazio de *fbfs* atómicas $\{\alpha_1, \ldots, \alpha_m\}$ diz-se *unificável* se e só se existir uma substituição s que torna idênticas todas as *fbfs* do conjunto, ou seja, se e só se existir uma substituição s tal que $\alpha_1 \cdot s = \ldots = \alpha_m \cdot s$. Neste caso, a substituição s diz-se um *unificador* do conjunto $\{\alpha_1, \ldots, \alpha_m\}$. ▶

Note-se que se s é um unificador do conjunto $\{\alpha_1, \ldots, \alpha_m\}$ então $\{\alpha_1 \cdot s, \ldots, \alpha_m \cdot s\} = \{\alpha_1 \cdot s\}$.

Exemplo 5.2.12 A substituição $\{a/x, b/y, c/z\}$ é um unificador do conjunto $\{P(a, y, z), P(x, b, z)\}$, dando origem a $\{P(a, b, c)\}$. Embora esta substituição unifique as *fbfs* $P(a, y, z)$ e $P(x, b, z)$, ela não é o único unificador. Não temos que substituir z por c para as unificar, podemos substituir z por qualquer termo ou, eventualmente, podemos nem substituir z. ⊛

Definição 5.2.3 (Unificador mais geral)

Dado um conjunto de *fbfs* atómicas $\{\alpha_1, \ldots, \alpha_m\}$, o *unificador mais geral* do conjunto, ou apenas *mgu*[9], é um unificador, s, de $\{\alpha_1, \ldots, \alpha_m\}$, com a seguinte propriedade: se s_1 for um unificador de $\{\alpha_1, \ldots, \alpha_m\}$ então existe uma substituição s_2 tal que $s_1 = s \circ s_2$. ▶

---

[9]Do inglês, "*most general unifier*".

Uma propriedade importante do unificador mais geral é o facto de ser único (exceto para variantes alfabéticas de variáveis).

5.2.3   Algoritmo de unificação.

Um algoritmo de unificação recebe um conjunto de *fbfs* atómicas e decide se estas podem ser unificadas, devolvendo o seu unificador mais geral ou a indicação de que as *fbfs* não são unificáveis. Apresentamos um algoritmo de unificação bastante simples que percorre, em paralelo, os constituintes das *fbfs* a unificar, da esquerda para a direita, começando nos constituintes mais à esquerda. Ao encontrar constituintes diferentes (um desacordo), o algoritmo tenta determinar uma substituição que torne esses constituintes iguais. Em caso de sucesso, continua a percorrer as *fbfs* que resultam da aplicação dessa substituição a todas as *fbfs* a unificar; em caso de insucesso, o algoritmo termina indicando que as *fbfs* não são unificáveis. Percorrendo todos os constituintes das *fbfs* a unificar, o algoritmo termina com sucesso e a composição das substituições encontradas corresponde ao *mgu*.

O Algoritmo 13[10], a partir de um conjunto de *fbfs* atómicas, $\Delta = \{\alpha_1, \ldots, \alpha_m\}$, produz o unificador mais geral desse conjunto ou indica insucesso (devolvendo *falso*) quando este conjunto não é unificável. Neste algoritmo:

- *card* é a função que calcula o número de elementos do conjunto x (ver a definição de *card* na página 117);

- *var* é uma função que tem o valor *verdadeiro* se o seu argumento corresponde a uma variável e tem o valor *falso* em caso contrário;

- *termo* é uma função que tem o valor *verdadeiro* se o seu argumento corresponde a um termo e tem o valor *falso* em caso contrário.

O Algoritmo 13 utiliza outro algoritmo, chamado *desacordo* (e que não descrevemos formalmente), para determinar o conjunto de desacordo de um conjunto de *fbfs* Δ. O *conjunto de desacordo* de Δ obtém-se localizando o primeiro constituinte, a partir da esquerda, que não é igual em todas as *fbfs* em Δ e extraindo das *fbfs* em Δ todos os componentes que estão nessa posição.

Exemplo 5.2.13 Sendo

$$\Delta = \{P(x, \underline{f(x,y)}), P(x, \underline{a}), P(x, \underline{g(h(k(x)))})\},$$

---

[10]Neste algoritmo, as linhas aparecem numeradas por uma questão de conveniência na demonstração do Teorema 5.2.4.

Algoritmo 13 $unifica(\Delta)$

1: $s := \{\}$
2: **while** $card(\Delta) \neq 1$ **do**
3:      $D := desacordo(\Delta)$
4:      **if** $\exists\, x, t \in D$ **such that** $var(x)$ **and**
                        $termo(t)$ **and**
                        x não ocorre em t
        then
5:          $\Delta := \Delta \cdot \{t/x\}$
6:          $s := s \circ \{t/x\}$
7:      **else**
8:          **return** *falso* {Conjunto não unificável}
9:      **end if**
10: **end while**
11: **return** s {s é o unificador mais geral}

---

indicamos a sublinhado os primeiros constituintes, a partir da esquerda, que não são iguais em todas as *fbfs*. Neste caso, o conjunto de desacordo é $\{f(x,y),$ $a, g(h(k(x)))\}$. ✍

É importante notar que o Algoritmo 13 não é determinístico. O teste aplicado na quarta linha, "$\exists\, x, t \in D$ **such that** $var(x)$ **and** $termo(t)$ **and** x não ocorre em t", não especifica *como* escolher x e t, mas apenas pretende garantir que tal variável e termo existem.

Exemplo 5.2.14 Consideremos as cláusulas

$$\{P(a, x, f(y)), P(u, v, w), P(a, r, f(c))\} \tag{5.34}$$

nas quais x, y, u, v, w e r são variáveis e a e c são constantes, e sigamos o funcionamento do Algoritmo 13:

A substituição vazia é atribuída à substituição s. Como

$$card(\{P(a, x, f(y)), P(u, v, w), P(a, r, f(c))\}) \neq 1,$$

o conjunto de desacordo é calculado:

$D := desacordo(\{P(a, x, f(y)), P(u, v, w), P(a, r, f(c))\}) =$
    $\{a, u\}$

Em D existe um termo (a) e uma variável (u) tal que u não ocorre em a. Neste caso, calcula-se

$\Delta := \{P(a, x, f(y)), P(u, v, w), P(a, r, f(c))\} \cdot \{a/u\} =$
$\quad \{P(a, x, f(y)), P(a, v, w), P(a, r, f(c))\}$

$s := \{\} \circ \{a/u\} =$
$\quad \{a/u\}$

Como $card(\{P(a, x, f(y)), P(a, v, w), P(a, r, f(c))\}) \neq 1$, o conjunto de desacordo é calculado:

$D := desacordo(\{P(a, x, f(y)), P(a, v, w), P(a, r, f(c))\}) =$
$\quad \{x, v, r\}$

O conjunto de desacordo tem três elementos, todos eles são variáveis, e consequentemente são também termos. Recorde-se que o Algoritmo 13 não é determinístico pois não especifica como escolher o termo nem como escolher a variável do conjunto de desacordo. Em D existe um termo (v) e uma variável (x) tal que x não ocorre em v. Suponhamos que são escolhidos x e v. Neste caso, calcula-se

$\Delta := \{P(a, x, f(y)), P(a, v, w), P(a, r, f(c))\} \cdot \{v/x\} =$
$\quad \{P(a, v, f(y)), P(a, v, w), P(a, r, f(c))\}$

$s := \{a/u\} \circ \{v/x\} =$
$\quad \{a/u, v/x\}$

Como $card(\{P(a, v, f(y)), P(a, v, w), P(a, r, f(c))\}) \neq 1$:

$D := desacordo(\{P(a, v, f(y)), P(a, v, w), P(a, r, f(c))\}) =$
$\quad \{v, r\}$

Em D existe um termo (v) e uma variável (r) tal que r não ocorre em v. Então

$\Delta := \{P(a, v, f(y)), P(a, v, w), P(a, r, f(c))\} \cdot \{v/r\} =$
$\quad (\{P(a, v, f(y)), P(a, v, w), P(a, v, f(c))\}$

$s := \{a/u, v/x\} \circ \{v/r\} =$
$\quad \{a/u, v/x, v/r\}$

Novamente, $card(\{P(a, v, f(y)), P(a, v, w), P(a, v, f(c))\}) \neq 1$, pelo que

$D := desacordo(\{P(a, v, f(y)), P(a, v, w), P(a, v, f(c))\}) =$
$\quad \{f(y), w, f(c)\}$

Em D existe um termo $(f(y))$ e uma variável (w) tal que w não ocorre em $f(y)$. Neste caso,

$\Delta := \{P(a, v, f(y)), P(a, v, w), P(a, v, f(c))\} \cdot \{f(y)/w\} =$
$\quad \{P(a, v, f(y)), P(a, v, f(c))\}$

$s := \{a/u, v/x, v/r\} \circ \{f(y)/w\} =$
$\quad \{a/u, v/x, v/r, f(y)/w\}$

Como $card(\{P(a, v, f(y)), P(a, v, f(c))\}) \neq 1$:

$D := desacordo(\{P(a, v, f(y)), P(a, v, f(c))\}) =$
$\quad \{y, c\}$

Em D existe um termo (c) e uma variável (y) tal que y não ocorre em c, então

$\Delta := \{P(a, v, f(y)), P(a, v, f(c))\} \cdot \{c/y\} =$
$\quad \{P(a, v, f(c))\}$

$s := \{a/u, v/x, v/r, f(y)/w\} \circ \{c/y\} =$
$\quad \{a/u, v/x, v/r, f(c)/w, c/y\}$

Agora, $card(\{P(a, v, f(c))\}) = 1$ pelo que o algoritmo de unificação devolve a substituição $\{a/u, v/x, v/r, f(c)/w, c/y\}$. ⊗

Consideremos novamente o teste aplicado na quarta linha do Algoritmo 13, "∃ $x, t \in C_d$ **such that** $var(x)$ **and** $termo(t)$ **and** x não ocorre em t". A verificação de que x não ocorre em t é conhecida por *verificação de ocorrência*[11] e é ilustrada no seguinte exemplo:

Exemplo 5.2.15 Consideremos as cláusulas $\{P(x, x), P(y, f(y))\}$, nas quais x e y são variáveis, e sigamos o funcionamento do Algoritmo 13:

A substituição vazia é atribuída à substituição s. Como $card(\{P(x, x), P(y, f(y))\}) \neq 1$, temos $D := desacordo(\{P(x, x), P(y, f(y))\}) =$
$\quad \{x, y\}$

Em D existe um termo (y) e uma variável (x) tal que x não ocorre em y. Assim,

$\Delta := \{P(x, x), P(y, f(y))\} \cdot \{y/x\} =$
$\quad \{P(x, x), P(x, f(x))\}$

$s := \{\} \circ \{y/x\} = \{y/x\}$

Como $card(\{P(x, x), P(x, f(x))\}) \neq 1$:

$D := desacordo(\{P(x, x), P(x, f(x))\}) =$
$\quad \{x, f(x)\}$

Em D existe um termo $(f(x))$ e uma variável (x), mas x ocorre em $f(x)$. Neste caso o conjunto não é unificável. ⊗

---

[11]Do inglês, *"occur check"*.

Teorema 5.2.4 (Correção do algoritmo de unificação)
Dado um conjunto de *fbfs* atómicas, o algoritmo de unificação (Algoritmo 13) termina sempre, seja devolvendo o unificador mais geral no caso do conjunto ser unificável, seja com a indicação de que o conjunto não é unificável.

DEMONSTRAÇÃO: Comecemos por supor que Δ é unificável e seja s um unificador de Δ. Vamos provar que para $n \geq 0$, se s_n é a substituição usada no início da n-ésima passagem pelo ciclo **while** do algoritmo *unifica*, então existe uma substituição s'_n tal que $s = s_n \circ s'_n$.

1. Suponhamos que $n = 0$, então, $s_0 = \varepsilon$ e $s'_0 = s$ visto que $s = s \circ \varepsilon$.

2. Suponhamos que para $n \geq 0$ existia s'_n tal que $s = s_n \circ s'_n$. Então:

   (a) Se $card(\Delta \cdot s_n) = 1$, o algoritmo termina na linha 1, devolvendo a substituição s_n.

   (b) Se $card(\Delta \cdot s_n) \neq 1$, iremos provar que o algoritmo produz uma substituição adicional s_{n+1} e que existe uma substituição s'_{n+1} tal que $s = s_{n+1} \circ s'_{n+1}$.
   Como $card(\Delta \cdot s_n) \neq 1$, o algoritmo determina o conjunto de desacordo D_n de $\Delta \cdot s_n$, efetuando o teste da linha 4. Uma vez que $s = s_n \circ s'_n$ e que s é um unificador de Δ, resulta que s'_n unifica D_n. Então D_n deve conter uma variável, x_n. Seja t_n qualquer outro termo em D_n. A variável x_n não pode ocorrer em t_n pois[12] $x_n \cdot s'_n = t_n \cdot s'_n$. Podemos então considerar que $\{t_n/x_n\}$ é a substituição escolhida na linha 4. Então $s_{n+1} = s_n \circ \{t_n/x_n\}$. Seja $s'_{n+1} = s'_n - \{x_n \cdot s'_n/x_n\}$. Duas situações podem acontecer:

      i. s'_n tem uma ligação para x_n, então:
      $$s'_n = \{x_n \cdot s'_n/x_n\} \cup s'_{n+1}$$
      $$= \{t_n \cdot s'_n/x_n\} \cup s'_{n+1} \text{ (uma vez que } x_n \cdot s'_n = t_n \cdot s'_n)$$
      $$= \{t_{n+1} \cdot s'_n/x_n\} \cup s'_{n+1} \text{ (uma vez que } x_n \text{ não ocorre em } t_n)$$
      $$= \{t_n/x_n\} \circ s'_{n+1} \text{ (pela composição de substituições)}$$

      ii. s'_n não tem uma ligação para x_n, então $s'_{n+1} = s'_n$, cada elemento de D_n é uma variável e $s'_n = \{t_n/x_n\} \circ s'_{n+1}$.

   Consequentemente $s = s_n \circ s'_n = s_n \circ \{t_n/x_n\} \circ s_{n+1} = s_{n+1} \circ s'_{n+1}$, como desejado.

Se Δ é unificável, concluímos que o algoritmo deve terminar na condição da linha 2. Se terminar na n-ésima iteração, então $s = s_n \circ s'_n$ para algum s'_n. Uma vez que s_n é um unificador de Δ, esta igualdade mostra que também é o *mgu* de Δ.

Se Δ não é unificável, o algoritmo *unifica* não pode terminar na linha 2 e deverá terminar na linha 8, indicando que o conjunto não é unificável. ∎

---

[12]Embora a aplicação de uma substituição tenha sido definida para uma *fbf* (Definição 4.1.12), estamos aqui, sem perda de generalidade, a aplicá-la a um termo.

O algoritmo de unificação que apresentámos pode ser muito ineficiente. No pior caso, a sua complexidade pode ser uma função exponencial do número de símbolos nas *fbfs* a unificar. O seguinte exemplo ilustra este aspeto[13]. Seja

$$\Delta = \{P(x_1, x_2, \ldots, x_n), P(f(x_0, x_0), f(x_1, x_1), \ldots, f(x_{n-1}, x_{n-1}))\}$$

Então $s_1 = \{f(x_0, x_0)/x_1\}$ e

$$\Delta \cdot s_1 = \{P(f(x_0, x_0), x_2, \ldots, x_n),$$
$$P(f(x_0, x_0), P(f(x_0, x_0), f(x_0, x_0)), \ldots, P(f(x_{n-1}, x_{n-1}))\}$$

A próxima substituição é $s_2 = \{f(x_0, x_0)/x_1, f(f(x_0, x_0), f(x_0, x_0))/x_2\}$ e assim sucessivamente. Notemos que a segunda *fbf* de $\Delta \cdot s_n$ tem $2^k - 1$ ocorrências de f no seu k-ésimo termo ($1 \leq k \leq n$). A linha 4 do Algoritmo 13 efetua a verificação de ocorrências. Esta verificação, apenas para a última substituição, necessita de tempo exponencial.

5.2.4   Resolução com cláusulas com variáveis

Podemos agora enunciar o princípio da resolução para o caso em que as cláusulas contêm variáveis.

Definição 5.2.4 (Princípio da resolução – caso geral)
Sejam Ψ e Φ duas cláusulas sem variáveis em comum[14], α e β duas *fbfs* atómicas tais que $\alpha \in \Psi$ e $\neg\beta \in \Phi$, e α e β são unificáveis. Seja s o unificador mais geral de α e β. Segundo o princípio da resolução, podemos inferir a cláusula $((\Psi - \{\alpha\}) \cup (\Phi - \{\neg\beta\})) \cdot s$. Os literais $\alpha \cdot s$ e $\beta \cdot s$ são chamados *literais em conflito*. A cláusula obtida é chamada o *resolvente* das cláusulas Ψ e Φ. ▶

Exemplo 5.2.16 Consideremos as cláusulas

$$\Psi = \{P(f(a), x)\}$$

e

$$\Phi = \{\neg P(y, h(z)), Q(f(y), z)\}.$$

---

[13]Exemplo de [Lloyd, 1987], página 26, o qual por sua vez foi adaptado de [Bibel, 1982].

[14]A restrição da não existência de variáveis em comum é satisfeita renomeando todas as variáveis das cláusulas relevantes antes da aplicação do princípio da resolução. Recorde-se que estas variáveis são implicitamente quantificadas universalmente pelo que correspondem a variáveis mudas.

$$\{\underline{P(f(a),x)}\} \qquad\qquad \{\underline{\neg P(y,h(z))}, Q(f(y),z)\}$$

$$\{f(a)/y, h(z)/x\}$$

$$\{Q(f(f(a)),z)\}$$

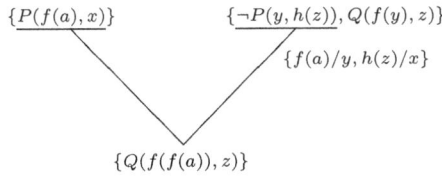

Figura 5.2: Aplicação do princípio da resolução.

Uma vez que $P(f(a),x) \in \Psi$, $\neg P(y,h(z)) \in \Phi$ e $P(f(a),x)$ e $P(y,h(z))$ são unificáveis com a substituição $\{f(a)/y, h(z)/x\}$, podemos aplicar o princípio da resolução inferindo a cláusula

$$\{Q(f(y),z)\} \cdot \{f(a)/y, h(z)/x\} = \{Q(f(f(a)),z)\}.$$

Esta aplicação do princípio da resolução é apresentada graficamente na Figura 5.2, na qual em cada cláusula se sublinham os literais unificados e ao lado de uma das linhas correspondentes à aplicação do princípio da resolução se indica o unificador utilizado. ⊗

Exemplo 5.2.17 Consideremos as cláusulas

$$\Psi = \{P(x), Q(y)\}$$

e

$$\Phi = \{\neg P(x), R(y)\}.$$

A renomeação de variáveis origina a cláusula

$$\Phi = \{\neg P(x'), R(y')\}.$$

Uma vez que $P(x)$ e $P(x')$ são unificáveis com a substituição $\{x/x'\}$, podemos aplicar o princípio da resolução inferindo a cláusula $\{Q(y), R(y')\}$. ⊗

As definições de prova por resolução (Definição 3.1.7) e de prova por refutação (Definição 3.1.8) apresentadas no Capítulo 3, são diretamente aplicáveis à lógica de primeira ordem, bem como as estratégias de eliminação de cláusulas (apresentadas na páginas 90 a 92) e as estratégias de seleção de cláusulas (apresentadas nas páginas 92 a 95).

Com a utilização de cláusulas com variáveis, a resolução pode ser utilizada para responder a dois tipos de questões, questões do tipo *"verdadeiro ou falso"* e questões do tipo *"quem ou qual"*.

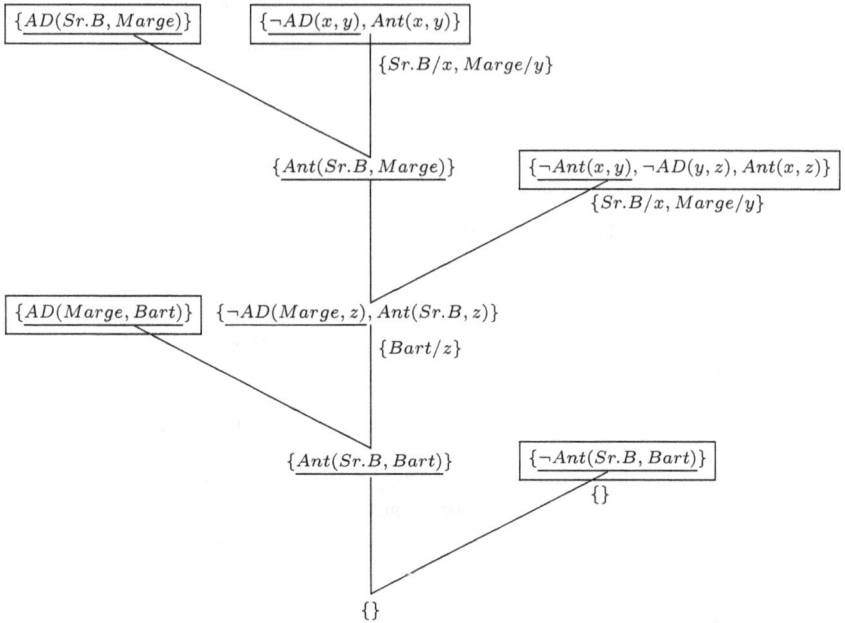

Figura 5.3: Resolução com uma questão do tipo "verdadeiro ou falso".

As *questões do tipo "verdadeiro ou falso"* pretendem saber se uma dada cláusula pode ser derivada de um conjunto de cláusulas.

Exemplo 5.2.18 Consideremos as seguintes afirmações, "um ascendente direto de uma pessoa é seu antepassado" (*fbf* 5.8), "um antepassado de um ascendente direto de uma pessoa é um antepassado dessa pessoa" (*fbf* 5.9), "a Marge é um ascendente direto do Bart" e "o Sr.B é um ascendente direto da Marge":

$$\forall x, y[AD(x,y) \rightarrow Ant(x,y)] \qquad (5.35)$$

$$\forall x, y, z[Ant(x,y) \wedge AD(y,z) \rightarrow Ant(x,z)] \qquad (5.36)$$

$$AD(Marge, Bart) \qquad (5.37)$$

$$AD(Sr.B, Marge) \qquad (5.38)$$

Tentemos saber se "o Sr.B é um antepassado do Bart", ou seja, tentemos saber se as *fbfs* 5.35 a 5.38 permitem derivar a *fbf* $Ant(Sr.B, Bart)$.

Usando a resolução, devemos converter as *fbfs* 5.35 a 5.38 para a forma clausal, obtendo

$$\{\neg AD(x,y), Ant(x,y)\} \tag{5.39}$$

$$\{\neg Ant(x,y), \neg AD(y,z), Ant(x,z)\} \tag{5.40}$$

$$\{AD(Marge, Bart)\} \tag{5.41}$$

$$\{AD(Sr.B, Marge)\} \tag{5.42}$$

e adicionando a estas cláusulas a cláusula que corresponde à negação da conclusão

$$\{\neg Ant(Sr.B, Bart)\}. \tag{5.43}$$

Podemos agora realizar a seguinte prova por refutação. Para facilitar a compreensão das provas, à direita de cada linha, indicamos, em letra mais pequena, a substituição que foi aplicada.

1	$\{\neg AD(x,y), Ant(x,y)\}$	Prem
2	$\{\neg Ant(x,y), \neg AD(y,z), Ant(x,z)\}$	Prem
3	$\{AD(Marge, Bart)\}$	Prem
4	$\{AD(Sr.B, Marge)\}$	Prem
5	$\{\neg Ant(Sr.B, Bart)\}$	Prem
6	$\{Ant(Sr.B, Marge)\}$	Res, $(1, 4)$, $\{Sr.B/x, Marge/y\}$
7	$\{\neg AD(Marge, z), Ant(Sr.B, z)\}$	Res, $(2, 6)$, $\{Sr.B/x, Marge/y\}$
8	$\{Ant(Sr.B, Bart)\}$	Res, $(3, 7)$, $\{Bart/z\}$
9	$\{\}$	Res, $(5, 8)$, $\{\}$

O processo de resolução encontra-se representado graficamente na Figura 5.3, na qual as premissas são representadas dentro de um retângulo. &

Nas *questões do tipo "quem ou qual"* não estamos interessados em saber se uma dada proposição é consequência de um conjunto de cláusulas, mas sim *quais* são as instâncias que fazem com que uma *fbf* que contém variáveis livres seja a consequência de um conjunto de cláusulas.

Exemplo 5.2.19 Consideremos, de novo, as *fbfs* 5.35 a 5.38, e tentemos saber quem são os antepassados do Bart. Neste caso, estamos à procura de substituições que tornam a *fbf* $Ant(x, Bart)$ uma consequência das premissas.

De modo a fornecer uma resposta a esta questão, utilizando resolução, para além de necessitarmos de transformar as premissas em forma clausal, poderemos adicionar uma nova *fbf* que especifica quais são as respostas desejadas[15]:

$$\forall x[Ant(x, Bart) \rightarrow R(x)] \qquad (5.44)$$

na qual $R(x)$ tem o seguinte significado:

$$R(x) = x \text{ é uma resposta.}$$

Usando a resolução, podemos construir a seguinte prova:

1	$\{\neg AD(x, y), Ant(x, y)\}$	Prem
2	$\{\neg Ant(x, y), \neg AD(y, z), Ant(x, z)\}$	Prem
3	$\{AD(Marge, Bart)\}$	Prem
4	$\{AD(Sr.B, Marge)\}$	Prem
5	$\{\neg Ant(x, Bart), R(x)\}$	Prem
6	$\{Ant(Marge, Bart)\}$	Res, $(1, 3)$, $\{Marge/x, Bart/y\}$
7	$\{R(Marge)\}$	Res, $(5, 6)$, $\{Marge/x\}$
8	$\{Ant(Sr.B, Marge)\}$	Res, $(1, 4)$, $\{Sr.B/x, Marge/y\}$
9	$\{\neg AD(Marge, z), Ant(Sr.B, z)\}$	Res, $(2, 8)$, $\{Sr.B/x, Marge/y\}$
10	$\{Ant(Sr.B, Bart)\}$	Res, $(3, 9)$, $\{Bart/z\}$
11	$\{R(Sr.B)\}$	Res, $(5, 10)$, $\{Sr.B/x\}$

Desta prova concluimos que a *Marge* e o *Sr.B* são os antepassados do *Bart*. Este processo de resolução encontra-se representado graficamente na Figura 5.4. ✍

Exemplo 5.2.20 Consideremos as proposições que afirmam que "todas as pessoas têm uma mãe", "todas as mães são mulheres" e que "o Bart é uma pessoa":

$$\forall x[Pessoa(x) \rightarrow \exists y[M\tilde{a}e(y, x)]] \qquad (5.45)$$

$$\forall x, y[M\tilde{a}e(x, y) \rightarrow Mulher(x)] \qquad (5.46)$$

$$Pessoa(Bart) \qquad (5.47)$$

Suponhamos que queríamos saber quais as mulheres que estão envolvidas nestas proposições. Estamos novamente numa situação em que tentamos responder a uma questão do tipo "quem ou qual", e para a responder adicionaremos às nossas premissas a informação de que as respostas pretendidas correspondem aos nomes das mulheres

$$\forall x[Mulher(x) \rightarrow R(x)]. \qquad (5.48)$$

---

[15]A adição desta nova *fbf* não é obrigatória pois estamos à procura de fórmulas chãs que contenham o predicado *Ant* com o termo *Bart* como segundo argumento. No entanto, esta abordagem permite explicitar quais são as entidades que correspondem a respostas.

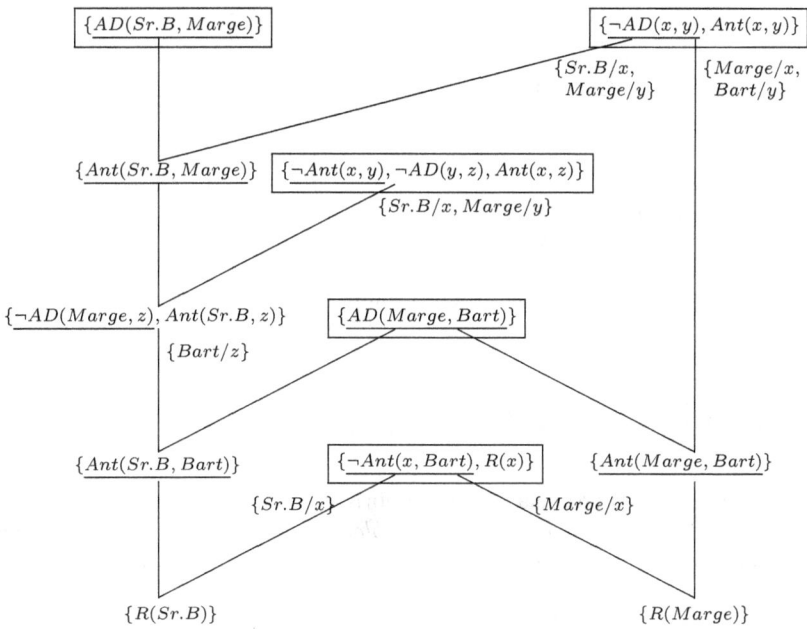

Figura 5.4: Resolução com uma questão do tipo *"quem ou qual"*.

Transformando as premissas para a forma clausal, obtemos as cláusulas:

$$\{\neg Pessoa(x), M\tilde{a}e(m(x), x)\} \tag{5.49}$$

$$\{\neg M\tilde{a}e(x, y), Mulher(x)\} \tag{5.50}$$

$$\{Pessoa(Bart)\} \tag{5.51}$$

$$\{\neg Mulher(x), R(x)\}. \tag{5.52}$$

Note-se que m é uma função de Skolem em que $m(x)$ representa *a mãe de* x.

Usando o princípio da resolução podemos obter a seguinte prova:

1	$\{\neg Pessoa(x), M\tilde{a}e(m(x), x)\}$	Prem
2	$\{\neg M\tilde{a}e(x, y), Mulher(x)\}$	Prem
3	$\{Pessoa(Bart)\}$	Prem
4	$\{\neg Mulher(x), R(x)\}$	Prem
5	$\{M\tilde{a}e(m(Bart), Bart)\}$	Res, $(1, 3)$, $\{Bart/x\}$
6	$\{Mulher(m(Bart))\}$	Res, $(2, 5)$, $\{m(Bart)/x, Bart/y\}$
7	$\{R(m(Bart))\}$	Res, $(4, 6)$, $\{m(Bart)/x\}$

Desta prova concluimos que a única mulher conhecida é a mãe do Bart, cujo nome não está explicitado nas premissas. ⊛

5.3   O método de Herbrand

Uma das questões essenciais para a Informática é conhecida pelo problema da decisão. De uma forma simples, o *problema de decisão* corresponde, a partir de um conjunto infinito de entidades C pertencentes a uma linguagem formal, tentar saber se é possível escrever um programa (um procedimento mecânico) que recebe uma frase da linguagem, f, e é capaz de decidir, após um número finito de passos, se $f \in C$ ou se $f \notin C$. Se tal programa for provado existir o problema diz-se *decidível*, em caso contrário, o problema diz-se *indecidível*. Dentro da classe dos problemas indecidíveis, pode acontecer que seja garantida a existência de um procedimento mecânico que após um número finito de passos é capaz de decidir se $f \in C$, mas que pode nunca terminar se $f \notin C$. Neste caso, o problema diz-se *semi-decidível*.

Os principais resultados relacionados com a decidibilidade foram demonstrados por Kurt Gödel (1906–1978), o qual provou que dentro de determinados ramos da matemática, existirá sempre um conjunto de afirmações que não podem ser provadas como verdadeiras ou como falsas, usando as regras e os axiomas desse ramo da matemática. Este resultado é conhecido pelo *teorema da incompletude*

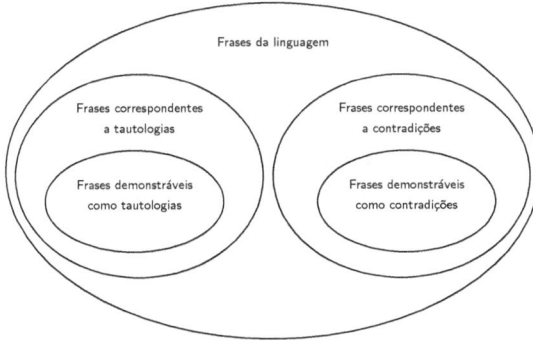

Figura 5.5: Representação do teorema da incompletude de Gödel.

de Gödel (Figura 5.5). Uma consequência deste resultado é que todas as teorias matemáticas com uma complexidade interessante são incompletas, ou seja, cada uma contém mais afirmações verdadeiras do que é possível provar com as regras da teoria.

Um outro resultado, conhecido pelo *teorema da indecidibilidade de Gödel*, afirma que em certas classes de teorias matemáticas não existe um algoritmo para decidir se uma frase arbitrária é um teorema da teoria.

A aplicação de um problema de decisão à lógica corresponde a determinar se é possível escrever um programa que decide se $\varnothing \models \alpha$, sendo α uma *fbf* arbitrária. Para lógica proposicional, sabemos do Capítulo 2 que este procedimento existe. Infelizmente, um procedimento equivalente não pode ser desenvolvido para a lógica de primeira ordem. Este resultado negativo, demonstrado por Alonzo Church em 1936, é traduzido pelo seguinte teorema que apresentamos sem demonstração:

Teorema 5.3.1 (Indecidibilidade da lógica de primeira ordem)
Não existe um algoritmo para decidir se uma *fbf* arbitrária de $\mathcal{L}_{LPO}$ é uma tautologia.

Contudo, a lógica de primeira ordem é semi-decidível, ou seja, existe um algoritmo que é garantido terminar num número finito de passos, demonstrando que um conjunto de fórmulas não é satisfazível, mas que pode nunca terminar se o conjunto de fórmulas for satisfazível. Nesta secção consideramos um método para determinar se um determinado conjunto de cláusulas é não satisfazível, ou seja que não existe nenhum modelo que satisfaça todas as cláusulas do conjunto. Os resultados que apresentamos são conhecidos pelo método de Herbrand.[16]

Recordemos que o objetivo da lógica é distinguir os argumentos válidos dos inválidos. Os argumentos válidos são os argumentos (Δ, α) tais que $\Delta \models \alpha$. Do Teorema 4.3.1, sabemos que provar que $\Delta \models \alpha$ corresponde a provar que o conjunto $\Delta \cup \{\neg\alpha\}$ não é satisfazível. Ou seja, teremos que provar que não existe nenhuma interpretação que satisfaz o conjunto, o que parece ser um problema muito complicado. No entanto, existe uma classe mais simples de interpretações, as interpretações de Herbrand, aplicáveis a conjuntos de cláusulas, as quais correspondem a tudo que é necessário investigar para determinar a não satisfazibilidade.

Definição 5.3.1 (Universo de Herbrand)
Seja Δ um conjunto de cláusulas contendo pelo menos um símbolo de constante[17]. O universo de Herbrand define-se através dos seguintes conjuntos:

1. Seja U_0 o conjunto de todas as constantes existentes em Δ.

2. Para $i \geq 0$, seja U_{i+1} a união de U_i com o conjunto de todos os termos da forma $f^n(t_1, \ldots, t_n)$ para todas as funções com n argumentos existentes em Δ, nos quais t_1, ..., t_n são elementos de U_i.

Cada um dos conjuntos U_i chama-se o *conjunto das constantes de Herbrand de* Δ *ao nível i*. O conjunto $U_\Delta = \lim_{i \to \infty} U_i$ chama-se o *universo de Herbrand* para Δ. ▶

O universo de Herbrand é o conjunto de todos os termos fechados que é possível construir a partir do conjunto de cláusulas Δ. Se Δ contém um símbolo de função, por exemplo, a função de um argumento f, então o universo de Herbrand é infinito uma vez que $f(f(\ldots f(a) \ldots)) \in U_\Delta$, para qualquer símbolo de constante a pertencente a Δ.

Exemplo 5.3.1 Seja $\Delta = \{\{P(x,a)\}, \{\neg Q(b,y)\}\}$. Então, $U_0 = \{a, b\}$ e $U_\Delta = \{a, b\}$ ✇

Exemplo 5.3.2 Seja $\Delta = \{\{P(a)\}, \{\neg P(x), Q(f(b))\}\}$. Então,

$U_0 = \{a, b\}$

---

[16]Em honra do matemático francês Jacques Herbrand (1908–1931), que o inventou.
[17]Se Δ não contiver constantes, podemos sempre adicionar uma constante arbitrária para formar instâncias chãs de termos.

$U_1 = \{a, b, f(a), f(b)\}$

$U_2 = \{a, b, f(a), f(b), f(f(a)), f(f(b))\}$

$\vdots$

$U_\Delta = \{a, b, f(a), f(b), f(f(a)), f(f(b)), \ldots\}$ ⊛

Definição 5.3.2 (Base de Herbrand)
Seja Δ um conjunto de cláusulas contendo pelo menos um símbolo de constante.
O conjunto de todas as *fbfs* atómicas da forma $P_i^n(t_1, \ldots, t_n)$ para todos os
predicados de n argumentos, P_i^n ($n \geq 0$), existentes em Δ, em que $t_1, \ldots, t_n$
pertencem ao universo de Herbrand para Δ tem o nome de *base de Herbrand*
para Δ e é representado por Υ_Δ.[18] ▶

A base de Herbrand para um conjunto de cláusulas Δ é o conjunto de todas
as *fbfs* atómicas fechadas[19] que é possível construir com as letras de predicado
em Δ e com os termos em U_Δ.

Exemplo 5.3.3   Considerando o Exemplo 5.3.1, em que $\Delta = \{\{P(x, a)\},$
$\{\neg Q(b, y)\}\}$, a base de Herbrand para Δ é

$$\Upsilon_\Delta = \{P(a, a), P(a, b), P(b, a), P(b, b), Q(a, a), Q(a, b), Q(b, a), Q(b, b)\}.$$

Note-se a ausência de literais negativos, resultante diretamente da definição de
base de Herbrand. Note-se também que para qualquer letra de predicado não
mencionada em Δ, por exemplo, R, não é possível gerar a partir de Δ uma
cláusula que contenha a letra de predicado R, e daí a sua não inclusão na base
de Herbrand para Δ. ⊛

Exemplo 5.3.4   Considerando o Exemplo 5.3.2, $\Delta = \{\{P(a)\}, \{\neg P(x),$
$Q(f(b))\}\}$, $U_\Delta = \{a, b, f(a), f(b), f(f(a)), f(f(b)), \ldots\}$ e a base de Herbrand
para Δ é

$$\Upsilon_\Delta = \{P(a), Q(a), P(b), Q(b), P(f(a)), Q(f(a)), P(f(b)), Q(f(b)), \ldots\}.$$

⊛

Poderíamos ter definido, tanto o universo de Herbrand como a base de Herbrand
para um conjunto arbitrário de *fbfs* Δ. No entanto, se Δ não fosse um conjunto

---

[18]Utilizamos uma letra grega maiúscula, Υ, pelo facto da base de Herbrand ser um conjunto de *fbfs*.

[19]Note-se que, neste caso, todas as *fbfs* são também chãs.

de cláusulas mas sim um conjunto arbitrário de *fbfs*, a base de Herbrand poderia não conter todos os termos fechados que é possível construir a partir de Δ. De facto, considerando a *fbf* $P(a) \wedge \exists x[\neg P(x)]$ e usando a Definição 5.3.1, o universo de Herbrand apenas continha a constante a, no entanto, não será possível construir termos a partir da *fbf* $\exists x[\neg P(x)]$. A transformação da *fbf* original em forma clausal origina as cláusulas $\{\{P(a)\}, \{\neg P(b)\}\}$, nas quais b é uma constante de Skolem e o universo de Herbrand será $\{a, b\}$.

Note-se também que qualquer instância chã de uma cláusula α pertencente a um conjunto de cláusulas Δ é uma cláusula obtida substituindo as variáveis em α por elementos do universo de Herbrand para Δ.

Iremos considerar interpretações, as *interpretações de Herbrand*, que são construídas sobre um universo de discurso que corresponde ao universo de Herbrand. Seja Δ um conjunto de cláusulas. Uma interpretação sobre o universo de Herbrand de Δ é uma atribuição de constantes a elementos de U_Δ, de funções a tuplos constituídos por elementos de U_Δ e de relações às entidades existentes em Δ.

Definição 5.3.3 (Interpretação de Herbrand)
Seja Δ um conjunto de cláusulas, U_Δ o universo de Herbrand de Δ e I_H uma interpretação de Δ sobre U_Δ (ou seja, uma interpretação cujo universo de discurso é U_Δ).

A interpretação I_H diz-se uma *interpretação de Herbrand* de Δ se satisfaz as seguintes condições:

1. A interpretação I_H transforma todas as constantes em si próprias.

$$\forall c \in U_0 \; I_H(c) \mapsto c.$$

2. Sendo f^n uma letra de função de aridade n e $h_1, \ldots, h_n$ elementos de U_Δ, a interpretação I_H associa f^n a uma função que transforma o n-tuplo $(h_1, \ldots, h_n)$, constituído por elementos de U_Δ, em $f^n(h_1, \ldots, h_n)$, outro elemento de U_Δ.

$$I_H(f^n(h_1, \ldots, h_n)) \mapsto f^n(I_H(h_1), \ldots, I_H(h_n)).$$

3. Não existem restrições, para além das estabelecidas pelo conceito de interpretação, quanto à associação de letras de predicado em Δ. ▸

Exemplo 5.3.5 Seja $\Delta = \{\{P(x, a)\}, \{\neg Q(b, y)\}\}$, então

$$I_H(a) \mapsto a$$

$$I_H(b) \mapsto b$$

Dado que não existem letras de função, a segunda condição da Definição 5.3.3 não se aplica a este exemplo.

Sabemos do Exemplo 5.3.3 que a base de Herbrand de Δ (ou seja, o conjunto de todas as *fbfs* atómicas fechadas que é possível construir com as letras de predicado em Δ e com os termos em U_Δ) é

$$\Upsilon_\Delta = \{P(a,a), P(a,b), P(b,a), P(b,b), Q(a,a), Q(a,b), Q(b,a), Q(b,b)\}.$$

Consideremos agora a interpretação para as letras de predicado em Δ. Suponhamos que

$$I_H(P) \mapsto \{(a,a), (b,a)\}$$

e que

$$I_H(Q) \mapsto \{\ \}$$

Isto significa, por exemplo, que tanto $P(a,a)$ como $P(b,a)$ são satisfeitas por esta interpretação e que tanto $Q(b,a)$ como $Q(b,b)$ não são satisfeitas por esta interpretação. Ou seja, a interpretação I_H é um modelo do conjunto $\{P(a,a),$ $P(b,a), \neg Q(b,a), \neg Q(b,b)\}$. ✿

Seja $\{P_1, P_2, \ldots, P_n, \ldots\}$ a base de Herbrand de Δ. Uma interpretação de Herbrand pode ser representada por um conjunto $\{Q_1, Q_2, \ldots, Q_n, \ldots\}$, em que cada um dos Q_i é ou P_i ou $\neg P_i$. O significado desta interpretação é que, se $Q_i = P_i$, então P_i tem o valor verdadeiro e se $Q_i = \neg P_i$, então P_i tem o valor falso. Por abuso de linguagem, representamos uma interpretação de Herbrand por um subconjunto da base de Herbrand contendo exatamente as *fbfs* que ela satisfaz, ou seja, não representamos as *fbfs* que ela não satisfaz.

Uma vez que numa interpretação de Herbrand as associações para as constantes e para as funções de Δ são determinadas à partida, é possível identificar uma interpretação de Herbrand com um subconjunto da base de Herbrand. Para qualquer interpretação de Herbrand, o conjunto correspondente da base de Herbrand é o conjunto de todos os literais que são satisfeitos pela interpretação.

Exemplo 5.3.6 A interpretação de Herbrand do Exemplo 5.3.5 será representada por $I_H = \{P(a,a), P(b,a)\}$. ✿

Exemplo 5.3.7 Seja

$$\Delta = \{\{P(x), Q(a)\}, \{R(f(y))\}\}.$$

O universo de Herbrand de Δ é

$$U_\Delta = \{a, f(a), f(f(a)), f(f(f(a))), \ldots\}.$$

A base de Herbrand é

$$\Upsilon_\Delta = \{P(a), Q(a), R(a), P(f(a)), Q(f(a)), R(f(a)),$$
$$P(f(f(a))), Q(f(f(a)))R(f(f(a))), \ldots\}.$$

Algumas das interpretações de Herbrand para este conjunto são:

$$
\begin{aligned}
I_{H_1} &= \{P(a), Q(a), R(a), P(f(a)), Q(f(a)), R(f(a)), \ldots\} \\
I_{H_2} &= \{R(a), R(f(a)), \ldots\} \\
I_{H_3} &= \{P(a), Q(a), P(f(a)), Q(f(a)), \ldots\}.
\end{aligned}
$$

Ⓔ✗

Definição 5.3.4 (Modelo de Herbrand)
Um *modelo de Herbrand* para um conjunto de cláusulas Δ é uma interpretação de Herbrand, I_H, que satisfaz todas as cláusulas de Δ. ▶

Definição 5.3.5 (Interpretação de Herbrand correspondente a I)
Dada uma interpretação, I, sobre um universo de discurso D, uma *interpretação de Herbrand, I_H, correspondente a I* é uma interpretação de Herbrand que satisfaz as seguintes condições:

1. Cada elemento $h_i \in U_\Delta$ é transformado num elemento $d_i \in D$.

2. Se $P^n(d_1, \ldots, d_n)$ é satisfeito (respetivamente, não satisfeito) pela interpretação I, então $P^n(h_1, \ldots, h_n)$ é também satisfeito (respetivamente, não satisfeito) pela interpretação I_H. ▶

Teorema 5.3.2
Seja Δ um conjunto de cláusulas. O conjunto Δ tem um modelo se e só se Δ tem um modelo de Herbrand.

DEMONSTRAÇÃO:

    ⇒ Se Δ tem um modelo, então Δ tem um modelo de Herbrand.

        Seja I um modelo de Δ. Seja I_H a interpretação de Herbrand correspondente a I. Esta interpretação de Herbrand contém todas as *fbfs* atómicas chãs que pertencem à base de Herbrand e que são satisfeitas pela interpretação I. Falta-nos mostrar que I_H é um modelo de Δ.

        Recordemos que um conjunto de cláusulas é uma *fbf* fechada que corresponde a uma conjunção de disjunções de literais. Esta *fbf* pode ter variáveis, as quais estão quantificadas universalmente. Para mostrar que

I_H é um modelo de Δ, bastará mostrar que para qualquer atribuição de elementos do universo de Herbrand às variáveis existentes em Δ, pelo menos um literal em cada disjunção pertence ao conjunto I_H.

Uma vez que I é um modelo do conjunto de cláusulas Δ, a cláusula resultante de qualquer atribuição de constantes às variáveis em Δ satisfaz a interpretação I_H, portanto I_H é um modelo de Δ.

$\Leftarrow$ Se Δ tem um modelo de Herbrand, então Δ tem um modelo.

Dado que um modelo de Herbrand é um modelo, esta demonstração é trivial.

■

Corolário 5.3.1

Seja Δ um conjunto de cláusulas. Então Δ é não satisfazível se e só se Δ não tem nenhum modelo de Herbrand.

DEMONSTRAÇÃO: Resulta diretamente do Teorema 5.3.2. ■

Com o método de Herbrand conseguimos transformar o problema de saber se um dado conjunto de cláusulas é não satisfazível no problema de determinar que não existe nenhum modelo de Herbrand que satisfaça esse conjunto de cláusulas. Esta afirmação parece não corresponder a um grande progresso, no entanto, como a base de Herbrand é constituída por *fbfs* chãs, estamos próximos de uma situação análoga à da lógica proposicional, pois não temos que lidar com variáveis. Dada uma base de Herbrand, podemos construir uma árvore de decisão binária para os modelos das cláusulas subjacentes a essa base de Herbrand.

Exemplo 5.3.8 Consideremos o Exemplo 5.3.3. Na Figura 5.6 mostramos, parcialmente, a árvore de decisão para determinar os modelos de $\Delta = \{\{P(x, a)\}, \{\neg Q(b, y)\}\}$. Esta árvore de decisão tem 8 níveis, o número de elementos da base de Herbrand. As suas folhas que tiverem o rótulo $\boxed{V}$ correspondem às interpretações que tornam todas as cláusulas do conjunto verdadeiras. ☻

Quando a base de Herbrand é um conjunto infinito, a árvore de decisão correspondente é também infinita.

Notemos que, em qualquer nó da árvore de decisão, o caminho desde a raiz até esse nó determina uma *interpretação parcial* associada à base de Herbrand, pois determina os valores lógicos dos elementos da base de Herbrand até esse nó. Esta interpretação diz-se *parcial* pois não estão determinados todos os valores para as *fbfs* atómicas.

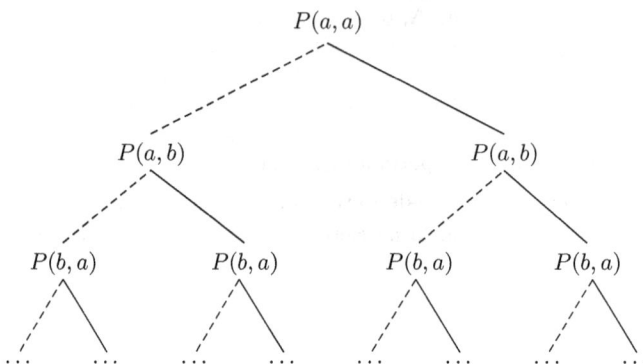

Figura 5.6: Árvore de decisão para o conjunto $\Delta = \{\{P(x,a)\}, \{\neg Q(b,y)\}\}$.

Exemplo 5.3.9 Consideremos novamente o Exemplo 5.3.8. O nó indicado dentro de um retângulo na Figura 5.7 corresponde à interpretação parcial na qual $P(a,a)$ é *verdadeira* e $P(a,b)$ é *falsa*. Neste nó, ainda não foram tomadas decisões em relação aos valores lógicos dos restantes literais da base de Herbrand, por exemplo, ainda nada se sabe quanto ao valor lógico do literal $P(b,b)$. ⊛

A importância das interpretações parciais resulta do facto de estas permitirem determinar que uma dada interpretação não satisfaz um conjunto de cláusulas.

Definição 5.3.6 (Nó fechado)
Dada uma árvore de decisão para um conjunto de cláusulas Δ, dizemos que um nó desta árvore é um *nó fechado* se a interpretação parcial correspondente a esse nó falsifica alguma cláusula em Δ (e consequentemente falsifica Δ). Um nó fechado é representado graficamente por uma cruz. ▶

Notemos que ao encontrar um nó fechado, não interessa continuar a explorar a árvore abaixo desse nó, pois já sabemos que todos os ramos abaixo dele não irão satisfazer o conjunto de cláusulas.

Definição 5.3.7 (Árvore de decisão fechada)
Dada uma árvore de decisão para um conjunto de cláusulas Δ, dizemos que esta árvore é *fechada* se todos os ramos da árvore terminarem em nós fechados.
▶

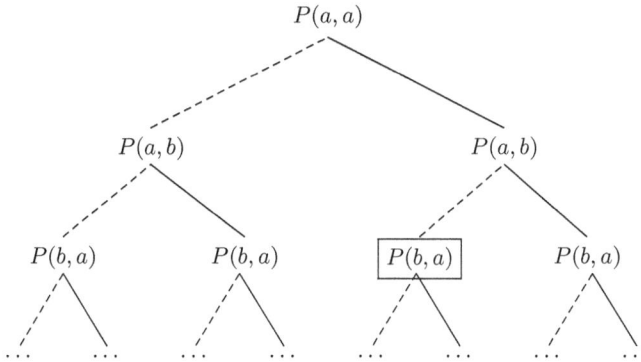

Figura 5.7: Nó para o qual se considera uma interpretação parcial.

Definição 5.3.8 (Nó de inferência)
Dada uma árvore de decisão para um conjunto de cláusulas, sejam n_1 e n_2 dois nós fechados desta árvore de decisão que são descendentes diretos de um nó n. O nó n é chamado *nó de inferência*. ▶

Exemplo 5.3.10 Consideremos o conjunto de cláusulas

$$\Delta = \{\{P(x)\}, \{\neg P(x), Q(f(x))\}, \{\neg Q(f(a))\}\}.$$

Para este conjunto de cláusulas, temos a seguinte base de Herbrand:

$$\Upsilon_\Delta = \{P(a), Q(a), P(f(a)), Q(f(a)), P(f(f(a))), Q(f(f(a))), \ldots\}.$$

Consideremos a árvore de decisão fechada representada na Figura 5.8. Notemos que o nó da esquerda corresponde à interpretação parcial na qual $P(a)$ é *falsa*. Esta interpretação parcial falsifica a cláusula $\{P(x)\}$, falsificando todo o conjunto de cláusulas. O nó $Q(f(a))$, indicado na figura, corresponde à interpretação parcial na qual $P(a)$ é *verdadeira*. Neste caso, se $Q(f(a))$ for *verdadeira*, a cláusula $\{\neg Q(f(a))\}$ é falsificada e se $Q(f(a))$ for *falsa*, a cláusula $\{\neg P(x), Q(f(x))\}$ é falsificada, pelo que ambos os nós abaixo deste nó são nós fechados. O nó $Q(f(a))$ é um nó de inferência.

Repare-se que neste caso, apesar da base de Herbrand ser infinita, conseguimos determinar, num número finito de passos, que o conjunto de cláusulas é não satisfazível. Isto é uma consequência da semi-decidibilidade da lógica de primeira ordem. ⊗

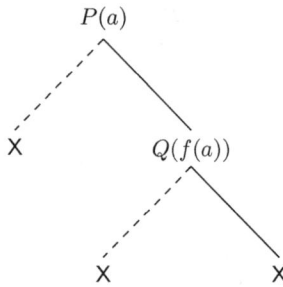

Figura 5.8: Árvore de decisão fechada.

O teorema de Herbrand, diretamente relacionado com o Corolário 5.3.1, serve de base para grande número de resultados associados com o raciocínio automático. O Corolário 5.3.1 afirma que se um conjunto de cláusulas Δ não tem nenhum modelo de Herbrand (ou seja se não é satisfeito por nehuma interpretação de Herbrand) então podemos concluir que Δ é não satisfazível. Uma vez que normalmente existem muitas interpretações de Herbrand para um conjunto de cláusulas (possivelmente um número infinito), devemos explorá-las de um modo sistemático. Este modo sistemático pode corresponder a uma árvore de decisão.

Teorema 5.3.3 (Teorema de Herbrand – versão 1)
Um conjunto de cláusulas Δ é não satisfazível se e só se para cada árvore de decisão de Δ existe uma árvore de decisão fechada.

DEMONSTRAÇÃO:

$\Rightarrow$ Suponhamos que o conjunto de cláusulas Δ é não satisfazível. Seja $\mathcal{A}$ uma árvore de decisão para Δ. Para cada ramo, r, de $\mathcal{A}$, seja I_{r_Δ} o conjunto de todas as *fbfs* atómicas correspondentes às decisões tomadas ao longo desse ramo. Claramente I_{r_Δ} corresponde a uma interpretação para Δ. Uma vez que Δ é não satisfazível, I_{r_Δ} deve falsificar uma cláusula $\Delta' \subset \Delta$. Uma vez que Δ' é um conjunto finito, existe um nó fechado no ramo r (situado a uma profundidade finita). Seja $\mathcal{A}'$ a árvore de decisão fechada obtida a partir de $\mathcal{A}$ considerando os nós fechados de cada ramo. Seja Δ'' o conjunto de todas as cláusulas em Δ que são falsificadas por todos os nós fechados em $\mathcal{A}'$. O conjunto Δ'' é finito uma vez que $\mathcal{A}'$ contém um número finito de nós fechados. Uma vez que todas as cláusulas de Δ'' são *falsas* em todas as interpretações de Δ'', o conjunto Δ'' é não satisfazível.

$\Leftarrow$ Se um conjunto finito de instâncias fechadas de cláusulas de Δ é não satisfazível, então o conjunto de cláusulas Δ é não satisfazível.

Suponhamos que um conjunto finito de instâncias fechadas de cláusulas de Δ, Δ', é não satisfazível. Uma vez que cada interpretação I de Δ contém uma interpretação I' de Δ', se I' falsifica Δ', então I também falsifica Δ'. Consequentemente Δ' é falsificado por cada interpretação, I de Δ. Portanto Δ é não satisfazível.

∎

Teorema 5.3.4 (Teorema de Herbrand – versão 2)
Um conjunto de cláusulas Δ é não satisfazível se e só se um conjunto finito de instâncias fechadas de cláusulas de Δ é não satisfazível.

DEMONSTRAÇÃO:

$\Rightarrow$ Suponhamos que Δ é um conjunto não satisfazível. Seja $\mathcal{A}$ uma árvore de decisão para Δ. Pelo Teorema 5.3.3, existe uma árvore de decisão finita $\mathcal{A}'$ correspondente a $\mathcal{A}$. Seja Δ' o conjunto de todas as instâncias chãs das cláusulas de Δ que são falsificadas por todos os nós fechados de $\mathcal{A}'$. Δ' é finito pois existe um número finitos de nós fechados em $\mathcal{A}'$. Uma vez que Δ' em todas as interpretações de Δ', Δ' não é satisfazível.

$\Leftarrow$ Suponhamos que existe um conjunto finito de instâncias fechadas de cláusulas de Δ, Δ', que não é satisfazível. Uma vez que cada interpretação I de Δ contém uma interpretação I' de Δ', se I' falsifica Δ', então I também deve falsificar Δ'. Contudo, Δ' é falsificado por todas as interpretações I'. Consequentemente, Δ' é falsificado por todas as interpretações I de Δ. Consequentemente, Δ é falsificado por todas as interpretações de Δ e portanto Δ não é satisfazível.

∎

O teorema anterior transforma o problema da não satisfazibilidade em lógica de primeira ordem no problema de encontrar um conjunto apropriado de termos fechados e verificar a sua não satisfazibilidade utilizando a lógica proposicional.

Exemplo 5.3.11 Seja[20]

$$\Delta = \{\{\neg P(x), Q(f(x), x)\}, \{P(g(b))\}, \{\neg Q(y, z)\}\}.$$

Este conjunto de cláusulas é não satisfazível, dado que o seguinte conjunto de instâncias de cláusulas fechadas não é satisfazível:

$$\{\{\neg P(g(b)), Q(f(g(b)), g(b))\}, \{P(g(b))\}, \{\neg Q(f(g(b)), g(b))\}\}.$$

---

[20]Exemplo de [Chang e Lee, 1973], página 62.

$$P(a)$$

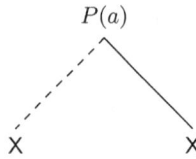

Figura 5.9: Árvore de decisão fechada para $\{P(a)\}, \{\neg P(x)\}$.

O teorema de Herbrand permite-nos delinear o seguinte procedimento que fornece um processo de decisão para determinar se uma fórmula da lógica de primeira ordem é tautológica:

1. Negar a *fbf*;

2. Transformar o resultado em forma clausal;

3. Gerar um conjunto finito de cláusulas fechadas (este conjunto pode ser definido a partir das constantes existentes nos vários conjuntos utilizados para definir a base de Herbrand);

4. Verificar se esse conjunto de cláusulas não é satisfazível.

Note-se que este procedimento é garantido terminar se a *fbf* corresponde a uma tautologia mas que pode nunca terminar se a *fbf* não for uma tautologia.

Exemplo 5.3.12 Para provar que a *fbf* $P(a) \to \neg\forall x\ [\neg P(x)]$ é tautológica, deveremos começar por transformar em forma clausal a negação desta *fbf*:

$$\neg(P(a) \to \neg\forall x\ [\neg P(x)])$$

$$\neg(\neg P(a) \vee \neg\forall x\ [\neg P(x)])$$

$$P(a) \wedge \forall x\ [\neg P(x)]$$

$$P(a) \wedge \neg P(x)$$

$$\{P(a)\}, \{\neg P(x)\}$$

Mostrando agora que o conjunto de cláusulas $\{P(a)\}, \{\neg P(x)\}$ não é satisfazível. A base de Herbrand deste conjunto de cláusulas é $\{P(a)\}$, o que nos leva a construir a árvore de decisão fechada apresentada na Figura 5.9. ✪

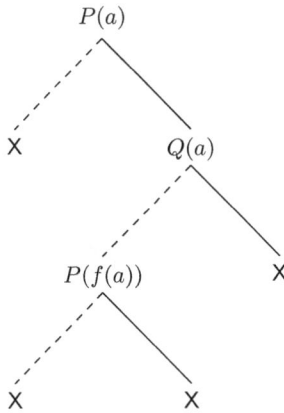

Figura 5.10: Árvore de decisão fechada para $\{\{P(x)\}, \{Q(a), \neg P(f(x))\}, \{\neg Q(x)\}\}$.

Exemplo 5.3.13 Suponhamos que queremos demostrar que o conjunto de cláusulas $\{\{P(x)\}, \{Q(a), \neg P(f(x))\}, \{\neg Q(x)\}\}$ não é satisfazível. A sua base de Herbrand é $\{P(a), Q(a), P(f(a)), Q(f(a)), \ldots\}$. Utilizando os conjuntos que definem o universo de Herbrand nos vários níveis da árvore de decisão, podemos construir a árvore de decisão fechada apresentada na Figura 5.10. ⊗

5.4 Correção e completude da resolução

Vimos no Capítulo 3 que a resolução é correta mas não é completa, no sentido em que não existe a garantia de derivar todas as cláusulas que são consequências semânticas de um conjunto de cláusulas. Vimos também que a resolução é completa no que respeita a refutação, garantindo a derivação da cláusula vazia no caso do conjunto inicial de cláusulas ser insatisfazível. Demonstramos resultados semelhantes para a lógica de primeira ordem. Começamos por demonstrar o seguinte teorema, conhecido por *lema da elevação*[21].

Teorema 5.4.1 (Lema da elevação)
Sejam Ψ' e Φ' instâncias chãs das cláusulas Ψ e Φ. Seja Ω' um resolvente de Ψ' e Φ'. Então existe um resolvente, Ω, de Ψ e Φ, tal que Ω' é uma instância chã de Ω.

---
[21]Do inglês, "*lifting lemma*".

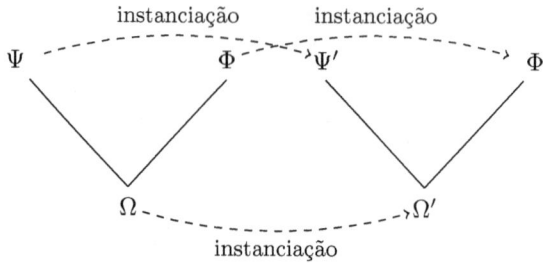

Figura 5.11: Ilustração do lema da elevação.

DEMONSTRAÇÃO: De modo a facilitar a compreensão da prova, apresentamos na Figura 5.11 uma representação das cláusulas envolvidas. Suponhamos, sem perda de generalidade, que não existem variáveis em comum nas cláusulas Ψ e Φ[22]. Sejam $\alpha \in \Psi'$ e $\beta \in \Phi'$ os literais em conflito nas cláusulas Ψ' e Φ'. Como Ψ' é uma instância de Ψ e $\alpha \in \Psi'$, deve existir um conjunto de literais $\Lambda \subset \Psi$ tal que α é uma instância dos literais em Λ. De um modo análogo, existe um conjunto $\Theta \subset \Phi$ para β. Seja s_Ψ o unificador mais geral de Λ e seja s_Φ o unificador mais geral de Θ. Seja $s = s_\Psi \cup s_\Phi$. Como Ψ e Φ não têm variávies em comum, s é uma substituição. As cláusulas $\Psi \cdot s$ e $\Phi \cdot s$ têm os literais em conflito $\Lambda \cdot s$ e $\Theta \cdot s$. Seja r o unificador mais geral de $\Psi \cdot s$ e $\Phi \cdot s$. O resolvente de Ψ e Φ é

$$\begin{aligned} \Omega &= ((\Psi \cdot s - \{\Lambda \cdot s\}) \cup (\Phi \cdot s - \{\Omega \cdot s\})) \cdot r \\ &= ((\Psi - \Lambda) \cup (\Phi - \Omega)) \cdot (s \circ r) \end{aligned}$$

A cláusula Ω é um resolvente de Ψ e Φ desde que $(s \circ r)$ seja o unificador mais geral de Λ e Ω. Sabemos que s é da forma $\{t_1/x_1, \ldots, t_n/x_n\}$ para variáveis distintas e que r é o unificador mais geral. Podemos então concluir que $(s \circ r)$ é o unificador mais geral.

Como Ψ' e Φ' são instâncias chãs de Ψ e Φ:

$$\Psi' = \Psi \cdot s_{\Psi'} = (\Psi \cdot (s \circ r)) \cdot u_\Psi$$

$$\Phi' = \Phi \cdot s_{\Phi'} = (\Phi \cdot (s \circ r)) \cdot u_\Phi$$

para substituições $s_{\Psi'}$, $s_{\Phi'}$, u_Ψ e u_Φ. Seja $u = u_\Psi \cup u_\Phi$, então $\Omega' = \Omega \cdot u$ e Ω' é uma instância chã de Ω. ∎

Exemplo 5.4.1 Para ilustrar o lema da elevação, consideremos o seguinte exemplo[23] (mostrado na Figura 5.12). Sejam

---

[22]Se isto não acontecer, podemos renomear as variávies em Ψ e Φ, de modo a que não existam variáveis em comum nas duas cláusulas.

[23]Adaptado de [Ben-Ari, 2003], página 168.

substituição $\{f(a)/x, a/y, a/z\}$

$$\{P(x), P(f(y)), \quad \{\neg P(f(u)), \qquad \{P(f(a)), \qquad \{\neg P(f(a)), $$
$$P(f(z)), Q(x)\} \quad \neg P(w), R(u)\} \qquad Q(f(a))\} \qquad R(a)\}$$

substituição $\{a/u, f(a)/w\}$

$$\{Q(f(y)), R(y)\} \qquad\qquad \{Q(f(a)), R(a)\}$$

substituição $\{a/y\}$

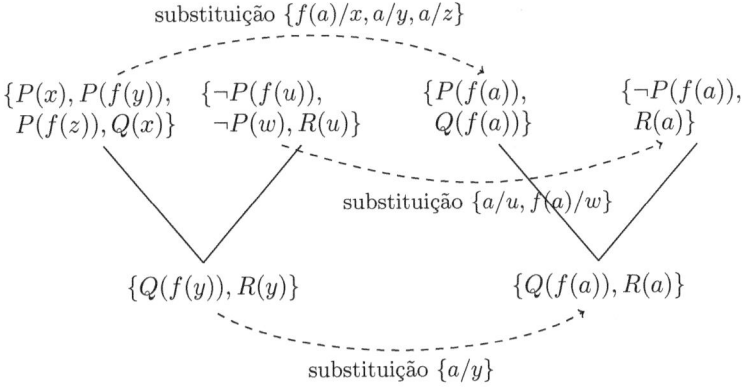

Figura 5.12: Exemplo do lema da elevação.

$$\Psi = \{P(x), P(f(y)), P(f(z)), Q(x)\} \qquad \Phi = \{\neg P(f(u)), \neg P(w), R(u)\}$$
$$\Psi' = \{P(f(a)), Q(f(a))\} \qquad \Phi' = \{\neg P(f(a)), R(a)\}$$
$$s_{\Psi'} = \{f(a)/x, a/y, a/z\} \qquad s_{\Phi'} = \{a/u, f(a)/w\}$$

$$\Omega' = Res(\Psi', \Phi') = \{Q(f(a)), R)a)\}$$

$$\Lambda = \{P(x), P(f(y)), P(f(z))\} \qquad \Theta = \{\neg P(f(u)), \neg P(w)\}$$
$$s_\Psi = \{f(y)/x, y/z\} \qquad s_\Phi = \{f(u)/w\}$$
$$\Lambda \cdot s_\Psi = \{P(f(y))\} \qquad \Theta \cdot s_\Phi = \{\neg P(f(u))\}$$

$$s = s_\Psi \cup s_\Phi = \{f(y)/x, y/z, f(u)/w\}$$

$$\Lambda \cdot s = \{P(f(y))\} \qquad\qquad \Theta \cdot s = \{\neg P(f(u))\}$$
$$\Psi' \cdot s = \{P(f(y)), Q(f(y))\} \qquad \Phi' \cdot s = \{\neg P(f(u)), R(u)\}$$

$$r = \{y/u\}$$

$$\Omega = Res(\Psi \cdot s, \Phi \cdot s) = \{Q(f(y)), R(y)\} \quad \text{(usando } r)$$

$$s \circ r = \{f(x)/y, y/z, f(y)/w, y/u\}$$

$$\Psi \cdot (s \circ r) = \{P(f(y)), Q(f(y))\} \qquad \Phi \cdot (s \circ r) = \{\neg P(f(y)), R(y)\}$$

$$\Omega = Res(\Psi, \Phi) = \{Q(f(y)), R(y)\} \quad \text{(usando } s \circ r)$$

$$
\begin{aligned}
u_\Psi &= \{a/y\} & u_\Phi &= \{a/y\} \\
\Psi' &= \Psi \cdot u_\Psi & \Phi' &= \Phi \cdot u_\Phi \\
&= \{P(f(a)), Q(f(a))\} & &= \{\neg P(f(a)), R(a)\} \\
&= (\Psi \cdot (s \circ r)) \cdot u_\Psi & &= (\Phi \cdot (s \circ r)) \cdot u_\Phi
\end{aligned}
$$

$$
u = \{a/y\}
$$

$$
\Omega' = Res(\Psi', \Phi') = \{Q(f(a)), R(a)\}
$$

Teorema 5.4.2

Sejam Ψ e Φ duas cláusulas. Então $\Psi \cup \Phi \models Res(\Psi, \Phi)$.

DEMONSTRAÇÃO: O passo essencial nesta demonstração corresponde a provar que se as cláusulas mãe forem satisfazíveis então o seu resolvente também o é.

Suponhamos que $\Psi \cup \Phi$ é satisfazível. Então, existe uma interpretação I que satisfaz ambas as cláusulas Ψ e Φ. Consideremos uma destas cláusulas, por exemplo Ψ, e uma instância chã de Ψ, $\Psi' = \Psi \cdot s_\Psi$ tal que todas as cláusulas de Ψ' são satisfeitas pela interpretação I. Uma vez que s é o unificador mais geral de Ψ e Φ, existe uma substituição r_Ψ tal que $s_\Psi = s \circ r_\Psi$. Então, $\Psi' = \Psi \cdot s_\Psi = \Psi \cdot (s \circ r_\Psi) = (\Psi \cdot s) \cdot r_\Psi$ mostra que $\Psi \cdot s$ é satisfeita pela mesma interpretação.

Podemos agora continuar nas mesmas condições do Teorema 3.1.1. Sejam $\alpha \cdot s$ e $\neg \alpha \cdot s$ os literais em conflito nas cláusulas Ψ e Φ. Exatamente um destes literais é satisfeito pela interpretação I. Suponhamos que $\alpha \cdot s \in \Psi$ e que $\alpha \cdot s$ é satisfeito pela interpretação I. Dado que provámos que $\Phi \cdot s$ é satisfazível, deve existir um literal $\beta \in \Phi$ tal que $\beta \neq \neg \alpha$ e que $\beta \cdot s$ é satisfeito por I. Mas, pela construção do resolvente $\beta \cdot s \in Res(\Psi, \Phi)$.∎

Teorema 5.4.3 (Correção da resolução)

Se existe uma prova por resolução da cláusula Φ a partir das cláusulas Δ, então $\Delta \models \Phi$.

DEMONSTRAÇÃO: Resulta diretamente do Teorema 5.4.2. ∎

Teorema 5.4.4 (Completude da resolução em relação à refutação)

Se Δ é um conjunto não satisfazível de cláusulas, então existe uma prova por refutação a partir de Δ.

DEMONSTRAÇÃO: Seja Δ um conjunto não satisfazível de cláusulas. Recorrendo à sua base de Herbrand, seja $\mathcal{A}$ uma árvore de decisão para Δ. Pelo Teorema 5.3.3, como Δ é não satisfazível, existe uma árvore de decisão fechada $\mathcal{A}'$.

Se $\mathcal{A}'$ apenas contém um nó (raiz), então $\{\}$ pertence a Δ dado que nenhuma outra cláusula pode ser falsificada na raiz de uma árvore de decisão. Neste caso o teorema é trivialmente verificado.

Suponhamos que $\mathcal{A}'$ contém mais do que um nó. Então $\mathcal{A}'$ tem pelo menos um nó de inferência, caso contrário cada nó teria pelo menos um descendente não fechado e neste caso poderíamos encontrar um ramo infinito em $\mathcal{A}'$, o que violava o facto de $\mathcal{A}'$ ser uma árvore de decisão fechada.

Seja n um nó de inferência de $\mathcal{A}'$ à profundidade m, e sejam n_- e n_+ os nós fechados imediatamente dominados por n. Consideremos as interpretações parciais, nas quais para cada α_i ($1 \leq i \leq m$), $\alpha_i \in \Upsilon_\Delta$ ou $\neg\alpha_i \in \Upsilon_\Delta$.

$$I(n) = \{\alpha_1, \alpha_2, \ldots, \alpha_m\}$$

$$I(n_-) = \{\alpha_1, \alpha_2, \ldots, \alpha_m, \neg\alpha_{m+1}\}$$
$$I(n_+) = \{\alpha_1, \alpha_2, \ldots, \alpha_m, \alpha_{m+1}\}$$

Uma vez que n_- e n_+ são nós fechados e que n não o é, existem instâncias chãs, Δ'_- e Δ'_+, de cláusulas Δ_- e Δ_+ de Δ, tais que Δ'_- e Δ'_+ são falsas, respetivamente em $I(n_-)$ e $I(n_+)$, mas tanto Δ'_- como Δ'_+ não são falsas em $I(n)$. A cláusula Δ'_- deve conter $\neg\alpha_{m+1}$ e a cláusula Δ'_+ deve conter α_{m+1}. Aplicando a resolução a Δ'_- e Δ'_+, obtemos

$$\Delta' = (\Delta'_- - \{\neg\alpha_{m+1}\}) \cup (\Delta'_+ - \{\alpha_{m+1}\})$$

A cláusula Δ' é falsa em $I(n)$ uma vez que tanto $\Delta'_- - \{\neg\alpha_{m+1}\}$ como $\Delta'_+ - \{\alpha_{m+1}\}$ são falsas em $I(n)$. Pelo Teorema 5.4.1, existe um resolvente Φ de Δ_- e Δ_+ tal que Δ' é uma instância chã de Φ.

Seja $\mathcal{A}''$ a árvore de decisão fechada para $\Delta \cup \{\Phi\}$, obtida de $\mathcal{A}'$ por remoção de todos os descendente do primeiro nó em que Δ' é falsificado. O número de nós de $\mathcal{A}''$ é inferior ao de $\mathcal{A}'$. Aplicando o mesmo processo a $\mathcal{A}''$, obtemos um novo resolvente das cláusulas $\Delta \cup \{\Phi\}$, adicionando este resolvente a $\Delta \cup \{\Phi\}$ obtemos uma nova árvore de decisão fechada que é menor do que a anterior.

Este proceso é repetido até ser gerada a árvore de decisão fechada que apenas tem um nó. Isto apenas é possível quando $\{\}$ é derivado. Consequentemente, existe uma derivação de $\{\}$ a partir de Δ. ∎

5.5   Notas bibliográficas

A representação do conhecimento através de um formalismo declarativo é um dos temas importantes da Inteligência Artificial [Russell e Norvig, 2010], [Brachman e Levesque, 2004], [Kramer e Mylopoulos, 1992]. A lógica tem correspondido a um dos formalismos utilizados nessa representação [Allen e Kautz, 1987], [Israel, 1993], [Nilsson, 1991], embora com algumas objeções [Birnbaum, 1991]. A utilização do termo *ontologia* em Informática foi introduzida por

Thomas R. Gruber [Gruber, 1993], tendo originado uma área importante de investigação.

Uma coletânea de artigos clássicos relativamente ao raciocínio automático pode ser consultada em [Siekmann e Wrightson, 1983a] e [Siekmann e Wrightson, 1983b].

O conceito de unificação foi formalmente introduzido por [Robinson, 1965], embora ideias semelhantes para determinar instanciações apropriadas já tivessem sido discutidas por [Herbrand, 1930] (re-editado em [Herbrand, 1971]), [Prawitz, 1960], [Guard, 1964] e [Guard, 1969]. Contudo, nestes trabalhos as noções de "unificação" e "unificador mais geral" não tinham sido explicitadas. Estes conceitos foram também independentemente introduzidos por [Knuth e Bendix, 1970] (re-editado em [Knuth e Bendix, 1983]). O algoritmo de unificação que apresentámos (Algoritmo 13) é muito simples, mas pouco eficiente. Exemplos de algoritmos mais sofisticados podem ser consultados em [Boyer e Moore, 1972] e [Huet, 1976]. Algoritmos de complexidade linear foram desenvolvidos por [Paterson e Wegman, 1978] e por [Martelli e Montanari, 1982]. Para uma leitura mais profunda sobre o tema da unificação, podem ser consultados os artigos [Knight, 1992] e [Baader e Snyder, 2001].

Uma apresentação detalhada sobre o princípio da resolução pode ser consultada em [Wos e Veroff, 1992] e em [Bachmair e Ganzinger, 2001a].

A tentativa de encontrar um procedimento para determinar se uma *fbf* de lógica de primeira ordem é tautológica (ou se é inconsistente) foi inicialmente abordada por Gottfried Leibniz (1646–1716), tendo sido considerada por Giuseppe Peano (1858–1932) e pela escola de David Hilbert (1862–1943). Em 1936, de uma forma independente, tanto Alonzo Church (1903–1995) [Church, 1936] como Alan M. Turing (1912–1954) [Turing, 1936] e [Turing, 1937], demonstraram a impossibilidade de escrever tal procedimento. Uma abordagem importante para determinar se uma interpretação pode falsificar uma *fbf* foi introduzida por Jacques Herbrand em 1930 [Herbrand, 1930], sendo a base para a matéria apresentada na Secção 5.3.

O conceito de árvore de decisão[24] fechada foi introduzido por [Robinson, 1968] e [Kowalski e Hayes, 1969] (re-editado em [Kowalski e Hayes, 1983]).

---

[24]Também conhecido por *árvore semântica*.

5.6 Exercícios

1. Considere os seguintes predicados:

   - $>(x,y) = x$ é maior do que y
   - $=(x,y) = x$ é igual a y
   - $N(x) = x$ é um número natural.

   Considere também as seguintes funções:

   - $s(x) = $ o sucessor do número natural x
   - $+(x,y) = $ a soma de x com y.

   Represente em lógica de primeira ordem as seguintes proposições:

   (a) Para qualquer número natural, existe outro que é maior do que ele.
   (b) Não existe nenhum número de que zero seja o sucessor.
   (c) Qualquer número tem um e apenas um sucessor.
   (d) O sucessor de um número corresponde à soma desse número com um.

2. Considere os seguintes predicados:

   - $P(x) = x$ é um ponto
   - $R(x) = x$ é uma reta
   - $Em(x,y) = $ o ponto x pertence à reta y
   - $L(x,y,z) = $ a reta x passa pelos pontos y e z
   - $I(x,y) = x$ é igual a y.

   Represente em lógica de primeira ordem as seguintes proposições:

   (a) Dados dois pontos, existe uma reta que passa por esses pontos.
   (b) Para qualquer reta, existe pelo menos um ponto que não lhe pertence (a reta não passa por esse ponto).
   (c) Dados três pontos quaisquer, não é verdade que exista uma reta que passa por esses pontos.
   (d) Dados dois pontos diferentes, existe *exatamente* uma reta que passa por esses pontos.
   (e) Usando os predicados anteriores, defina um predicado que afirma que os seus argumentos são retas paralelas, ou seja, retas que não têm nenhum ponto em comum.

3. Uma das técnicas para utilizar lógica de primeira ordem para lidar com domínios em mudança, corresponde a utilizar nos argumentos dos predicados um termo adicional, o identificador de uma situação, que associa cada predicado a uma situação do mundo.

Assim, sendo *Limpo* um predicado que indica que um bloco não tem outro bloco em cima e *Sobre* um predicado que indica que um bloco está sobre outro, podemos escrever as seguintes *fbfs* sobre o seguinte estado do mundo, que designamos por situação s_0:

$$Limpo(A, s_0)$$

$$Limpo(D, s_0)$$

$$Sobre(A, B, s_0)$$

$$Sobre(B, C, s_0)$$

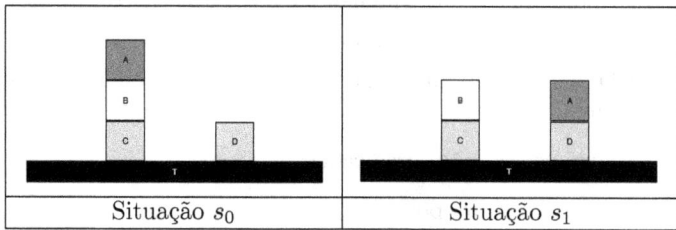

| Situação s_0 | Situação s_1 |

A evolução do estado do mundo é feita através de sucessivas situações que resultam da execução de ações, por exemplo sendo

$$s_1 = resultado(move, A, B, D, s_0),$$

a situação que resulta de movimentar o bloco A de B para D, partindo da situação s_0, podemos escrever as seguintes *fbfs*:

$$Limpo(A, resultado(move, A, B, D, s_0))$$

$$\neg Limpo(D, resultado(move, A, B, D, s_0))$$

$$Sobre(A, D, resultado(move, A, B, D, s_0))$$

Escreva *fbfs* que traduzem, de um modo genérico, os resultados de mover um objeto de um local para outro. Estas *fbfs* devem ter a forma de uma implicação do seguinte tipo

$$\forall x, y, z, s \ [(\langle requisitos \rangle \wedge \ Move(x, y, z, s)) \rightarrow \langle resultado \rangle].$$

4. Considere a seguinte *fbf*:

$$\forall x[P(x, f(x)) \rightarrow \exists y[Q(y) \rightarrow \neg R(g(y), x)]]$$

   (a) Indique *todos* os termos existentes na *fbf* anterior.
   (b) Indique todas as *fbfs* atómicas existentes na *fbf* anterior.
   (c) Converta a *fbf* anterior para a forma clausal, indicando todos os passos realizados.

5. Transforme as seguintes *fbfs* em forma clausal:

   (a) $\forall x\ [P(x)] \rightarrow \exists x\ [Q(x)]$
   (b) $\forall x\ [P(x) \rightarrow \exists y\ [Q(x, y)]]]$
   (c) $\exists x\ [\neg(\exists y\ [P(x, y) \rightarrow \exists z\ [Q(z) \rightarrow R(x)]])]$
   (d) $\forall x\ [\forall y\ [\exists z\ [P(x, y, z) \rightarrow \exists u\ [Q(x, u) \rightarrow \exists v\ [Q(y, v)]]]]]$
   (e) $\forall x\ [\forall y\ [\exists z\ [P(x, y, z) \rightarrow (\exists u\ [Q(x, u)] \rightarrow \exists v\ [Q(y, v)])]]]$

6. Siga o funcionamento do Algoritmo 13 para calcular o unificador mais geral para o seguinte conjunto. Considere que a é uma constante e que x, y, z e w são variáveis. Apresente *todos* os passos intermédios.

$$\Delta = \{P(f(x), a), P(y, w), P(f(z), z)\}$$

7. Utilize o algoritmo de unificação para determinar quais dos seguintes conjuntos são unificáveis, e, no caso de o serem, determine o unificador mais geral.

   (a) $\{Q(a), Q(b)\}$
   (b) $\{Q(a, x), Q(a, a)\}$
   (c) $\{Q(a, x, f(x)), Q(a, y, y)\}$
   (d) $\{Q(x, y, z), Q(u, h(v, v), u)\}$
   (e) $\{P(f(a), g(x)), P(y, y)\}$
   (f) $\{P(f(a), g(x)), P(y, g(f(z)))\}$
   (g) $\{P(x_1, g(x_1), x_2, h(x_1, x_2), x_3, k(x_1, x_2, x_3)),$
       $P(y_1, y_2, e(y_2), y_3, f(y_2, y_3), y_4)\}$

8. Considere o conjunto de cláuusulas $\{\{Q(a, x)\}, \{\neg Q(y, z)\}\}$. Indique qual a base de Herbrand para este conjunto. Mostre que o conjunto não é satisfazível, desenhando a respetiva árvore de decisão fechada.

9. Considere o conjunto de cláusulas:

$$\Delta = \{\{P(x)\}, \{\neg P(f(y))\}\}.$$

   (a) Calcule o universo de Herbrand para Δ.

   (b) Calcule a base de Herbrand para Δ.

   (c) Será possível encontrar uma interpretação que satisfaz Δ? Se sim, apresente essa interpretação, se não explique a razão da impossibilidade.

10. Considere o conjunto de cláusulas:

$$\Delta = \{\{P(x)\}, \{\neg P(x), Q(x,a)\}, \{\neg Q(y,a)\}\}.$$

   (a) Calcule a base de Herbrand para Δ.

   (b) Produza uma árvore de decisão para Δ.

   (c) Produza uma árvore de decisão fechada para Δ.

11. Considere o conjunto de cláusulas:

$$\Delta = \{\{P(x)\}, \{Q(x,f(x)), \neg P(x)\}, \{\neg Q(g(y),z)\}\}.$$

   Calcule um conjunto não satisfazível de instâncias de cláusulas em Δ.

12. Utilizando o teorema de Herbrand, mostre que os seguintes conjuntos de cláusulas são não satisfazíveis:

   (a) $\{\{P(x)\}, \{\neg P(x), P(x,a)\}, \{\neg Q(y,a)\}\}$

   (b) $\{\{P(x), Q(f(x))\}, \{\neg P(a), R(x,y)\}, \{\neg R(a,x)\}, \{\neg Q(f(a))\}\}$

Capítulo 6

Fundamentos da Programação em Lógica

In solving a problem of this sort, the grand thing is to be able to reason backward. That is a very useful accomplishment, and a very easy one, but people do not practise it much. In the everyday affairs of life it is more useful to reason forward, and so the other comes to be neglected.
Sherlock Holmes, *A Study in Scarlet*

A programação em lógica é um paradigma de programação no qual um programa corresponde à especificação de um problema de uma forma declarativa, o que contrasta com os outros paradigmas de programação em que são os detalhes correspondentes ao algoritmo que definem a solução do problema.

Sob o ponto de vista tradicional, o desenvolvimento de um programa pode ser visto como uma sequência de fases através das quais as descrições de um sistema se tornam progressivamente mais detalhadas. Começando com a análise do problema que dá ênfase *ao que tem que ser feito*, a descrição é progressivamente refinada para a descrição de *como* o problema é resolvido de um modo mecânico. Para isso, na fase do desenvolvimento da solução descreve-se rigorosamente como o problema vai ser resolvido, sem se entrar, no entanto, nos pormenores inerentes a uma linguagem de programação. Na fase da programação da solução, o algoritmo desenvolvido é escrito recorrendo a uma linguagem de programação. Em resumo, durante a sequência de fases seguida no desenvolvimento de um programa, a caracterização de *o que tem que ser feito* transforma-se progressivamente numa especificação de *como vai ser feito*.

As fases do desenvolvimento de programas que levam dos requisitos iniciais ao desenvolvimento de código executável são guiadas por métodos adequados e sistemáticos que são estudados na área científica da *engenharia do software* ou *engenharia da programação*. Contudo, muitas destas fases não podem ser automatizadas e exigem técnicas de engenharia e de criatividade por parte da equipa de programadores envolvida no desenvolvimento. A tarefa desta equipa pode ser olhada como a transformação dos requisitos iniciais em código executável. Esta transformação é um processo que consome recursos e que está sujeito a erros.

Um dos modos de evitar estes problemas consiste em tornar as especificações diretamente executáveis, consequentemente evitando os passos de tradução das especificações para a codificação. A programação em lógica tem este objetivo. De um modo simples (e ideal) podemos definir o paradigma da programação em lógica do seguinte modo: o programador descreve as propriedades lógicas que caracterizam o problema a resolver. Esta descrição é utilizada pelo sistema para encontrar uma solução do problema a resolver (ou para *inferir* a solução para o problema).

A ideia subjacente à programação em lógica corresponde a utilizar um computador para inferir consequências de um conjunto de frases declarativas. Essas descrições, chamadas *programas lógicos*, ou apenas *programas*, correspondem a *fbfs* escritas utilizando uma notação particular. Para garantir a eficiência do processo de raciocínio utiliza-se um tipo especial de *fbfs*, as cláusulas de Horn, e uma estratégia de resolução particular, a resolução SLD.

6.1   Cláusulas de Horn

A designação *programação em lógica* refere-se à combinação de uma representação de um subconjunto das fórmulas da lógica de primeira ordem através de cláusulas de Horn com uma estratégia de resolução conhecida por resolução SLD.

Definição 6.1.1 (Cláusula de Horn)
Uma *cláusula de Horn*[1] é uma cláusula que contém, no máximo, um literal positivo. ▶

---

[1] Em honra do matemático americano Alfred Horn (1918–2001) que descobriu a sua importância, apresentando o artigo [Horn, 1951].

Numa cláusula de Horn, o literal positivo (se existir) é chamado a *cabeça* da cláusula e os literais negativos (se existirem) são chamados o *corpo* da cláusula.

Exemplo 6.1.1 Sendo C, P_1 e P_2 símbolos de proposição[2], as seguintes cláusulas são cláusulas de Horn:

$$\{C, \neg P_1, \neg P_2\} \tag{6.1}$$

$$\{C\} \tag{6.2}$$

$$\{\neg P_1, \neg P_2\} \tag{6.3}$$

$$\{\} \tag{6.4}$$

Dada a equivalência entre $\alpha \rightarrow \beta$ e a cláusula de Horn $\{\neg\alpha, \beta\}$, é vulgar escrever cláusulas de Horn sem as chavetas, escrevendo a cabeça da cláusula em primeiro lugar, separada do corpo da cláusula pelo símbolo "←". Usando esta notação, a cláusula vazia é representada pelo símbolo □.

Exemplo 6.1.2 (Notação para cláusulas de Horn) As cláusulas do Exemplo 6.1.1 são escritas do seguinte modo:

$$C \leftarrow P_1, P_2 \tag{6.5}$$

$$C \leftarrow \tag{6.6}$$

$$\leftarrow P_1, P_2 \tag{6.7}$$

$$\square \tag{6.8}$$

As cláusulas de Horn são divididas em quatro tipos:

1. *Regras* ou *implicações*, que correspondem a cláusulas em que tanto a cabeça como o corpo contêm literais, por exemplo, a Cláusula 6.5.

2. *Afirmações* ou *factos*, que correspondem a cláusulas em que o corpo não contém literais (ou seja, é vazio) mas a cabeça contém um literal, por exemplo, a Cláusula 6.6.

---

[2]Por uma questão de simplicidade, utilizamos a lógica proposicional.

3. *Objetivos*, que correspondem a cláusulas em que a cabeça não contém um literal (ou seja, é vazia) mas o corpo contém pelo menos um literal, por exemplo, a Cláusula 6.7. Cada um dos literais que constituem o corpo de um objetivo tem o nome de *sub-objetivo*.

4. A cláusula vazia.

Definição 6.1.2 (Cláusula determinada)
As cláusulas do tipo 1 e 2 (ou seja, as regras e as afirmações) têm o nome de *cláusulas determinadas*[3]. ▶

Exemplo 6.1.3 Usando a notação para cláusulas de Horn, as cláusulas 5.39 a 5.43 apresentadas no Capítulo 5 são escritas da seguinte forma:

$$Ant(x,y) \leftarrow AD(x,y) \tag{6.9}$$

$$Ant(x,z) \leftarrow Ant(x,y),\ AD(y,z) \tag{6.10}$$

$$AD(Marge, Bart) \leftarrow \tag{6.11}$$

$$AD(Sr.B, Marge) \leftarrow \tag{6.12}$$

$$\leftarrow Ant(Sr.B, Bart) \tag{6.13}$$

As cláusulas 6.9 e 6.10 são regras, as cláusulas 6.11 e 6.12 são afirmações e a Cláusula 6.13 é um objetivo. Note-se o significado intuitivo das designações atribuídas às cláusulas: as cláusulas 6.9 e 6.10 são tipicamente usadas para produzir novas cláusulas; as cláusulas 6.11 e 6.12 fazem afirmações sobre entidades do universo de discurso; e a Cláusula 6.13 corresponde ao objetivo que desejamos provar. As cláusulas 6.9 a 6.12 são cláusulas determinadas. ⊕

Usando a resolução com cláusulas de Horn, um dos resolventes é obrigatoriamente uma cláusula determinada (uma regra ou uma afirmação) pois estas são as únicas cláusulas que contêm literais positivos (correspondentes à cabeça da cláusula). Assumindo que o literal α unifica com o literal β_i, sendo s o unificador mais geral destes dois literais, o caso geral da aplicação da regra da resolução a cláusulas de Horn é o seguinte:

$$
\begin{array}{lll}
n & \alpha \leftarrow \gamma_1, \dots, \gamma_m & \\
m & \delta \leftarrow \beta_1, \dots, \beta_{i-1},\ \beta_i,\ \beta_{i+1}, \dots, \beta_n & \\
m+1 & (\delta \leftarrow \beta_1, \dots, \beta_{i-1}, \gamma_1, \dots, \gamma_m, \beta_{i+1}, \dots, \beta_n) \cdot s & \text{Res, } (n,m)
\end{array}
$$

---

[3]Do inglês, *"definite clauses"*.

Exemplo 6.1.4 Utilizando cláusulas de Horn, a prova apresentada na página 213 do Capítulo 5 terá a seguinte forma:

1	$Ant(x,y) \leftarrow AD(x,y)$	Prem
2	$Ant(x,z) \leftarrow Ant(x,y), \ AD(y,z),$	Prem
3	$AD(Marge, Bart) \leftarrow$	Prem
4	$AD(Sr.B, Marge) \leftarrow$	Prem
5	$\leftarrow Ant(Sr.B, Bart)$	Prem
6	$Ant(Sr.B, Marge) \leftarrow$	Res, $(1, \ 4)$, $\{Sr.B/x,\ Marge/y\}$
7	$Ant(Sr.B, z) \leftarrow AD(Marge, z)$	Res, $(2, \ 6)$, $\{Sr.B/x,\ Marge/y\}$
8	$Ant(Sr.B, Bart) \leftarrow$	Res, $(3, \ 7)$, $\{Bart/z\}$
9	$\square$	Res, $(5, \ 8)$, ε

6.2 Programas

Em programação em lógica consideramos que qualquer conjunto de cláusulas determinadas é um programa e que um objetivo corresponde a uma cláusula cujas instâncias se pretendem derivar a partir desse programa.

Definição 6.2.1 (Programa)
Um *programa* é qualquer conjunto finito de cláusulas determinadas. ▶

Exemplo 6.2.1 Considerando o Exemplo 6.1.3, o conjunto constituído pelas seguintes cláusulas determinadas é um programa.

$$Ant(x,y) \leftarrow AD(x,y)$$

$$Ant(x,z) \leftarrow Ant(x,y), \ AD(y,z)$$

$$AD(Marge, Bart) \leftarrow$$

$$AD(Sr.B, Marge) \leftarrow$$

Definição 6.2.2 (Definição de um predicado)
Num programa, o conjunto de todas as cláusulas cuja cabeça corresponde a um literal contendo a letra de predicado P, diz-se a *definição* de P. ▶

Exemplo 6.2.2 No programa do Exemplo 6.2.1, a definição de Ant é dada pelo conjunto de cláusulas:

$$\{Ant(x, y) \leftarrow AD(x, y), \quad Ant(x, z) \leftarrow Ant(x, y), \; AD(y, z)\}.$$

No mesmo programa, a definição de AD é dada pelo conjunto:

$$\{AD(Marge, Bart) \leftarrow, \quad AD(Sr.B, Marge) \leftarrow\}.$$

Ⓔ

Definição 6.2.3 (Base de dados)
Uma definição de um predicado que contenha apenas cláusulas fechadas chama--se uma *base de dados* para esse predicado. ▶

Exemplo 6.2.3 No programa do Exemplo 6.2.1, o conjunto

$$\{AD(Marge, Bart) \leftarrow, \quad AD(Sr.B, Marge) \leftarrow\}$$

é uma base de dados para AD. Ⓔ

Definição 6.2.4 (Resposta de um programa a um objetivo)
Sendo Δ um programa e α um objetivo,[4] uma *resposta* de Δ ao objetivo α é uma substituição s para as variáveis de α. ▶

Definição 6.2.5 (Restrição de uma substituição a variáveis)
Sendo s uma substituição e $\{x_1, \ldots, x_m\}$ um conjunto de variáveis, define-se a *restrição de s ao conjunto de variáveis* $\{x_1, \ldots, x_m\}$, escrita, $s \mid_{\{x_1,\ldots,x_m\}}$, como sendo o conjunto

$$s \mid_{\{x_1,\ldots,x_m\}} = \{t_i/x_i \in s \; : \; x_i \in \{x_1, \ldots, x_m\}\}.$$

▶

Representando por *vars* a função de cláusulas para variáveis tal que $vars(\alpha)$ corresponde às variáveis em α, uma *resposta* de Δ ao objetivo α é uma substituição $s \mid_{vars(\alpha)}$.

Definição 6.2.6 (Resposta correta de um programa)
Uma resposta s de Δ ao objetivo α diz-se *correta* se $\Delta \models (\alpha \cdot s)$. ▶

---

[4]Note-se que um programa é um conjunto de cláusulas de Horn, que por sua vez são *fbfs* e que um objetivo é uma única cláusula de Horn, que por sua vez é uma *fbf*. Por esta razão, utilizamos, respetivamente, letras gregas maiúsculas e minúsculas, para os representar.

É fácil verificar que s é uma resposta correta de Δ ao objetivo α, se $\Delta \cup \{\neg\alpha \cdot s\}$ for contraditório.

Exemplo 6.2.4 Dado o programa do Exemplo 6.2.1, a substituição vazia, ε, é uma resposta correta deste programa ao objetivo $\leftarrow Ant(Sr.B, Bart)$. ⊛

6.3 Resolução SLD

Como as cláusulas de Horn são cláusulas, podemos aplicar o princípio da resolução para derivar novas cláusulas a partir de um programa, tal como o fizemos no final da Secção 6.1.

Sabemos que a utilização do princípio da resolução origina um processo não determinístico: não estão definidas quais a cláusulas a resolver, nem estão determinados quais os literais a resolver depois de escolhidas duas cláusulas para aplicação do princípio da resolução. Sabemos também que o algoritmo de unificação (apresentado na página 206) não é determinístico.

As estratégias de resolução apresentadas na Secção 3.1 resolvem parcialmente este problema. Para o resolver na totalidade precisamos de introduzir os conceitos de *função de seleção* (ou *regra de computação*) e de *regra de procura*.[5]

Definição 6.3.1 (Função de seleção)
Uma *função de seleção*, S, é uma regra para escolher um literal numa cláusula objetivo como candidato à aplicação do princípio da resolução. Esta é uma função do conjunto dos objetivos para o conjunto dos literais, tal que $S(\leftarrow \alpha_1, \ldots, \alpha_n) \in \{\alpha_1, \ldots, \alpha_n\}$. ◗

A resolução SLD[6] é uma estratégia de resolução linear[7] aplicável a cláusulas determinadas, conjuntamente com uma função de seleção, a qual, dentro dos possíveis literais aplicáveis com a regra da resolução escolhe um literal de um modo determinístico.

De um modo não rigoroso, a resolução SLD encontra a resposta de um programa a um objetivo, substituindo sucessivamente (com a substituição apropriada), cada literal no objetivo pelo corpo de uma cláusula cuja cabeça seja unificável com o objetivo escolhido. Este processo é sucessivamente repetido até que não

---

[5]A definição de regra de procura é apresentada na página 249.

[6]Do inglês, "*SLD-resolution*" ou "*SL*-resolution with *D*efinite clauses" ou, ainda, "*Linear resolution with *S*election function and *D*efinite clauses*".

[7]Recorde-se a definição de resolução linear apresentada na página 93 (Secção 3.1).

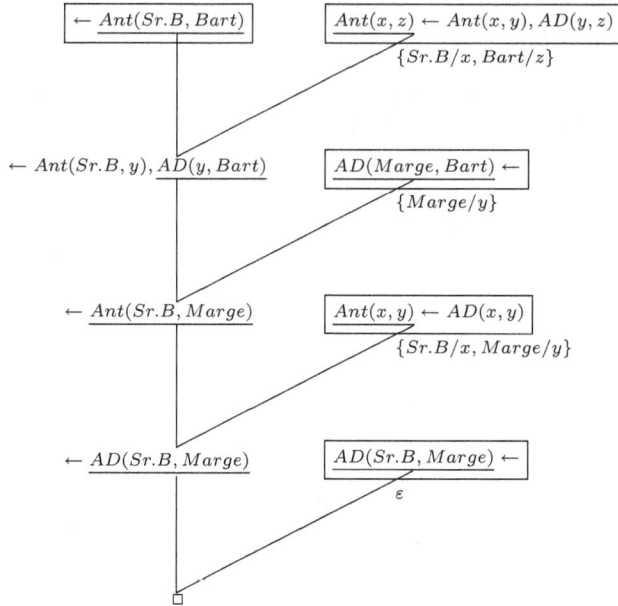

Figura 6.1: Exemplo de refutação SLD.

existam mais sub-objetivos ou quando nenhum dos restantes sub-objetivos for unificável com a cabeça de nenhuma das cláusulas do programa.

Exemplo 6.3.1 Considerando, de novo, o programa do Exemplo 6.2.1 e o objetivo

$$\leftarrow Ant(Sr.B, Bart),$$

mostramos na Figura 6.1 uma prova utilizando resolução linear correspondente a este objetivo, seguindo a estratégia informal que apresentámos e a função de seleção que escolhe o último literal no objetivo. Note-se que a resposta calculada é

$$(\{Sr.B/x, Bart/z\} \circ \{Marge/y\} \circ \{Sr.B/x, Marge/y\} \circ \varepsilon) |_{\{\}} = \varepsilon.$$

Ⓔ𝕩

Definição 6.3.2 (Prova SLD)
Seja Δ um programa, α um objetivo e S uma função de seleção. Uma *prova*

SLD para α, usando Δ, é uma sequência de objetivos, $[\gamma_0, \gamma_1, \ldots]$, satisfazendo as seguintes propriedades:

1. $\gamma_0 = \alpha$;

2. Para cada γ_i da sequência $(i \geq 0)$, se

$$\gamma_i = \leftarrow \beta_1, \ldots, \beta_{k-1}, \; \beta_k, \; \beta_{k+1}, \ldots, \beta_j,$$

$$\beta_k = S(\leftarrow \beta_1, \ldots, \beta_{k-1}, \beta_k, \beta_{k+1}, \ldots, \beta_j)$$

e se existe uma cláusula[8], $\alpha_l \leftarrow \delta_1, \ldots, \delta_p$, em Δ, tal que β_k e α_l são unificáveis, sendo s_i o seu unificador mais geral, então

$$\gamma_{i+1} = (\leftarrow \beta_1, \ldots, \beta_{k-1}, \delta_1, \ldots, \delta_p, \beta_{k+1}, \ldots, \beta_j) \cdot s_i$$

▶

Definição 6.3.3 (Resposta calculada)
Seja Δ um programa, α um objetivo e S uma função de seleção. No caso da prova SLD para α usando Δ ser finita, $[\gamma_0, \gamma_1, \ldots, \gamma_n]$, a composição das substituições $s_0, s_1, \ldots, s_{n-1}$ restringida às variáveis que ocorrem em α, $(s_0 \circ s_1 \circ \ldots \circ s_{n-1})\,|_{vars(\alpha)}$, diz-se uma *resposta calculada* de Δ a α *via* S. Diz-se também que n é o *comprimento* da prova SLD. ▶

Definição 6.3.4 (Refutação SLD)
Uma prova SLD diz-se uma *refutação SLD* se e só se a prova for finita e o seu último elemento γ_n é tal que $\gamma_n = \square$. ▶

Exemplo 6.3.2 Consideremos o seguinte programa:

$$R(a,b) \leftarrow \tag{6.14}$$

$$R(b,c) \leftarrow \tag{6.15}$$

$$R(x,y) \leftarrow R(x,z), R(z,y) \tag{6.16}$$

Suponhamos que a função de seleção escolhia o primeiro literal no objetivo. A escolha da cláusula do programa a utilizar será feita sem justificação formal. Na Figura 6.2 apresentamos uma prova por refutação para o objetivo $\leftarrow R(a,c)$.

---

[8]Na realidade, numa prova SLD, iremos utilizar *variantes de cláusulas*, cláusulas em que as variáveis são substituídas por variáveis cujo nome nunca apareceu antes na prova. Esta utilização de variantes de cláusulas garante que não existem unificações "acidentais".

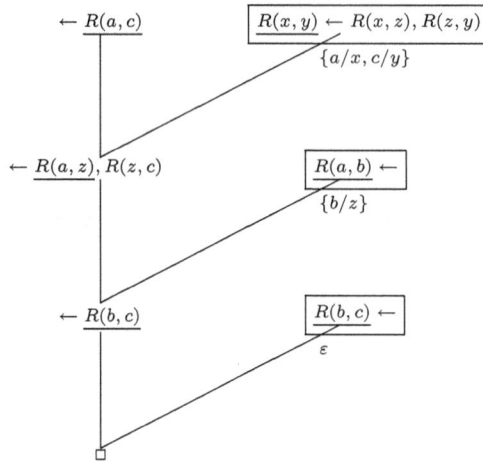

Figura 6.2: Prova por refutação SLD para o Exemplo 6.3.2.

Nesta prova, temos:

$\gamma_0 = \;\leftarrow R(a,c)$

$\gamma_1 = \;\leftarrow R(a,z), R(z,c)$

$\gamma_2 = \;\leftarrow R(b,c)$

$\gamma_3 = \square$

Em que a resposta calculada é $(\{a/x, c/y\} \circ \{b/z\} \circ \varepsilon)\,|_{\{\}} = \varepsilon.$ ⊗

Exemplo 6.3.3 Suponhamos que a função de seleção escolhia o último literal no objetivo. Na Figura 6.3 apresentamos uma prova por refutação para o objetivo $\leftarrow R(a,c)$.

Nesta prova, temos:

$\gamma_0 = \;\leftarrow R(a,c)$

$\gamma_1 = \;\leftarrow R(a,z), R(z,c)$

$\gamma_2 = \;\leftarrow R(a,b)$

$\gamma_3 = \square$

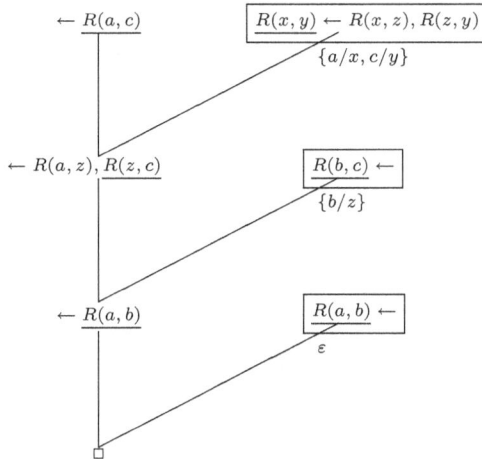

Figura 6.3: Prova por refutação SLD para o Exemplo 6.3.3.

Em que a resposta calculada é $(\{a/x, c/y\} \circ \{b/z\} \circ \varepsilon) |_{\{\}} = \varepsilon.$ ⊗

Exemplo 6.3.4 Suponhamos que a função de seleção escolhia o último literal no objetivo e que a estratégia escolhia a cláusula definida com maior número de literais no corpo. Na Figura 6.4 apresentamos uma prova SLD para o objetivo $\leftarrow R(a, c)$, usando esta estratégia. Neste caso temos uma derivação infinita. Note-se que utilizámos, pela primeira vez numa prova, variantes de cláusulas. ⊗

Este exemplo mostra a importância da escolha da cláusula definida para aplicar o princípio da resolução.

Uma *regra de procura*, P, é uma regra que, dado um literal correspondente a um objetivo, escolhe uma cláusula definida num programa para aplicar o princípio da resolução com o objetivo dado.

Definição 6.3.5 (Regra de procura)
Uma regra de procura é uma função, P, do conjunto dos literais e do conjunto dos programas para o conjunto das cláusulas definidas, tal que $P(\alpha, \Delta) \in \Delta$, quaisquer que sejam o literal α e o programa Δ. ▶

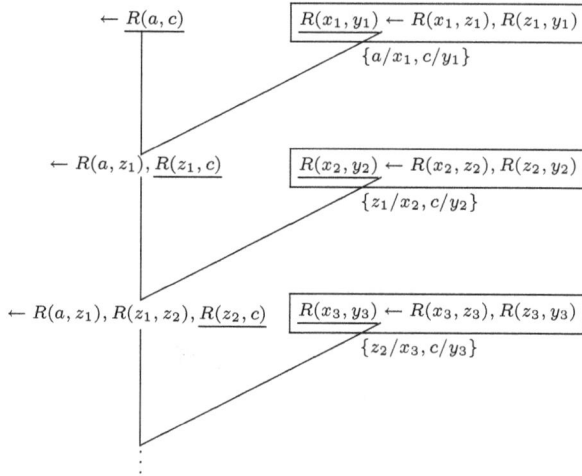

Figura 6.4: Exemplo de derivação SLD infinita.

6.4 Árvores SLD

Como vimos, com a mesma função de seleção, existem alternativas para a construção de uma refutação SLD, consoante a cláusula do programa escolhida. Uma árvore SLD permite mostrar todas estas alternativas em simultâneo.

Definição 6.4.1 (Árvore SLD)
Seja Δ um programa, α um objetivo e S uma função de seleção, a *árvore SLD* de Δ via S é uma árvore rotulada, construída do seguinte modo:

1. O rótulo de cada nó é um objetivo;

2. O rótulo da raiz é α;

3. Cada nó com rótulo $\leftarrow \beta_1, \ldots, \beta_n$ tem um ramo por cada cláusula $\delta \leftarrow \gamma_1, \ldots, \gamma_p \in \Delta$ cuja cabeça seja unificável com $S(\leftarrow \beta_1, \ldots, \beta_n)$. O rótulo da raiz deste ramo corresponde ao resolvente entre as duas cláusulas.

Um ramo cuja folha tem o rótulo $\square$ diz-se um ramo *bem sucedido*; um ramo cuja folha tem um rótulo que não corresponda à cláusula vazia diz-se um ramo

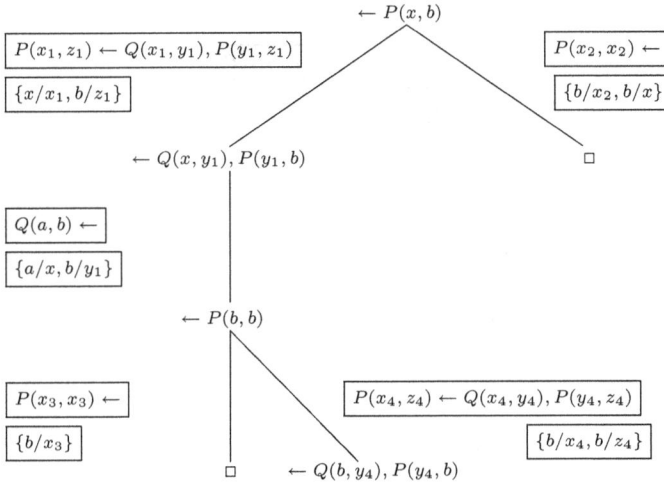

Figura 6.5: Árvore SLD correspondente ao Exemplo 6.4.1.

falhado; os restantes ramos dizem-se *ramos infinitos*. Uma folha com o rótulo □ diz-se *bem sucedida* (também designada por nó *bem sucedido*) e uma folha cujo rótulo não corresponde à cláusula vazia diz-se *falhada* (também designada por nó *falhado*). ◗

Exemplo 6.4.1 Consideremos o programa

$$P(x, z) \leftarrow Q(x, y), P(y, z) \qquad (6.17)$$

$$P(x, x) \leftarrow \qquad (6.18)$$

$$Q(a, b) \leftarrow \qquad (6.19)$$

e o objetivo

$$\leftarrow P(x, b) \qquad (6.20)$$

Seja S_1 a função de seleção tal que $S_1(\leftarrow \alpha_1, \ldots, \alpha_n) = \alpha_1$.

Na Figura 6.5 mostramos a árvore SLD deste programa e objetivo, via a função de seleção S_1. Para facilitar a compreensão, apresentamos, como anotações dentro de retângulos, a cláusula com que foi feita a unificação e a substituição utilizada:

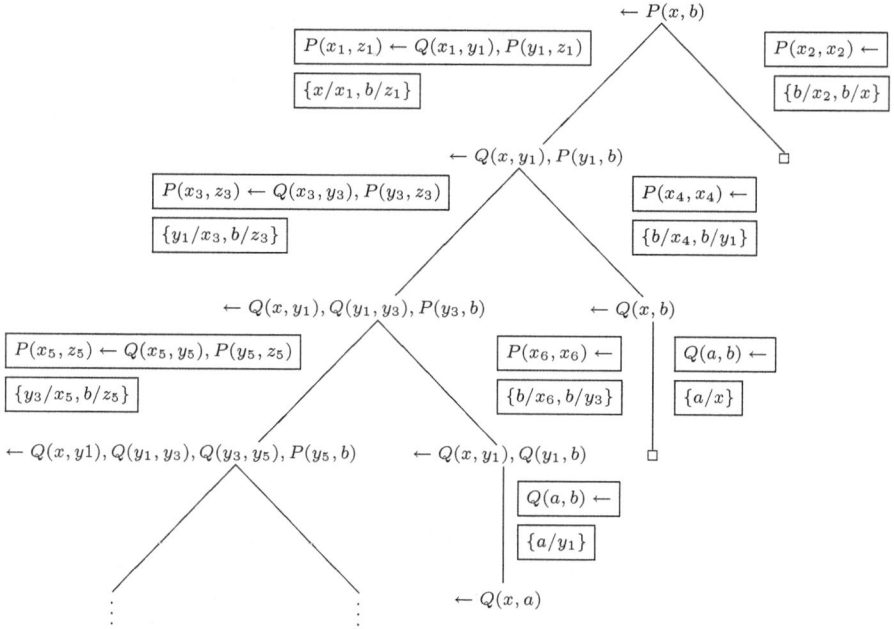

Figura 6.6: Árvore SLD correspondente ao Exemplo 6.4.2.

1. O ramo mais à direita corresponde a uma refutação SLD com resposta $\{b/x\}$ pois o objetivo $\leftarrow P(x,b)$ unifica com a afirmação $P(x_2,x_2) \leftarrow$ (uma variante da cláusula $P(x,x) \leftarrow$).

2. O ramo mais à esquerda corresponde a uma refutação SLD com resposta $\{a/x\}$. Neste ramo, o objetivo $\leftarrow P(x,b)$ unifica com a cláusula determinada $P(x_1,y_1) \leftarrow Q(x_1,y_1),P(y_1,z_1)$. A resposta do programa é obtida através de $((\{x/x_1,\ b/z_1\} \circ \{a/x,b/y_1\}) \circ \{b/x_3\})\,|_x = \{a/x\}$.

3. O nó com o rótulo $\leftarrow Q(b,y_4),P(y_4,b)$ é um nó falhado. ⊗

Exemplo 6.4.2 Consideremos o mesmo programa e objetivo do Exemplo 6.4.1, mas com uma função de seleção S_2 tal que $S_2(\leftarrow \alpha_1,\ldots,\alpha_n) = \alpha_n$.

Na Figura 6.6 mostramos a árvore SLD deste programa e objetivo, via a função de seleção S_2. Novamente, para facilitar a compreensão, apresentamos, como anotações, dentro de retângulos, a cláusula com que foi feita a unificação e a substituição utilizada:

1. O ramo da direita corresponde a uma refutação SLD com resposta $\{b/x\}$, pela mesma razão do Exemplo 6.4.1.

2. O ramo da esquerda leva-nos ao objetivo $\leftarrow Q(x, y_1)$, $P(y_1, b)$ tal como no exemplo anterior. A partir deste nó da árvore, a situação começa a diferir do exemplo anterior:

    (a) No ramo da direita, a unificação de $P(y_1, b)$ com $P(x_4, x_4) \leftarrow$ dá origem ao objetivo $\leftarrow Q(x, b)$, para o qual se encontra a resposta $\{a/x\}$.

    (b) No ramo da esquerda, a unificação de $P(y_1, b)$ com $P(x_3, z_3) \leftarrow Q(x_3, y_3), P(y_3, z_3)$ origina o objetivo $\leftarrow Q(x, y_1), Q(y_1, y_3), P(y_3, b)$, o qual por sua vez originará um ramo falhado, unificando com $\leftarrow P(x_6, x_6)$ e ramos infinitos.

Podemos concluir que a árvore tem ramos infinitos e também um número infinito de nós falhados. ⊛

Observe-se, no entanto, que o número de ramos bem sucedidos é o mesmo nas duas árvores e que as respostas calculadas são também as mesmas. Este facto é geral como se estabelece no seguinte teorema:

Teorema 6.4.1 (Independência da função de seleção)
Seja Δ um programa e α um objetivo. Então, independentemente da função de seleção, todas as árvores SLD de Δ e α têm o mesmo número (finito ou infinito) de ramos bem sucedidos.

DEMONSTRAÇÃO: Ver [Lloyd, 1987], página 51. ∎

Em termos computacionais, este resultado afirma que a qualidade de uma implementação da resolução SLD é independente da função de seleção escolhida, pelo menos, no que diz respeito às respostas que podem ser calculadas.

6.5 Semântica da programação em lógica

Existem dois modos de considerar a semântica da programação em lógica. Com a *semântica declarativa*, caraterizam-se os modelos das respostas corretas de um programa a um objetivo; com a *semântica procedimental*, também chamada *semântica operacional*, caraterizam-se os modelos das respostas calculadas de um programa a um objetivo.

6.5.1 Semântica declarativa

O Corolário 5.3.1, que afirma que um conjunto de cláusulas Δ é não satisfazível se e só se Δ não tem nenhum modelo de Herbrand, é essencial para se conseguir reduzir o problema de determinar se um programa implica logicamente um objetivo ao problema da existência de um modelo de Herbrand para a união do programa com a negação do objetivo. Ou seja, para determinar se um conjunto de cláusulas é ou não contraditório basta decidir se existe um modelo de Herbrand para esse conjunto.

Começamos por provar que todo o programa tem um modelo de Herbrand e que a interseção de dois modelos de Herbrand de um programa é um modelo de Herbrand desse programa.

Teorema 6.5.1 (Existência de modelos)
Seja Δ um programa, então Δ tem um modelo de Herbrand.

DEMONSTRAÇÃO: Consideremos Υ_Δ, a base de Herbrand de Δ. Υ_Δ é um modelo de Δ: para qualquer cláusula $\alpha \leftarrow \beta_1, \ldots, \beta_n \in \Delta$, pela definição de base de Herbrand, tem-se que existe uma substituição s tal que $\alpha \cdot s \in \Upsilon_\Delta$ e portanto Υ_Δ é um modelo de $\alpha \leftarrow \beta_1, \ldots, \beta_n$. ∎

Teorema 6.5.2 (Propriedade da interseção de modelos)
Seja Δ um programa e seja $M = \{M_i\}_{i \in I}$ um conjunto não vazio de modelos de Herbrand de Δ. Então $\bigcap_{i \in I} M_i$ é um modelo de Herbrand de Δ.

DEMONSTRAÇÃO: É evidente que $\bigcap_{i \in I} M_i$ é um modelo de Herbrand. Consideremos qualquer cláusula $\gamma \in \Delta$, $\gamma = \alpha \leftarrow \beta_1, \ldots, \beta_n$, e suponhamos por absurdo que $\bigcap_{i \in I} M_i$ não é um modelo de γ. Isto significa que existe uma substituição, s, tal que $\alpha \cdot s \notin \bigcap_{i \in I} M_i$ e $\beta\_i \cdot s \in \bigcap_{i \in I} M_i$ ($1 \leq i \leq n$). Por definição de interseção, para todo o modelo M_k, $k \in I$, $\beta\_i \cdot s \in M_k$ ($1 \leq i \leq n$) e que existe um modelo M_j tal que $\alpha \cdot s \notin M_j$. Então, M_j não é modelo de γ, o que é uma contradição, dado que M_j é um modelo de Δ. ∎

A propriedade da interseção de modelos não se verifica para conjuntos de cláusulas em geral. Consideremos, por exemplo, o conjunto de cláusulas $\{\{P(a), P(b)\}\}$ em que a e b são constantes. Os conjuntos $\{P(a)\}$ e $\{P(b)\}$ são modelos de Herbrand do conjunto $\{\{P(a), P(b)\}\}$ e a sua interseção, o conjunto vazio, é uma interpretação de Herbrand que não é um modelo do conjunto de cláusulas.

Dado que todo o programa tem um modelo, pelo Teorema 6.5.2, a interseção de todos os modelos de um programa é não vazia. É assim possível introduzir um modelo de Herbrand fundamental, o *modelo de Herbrand mínimo*, e mostrar que esse modelo é precisamente o conjunto de fórmulas atómicas que são consequência semântica de um programa.

Definição 6.5.1 (Modelo de Herbrand mínimo)
O modelo de Herbrand mínimo de um programa Δ, representado por M_Δ, é a interseção de todos os modelos de Herbrand de Δ. ▶

Note-se que M_Δ é um modelo de Δ em virtude do Teorema 6.5.2.

Teorema 6.5.3 (van Emden e Kowalski)
Para qualquer programa Δ, $M_\Delta = \{\alpha \in \Upsilon_\Delta : \Delta \models \alpha\}$[9].

DEMONSTRAÇÃO: Sabemos que α é uma consequência semântica de Δ se e só se $\Delta \cup \alpha$ é não satisfazível (Teorema 4.3.1), o que é equivalente a dizer que $\Delta \cup \alpha$ não tem modelos de Herbrand (Corolário 5.3.1), o que significa que $\neg \alpha$ é *falsa* em todos os modelos de Herbrand de Δ, ou seja α é *verdadeira* em todos os modelos de Herbrand de Δ e portanto $\alpha \in M_\Delta$. ∎

6.5.2 Semântica procedimental

Nesta secção descrevemos a semântica procedimental da programação em lógica. Como o nome sugere, trata-se de uma interpretação computacional, com a qual é possível calcular as respostas de um programa a um objetivo.

O processo computacional foi apresentado nas secções 6.3 e 6.4. Ao estudarmos o processo computacional, os resultados apresentados dependem da função de seleção. Nesta secção mostramos que contrariamente ao que poderá parecer, a escolha da função de seleção é bastante secundária e com efeitos mínimos nas propriedades teóricas da resolução SLD. O resultado principal que apresentamos foi demonstrado por Keith L. Clark[10] e mostra a correção da resolução SLD:

Teorema 6.5.4 (Correção da resolução SLD)
Sejam Δ um programa, α um objetivo e S uma função de seleção, então, toda a resposta calculada de Δ a α via S é uma resposta correta de Δ a α.

DEMONSTRAÇÃO: Ver [Lloyd, 1987], página 43. ∎

---

[9][van Emden e Kowalski, 1976].
[10][Clark, 1980].

Corolário 6.5.1
Sejam Δ um programa, α um objetivo e S uma função de seleção. Se existe
uma refutação SLD de Δ a α via S então o conjunto $\Delta \cup \{\alpha\}$ é contraditório.

A completude da resolução SLD é enunciada no seguinte teorema:

Teorema 6.5.5 (Completude da resolução SLD)
Sejam Δ um programa, α um objetivo e S uma função de seleção. Se s é uma
resposta correta de Δ a α, então existe uma refutação SLD de Δ a α via S com
resposta calculada s_1 tal que $s = s_1 \circ s_2$ para alguma substituição s_2.

DEMONSTRAÇÃO: Ver [Lloyd, 1987], página 49. ∎

6.6 Adequação computacional

Para além do interesse intrínseco da programação em lógica, demonstra-se que
recorrendo à programação em lógica é possível escrever qualquer função computável através de um algoritmo. Este aspeto permite-nos garantir que uma
linguagem de programação baseada no paradigma da programação em lógica,
como o PROLOG apresentado no Capítulo 7, calcula as mesmas funções que
qualquer linguagem de programação.

Para introduzir este assunto, utilizamos a notação introduzida pelo matemático
Alonzo Church para modelar funções a que se dá o nome de *cálculo lambda*[11].
Nesta notação, imediatamente a seguir ao símbolo λ aparece a lista dos argumentos da função, a qual é seguida pela expressão designatória que permite
calcular o valor da função. Uma das vantagens do cálculo lambda é permitir
a utilização de funções sem ter que lhes dar um nome. Por exemplo, a função
sucessor é representada por $\lambda(x)(x + 1)$. Para representar a aplicação de uma
função a um elemento do seu domínio, escreve-se a função seguida do elemento
para o qual se deseja calcular o valor. Assim, $(\lambda(x)(x + 1))(3)$ tem o valor 4;
do mesmo modo, $(\lambda(x, y)(x \cdot y))(5, 6)$ tem o valor 30.

As funções computáveis através de um algoritmo podem ser caraterizadas de
vários modos, nomeadamente através das funções parciais recursivas, máquinas
de Turing, funções URM e muitos outros. Na nossa apresentação recorremos
às funções parciais recursivas.

---

[11]Ver [Church, 1941].

Definição 6.6.1 (Funções parciais recursivas)

A classe das funções parciais recursivas, $\mathcal{R}$, é a menor classe de funções (ou seja a interseção de todas as classes $\mathcal{R}$) de $2^{\mathbb{N}} \mapsto \mathbb{N}$ tal que[12]:

1. Todas as funções constantes, $\lambda(x_1, \ldots, x_k)(m)$, pertencem a $\mathcal{R}$, $1 \leq k$, $m \geq 0$;

2. A função sucessor, $\lambda(x)(x+1)$, pertence a $\mathcal{R}$;

3. Todas as funções identidade, $\lambda(x_1, \ldots, x_k)(x_i)$, pertencem a $\mathcal{R}$, $1 \leq k$, $1 \leq i \leq k$;

4. Se f é uma função de k argumentos, $1 \leq k$, pertencente a $\mathcal{R}$ e $g_1, \ldots, g_k$ são funções de m argumentos, $1 \leq m$, pertencentes a $\mathcal{R}$, então a função $\lambda(x_1, \ldots, x_m)(f(g_1(x_1, \ldots, x_m), \ldots, g_k(x_1, \ldots, x_m)))$, definida por *composição* a partir de $g_1, \ldots, g_k$, pertence a $\mathcal{R}$;

5. Se f é uma função de k argumentos, $1 \leq k$, pertencente a $\mathcal{R}$ e g é uma função de $k+2$ argumentos, $1 \leq k$, pertencente a $\mathcal{R}$, então a função, h, de $k+1$ argumentos, definida por *recursão* a partir de f e g:

$$\lambda(x_1, \ldots, x_{k+1}) \begin{cases} f(x_1, \ldots, x_k) & \text{se } x_{k+1} = 0 \\ \\ g(x_1, \ldots, x_k, x_{k+1} - 1, \\ \quad h(x_1, \ldots, x_k, x_{k+1} - 1)) & \text{se } x_{k+1} > 0 \end{cases}$$

pertence a $\mathcal{R}$;

6. Se f é uma função de $k+1$ argumentos, $1 \leq k$, pertencente a $\mathcal{R}$, então a função

$$\lambda(x_1, \ldots, x_n, \mu z)(f(x_1, \ldots, x_k, z) = 0)$$

definida por *minimização* a partir de f, pertence a $\mathcal{R}$.

Nesta função, $\mu z(g(z) = 0)$ denota o menor z tal que $g(x) = 0$ e $g(x)$ está definido para $x < z$ ou é indefinido caso não exista nenhum z satisfazendo simultaneamente essas duas condições. ▶

Teorema 6.6.1 (Adequação computacional)

Seja f uma função parcial recursiva de k argumentos, $1 \leq k$. Então existe um programa, Δ_f, contendo um predicado P_f de $k+1$ argumentos tal que:

- as respostas calculadas de Δ_f ao objetivo $\leftarrow P_f(k_1, \ldots, k_m, x)$ são todas da forma $\{s^n(0)/x\}$, sendo s a função sucessor e $n \geq 0$;

---

[12]Definição adaptada de [Rogers, 1967].

- $\{n/x\}$ é uma resposta calculada de Δ_f ao objetivo $\leftarrow P_f(k_1, \ldots, k_m, x)$ se e só se $f(k_1, \ldots, k_m) = n$.

DEMONSTRAÇÃO: Começamos por apresentar o modo de construir o programa Δ_f por indução na prova de que f é parcial recursiva:

1. Para $f = \lambda(x_1, \ldots, x_k)(m)$, temos $\Delta_f = \{\leftarrow P_f(x_1, \ldots, x_k, m)\}$;

2. Para $f = \lambda(x)(x+1)$, temos $\Delta_f = \{\leftarrow P_f(x, s(x))\}$, em que s é a função sucessor;

3. Para $f = \lambda(x_1, \ldots, x_k)(x_i)$, em que $1 \leq i \leq k$, temos $\Delta_f = \{\leftarrow P_f(x_1, \ldots, x_k, x_i)\}$;

4. Se f for definida por composição a partir de $g_1, \ldots, g_k$ e h, então por hipótese indutiva existem programas $\Delta_{g_1}, \ldots, \Delta_{g_k}$ e Δ_h nas condições do teorema. Então:
$$\begin{aligned} \Delta_f =\ & \Delta_{g_1} \cup \ldots \cup \Delta_{g_k} \cup \Delta_h \cup \\ & \cup \{P_f(x_1, \ldots, x_m, z) \leftarrow \quad P_{g_1}(x_1, \ldots, x_m, y_1), \\ & \qquad\qquad \ldots, \\ & \qquad\qquad P_{g_k}(x_1, \ldots, x_m, y_n), \\ & \qquad\qquad P_h(y_1, \ldots, y_n, z)\}; \end{aligned}$$

5. Se h for definida por recursão a partir de f e g, então por hipótese indutiva existem programas Δ_f e Δ_g nas condições do teorema. Então:
$$\begin{aligned} \Delta_h =\ & \Delta_f \cup \Delta_g \cup \\ & \cup \{P_h(x_1, \ldots, x_k, 0, y) \leftarrow \quad P_f(x_1, \ldots, x_k, y)\} \cup \\ & \cup \{P_h(x_1, \ldots, x_k, s(x), y), \leftarrow \quad P_h(x_1, \ldots, x_k, x, z), \\ & \qquad\qquad\qquad\qquad\qquad P_g(x_1, \ldots, x_k, x, z, y)\}; \end{aligned}$$

6. Se h for definida por minimização a partir de f, então por hipótese indutiva existe um programa Δ_f nas condições do teorema. Então:
$$\begin{aligned} \Delta_h =\ & \Delta_f \cup \\ & \cup \{P_h(x_1, \ldots, x_k, x) \leftarrow P_f(x_1, \ldots, x_k, x, 0), P_\mu(x_1, \ldots, x_k, x)\} \cup \\ & \cup \{P_\mu(x_1, \ldots, x_k, 0), \leftarrow \} \cup \\ & \cup \{P_\mu(x_1, \ldots, x_k, s(x)) \leftarrow P_\mu(x_1, \ldots, x_k, x)\}. \end{aligned}$$

Pode-se agora mostrar por indução que se $f(k_1, \ldots, k_m) = n$, então $\{s^n(0)/x\}$ é resposta calculada de Δ_f ao objetivo $\leftarrow P_f(k_1, \ldots, k_m, x)$. A prova de que esta é a única resposta calculada de Δ_f faz-se também por indução, mostrando que esta é a única resposta correta ao objetivo e aplicando o Teorema 6.5.4. ∎

Considerando a hipótese de Church-Turing, segundo a qual a classe das funções parciais recursivas corresponde à classe das funções efetivamente computáveis por algum algoritmo, o Teorema 6.6.1 mostra que a programação em lógica permite escrever qualquer função computável.

6.7 Notas bibliográficas

Na sequência do trabalho de [Herbrand, 1930] (também em [Herbrand, 1967] e em [Herbrand, 1971]), Paul C. Gilmore apresentou a primeira implementação do algoritmo de Herbrand [Gilmore, 1959], abrindo a porta para a programação em lógica. Em 1965, John Alan Robinson publica o algoritmo de unificação [Robinson, 1965], o que levou Donald W. Loveland a utilizar o princípio da resolução linear com uma função de seleção [Loveland, 1972].

O termo "resolução SLD" foi introduzido por Maarten van Emden para designar uma regra de inferência proposta por Robert Kowalski [Kowalski, 1974] (também em [Kowalski, 1986]) com base na resolução SL de [Kowalski e Kuehner, 1971] (re-editado em [Kowalski e Kuehner, 1983]).

As coletâneas [Gabbay et al., 1993] e [Gabbay et al., 1994] apresentam uma excelente perspetiva do campo da programação em lógica e dos seus fundamentos teóricos.

6.8 Exercícios

1. Considere o seguinte programa:

   $P(x) \leftarrow Q(x), R(x)$

   $Q(a) \leftarrow$

   $R(x) \leftarrow S(x)$

   $S(a) \leftarrow$

   Desenhe uma árvore SLD que calcula a resposta deste programa ao objetivo $\leftarrow P(x)$, usando as seguintes funções de seleção:

   (a) $S(\leftarrow \alpha_1, \ldots, \alpha_n) = \alpha_1$.

   (b) $S(\leftarrow \alpha_1, \ldots, \alpha_n) = \alpha_n$.

2. Considere o seguinte programa:

   $P(x, z) \leftarrow P(x, y), P(y, z)$

   $P(x, y) \leftarrow P(y, x)$

   $P(a, b) \leftarrow$

   $P(c, b) \leftarrow$

   Desenhe uma árvore SLD que calcula a resposta deste programa ao objetivo $\leftarrow P(a, c)$, usando as seguintes funções de seleção:

    (a) $S(\leftarrow \alpha_1, \ldots, \alpha_n) = \alpha_1$.

    (b) $S(\leftarrow \alpha_1, \ldots, \alpha_n) = \alpha_n$.

3. Considere o seguinte programa:

$$P(x, y) \leftarrow Q(x), R(y)$$
$$Q(x) \leftarrow S(x)$$
$$R(x) \leftarrow T(x)$$
$$P(b, a) \leftarrow$$
$$Q(b) \leftarrow$$
$$Q(a) \leftarrow$$
$$T(b) \leftarrow$$

Usando uma árvore de resolução SLD e uma função de seleção que escolha para unificar o *último* literal do objetivo, mostre todas as soluções para o seguinte objetivo:

$$\leftarrow P(x, y), Q(b).$$

Pode usar a estratégia de procura que preferir. No final indique explicitamente todas as soluções.

4. Considere o seguinte programa:

$$P(y) \leftarrow Q(x, y), R(y)$$
$$P(x) \leftarrow Q(x, x)$$
$$Q(x, x) \leftarrow S(x)$$
$$R(b) \leftarrow$$
$$S(a) \leftarrow$$
$$S(b) \leftarrow$$

Usando uma árvore de resolução SLD e uma função de seleção que escolha para unificar o *primeiro* literal do objetivo, mostre todas as soluções para o seguinte objetivo:

$$\leftarrow P(x).$$

Pode usar a estratégia de procura que preferir. No final indique explicitamente todas as soluções.

Capítulo 7

Prolog: Programação em Lógica em Prática

> It is not really difficult to construct a series of inferences, each dependent upon its predecessor and each simple in itself. If, after doing so, one simply knocks out all the central inferences and presents one's audience with the starting point and the conclusion, one may produce a startling, though possibly a meretricious, effect.
>
> Sherlock Holmes, *The Dancing Men*

O paradigma da programação em lógica é corporizado pela linguagem PROLOG (do francês, "PROgrammation en LOGique"). Esta linguagem nasceu associada à resolução de problemas em Inteligência Artificial, mas atualmente apresenta um grande leque de aplicações que transcendem a Inteligência Artificial. O PROLOG tem sido utilizado para a definição de aplicações relacionadas com o desenvolvimento de tradutores de linguagens, interpretadores e compiladores, bases de dados dedutivas e interfaces em língua natural, entre outras.

O PROLOG apenas satisfaz parcialmente a descrição que apresentámos no capítulo anterior relativamente à programação em lógica. Para tornar a execução dos programas eficientes, foram introduzidos um certo número de compromissos na linguagem que diluem o aspeto da programação em lógica pura. Isto significa que o programador tem de se preocupar com mais aspetos do que

261

apenas a especificação daquilo que o programa é suposto fazer. Neste sentido, existem aspetos não declarativos que podem ser vistos como indicações dadas pelo programador ao mecanismo dedutivo. De um modo geral, estes aspetos reduzem a clareza das descrições do programa, pois misturam a descrição do problema com preocupações de implementação.

Um programa em PROLOG é constituído por uma sequência de frases declarativas escritas em lógica, juntamente com um conjunto de indicações procedimentais que controlam a utilização dessas frases declarativas. Por esta razão, um programa é considerado como uma combinação de lógica e de controlo, traduzida na conhecida expressão "PROGRAMA = LÓGICA + CONTROLO", a qual contrasta com a visão imperativa de um programa, a qual é traduzida pela expressão "PROGRAMA = ALGORITMO + DADOS".

7.1   Componentes básicos

7.1.1   Termos

Dadas as suas raízes em lógica de primeira ordem, um dos conceitos importantes em PROLOG é o conceito de termo. Um *termo* pode ser uma constante, uma variável ou um termo composto (correspondente à aplicação de uma função ao número apropriado de argumentos). Em notação BNF[1]:

⟨termo⟩ ::= ⟨constante⟩ | ⟨variável⟩ | ⟨termo composto⟩

Constantes.   Uma constante em PROLOG pode ser um átomo ou um número:

⟨constante⟩ ::= ⟨átomo⟩ | ⟨número⟩

Um *átomo* é qualquer sequência de caracteres que comece com uma letra minúscula, qualquer cadeia de caracteres (uma sequência de caracteres delimitados por plicas) ou ainda um conjunto individualizado de símbolos, os átomos especiais:

⟨átomo⟩ ::= ⟨minúscula⟩ ⟨subsequente⟩* |
            ⟨cadeia de caracteres⟩ |
            ⟨átomo especial⟩

⟨minúscula⟩ ::= a | b | c | d | e | f | g | h | i | j | k | l | m | n | o | p |
                q | r | s | t | u | v | w | x | y | z

---

[1] Ver [Martins e Cravo, 2011].

⟨subsequente⟩ ::= ⟨letra⟩ | ⟨dígito⟩ | ⟨símbolo especial⟩

⟨letra⟩ ::= A | B | C | D | E | F | G | H | I | J | K | L | M | N | O | P | Q | R |
       S | T | U | V | W | X | Y | Z | a | b | c | d | e | f | g | h | i | j |
       k | l | m | n | o | p | q | r | s | t | u | v | w | x | y | z

⟨dígito⟩ ::= 1 | 2 | 3 | 4 | 5 | 6 | 7 | 8 | 9 | 0

⟨símbolo especial⟩ ::= _[2]

⟨cadeia de caracteres⟩ ::= '⟨caracteres⟩'

⟨caracteres⟩ ::= ⟨carácter⟩ | ⟨carácter⟩ ⟨caracteres⟩

⟨carácter⟩ ::= ␣[3] | ⟨subsequente⟩

⟨átomo especial⟩ ::= ! | [|] | ; | { | } | + | - | * | / | **

Os átomos especiais "[" e "]" e "{" e "}" apenas são considerados *átomos* se aparecerem aos pares, ou seja sob a forma [⟨qualquer coisa⟩] e { ⟨qualquer coisa⟩ }. Este aspeto não é capturado por uma gramática BNF.

Exemplo 7.1.1 São exemplos de átomos, ad, ant, fatorial, srB, 'SrB' e 'atomo com brancos'; não são exemplos de átomos, sr.b (contém um ponto) e SrB (começa por uma maiúscula). ⊕

Numa cadeia de caracteres, os caracteres que se encontram entre plicas dizem-se o *nome do átomo*.

O conceito de *número* depende muito da implementação do PROLOG, existindo números inteiros em todas as implementações, números reais (números com parte decimal) na maioria das implementações, e algumas implementações apresentam também números em notação científica. Neste livro, apenas consideramos números inteiros, pelo que a definição de *número* utilizada neste livro será:

⟨número⟩ ::= ⟨dígitos⟩ | -⟨dígitos⟩

⟨dígitos⟩ ::= ⟨dígito⟩ | ⟨dígito⟩ ⟨dígitos⟩

Variáveis. Em PROLOG, uma *variável* é qualquer sequência de caracteres que comece com uma letra maiúscula ou que comece com o carácter "_":

⟨variável⟩ ::= ⟨início var⟩ ⟨subsequente⟩*

---

[2]Existem outros símbolos especiais que não são considerados neste livro. Uma descrição completa destes símbolos pode ser consultada em [Deransart et al., 1996].

[3]O espaço em branco.

⟨início var⟩ ::= A I B I C I D I E I F I G I H I I I J I K I L I M I N I O I P I
                   Q I R I S I T I U I V I W I X I Y I Z I _

Exemplo 7.1.2 São exemplos de variáveis, X, X_menos_1, _fatorial, A380 e _.
Não são exemplos de variáveis, 5a (começa por um dígito), fatorial (começa
por uma letra minúscula). ⓔ

A variável correspondente ao símbolo "_" chama-se *variável anónima*. Uma
variável anónima é utilizada sempre que numa expressão (termo, literal ou
cláusula) o valor da variável não tenha interesse. Múltiplas ocorrências de
variáveis anónimas numa mesma expressão são consideradas variáveis distintas.

Termos compostos. Um *termo composto* corresponde à aplicação de uma
letra de função (em PROLOG, designada por um *functor*) ao número apropriado
de argumentos. Um functor é representado por um átomo.

⟨termo composto⟩ ::= ⟨functor⟩(⟨termos⟩) I
                     ⟨termo⟩ ⟨operador⟩ ⟨termo⟩

⟨functor⟩ ::= ⟨átomo⟩

⟨operador⟩ ::= ⟨átomo⟩

⟨termos⟩ ::= ⟨termo⟩ I ⟨termo⟩, ⟨termos⟩

Note-se que a definição de termo composto, para além da utilização de letras de
função como estamos habituados a usar em lógica, permite a utilização de um
operador em notação infixa[4]. Os operadores são discutidos na Secção 7.14[5].

Exemplo 7.1.3 São exemplos de termos compostos mae(marge), mae(_),
mae(mae(marge)), 'o meu functor'('o meu atomo', X), +(5, X) e 5 + X.
ⓔ

Tal como em lógica, cada functor tem um certo número de argumentos e deve
ser utilizado com o número apropriado de argumentos. Contudo, o PROLOG permite que o mesmo átomo correspondente a um functor seja utilizado com diferentes números de argumentos, sendo estes tratados como functores diferentes.

---

[4]O nome da operação é escrita entre os operandos.
[5]Existem mais duas possibilidades para a definição de termos compostos, correspondendo
à utilização de operadores em posição prefixa ou em posição sufixa, as quais são discutidas
na Secção 7.14.

Notemos também que existem certos átomos especiais em PROLOG que correspondem a funções *funções pré-definidas* (também conhecidas por *funções de sistema*), por exemplo, +, * e /. Na Secção 7.7 voltamos a abordar este aspeto.

7.1.2 Literais

Um *literal* correspondente à aplicação de um predicado ao número apropriado de termos. Note-se que a aplicação de um predicado com aridade zero corresponde a um átomo[6].

⟨literal⟩ ::= ⟨predicado⟩ |
        ⟨predicado⟩(⟨termos⟩) |
        ⟨unificação de termos⟩ |
        ⟨comparação de termos⟩ |
        ⟨operação rel. numérica⟩ |
        ⟨avaliação⟩ |
        ⟨operação condicional⟩

⟨predicado⟩ ::= ⟨átomo⟩

A unificação de termos é discutida na Secção 7.2. A comparação de termos é discutida na Secção 7.3. As operações relacionais numéricas, que impõem a condição adicional de que os termos a que são aplicados correspondam a números, são apresentadas na Secção 7.7. Nesta secção também é apresentada a avaliação, uma característica não pura do PROLOG. A operação condicional é apresentada na Secção 7.17.

Em PROLOG não existe diferença sintática entre um termo composto e um literal. Ou seja, em PROLOG tanto as letras de função como as letras de predicado são representadas por átomos. É da responsabilidade do programador a separação entre letras de predicado e letras de função e a sua utilização apropriada. Tal como em lógica, cada predicado tem um certo número de argumentos e deve ser utilizado com o número apropriado de argumentos.

Exemplo 7.1.4 São exemplos de literais, ad(mae(srB), marge), ad(marge, srB), ad(X, Y), ad(srB, _) e pai. ⊛

Como acontece com os functores, o PROLOG permite que a mesma letra de predicado seja utilizada com diferentes números de argumentos, correspondendo

---

[6]Existem mais três possibilidades para a definição de literais, correspondendo à utilização de operadores em posição prefixa, em posição infixa ou em posição sufixa, as quais são discutidas na Secção 7.14.

a predicados diferentes.

Exemplo 7.1.5 Podemos utilizar, no mesmo programa, o predicado de um argumento, `pai`, com o significado "`pai(X)` afirma que X é pai" e o predicado de dois argumentos, `pai`, com o significado "`pai(X, Y)` afirma que X é o pai de Y". O mecanismo de unificação permite distinguir cada um destes casos, tratando-o como o predicado apropriado. Estes predicados são designados pelo PROLOG, respetivamente, por `pai/1` e por `pai/2`. De um modo geral, a designação ⟨pred⟩/⟨n⟩, em que ⟨pred⟩ é o nome de um predicado e ⟨n⟩ é um inteiro, especifica que o predicado ⟨pred⟩ tem ⟨n⟩ argumentos. ⊛

7.1.3 Programas

Um programa em PROLOG é constituído por uma *sequência* de cláusulas determinadas, ou seja, afirmações e regras. Note-se aqui já uma diferença entre a definição de programa apresentada no Capítulo 6, a qual correspondia a um *conjunto* de cláusulas determinadas.

⟨programa⟩ ::= ⟨cláusula⟩*

⟨cláusula⟩ ::= ⟨afirmação⟩ | ⟨regra⟩

7.1.4 Cláusulas

Afirmações. Uma afirmação corresponde a uma cláusula em que o corpo não contém literais (ou seja, é vazio) mas a cabeça contém um literal. Em PROLOG, as afirmações são também designadas por *cláusulas unitárias* ou por *factos*.

Uma afirmação é definida sintaticamente do seguinte modo:

⟨afirmação⟩ ::= ⟨literal⟩.

Exemplo 7.1.6 Considerando o Exemplo 6.1.3, as afirmações

$$AD(marge, bart) \leftarrow$$

$$AD(srB, marge) \leftarrow$$

são escritas do seguinte modo em PROLOG:

```
ad(marge, bart).
ad(srB, marge). ⊛
```

Regras. Uma regra corresponde a uma cláusula em que tanto a cabeça como o corpo contêm literais. Em PROLOG, as regras são conhecidas como *cláusulas não unitárias*, adotando-se a terminologia das cláusulas de Horn que distingue a cabeça da cláusula e o corpo da cláusula.

Em PROLOG, uma regra é definida sintaticamente do seguinte modo:

⟨regra⟩ ::= ⟨literal⟩ :- ⟨literais⟩.

⟨literais⟩ ::= ⟨literal⟩ | ⟨literal⟩, ⟨literais⟩ | (⟨literais⟩)

A última alternativa para a definição de literais apenas indica que podemos colocar parênteses antes e depois de literais.

Exemplo 7.1.7 Considerando o Exemplo 6.1.3, as regras

$$Ant(x, y) \leftarrow AD(x, y)$$

$$Ant(x, z) \leftarrow Ant(x, y),\ AD(y, z)$$

são escritas do seguinte modo em PROLOG:

```
ant(X, Y) :- ad(X, Y).
ant(X, Z) :- ant(X, Y), ad(Y, Z). ⊛
```

Note-se que no Exemplo 7.1.7, a definição do predicado `ant` corresponde a dizer que `ant(X, Y)` se `ad(X, Y)` ou se `ant(X, Y)` e `ad(Y, Z)`. O PROLOG permite fazer esta afirmação numa única regra recorrendo ao símbolo lógico *ou*, representado, em PROLOG, por ";":

```
ant(X, Y) :- ad(X, Y); (ant(X, Y), ad(Y, Z)).
```

No entanto, por uma questão de facilidade de leitura dos programas, a regra anterior deve ser considerada como uma abreviatura sintática de

```
ant(X, Y) :- ad(X, Y).
ant(X, Z) :- ant(X, Y), ad(Y, Z).
```

Por uma questão de estilo de programação, a utilização da disjunção no corpo de regras deve ser evitada.

Tendo em atenção a possibilidade de utilizar disjunções, a definição de *literais* é alterada para:

⟨literais⟩ ::= ⟨literal⟩ |
         ⟨literal⟩ , ⟨literais⟩ |
         ⟨literal⟩ ; ⟨literais⟩ |
         (⟨literais⟩)

Definição 7.1.1 (Cláusula iterativa – versão 1)
Uma cláusula cujo corpo apenas contém um literal, usando o mesmo predicado que o utilizado na cabeça da cláusula, chama-se uma *cláusula iterativa*[7]. ▶

Exemplo 7.1.8 A seguinte regra corresponde a uma cláusula iterativa:

$$\texttt{liga(X, Y) :- liga(Y, X).}$$ ⊛

7.1.5 Objetivos

Um objetivo corresponde a uma cláusula cuja cabeça não contém um literal (ou seja, é vazia) mas o corpo contém pelo menos um literal.

Em PROLOG, um objetivo é definido sintaticamente do seguinte modo:

⟨objetivo⟩ ::= ?- ⟨literais⟩ .

Exemplo 7.1.9 Considerando o Exemplo 6.1.3, o objetivo

$$\leftarrow Ant(srB, bart)$$

é escrito do seguinte modo em PROLOG:

$$\texttt{?- ant(srB, bart).}$$ ⊛

O símbolo "?-" corresponde ao carácter de pronto[8] do PROLOG, pelo que numa interação com o PROLOG um objetivo não deve ser antecedido por este símbolo (ver o Apêndice A).

---

[7]A razão da designação "cláusula iterativa" pode parecer estranha. Poderíamos esperar a designação de cláusula recursiva. No entanto, a utilização de cláusulas iterativas leva-nos à construção de programas que geram processos iterativos, como se discute na página 299, e daí esta designação.

[8]Do inglês, *"prompt character"*.

Predicado	Significado
=	*O predicado de unificação.* O literal $\langle t_1 \rangle$ = $\langle t_2 \rangle$, alternativamente =($\langle t_1 \rangle$, $\langle t_2 \rangle$), tem sucesso apenas se os termos $\langle t_1 \rangle$ e $\langle t_2 \rangle$ podem ser unificados.
\=	*A negação do predicado de unificação.* O literal $\langle t_1 \rangle$ \= $\langle t_2 \rangle$, alternativamente \=($\langle t_1 \rangle$, $\langle t_2 \rangle$), tem sucesso apenas se os termos $\langle t_1 \rangle$ e $\langle t_2 \rangle$ não podem ser unificados.

Tabela 7.1: Predicados de unificação de termos.

7.2 Unificação de termos

Em PROLOG existem predicados pré-definidos para efetuar a unificação de termos. Um *predicado pré-definido*, ou seja um predicado que já existe quando começamos a usar o PROLOG, é também conhecido por *predicado de sistema*.

A unificação de termos corresponde a um literal cuja sintaxe é definida do seguinte modo:

⟨unificação de termos⟩ ::= ⟨op. unificação⟩(⟨termo⟩, ⟨termo⟩) |
⟨termo⟩ ⟨op. unificação⟩ ⟨termo⟩

⟨op. unificação⟩ ::= = | \=

Na definição de unificação de termos, o PROLOG permite a utilização da operação de unificação, quer como um predicado normal, quer como um operador binário escrito em notação infixa. Neste livro, para a unificação de termos, utilizamos apenas a notação infixa. Quando utilizamos um predicado em notação infixa dizemos que estamos perante a utilização de um *operador*. Os operadores são discutidos na Secção 7.14.

O significado dos predicados de unificação de termos é apresentado na Tabela 7.1. O *predicado de unificação* efetua a unificação dos termos que são seus argumentos, reportando, ou que a unificação não é possível (e consequentemente, falhando), ou produzindo substituições apropriadas para as variáveis que aparecem nos termos.

Exemplo 7.2.1 Consideremos a seguinte interação[9]:

```
?- a = b.
false.

?- f(X, a) = f(b, Y).
X = b,
Y = a.

?- X = a.
X = a.

?- X = X.
true.

?- X = Y.
X = Y.

?- f(X, a) = f(b, X).
false.

?- ant(srB, bart) = ant(X, Y).

X = srB,
Y = bart.

?-
```

O objetivo anterior, `ant(srB, bart) = ant(X, Y)`, pode-nos parecer estranho. Na realidade, no Exemplo 7.1.7 utilizámos `ant` como um predicado e não como um functor. No entanto, quer `ant(srB, bart)`, quer `ant(X, Y)`, correspondem sintaticamente a termos (e também a literais).

```
?- f(_, X, _) = f(a, b, c).
X = b.

?-
```

Este objetivo mostra que múltiplas ocorrências da variável anónima numa mesma expressão são tratadas como variáveis distintas. &

---

[9]Deixamos como exercício a explicação dos resultados obtidos nesta interação.

Predicado	Significado
==	*O predicado de identidade.* O literal $\langle t_1 \rangle$ == $\langle t_2 \rangle$, alternativamente ==($\langle t_1 \rangle$, $\langle t_2 \rangle$), tem sucesso apenas se os termos $\langle t_1 \rangle$ e $\langle t_2 \rangle$ são idênticos.
\==	*A negação do predicado de identidade.* O literal $\langle t_1 \rangle$ \== $\langle t_2 \rangle$, alternativamente \==($\langle t_1 \rangle$, $\langle t_2 \rangle$), tem sucesso apenas se os termos $\langle t_1 \rangle$ e $\langle t_2 \rangle$ não são idênticos.

Tabela 7.2: Predicados de comparação de termos.

7.3 Comparação de termos

Em PROLOG existem predicados pré-definidos para efetuar a comparação de termos. A comparação de termos corresponde a um literal cuja sintaxe é definida do seguinte modo:

⟨comparação de termos⟩ ::= ⟨op. comparação⟩(⟨termo⟩, ⟨termo⟩) |
⟨termo⟩ ⟨op. comparação⟩ ⟨termo⟩

⟨op. comparação⟩ ::= == | \==

Analogamente às operações de unificação, as operações de comparação de termos podem ser utilizadas, quer como predicados normais, quer em notação infixa, caso em que se dizem operadores. Os operadores são discutidos na Secção 7.14. Neste livro, em relação às operações de comparação de termos, limitamo-nos à sua utilização como operadores, ignorando propositadamente a possibilidade da sua utilização como predicados normais.

O significado dos predicados de comparação de termos é apresentado na Tabela 7.2. O *predicado de identidade* testa se dois termos são iguais, não instanciando variáveis, e tendo sucesso apenas se os dois termos são idênticos.

Exemplo 7.3.1 Consideremos a seguinte interação:

```
?- a == a.
true.

?- a == 'a'.
true.

?- a == b.
false.
```

```
?- X == Y.
false.

?- X == a.
false.

?- X = a, X == a.
X = a.

?-
```

Em relação à segunda linha deste exemplo, note-se que o átomo a tem o mesmo nome que o átomo 'a', sendo estes dois átomos considerados idênticos.

Na última linha deste exemplo, notemos que a unificação da variável X é feita pelo operador de unificação, pelo que, quando o operador de comparação é utilizado, a variável X já está associada com o átomo a. ⊛

7.4   A utilização de predicados pré-definidos

Nas secções 7.2 e 7.3 apresentámos alguns predicados pré-definidos do PROLOG. Os predicados pré-definidos podem ser utilizados como qualquer predicado definido pelo programador, com duas exceções:

1. Os predicados pré-definidos não podem ser usados numa afirmação.

2. Os predicados pré-definidos não podem ser utilizados na cabeça de uma cláusula.

Na realidade, qualquer destas utilizações levaria a uma alteração na definição de um predicado pré-definido, o que o PROLOG não permite fazer.

7.5   A semântica do PROLOG

Em PROLOG um programa é uma *sequência* de cláusulas determinadas, sequência essa que corresponde à ordem pela qual as cláusulas aparecem no programa. Note-se, novamente, a diferença em relação ao modelo teórico da programação em lógica em que um programa é um *conjunto* de cláusulas determinadas.

Para provar um objetivo (uma sequência de literais), o PROLOG recorre a uma refutação SLD com uma função de seleção que escolhe o primeiro literal na cláusula objetivo e com uma regra de procura que escolhe a primeira cláusula unificável com o literal selecionado da cláusula objetivo na sequência de cláusulas que corresponde ao programa.

Tal como na programação em lógica, podemos considerar dois aspetos na semântica do PROLOG, a semântica declarativa e a semântica procedimental.

Semântica declarativa. A *semântica declarativa* preocupa-se com aquilo *que* um programa afirma. Sob esta perspetiva, a regra

```
ant(X, Z) :- ant(X, Y), ad(Y, Z).
```

pode ser vista como a afirmação que diz que "se ant(X, Y) e se ad(Y, Z) se verificarem para determinada substituição para as variáveis X, Y e Z, então podemos concluir que ant(X, Z) se verifica para essa substituição das variáveis X e Z".

Por outras palavras, em PROLOG um objetivo verifica-se se este unifica com a cabeça de uma variante de uma cláusula[10] e se cada um dos objetivos correspondentes aos literais existentes no corpo dessa cláusula for (recursivamente) verificado.

Semântica procedimental. A *semântica procedimental* preocupa-se com o modo *como* provar um objetivo com um determinado programa. Sob esta perspetiva, a regra

```
ant(X, Z) :- ant(X, Y), ad(Y, Z).
```

pode ser lida do seguinte modo "para provar uma instância de ant(X, Z) devemos primeiro provar uma instância de ant(X, Y) e depois, com as substituições adequadas para X, Y e Z, provar uma instância de ad(Y, Z)".

Definição 7.5.1 (Execução de um objetivo)
Em PROLOG, o processo gerado durante a prova de um objetivo é conhecido pela *execução do objetivo.* ▶

---

[10]Recorde-se que uma variante de uma cláusula corresponde a uma cláusula com variações alfabéticas das variáveis existentes na cláusula.

Objetivo   Programa   regra de procura

$\longrightarrow$ função de seleção
$O_1, O_2, \ldots, O_k.$

$C_1 \; :- \; B_{1_1}, \; \ldots, \; B_{1_{n_1}}.$

$\vdots$

2. *passo de inferência*:   1. *cláusula unificável*
   substitui-se O_1 pelo   *encontrada*: C_i unifica
   corpo da cláusula C_i,   com O_1 com a subs- $C_i \; :- \; B_{i_1}, \; \ldots, \; B_{i_{n_i}}.$
   aplicando-se σ_1 tituição σ_1

$\vdots$

$(B_{i_1}, \; \ldots, \; B_{i_{n_i}}, \; O_2, \; \ldots, \; O_k) \cdot \sigma_1.$ $C_m \; :- \; B_{m_1}, \; \ldots, \; B_{m_{n_m}}.$

retrocesso: um dos
objetivos posterio-
res falhou

$\vdots$

$\vdots$

Fim da inferência:
• se a cláusula $\square$ é obtida: **true**, devolve $\sigma = \sigma_1 \circ \ldots \circ \sigma_p$.
• se não se encontra nenhuma cláusula unificável: **false**.
Pode acontecer que o programa não termine.

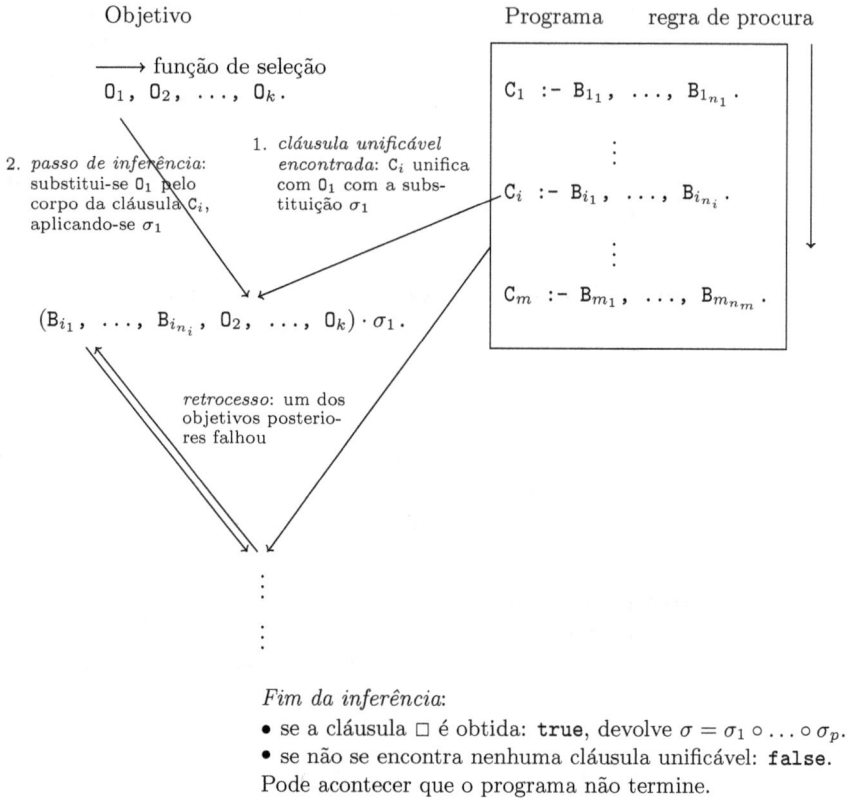

Figura 7.1: Diagrama da semântica procedimental do PROLOG.

Utilizamos as designações "prova de objetivo" e "execução de objetivo" como sinónimos.

Tendo em atenção a função de seleção e a regra de procura utilizadas em PROLOG, a semântica procedimental do PROLOG pode ser definida do seguinte modo.

Dado um programa P e um objetivo O (no caso geral, $O = O_1, O_2, \ldots, O_k$), para provar o objetivo O, o seguinte processo de inferência é seguido, começando com uma substituição calculada que corresponde à substituição vazia (este processo está representado esquematicamente na Figura 7.1):

1. Se o objetivo corresponde à cláusula vazia, o processo termina com a resposta `true`, devolvendo-se a substituição que corresponde à restrição da substituição calculada às variáveis existentes em O.

2. Seleciona-se o primeiro sub-objetivo (literal) do objetivo a provar. Seja este sub-objetivo designado por O_c (o objetivo corrente).

3. Procura-se uma cláusula unificável, percorrendo as cláusulas do programa P, começando pela primeira cláusula, até encontrar uma cláusula, designada por C_c (a cláusula corrente), cuja cabeça unifica com O_c.

4. Encontrada a cláusula C_c, aplica-se um passo de inferência:

   (a) Gera-se uma variante da cláusula C_c não contendo nenhuma variável utilizada durante o processo de inferência, originando a cláusula C_c'.

   (b) Sendo σ_c o unificador mais geral de O_c e à cabeça da cláusula C_c', cria-se um novo objetivo, O_n (objetivo novo), correspondente à aplicação da substituição σ_c ao objetivo que se obtém de O, substituindo O_c pelo corpo da cláusula C_c'.

   (c) Repete-se o processo de inferência com o objetivo O_n e o programa P, utilizando uma nova substituição calculada que corresponde à composição da substituição calculada com σ_c.

5. Não se encontrando uma cláusula unificável, diz-se que *o objetivo falhou*. Neste caso,

   (a) Se durante o processo de inferência foi selecionada uma cláusula unificável, volta-se ao ponto em que foi feita a última seleção (passo 3), continuando-se a procura de uma nova cláusula unificável a partir da cláusula que corresponde à última cláusula selecionada. A substituição calculada é reposta no valor correspondente ao existente neste ponto da inferência. Ao processo de voltar a considerar um objetivo anterior, após atingir um objetivo que falhou, chama-se *retrocesso*.

      i. Se uma nova cláusula unificável é encontrada, recomeça-se o processo a partir do passo 4.

      ii. Atingindo o fim do programa sem se encontrar uma cláusula unificável, o processo termina com a resposta `false`.

   (b) Se durante o processo de inferência não foi feita nenhuma escolha de uma cláusula unificável, o processo termina com a resposta `false`.

O Algoritmo 14 apresenta de um modo formal a estratégia utilizada pelo PRO-LOG para responder a um objetivo. Neste algoritmo, um objetivo é uma

---

Algoritmo 14 *resposta*(*obj, prog*)

$prog\_completo := prog$ { Variável global contendo o programa original }
$resposta := resposta\_aux(obj, prog, \{\})$
if *resposta* = No **then**
  return *resposta*
else
  return $filtra\_vars(resposta, vars\_de(obj))$
end if

---

sequência de literais e um programa é uma sequência de cláusulas. A resposta de um programa, P, a um objetivo, O é originada pela invocação $resposta(O, P)$. Este programa recorre a uma variável global, $prog\_completo$, cujo valor corresponde ao programa original. Esta variável é utilizada para "repor" o programa original, P, no seguimento de um retrocesso.

O procedimento $vars\_de(obj)$ recebe como argumento um objetivo, obj e devolve um conjunto com as variáveis existentes nesse objetivo.

O procedimento $filtra\_vars(subst, conj\_vars)$ recebe como argumentos uma substituição, $subs$, e um conjunto de variáveis, $conj\_vars$, e devolve a restrição da substituição $subst$ ao conjunto de variáveis $conj\_vars$.

Consideramos que as seguintes operações estão definidas para sequências[11]:

- $junta$: *sequência* × *sequência* ↦ *sequência*

  $junta(seq_1, seq_2)$ tem como valor a sequência que resulta de juntar a sequência seq_2 no final da sequência seq_1.

- $primeiro$: *sequência* ↦ *elemento*

  $primeiro(seq)$ tem como valor o elemento que se encontra na primeira posição da sequência seq. Se a sequência não tiver elementos, o valor desta operação é indefinido.

- $resto$: *sequência* ↦ *sequência*

  $resto(seq)$ tem como valor a sequência que resulta de remover o primeiro elemento da sequência seq. Se a sequência não tiver elementos, o valor desta operação é indefinido.

---

[11]Estas não são todas as operações para sequências, mas apenas aquelas que nos interessam. Nesta descrição, *elemento* corresponde ao tipo dos elementos da sequência.

Algoritmo 15 $unifica(literal_1, literal_2)$

---
return $mgu(junta(literal_1, junta(literal_2, novo\_conjunto)))$

- $subsequência : elemento \times sequência \mapsto sequência$

  $subsequência(el, seq)$ tem como valor a subsequência de seq contendo todos os elementos que se encontram após o elemento el. Se o elemento não pertencer à sequência, o valor desta operação é indefinido.

- $sequência\_vazia? : sequência \mapsto lógico$

  $sequência\_vazia?(seq)$ tem o valor $verdadeiro$ se a sequência seq é a sequência vazia e tem o valor $falso$ em caso contrário.

O Algoritmo 16 utiliza o procedimento $unifica$ para a unificação de dois literais, o qual recorre ao algoritmo $unifica$ apresentado na página 206 e às operações sobre conjuntos apresentadas na página 116. O procedimento $unifica$ é apresentado no Algoritmo 15.

O Algoritmo 16 assume que existem os seletores $cabeça$ e $corpo$, definidos, para cláusulas, do seguinte modo[12]:

$$cabeça(A \leftarrow B_1, \ldots, B_n) = A$$

$$corpo(A \leftarrow B_1, \ldots, B_n) = B_1, \ldots, B_n$$

Os procedimentos $aplica\_subst$ e $compõe\_subst$ utilizados pelo Algoritmo 16 são tais que:

- $aplica\_subst(seq, subst)$ recebe uma sequência, seq, e uma substituição, $subst$, e devolve a sequência correspondente a aplicar a substituição a cada um dos elementos ds sequência;

- $compõe\_subst(subst_1, subst_2)$ recebe duas substituições, $subst_1$ e $subst_2$, e devolve a composição da substituição $subst_1$ com a substituição $subst_2$.

Finalmente, o procedimento $renomeia(cl)$, recebe como argumento uma cláusula e devolve uma variante dessa cláusula com todas as suas variáveis substituídas por variáveis que nunca foram utilizadas antes.

---

[12]Consideramos que $B_1, \ldots, B_n$ é uma sequência.

Algoritmo 16 $resposta\_aux(obj, prog, subst)$

---

if $sequência\_vazia?(obj)$ then
  return $subst$
else
  $objetivo\_escolhido := primeiro(obj)$
  $cl\_a\_usar := escolhe(objetivo\_escolhido, prog)$
  if $cl\_a\_usar :=$ Nenhuma then
    return No
  else
    $cl\_a\_usar' := renomeia(cl\_a\_usar)$
    $s := unifica(objetivo\_escolhido, cabeça(cl\_a\_usar'))$
    $novo\_obj := aplica\_subst(junta(corpo(cl\_a\_usar'), resto(obj)),$
                                $s)$
    $nova\_subst := compõe\_subst(subst, s)$
    $nova\_resposta := resposta\_aux(novo\_obj,$
                              $prog\_completo,$
                              $nova\_subst)$
    if $nova\_resposta \neq$ No then
      return $nova\_resposta$
    else {Verifica-se retrocesso}
      $prog\_a\_usar := subsequência(cl\_a\_usar, prog)$
      $resposta\_aux(obj, prog\_a\_usar, subst)$
    end if
  end if
end if

Algoritmo 17 $escolhe(obj, prog)$

---

if $sequência\_vazia?(prog)$ then
  return Nenhuma
else
  if $unifica(obj, cabeça(primeiro(prog)))$ then
    return $primeiro(prog)$
  else
    $escolhe(obj, resto(prog))$
  end if
end if

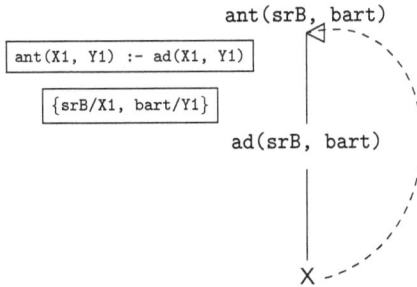

Figura 7.2: Parte da árvore gerada para o Exemplo 7.6.1.

7.6 Exemplos iniciais

Nesta secção apresentamos alguns exemplos simples que ilustram a semântica procedimental do PROLOG e que permitem mostrar a diferença desta em relação à semântica declarativa.

Exemplo 7.6.1 (Antepassados e ascendentes diretos) Consideremos o seguinte programa em PROLOG:

```
ad(marge, bart).
ad(srB, marge).

ant(X, Y) :- ad(X, Y).
ant(X, Z) :- ant(X, Y), ad(Y, Z).
```

Com este programa, para provar o objetivo `ant(srB, bart)`, o PROLOG encontra a regra `ant(X, Y) :- ad(X, Y)`, a primeira cláusula do programa cuja cabeça unifica com o objetivo. O PROLOG vai usar uma variante desta regra, `ant(X1, Y1) :- ad(X1, Y1)`[13], estabelecendo o novo objetivo `ad(srB, bart)`. Este novo objetivo não unifica com a cabeça de nenhuma cláusula, por isso, a sua prova falha. Dizemos que este objetivo gerou um nó falhado.

De acordo com a semântica procedimental, após atingir o nó falhado, o PROLOG volta ao objetivo `ant(srB, bart)`, tentando uma nova unificação para este objetivo. Este aspeto é ilustrado na Figura 7.2, na qual uma cruz é utilizada

---

[13]Decidimos que as variantes da cláusulas usam nomes de variáveis que correspondem aos nomes originais das variáveis nas cláusulas mas são seguidas por um número inteiro. O PROLOG utiliza, para variantes de cláusulas, variáveis da forma _L⟨inteiro⟩ ou _G⟨inteiro⟩.

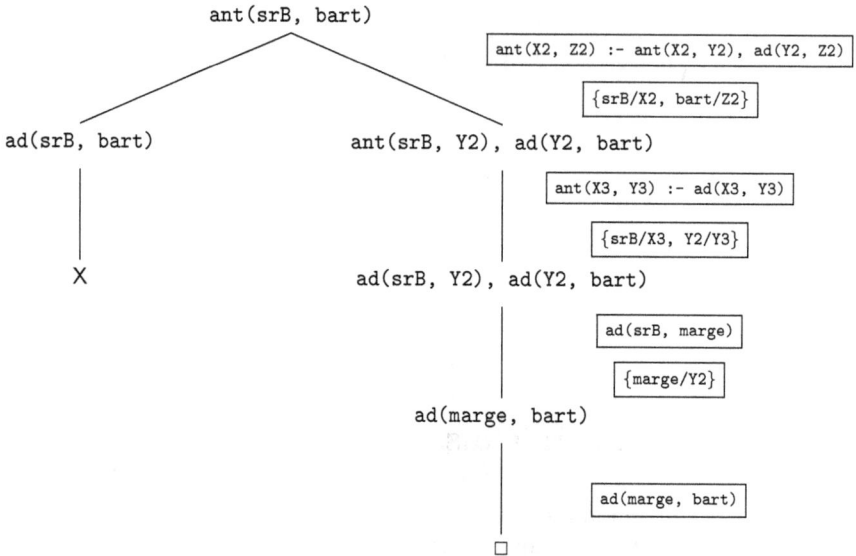

Figura 7.3: Árvore gerada para o Exemplo 7.6.1.

para representar um nó falhado e uma linha a tracejado indica um retrocesso para um objetivo anterior.

Para facilitar a compreensão deste exemplo, na Figura 7.2 mostramos, dentro de um retângulo, a variante da cláusula encontrada e mostramos também dentro de outro retângulo o unificador utilizado.

Após o retrocesso, o objetivo ant(srB, bart) unifica com a regra

ant(X, Z) :- ant(X, Y), ad(Y, Z).

dando origem ao novo objetivo[14]:

ant(srB, Y2), ad(Y2, bart).

Na Figura 7.3 mostra-se a toda árvore de refutação gerada, para responder ao objetivo ant(srB, bart), a qual tem um nó sucesso, permitindo responder afirmativamente ao objetivo solicitado.

---

[14]Note-se que foi utilizada outra variante da regra.

Numa interação com o PROLOG, todo este processo é resumido pelas seguintes duas linhas:

```
?- ant(srB, bart).
true. ⓔ
```

Exemplo 7.6.2 Considerando o programa do Exemplo 7.6.1, podemos também obter a seguinte interação, utilizando variáveis:

```
?- ant(srB, X).
X = marge.

?- ant(X, bart).
X = marge.

?- ant(X, Y).
X = marge,
Y = bart.
```

Note-se que, nesta interação, o PROLOG apenas fornece a primeira resposta ao objetivo solicitado.

Finalmente, utilizando variáveis anónimas, obtemos a seguinte interação:

```
?- ant(srB, _).
true.

?- ant(_, bart).
true.
```

Como exercício, o leitor deverá construir as árvores correspondentes às respostas a estes objetivos e verificar as respostas fornecidas pelo PROLOG. ⓔ

Definição 7.6.1 (Procedimento)
À sequência de todas as cláusulas cuja cabeça utiliza o mesmo predicado dá-se o nome de *procedimento* correspondente ao predicado ou *definição*[15] do predicado.
▮

Num programa em PROLOG, o procedimento correspondente a um predicado pode ser obtido recorrendo ao predicado pré-definido `listing/1`.

---

[15]Ver a definição na página 243.

Exemplo 7.6.3 Considerando o programa do Exemplo 7.6.1, o procedimento correspondente ao predicado **ad** é:

```
ad(marge, bart).
ad(srB, marge).
```

e o procedimento correspondente ao predicado **ant** é:

```
ant(X, Y) :- ad(X, Y).
ant(X, Z) :- ant(X, Y), ad(Y, Z).
```

A utilização do predicado **listing** origina:

```
?- listing(ant).
ant(A, B) :-
ad(A, B).
ant(A, C) :-
ant(A, B),
ad(B, C).
```

Ⓔ

À capacidade do PROLOG poder fornecer vários tipos de interação com o mesmo predicado, como se apresenta nos Exemplos 7.6.1 e 7.6.2, dá-se o nome de polimodalidade.

Definição 7.6.2 (Polimodalidade)
A *polimodalidade* corresponde à capacidade de utilizar múltiplos modos de interação com um programa. ▶

Exemplo 7.6.4 (Antepassados e ascendentes diretos – versão 2) Consideremos de novo o programa do Exemplo 7.6.1, e suponhamos que perguntávamos se a Eva é um antepassado do Bart. Obtemos a interação

```
?- ant(eva, bart).
ERROR: Out of local stack
Exception: (371,520) ant(eva, _L4086766)
```

a qual indica que foi gerado um caminho infinito na árvore SLD.

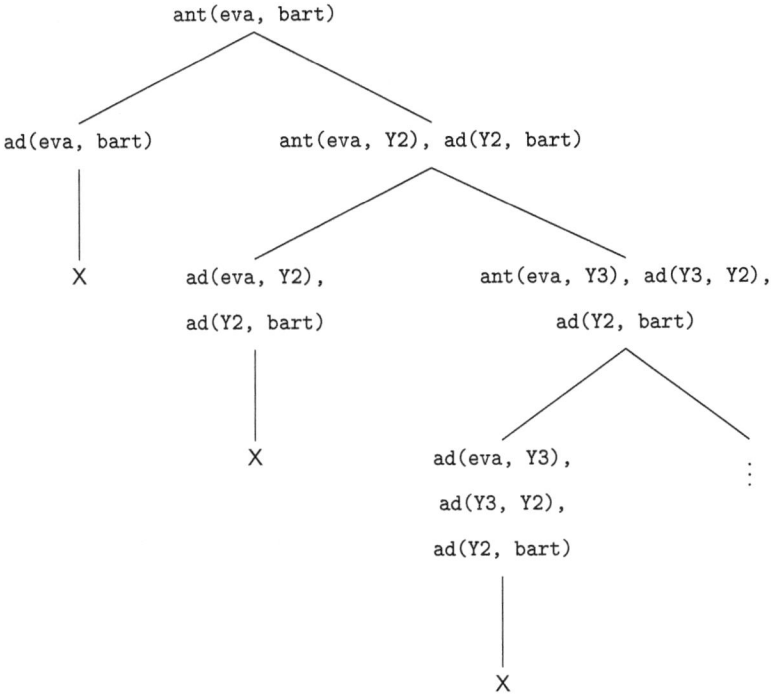

Figura 7.4: Árvore SLD infinita.

Na realidade, a regra ant(X, Z) :- ant(X, Y), ad(Y, Z) será usada um número infinito de vezes, como se mostra na Figura 7.4, na qual já não indicamos a variante da cláusula com que é feita a unificação nem o unificador utilizado.

Suponhamos agora que o nosso programa era alterado do seguinte modo[16]:

```
ad(marge, bart).
ad(srB, marge).

ant(X, Y) :- ad(X, Y).

ant(X, Z) :- ad(Y, Z), ant(X, Y).
```

---

[16]Agradeço ao Daniel Santos a sugestão desta alternativa.

A segunda regra tem a mesma semântica declarativa que a regra correspondente do programa anterior (pois a conjunção é comutativa), mas tem uma semântica procedimental diferente: "se quisermos saber que X é um antepassado de Z, tentemos primeiro encontrar um ascendente direto de Z e depois tentemos saber se este é um antepassado de X".

Com este novo programa obtemos a seguinte interação (cuja árvore SLD se apresenta na Figura 7.5):

```
?- ant(srB, bart).
true.

?- ant(eva, bart).
false.
```

Convém fazer dois comentários a este resultado:

1. Evitámos o ciclo infinito, fazendo com que o programa tente primeiro encontrar afirmações e só depois recorra à utilização de regras. Este exemplo ilustra bem a diferença entre a semântica declarativa e a semântica procedimental do PROLOG.

2. Notemos que o PROLOG não conseguiu derivar que a Eva é um antepassado do Bart, tendo respondido "*não*" à nossa pergunta em lugar de "*não sei*".

   Esta abordagem é chamada *hipótese do mundo fechado* e corresponde a assumir que todo aquilo que não é explícita ou implicitamente afirmado no programa, é falso. Ou seja, corresponde a assumir que tudo o que é verdade sobre o mundo pode ser inferido a partir do no nosso programa, e daí a designação de "mundo fechado". ⊗

Tendo em atenção os resultados apresentados no Exemplo 7.6.4, podemos sugerir as seguintes regras empíricas para a escrita de programas em PROLOG:

- Devemos evitar a utilização de cláusulas que originam a recursão no primeiro literal, a chamada *recursão à esquerda*.

- Devemos escrever as afirmações relativas a um predicado antes das regras que definem esse predicado.

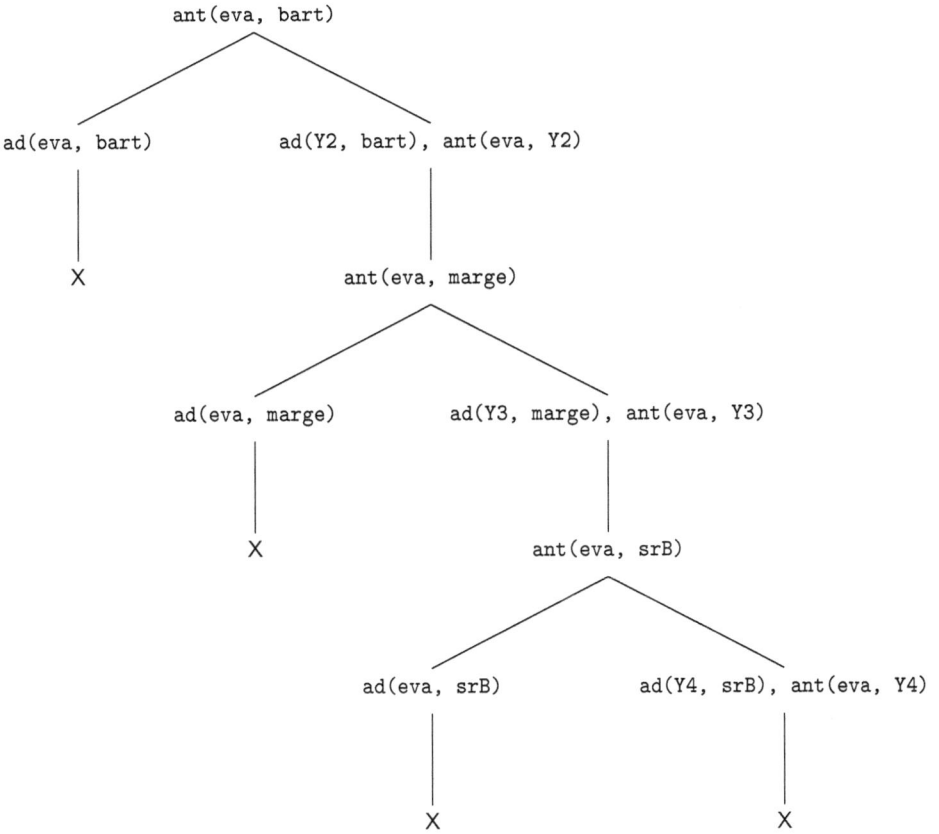

Figura 7.5: Árvore SLD correspondente ao novo programa.

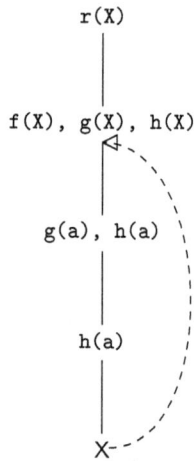

Figura 7.6: Retrocesso após o nó falhado.

Exemplo 7.6.5 Consideremos o seguinte programa em PROLOG:

```
f(a).
f(b).
f(c).
g(a).
g(b).
g(c).
h(b).
h(c).

r(X) :- f(X), g(X), h(X).
```

Com este programa, pedindo ao PROLOG para provar o objetivo r(X), obtemos a interação:

```
?- r(X).
X = b.
```

Tal como no Exemplo 7.6.1, verifica-se um retrocesso para o objetivo f(X), g(X), h(X). Na realidade, o primeiro sub-objetivo do objetivo f(X), g(X),

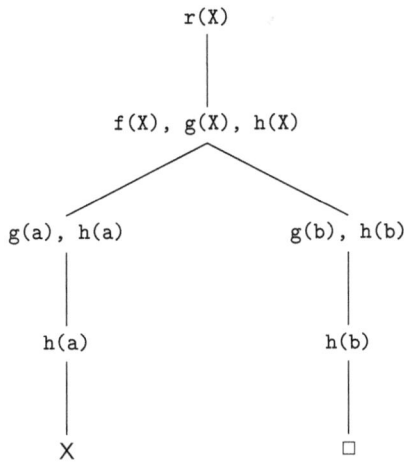

Figura 7.7: Árvore SLD para o Exemplo 7.6.5.

h(x) unifica com f(a), dando eventualmente origem a um ramo falhado e ao retrocesso para o objetivo f(X), g(X), h(X) (Figura 7.6).

A segunda unificação do sub-objetivo f(X), com f(b), dá origem a um sucesso e daí a resposta obtida na interação anterior. Na Figura 7.7 mostramos a árvore SLD para esta interação. ⊗

Em PROLOG existe a possibilidade de solicitar mais do que uma resposta ao mesmo objetivo. Para isso, utiliza-se a disjunção ";", intoduzida imediatamente a seguir à resposta fornecida pelo PROLOG. A utilização da disjunção após uma resposta fornecida pelo PROLOG origina um nó falhado como resultado da prova do objetivo anterior.

Exemplo 7.6.6 (Múltiplas respostas) Consideremos novamente o programa do Exemplo 7.6.5. Utilizando a disjunção para obter múltiplas respostas, podemos obter a seguinte interação, cuja representação em árvore SLD se apresenta na Figura 7.8.

```
?- r(X).
X = b ;
X = c.    ⊗
```

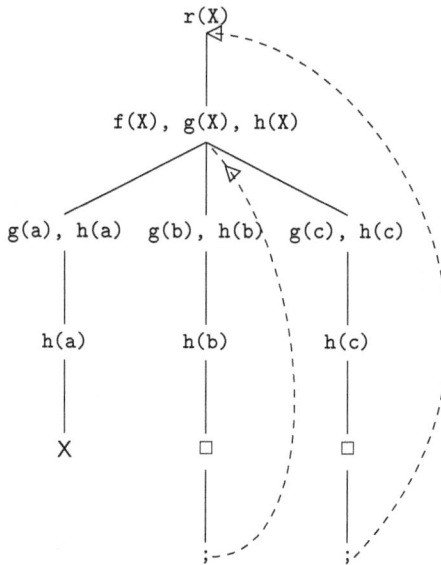

Figura 7.8: Retrocesso após solicitação de novas respostas.

Exemplo 7.6.7 (Ligações em grafos) Consideremos o grafo apresentado na Figura 7.9. Representaremos os arcos deste grafo através do predicado `liga/2`. A expressão `liga(X, Y)` que afirma que existe um arco que liga diretamente o nó `X` ao nó `Y`.

O seguinte programa em PROLOG define o conceito de ligação indireta entre dois nós do grafo (correspondente ao predicado `liga_ind/2`). Neste programa apresentamos também o modo de escrever comentários em PROLOG. Um *comentário* é todo o texto que se encontra entre os símbolos "`/*`" e "`*/`".[17]

```
/* arcos existentes no grafo */

liga(a, h).
liga(a, b).
liga(b, c).
liga(b, d).
liga(d, e).
```

---

[17]Como alternativa, um comentário pode também ser o texto que se encontra entre o símbolo % e o carácter de fim de linha.

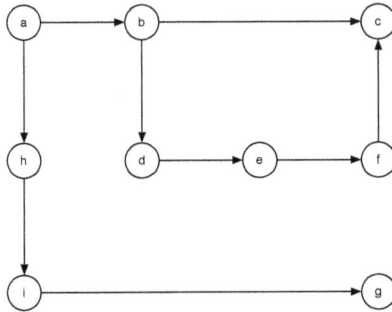

Figura 7.9: Grafo correspondente ao Exemplo 7.6.7.

```
liga(e, f).
liga(f, c).
liga(h, i).
liga(i, g).

/* definição de ligação indireta */

liga_ind(X, Y) :- liga(X, Y).

liga_ind(X, Z) :- liga(X, Y), liga_ind(Y, Z).
```

Com este programa podemos obter a seguinte interação:

```
?- liga_ind(a, X).
X = h ;
X = b ;
X = i ;
X = g ;
X = c ;
X = d ;
X = e ;
X = f ;
X = c ;
false.
```

Note-se que o PROLOG apresenta respostas repetidas correspondendo ao mesmo resultado obtido através de derivações diferentes. ✏

inteiro(X)

inteiro(s(X1)) :- inteiro(X1)

{s(X1)/X}

inteiro(X1)

inteiro(X2)

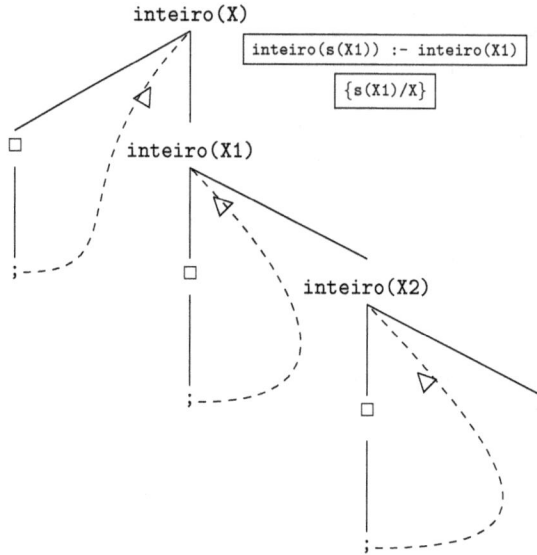

Figura 7.10: Parte da árvore SLD gerada pelo Exemplo 7.6.8.

Exemplo 7.6.8 (Inteiros) Consideremos o seguinte programa em PROLOG:

```
inteiro(0).

inteiro(s(X)) :- inteiro(X).
```

Este programa afirma que zero é um inteiro e que o sucessor de um inteiro (representado pelo functor s/1) é um inteiro. Com este programa obtemos a interação (na Figura 7.10 mostramos parte da árvore SLD gerada por esta interação, incluindo apenas a indicação da primeira regra encontrada e respetiva substituição):

```
?- inteiro(0).
true.

?- inteiro(s(0)).
true.

?- inteiro(X).
```

```
X = 0 ;
X = s(0) ;
X = s(s(0)) ;
X = s(s(s(0))) ;
X = s(s(s(s(0)))) ;
X = s(s(s(s(s(0))))) .

?-
```

É importante notar que o PROLOG "não sabe", por exemplo, que s(0) é 1, pois nada lhe foi dito sobre isso; no entanto o PROLOG "sabe" que s(0) é um inteiro. Voltamos a abordar este aspeto na Secção 7.7. ⊗

7.7 Aritmética em PROLOG

Operações aritméticas. Como em outras linguagens de programação, em PROLOG existe um conjunto de operações aritméticas que a partir de dois termos correspondentes a números, geram um termo correspondente à aplicação da operação sobre esses números. Na Tabela 7.3 apresentamos algumas destas operações.[18]

Algumas das operações aritméticas apresentam duas notações, a notação correspondente à aplicação de um functor, e a notação infixa. A notação infixa, corresponde a uma representação externa que permite a utilização da operação tal como o fazemos no dia a dia. Quando utilizamos uma letra de função em notação infixa dizemos que estamos perante a utilização de um *operador*. Os operadores são discutidos na Secção 7.14.

Exemplo 7.7.1 Considerando as operações de unificação de termos (Tabela 7.1) e as operações aritméticas apresentadas na Tabela 7.3, podemos gerar as seguintes interações:

```
?- 2 + 3 = +(2, 3).
true.

?- 2 + 3 = +(3, 2).
false.
```

---

[18]A descrição de todas as operações artiméticas existentes em PROLOG pode ser consultada em [Deransart et al., 1996].

Operação	Significado
+	$\langle t_1 \rangle$ + $\langle t_2 \rangle$, alternativamente +($\langle t_1 \rangle$, $\langle t_2 \rangle$), corresponde à soma de $\langle t_1 \rangle$ com $\langle t_2 \rangle$.
-	$\langle t_1 \rangle$ - $\langle t_2 \rangle$, alternativamente -($\langle t_1 \rangle$, $\langle t_2 \rangle$), corresponde ao resultado de subtrair $\langle t_2 \rangle$ a $\langle t_1 \rangle$.
-	-$\langle t \rangle$ corresponde ao simétrico de $\langle t \rangle$.
*	$\langle t_1 \rangle$ * $\langle t_2 \rangle$, alternativamente *($\langle t_1 \rangle$, $\langle t_2 \rangle$), corresponde ao produto de $\langle t_1 \rangle$ por $\langle t_2 \rangle$.
/	$\langle t_1 \rangle$ / $\langle t_2 \rangle$, alternativamente /($\langle t_1 \rangle$, $\langle t_2 \rangle$), corresponde ao resultado de dividir $\langle t_1 \rangle$ por $\langle t_2 \rangle$.
**	$\langle t_1 \rangle$ ** $\langle t_2 \rangle$, alternativamente **($\langle t_1 \rangle$, $\langle t_2 \rangle$), corresponde à potência com base $\langle t_1 \rangle$ e expoente $\langle t_2 \rangle$.
//	$\langle t_1 \rangle$ // $\langle t_2 \rangle$, alternativamente //($\langle t_1 \rangle$, $\langle t_2 \rangle$), corresponde ao resultado da divisão inteira entre $\langle t_1 \rangle$ e $\langle t_2 \rangle$.
mod	$\langle t_1 \rangle$ mod $\langle t_2 \rangle$, alternativamente mod($\langle t_1 \rangle$, $\langle t_2 \rangle$), corresponde ao resto da divisão inteira entre $\langle t_1 \rangle$ e $\langle t_2 \rangle$.
round	round($\langle t \rangle$) corresponde ao resultado de arredondar $\langle t \rangle$ para o inteiro mais próximo.
sqrt	sqrt($\langle t \rangle$) corresponde à raiz quadrada de $\langle t \rangle$.
abs	abs($\langle t \rangle$) corresponde ao valor absoluto de $\langle t \rangle$.

Tabela 7.3: Algumas operações aritméticas em PROLOG.

Note-se que embora 2 + 3 e +(2, 3) tenham uma representação externa diferente, estes dois termos correspondem internamente à mesma entidade, +(2, 3), e daí o resultado afirmativo da unificação. Por outro lado, note-se que os termos 2 + 3 e +(3, 2) não unificam.

```
?- X = +(2, 3).
X = 2+3.
```

Note-se que X unifica com o termo +(2, 3) e não com o seu valor (5), dado que o predicado "=" efetua a unificação. O resultado da unificação é apresentado utilizando a representação externa para a adição.

Analogamente, obtemos a seguinte interação:

```
?- 2 + X = Y + 3.
X = 3,
Y = 2.
```

ⒺⓍ

Predicado	Significado
=:=	*O predicado de igualdade aritmética.* O literal $\langle n_1 \rangle$ =:= $\langle n_2 \rangle$, alternativamente =:=($\langle n_1 \rangle$, $\langle n_2 \rangle$), tem sucesso apenas se $\langle n_1 \rangle$ e $\langle n_2 \rangle$ correspondem ao mesmo inteiro.
=\=	*A negação do predicado de igualdade aritmética.* O literal $\langle n_1 \rangle$ =\= $\langle n_2 \rangle$, alternativamente =\=($\langle n_1 \rangle$, $\langle n_2 \rangle$), tem sucesso apenas se $\langle n_1 \rangle$ e $\langle n_2 \rangle$ não correspondem ao mesmo inteiro.
>	*O predicado maior.* O literal $\langle n_1 \rangle$ > $\langle n_2 \rangle$, alternativamente >($\langle n_1 \rangle$, $\langle n_2 \rangle$), tem sucesso apenas se $\langle n_1 \rangle$ é maior que $\langle n_2 \rangle$.
<	*O predicado menor.* O literal $\langle n_1 \rangle$ < $\langle n_2 \rangle$, alternativamente <($\langle n_1 \rangle$, $\langle n_2 \rangle$), tem sucesso apenas se $\langle n_1 \rangle$ é menor que $\langle n_2 \rangle$.
=<	*O predicado menor ou igual.* O literal $\langle n_1 \rangle$ =< $\langle n_2 \rangle$, alternativamente =<($\langle n_1 \rangle$, $\langle n_2 \rangle$), tem sucesso apenas se $\langle n_1 \rangle$ é menor ou igual a $\langle n_2 \rangle$.
>=	*O predicado maior ou igual.* O literal $\langle n_1 \rangle$ >= $\langle n_2 \rangle$, alternativamente >=($\langle n_1 \rangle$, $\langle n_2 \rangle$), tem sucesso apenas se $\langle n_1 \rangle$ é maior ou igual a $\langle n_2 \rangle$.

Tabela 7.4: Predicados relacionais numéricos em PROLOG.

Operações relacionais numéricas. O PROLOG possui um conjunto de predicados pré-definidos que relacionam termos correspondentes a expressões aritméticas. A utilização de operações relacionais numéricas dá origem a literais cuja sintaxe é definida do seguinte modo:

⟨operação rel. numérica⟩ ::= ⟨op. rel. numérico⟩(⟨termo⟩,   ⟨termo⟩) |
                ⟨termo⟩ ⟨op. rel. numérico⟩ ⟨termo⟩

⟨op. rel. numérico⟩ ::= =:= | =\= | > | < | =< | >=

Tal como no caso dos outros predicados pré-definidos, as operações relacionais numéricas podem ser utilizadas, quer como um predicado normal em lógica, quer em notação infixa, caso a que correspondem a um operador. Neste livro restringimo-nos à sua utilização como operadores.

As operações relacionais numéricas, e o seu significado, são apresentadas na Tabela 7.4.

As operações relacionais numéricas apresentam um comportamento que difere do mecanismo de unificação utilizado até aqui no PROLOG. As operações relacionais numéricas *forçam* a avaliação de cada um dos termos envolvidos, antes da aplicação da operação relacional. Por esta razão, estas operações correspondem a um aspeto não puro do PROLOG.

Dado que estas operações forçam a avaliação dos seus argumentos, convém definir o modo como uma expressão aritmética é avaliada em PROLOG. A avaliação de um termo correspondente a uma expressão aritmética é definida do seguinte modo:

1. A avaliação de um número produz o próprio número.

2. A avaliação de um termo composto cuja operação principal corresponde ao functor f de n argumentos consiste na avaliação de cada um dos argumentos do termo (por qualquer ordem) e na aplicação da operação correspondente ao functor f aos valores que correspondem ao resultado da avaliação.

Exemplo 7.7.2 Consideremos a seguinte interação:

```
?- 5 < 7.
true.

?- 3 + 5 > 12.
false.

?- 3 + 5 >= +(4, +(2, 2)).
true.

?- X > 12.
ERROR: >/2: Arguments are not sufficiently instantiated
```

O último objetivo dá origem a um erro pois a variável X não está ligada a nenhum valor. ⊗

Avaliação de uma expressão   O PROLOG fornece o predicado pré-definido, "is", que permite a avaliação de uma expressão aritmética. A utilização deste predicado é definida sintaticamente do seguinte modo:[19]

⟨avaliação⟩ ::= is(⟨valor⟩, ⟨expressão⟩) |
                ⟨valor⟩ is ⟨expressão⟩

---

[19]Novamente, note-se a possibilidade da utilização de "is" como um predicado normal ou como um operador.

⟨valor⟩ ::= ⟨variável⟩ I ⟨número⟩

⟨expressão⟩ ::= ⟨termo composto⟩

O predicado "`is/2`" impõe a restrição adicional que o resultado da avaliação da expressão tem de ser um número.

A avaliação é considerada um literal (ver a Secção 7.1.2) que tem uma regra especial de avaliação: ao avaliar um literal da forma v is exp, se a expressão exp é avaliada sem erros, produzindo um valor, então se este valor é unificável com v a avaliação tem sucesso devolvendo a substituição adequada; em caso contrário, a avaliação falha.

Exemplo 7.7.3 Usando a avaliação, podemos gerar a seguinte interação[20]:

```
?- 45 is 40 + 5.
true.

?- 50 is 40 + 5.
false.

?- X is 5 + 7 * 4.
X = 33.
```

Note-se a diferença entre a utilização da avaliação e a utilização do predicado de unificação:

```
?- X = 5 + 7 * 4.
X = 5+7*4.
```

Ⓔ

É também importante notar que uma vez que num literal correspondente a uma avaliação se avalia o termo antes da ligação do seu valor à variável, as variáveis que eventualmente existam no termo devem estar instanciadas no momento da sua avaliação. Isto significa que com a introdução da avaliação, perdemos o aspeto da polimodalidade até aqui existente nos nossos programas.

Exemplo 7.7.4 Consideremos o predicado soma_5_e_duplica/2. A expressão soma_5_e_duplica(X, Y) afirma que Y é gual a 2 * (X + 5). Este predicado é definido em PROLOG do seguinte modo:

---

[20]A avaliação da terceira expressão utiliza as diferentes prioridades entre os operadores, as quais são discutidas na Secção 7.14.

```
soma_5_e_duplica(X, Y) :- Y is 2 * (X + 5).
```

Com este predicado, obtemos a interação:

```
?- soma_5_e_duplica(10, Y).
Y = 30.
```

```
?- soma_5_e_duplica(10, 30).
true.
```

```
?- soma_5_e_duplica(X, 30).
ERROR: is/2: Arguments are not sufficiently instantiated
```

A última linha desta interação ilustra o aspeto que discutimos. Uma vez que a variável X não está instanciada, a avaliação da expressão 2 * (X + 5) origina um erro. ⬡

Exemplo 7.7.5 (Fatorial) Com a introdução da avaliação podemos escrever um programa para o cálculo da função fatorial:

$$n! = \begin{cases} 1 & \text{se } n = 1 \\ n.(n-1)! & \text{se } n > 1 \end{cases}$$

Em linguagens de programação funcionais ou imperativas, a definição de fatorial seria realizada através do recurso à utilização de uma função que ao receber um valor devolveria o fatorial do seu argumento. Em programação em lógica não existe o conceito de função que devolve um valor. Assim, teremos que recorrer à definição de um predicado de dois argumentos que relaciona um número com o seu fatorial. Consideremos o predicado fatorial/2. A expressão fatorial(N, F) afirma que N ! tem o valor F. Podemos escrever o seguinte programa:

```
fatorial(1,1).

fatorial(N,F) :- N > 1,
                 N_menos_1 is N-1,
                 fatorial(N_menos_1, F_N_menos_1),
                 F is N * F_N_menos_1.
```

Note-se que a utilização do literal N > 1 bloqueia os cálculos para o caso de N ser menor ou igual a zero.

Com este programa podemos obter a interação:

```
?- fatorial(3, X).
X = 6.
```

A execução do objetivo `fatorial(3, X)` origina a seguinte sequência de objetivos:

| `fatorial(3, X).` |

$3 > 1$, N_menos_1_1 is 3-1, fatorial(N_menos_1_1, F_N_menos_1_1),
X is 3 * F_N_menos_1_1.

N_menos_1_1 is 3-1, fatorial(N_menos_1_1, F_N_menos_1_1),
X is 3 * F_N_menos_1_1.

| `fatorial(2, F_N_menos_1`$_1$`)` |, X is 3 * F_N_menos_1_1.

$2 > 1$, N_menos_1_2 is 2-1, fatorial(N_menos_1_2, F_N_menos_1_2),
F_N_menos_1_1 is 2 * F_N_menos_1_2, X is 3 * F_N_menos_1_1.

N_menos_1_2 is 2-1, fatorial(N_menos_1_2, F_N_menos_1_2),
F_N_menos_1_1 is 2 * F_N_menos_1_2, X is 3 * F_N_menos_1_1.

| `fatorial(1, F_N_menos_1`$_2$`)` |, F_N_menos_1_1 is 2 * F_N_menos_1_2,
X is 3 * F_N_menos_1_1.

$1 > 1$, N_menos_1_3 is 2-1, fatorial(N_menos_1_3, F_N_menos_1_3),
F_N_menos_2_1 is 2 * F_N_menos_1_3, F_N_menos_1_1 is 2 * F_N_menos_1_2,
X is 3 * F_N_menos_1_1.

O primeiro literal deste objetivo, $1 > 1$, não tem sucesso, pelo que é encontrado o facto `fatorial(1, 1)`, sendo executados os seguintes objetivos:

F_N_menos_1_1 is 2 * 1, X is 3 * F_N_menos_1_1.

X is 3 * 2. ⊗

Exemplo 7.7.6 (Falha na polimodalidade) Devido à utilização da avaliação no programa `fatorial`, o objetivo `factorial(X, 6)` dará origem a um erro. ⊗

Podemos observar que durante a resposta ao objetivo apresentado no exemplo 7.7.5, o cálculo da substituição para a variável X é sucessivamente adiado, devido à existência de objetivos para os quais ainda não existe resposta (ou seja, objetivos que estão suspensos). Por esta razão, dizemos que este pro-

grama gera um processo recursivo[21]. Podemos, em alternativa, calcular o valor
de fatorial, utilizando um acumulador, que vai sendo atualizado em cada passo
para o cálculo de fatorial, como se mostra no seguinte exemplo.

Exemplo 7.7.7 (Fatorial – versão 2) O seguinte programa calcula o valor
de fatorial utilizando um acumulador.

```
fatorial(N, F) :- fact(N, 1, F).

fact(1, F, F).

fact(N, Ac, F) :- Ac_act is N * Ac,
                  N_act is N - 1,
                  fact(N_act, Ac_act, F).
```

A execução do objetivo `fatorial(3, X)` origina a seguinte sequência de objetivos:

```
fatorial(3, X).
```
$\boxed{\texttt{fact(3, 1, X)}}$.

$\texttt{Ac\_act}_1$ is $3 * 1$, $\texttt{N\_act}_1$ is $3 - 1$, $\texttt{fact(N\_act}_1\texttt{, Ac\_act}_1\texttt{, X)}$.

$\texttt{N\_act}_1$ is $3 - 1$, $\texttt{fact(N\_act}_1\texttt{, 3, X)}$.

$\boxed{\texttt{fact(2, 3, X)}}$.

$\texttt{Ac\_act}_2$ is $2 * 3$, $\texttt{N\_act}_2$ is $2 - 1$, $\texttt{fact(N\_act}_2\texttt{, Ac\_act}_2\texttt{, X)}$.

$\texttt{N\_act}_2$ is $2 - 1$, $\texttt{fact(N\_act}_2\texttt{, 6, X)}$.

$\boxed{\texttt{fact(1, 6, X)}}$.

Podemos verificar que este programa gera um processo iterativo[22]. ⊛

Definição 7.7.1 (Cláusula iterativa – versão 2)
Na Definição 7.1.1, dissémos que uma cláusula iterativa era uma cláusula cujo
corpo apenas continha um literal, usando o mesmo predicado que o utilizado
na cabeça da cláusula. Aqui, estendemos esta definição autorizando zero ou
mais utilizações de predicados pré-definidos, antes da utilização da cláusula
iterativa. ▶

---

[21]Ver [Martins e Cravo, 2011], páginas 81 a 107.
[22]*Ibid.*

Definição 7.7.2 (Programa iterativo)
Um programa em PROLOG em que todas as cláusulas são ou cláusulas unitárias ou cláusulas iterativas, diz-se um *programa iterativo.* ▶

7.8 Instruções de leitura e de escrita

Como qualquer linguagem de programação, o PROLOG apresenta instruções de leitura e de escrita. Estas instruções correspondem a predicados. Os predicados de leitura e de escrita correspondem a aspetos não puros do PROLOG.

Instruções de leitura. O predicado pré-definido, `read/1`, unifica o termo que é escrito no teclado com o termo que é seu argumento. Se a unificação tem suceso, o literal tem sucesso, em caso contrário falha. Esta descrição significa que ao encontrar o literal `read(X)` se a variável `X` já estiver instanciada e não unificar com o termo escrito no teclado, o literal falha. Para que a operação de leitura tenha lugar, o termo que é escrito no teclado deve ser terminado com um ponto e ser seguido de "return"[23].

Exemplo 7.8.1 A seguinte interação mostra a utilização do predicado `read`:

```
?- read(X).
|: a.
X = a.
```

Note-se que o carácter de pronto da leitura corresponde a "| :".

```
?- read(b).
|: a.
false.
```

```
?- X = b, read(X).
|: a.
false.
```

O objetivo `read(b)` falha pois o termo que é fornecido, `a`, não unifica com o seu argumento; o objetivo `read(X)` falha pois a variável está instanciada e o valor fornecido não unifica com a variável.

---

[23]Também é possível ler de um ficheiro embora isso não seja abordado neste livro.

```
?- read(X).
|: 3 + 2.
X = 3+2.
```

Note-se que a variável X unifica com o termo 3 + 2.

```
?- read(X).
|: 3 mais 2.
ERROR: Stream user_input:0:113 Syntax error: Operator expected
```

Este objetivo origina um erro pois o PROLOG não conhece o operador **mais**. ⓔ

O predicado **read** apresenta um comportamento especial, no sentido que um objetivo utilizando este predicado apenas pode ser executado uma vez, ou seja um objetivo com o predicado **read** tem sucesso no máximo uma vez, falhando em qualquer tentativa que seja feita posteriormente para o satisfazer.

Exemplo 7.8.2 Consideremos o programa em PROLOG

leitura(Y) :- read(Y). e consideremos a interação

```
?- leitura(X).
|: a.
X = a.
```

Note-se que o PROLOG não nos permite tentar uma resposta alternativa. ⓔ

Instruções de escrita. O predicado pré-definido, **write/1**, escreve no terminal o valor do termo que é seu argumento. O predicado pré-definido, **nl/0**, origina um salto para a próxima linha do terminal[24]. Os predicados **write** e **nl** apresentam um comportamento semelhante ao do predicado **read** no sentido em que não podem ser satisfeitos mais do que uma vez.

Exemplo 7.8.3 A seguinte interação ilustra o comportamento das instruções de escrita:

```
?- write('a'), write('b').
ab
true.
```

---

[24]Note-se que também é possível escrever para um ficheiro embora isso não seja abordado neste livro.

Figura 7.11: Torre de Hanói com três discos.

```
?- write('a'), nl, write('b').
a
b
true.

?- write(+(2, 3)).
2+3
true.
```

Note-se que o predicado **write** "conhece" os operadores, mostrando o resultado recorrendo à sua definição. ⊛

Exemplo 7.8.4 (Torre de Hanói) Apresentamos um programa para a solução do *puzzle* chamado a Torre de Hanói[25]. A *Torre de Hanói* é constituída por 3 postes verticais, nos quais podem ser colocados discos de diâmetros diferentes, furados no centro, variando o número de discos de *puzzle* para *puzzle*. O *puzzle* inicia-se com todos os discos num dos postes (o poste da esquerda), com o disco menor no topo e com os discos ordenados, de cima para baixo, por ordem crescente dos respetivos diâmetros, e a finalidade é movimentar todos os discos para um outro poste (o poste da direita), também ordenados por ordem crescente dos respetivos diâmetros, de acordo com as seguintes regras: (1) apenas se pode movimentar um disco de cada vez; (2) em cada poste, apenas se pode movimentar o disco de cima; (3) nunca se pode colocar um disco sobre outro de diâmetro menor.

Na Figura 7.11 apresentamos um exemplo das configurações inicial e final para a Torre de Hanói com três discos.

---

[25]A descrição deste exemplo foi adaptada de [Martins e Cravo, 2011], páginas 97 a 101.

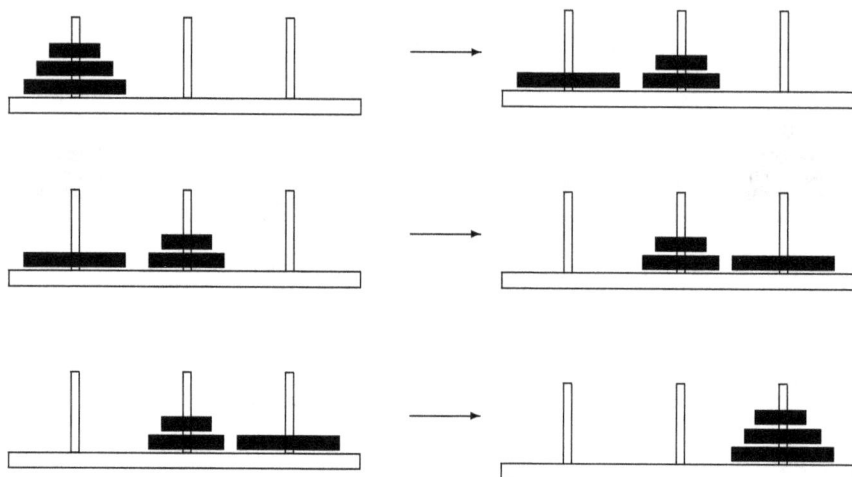

Figura 7.12: Solução da Torre de Hanói com três discos.

Suponhamos que pretendíamos escrever um programa para resolver o *puzzle* da Torre de Hanói para um número n de discos. Para resolvermos este *puzzle* com n discos ($n > 1$), teremos de efetuar basicamente três passos: (1) movimentar $n - 1$ discos do poste da esquerda para o poste do centro (utilizado como poste auxiliar); (2) movimentar o disco do poste da esquerda para o poste da direita; (3) movimentar os $n - 1$ discos do poste do centro para o poste da direita. Estes passos encontram-se representados na Figura 7.12 para o caso de $n = 3$.

Podemos escrever seguinte programa para resolver a torre de Hanói. Este programa utiliza o predicado move/4 para movimentar n discos. Este predicado recebe uma indicação explícita de quais os postes de origem e destino dos discos, bem como qual o poste que deve ser usado como poste auxiliar (e representa o poste da esquerda, d representa o poste da direita e c representa o poste do centro).

```
hanoi :- write('Quantos discos quer considerar? '),
         nl,
         read(N),
         number(N),
         inicio(N),
         move(N, e, d, c).
```

```
inicio(N) :-  write('Solução da Torre de Hanoi para '),
              write(N),
              write(' discos: '),
              nl.

move(1, Origem, Destino, _) :- write(Origem),
                               write(' -> '),
                               write(Destino),
                               nl.

move(N, Origem, Destino, Aux) :- N > 1,
                                 M is N-1,
                                 move(M, Origem, Aux, Destino),
                                 move(1, Origem, Destino, _),
                                 move(M, Aux, Destino, Origem).
```

Utilizando este programa obtemos a interação:

```
?- hanoi.
Quantos discos quer considerar?
|: 3.
Solução da Torre de Hanoi para 3 discos:
e -> d
e -> c
d -> c
e -> d
c -> e
c -> d
e -> d
true.
```

(Ex)

7.9 Estruturas

Até agora temos trabalhado com afirmações, com regras e com objetivos que utilizam tipos de dados elementares. Os tipos de dados utilizados têm-se limitado a átomos, por exemplo, **bart** ou **srB**, ou, eventualmente, a números. O PROLOG apresenta predicados pré-definidos para reconhecer os tipos elementares de dados (apresentados na Tabela 7.5).

Predicado	Significado
atom	O literal atom($\langle$t$\rangle$) tem sucesso apenas se o termo $\langle$t$\rangle$ corresponde a um átomo.
number	O literal number($\langle$t$\rangle$) tem sucesso apenas se o termo $\langle$t$\rangle$ corresponde a um número.
atomic	O literal atomic($\langle$t$\rangle$) tem sucesso apenas se o termo $\langle$t$\rangle$ corresponde ou a um átomo ou a um número. Este predicado pode ser definido do seguinte modo: atomic(X) :- atom(X). atomic(X) :- number(X).
var	O literal var($\langle$t$\rangle$) tem sucesso apenas se o termo $\langle$t$\rangle$ corresponde a uma variável não instanciada.
nonvar	O literal nonvar($\langle$t$\rangle$) tem sucesso apenas se o termo $\langle$t$\rangle$ não corresponde a uma variável não instanciada.

Tabela 7.5: Reconhecedores para os tipos elementares.

Sabemos que os tipos de dados elementares podem ser combinados para construir tipos de dados estruturados. Em PROLOG, o conceito de termo composto é o tipo de informação básico para a construção de novos tipos de informação. Nesta secção consideramos a criação de tipos de informação estruturados que são definidos com base em termos compostos. O resultado é a criação de tipos de dados que são genericamente designados por *estruturas*.

Suponhamos que queríamos construir um tipo de informação correspondente a uma data, agregando um dia, um mês e um ano. Da metodologia dos tipos abstratos de informação, sabemos que deveremos definir os construtores, os seletores, os reconhecedores e os testes. Seja *faz_data* o construtor para o tipo data, e sejam *ano_de*, *mes_de* e *dia_de* os seletores para este tipo de informação[26].

Podemos imaginar que uma data é representada em PROLOG por um termo de três argumentos, correspondente ao functor **data** e cujos argumentos representam respetivamente o ano, o mês e o dia dessa data. Ou seja, o termo (ou a estrutura) **data(A, M, D)** representa a data cujo ano é A, cujo mês é M e cujo dia é D. Esta estrutura pode ser considerada como uma árvore cuja raíz contém o nome do functor e cujas folhas contêm o ano, o mês e o dia da data correspondente (Figura 7.13).

Com base nesta representação, podemos definir os seguintes predicados[27]:

---

[26]Deixamos como exercício a definição e a construção dos reconhecedores e dos testes.

[27]Note-se que em linguagens funcionais estas operações básicas correspondem a funções e que em PROLOG estas são transformadas em predicados.

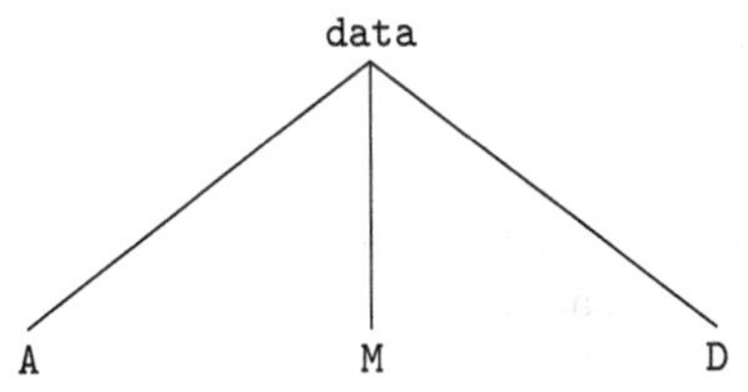

Figura 7.13: Representação da estrutura "data".

1. *Construtor:*

   ```
   faz_data(A, M, D, data(A, M, D)).
   ```

2. *Seletores:*

   ```
   ano_de(data(A, _, _), A).
   mes_de(data(_, M, _), M).
   dia_de(data(_, _, D), D).
   ```

Suponhamos que desejávamos definir os modificadores *muda_ano*, *muda_mes* e *muda_dia* que, a partir de uma dada data, modificavam, respetivamente, o ano, o mês e o dia dessa data. Com base na nossa representação, podemos definir os seguintes predicados:

3. *Modificadores:*

   ```
   muda_ano(A, data(_, M, D), data(A, M, D)).
   muda_mes(M, data(A, _, D), data(A, M, D)).
   muda_dia(D, data(A, M, _), data(A, M, D)).
   ```

Consideremos agora o seguinte programa que a partir de uma data, Hoje, cria a data equivalente do próximo ano, Futuro:

```
prox_ano(Hoje, Futuro) :- ano_de(Hoje, A),
                          Prox_ano is A + 1,
                          muda_ano(Prox_ano, Hoje, Futuro).
```

Exemplo 7.9.1 (O problema das três casas)   Consideremos o seguinte *puzzle*:

"Existe uma rua com três casas, todas com cores diferentes, uma casa é azul, outra é vermelha e outra é verde. Em cada casa vive uma pessoa com uma nacionalidade diferente da das pessoas que vivem nas outras casas. Em cada casa existe um animal de estimação e os animais de estimação são diferentes em todas as casas. O inglês vive na casa vermelha. O animal de estimação do espanhol é um piriquito. O japonês vive na casa à direita da pessoa que tem um peixe. A pessoa que tem um peixe vive à esquerda da casa azul. Quem tem uma tartaruga?"

Antes de resolver este puzzle em PROLOG começamos por representar a informação envolvida. Para isso, iremos definir duas estruturas, `rua` e `defcasa`, do seguinte modo:

- A estrutura `rua` corresponde a um termo composto de três argumentos. A expressão `rua(C1, C2, C3)` representa uma rua na qual existem três casas, C1, C2 e C3, casas essas que aparecem, na rua, pela ordem em que são indicadas na estrutura.

  Iremos agora definir um predicado, `casa`, de dois argumentos. O literal `casa(C, R)` afirma que a casa, C, que é seu primeiro argumento pertence à rua, R, que é seu segundo argumento. Se C for uma casa, teremos:

  ```
  casa(C, rua(C, _, _)).
  casa(C, rua(_, C, _)).
  casa(C, rua(_, _, C)).
  ```

  Definimos também um predicado `posicao` de três argumentos. O literal `posicao(R, C1, C2)` afirma que na rua R, a casa C1 está à esquerda da casa C2, ou, o que é o mesmo, que a casa C2 está à direita da casa C1. Se E e D forem casas, teremos:

  ```
  posicao(rua(E, D, _), E, D).
  posicao(rua(_, E, D), E, D).
  ```

- A estrutura `defcasa` corresponde a um termo composto de três argumentos. A expressão `defcasa(C, N, A)` representa uma casa de cor C, habitada pela pessoa com a nacionalidade N e que tem o animal de estimação A.

  Temos agora definir três predicados de dois argumentos `cor`, `nacionalidade` e `animal` cujos significados são traduzidos pelas seguintes afirmações:

```
cor(defcasa(C, _, _), C).
nacionalidade(defcasa(_, N, _), N).
animal(defcasa(_, _, A), A).
```

Consideremos agora a representação das pistas fornecidas pelo *puzzle*:

- O inglês vive na casa vermelha:

  casa(I, Rua), cor(I, vermelha), nacionalidade(I, ingles).

- O animal de estimação do espanhol é um piriquito:

  casa(E, Rua), animal(E, piriquito), nacionalidade(E, espanhol).

- O japonês vive na casa à direita da pessoa que tem um peixe:

  casa(J, Rua), casa(P1, Rua), nacionalidade(J, japones), animal(P1, peixe), posicao(Rua, P1, J).

- A pessoa que tem um peixe vive à esquerda da casa azul:

  casa(P1, Rua), casa(P2, Rua), animal(P1, peixe), cor(P2, azul), posicao(Rua, P1, P2).

Pretende-se saber qual a nacionalidade da pessoa que tem uma tartaruga, ou seja, pretende-se determinar a casa X que pertence à rua (casa(X, Rua)), cujo animal de estimação é uma tartaruga (animal(X, tartaruga)), e cuja nacionalidade do habitante é Nac (nacionalidade(X, Nac)). O seguinte programa em PROLOG apresenta uma solução para este *puzzle*:

```
resolve :- pistas(Rua), pergunta(Rua).

pistas(Rua) :- casa(I, Rua),
               cor(I, vermelha),
               nacionalidade(I, ingles),
               casa(E, Rua),
               animal(E, piriquito),
               nacionalidade(E, espanhol),
               casa(J, Rua),
               casa(P1, Rua),
               nacionalidade(J, japones),
               animal(P1, peixe),
               posicao(Rua, P1, J),
               casa(P2, Rua),
               cor(P2, azul),
               posicao(Rua, P1, P2).
```

```
pergunta(Rua) :- casa(X, Rua),
                 animal(X, tartaruga),
                 nacionalidade(X, Nac),
                 write(' O '),
                 write(Nac),
                 write(' tem a tartaruga.'),
                 nl.

cor(defcasa(C, _, _), C).
nacionalidade(defcasa(_, N, _), N).
animal(defcasa(_, _, A), A).

posicao(rua(E, D, _), E, D).
posicao(rua(_, E, D), E, D).

casa(X, rua(X, _, _)).
casa(X, rua(_, X, _)).
casa(X, rua(_, _, X)).
```

Com este programa obtemos a interação:

```
?- resolve.
O japones tem a tartaruga.
true.
```

Ⓧ

7.10 Listas

O PROLOG apresenta a lista como um tipo estruturado de informação pré-definido. Internamente, as listas são representadas por uma estrutura (termo composto) cujo functor é o ponto (escrito "."), correspondente a uma função de dois argumentos.

Na Figura 7.14 mostramos a representação interna da lista com os elementos a, b e c.

A representação externa das listas em PROLOG é feita através de uma sequência de elementos, separados por virgulas, e delimitada pelos símbolos "[" e "]".

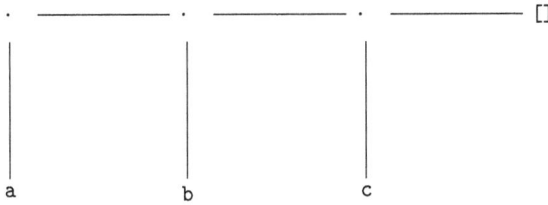

Figura 7.14: Representação interna da lista com os elementos a, b e c.

A lista sem elementos é representada pelo átomo "[]" e chama-se uma *lista vazia*.

⟨lista⟩ ::= [] | [⟨elementos⟩]

⟨elementos⟩ ::= ⟨elemento⟩ | ⟨elemento⟩, ⟨elementos⟩

⟨elemento⟩ ::= ⟨termo⟩ | ⟨lista⟩

Exemplo 7.10.1 As seguintes entidades são listas em PROLOG:

```
[]
[a, b, c]
[[], [a, b], c, d]
[X, r(a, b, c), 6]
```

A segunda lista deste exemplo corresponde à representação interna apresentada na Figura 7.14. ⊛

Uma lista não vazia pode ser considerada como constituída por duas entidades, o primeiro elemento da lista e o resto da lista. O PROLOG fornece um operador, "|" que permite separar estes dois constituintes da lista. Deste modo, o padrão [P | R] identifica duas variáveis P e R (de primeiro e de resto), que ao ser unificado com uma lista associa a variável P com o primeiro elemento da lista e a variável R com o resto da lista.

Exemplo 7.10.2 A seguinte interação mostra a utilização do operador "|":

```
?- [a, b] = [X | Y].
X = a,
Y = [b].
```

```
?- [a] = [X | Y].
X = a,
Y = [].

?- [] = [X | Y].
false.
```

Note-se que numa lista apenas com um elemento, o resto é a lista vazia e que uma lista vazia não tem primeiro elemento nem resto. ⊗

Exemplo 7.10.3 Suponhamos que queremos escrever um programa que testa se um dado elemento pertence a uma lista. Vamos considerar o predicado membro/2. A expressão membro(E, L) afirma que E pertence à lista L. Podemos escrever o seguinte programa:

```
membro(X, [X | R]).

membro(X, [P | R]) :- membro(X, R).
```

Este programa é constituído por uma afirmação que diz que um elemento é membro de uma lista cujo primeiro elemento é esse mesmo elemento (membro(X, [X | R])). Para além disto, este programa contém uma regra que afirma que um elemento é membro de uma lista cujo primeiro elemento é diferente desse elemento, se for membro do resto da lista (membro(X, [P | R]) :- membro(X, R)).

Com este programa obtemos a seguinte interação:

```
?- membro(a, [a, b, c]).
true.

?- membro(c, [f, g, h]).
false.

?- membro(a, []).
false.

?- membro([a, b], [a, [a, b], c]).
true.
```

A interação apresentada corresponde ao que poderíamos esperar de um programa tradicional que utiliza listas, a decisão sobre se um dado elemento pertence ou não a uma dada lista.

Contudo, devido à polimodalidade apresentada pela programação em lógica, podemos usar variáveis em qualquer dos argumentos de um objetivo que envolva o predicado membro. A seguinte interação mostra os elementos que são membros de uma lista.

```
?- membro(X, [a, b, c]).
X = a ;
X = b ;
X = c ;
false.
```

A próxima interação corresponde ao objetivo de saber quais são as listas de que um dado elemento é membro.

```
?- membro(a, X).
X = [a|_G268] ;
X = [_G8, a|_G12] ;
X = [_G8, _G11, a|_G15] ;
X = [_G8, _G11, _G14, a|_G18] ;
X = [_G8, _G11, _G14, _G17, a|_G21] .
```

A primeira resposta obtida diz-nos que a é membro de uma lista cujo primeiro elemento é a e cujo resto é uma variável (representada por _G268). A segunda resposta, diz-nos que a é membro de uma lista cujo primeiro elemento é uma variável (representada por _G8), cujo segundo elemento é a e cujo resto é uma variável (representada por _G12). ⊛

A interação final do Exemplo 7.10.3 mostra-nos que, na realidade, o operador "|" faz mais do que separar o primeiro elemento de uma lista do seu resto. Este operador pode ser utilizado para separar elementos de uma lista. Por exemplo a lista [X, Y | R] corresponde a (unifica com) qualquer lista que tenha um primeiro elemento X, um segundo elemento Y e um resto R.

Exemplo 7.10.4 A seguinte interação mostra algumas utilizações do operador "|":

```
?- [a, b, c] = [_, Y | Z].
Y = b,
```

```
Z = [c].
```

```
?- [a, b, c] = [_, _, Y | Z].
Y = c,
Z = [].
```

Ⓔ

Note-se ainda que na primeira cláusula do programa do Exemplo 7.10.3, a variável R não tem qualquer utilidade. Neste caso, poderemos utilizar uma variável anónima, tomando a cláusula a forma membro(X, [X | _]). Analogamente, na segunda cláusula do mesmo programa, a variável P não tem utilidade, pelo que esta pode também ser substituída por uma variável anónima. Assim, o programa do Exemplo 7.10.3 pode ser escrito do seguinte modo:

```
membro(X, [X | _]).
```

```
membro(X, [_ | R]) :- membro(X, R).
```

Exemplo 7.10.5 (Junção de listas) Consideremos que a junção de duas listas corresponde à lista que contém todos os elementos da primeira lista (e na mesma ordem) seguidos por todos os elementos da segunda lista (e na mesma ordem).

Vamos definir o predicado junta/3. A expressão junta(X, Y, Z) afirma que a lista Z é o resultado de juntar a lista X com a lista Y. Consideremos o seguinte programa:

```
junta([], L, L).
```

```
junta([P | R], L1, [P | L2]) :- junta(R, L1, L2).
```

Com este programa produzimos a interação:

```
?- junta([], [a, b], L).
L = [a, b].
```

```
?- junta([c, b], [a], L).
L = [c, b, a].
```

```
junta([c, b], [a], L)
        |
        |
        |
junta([b], [a], L21)
        |
        |
        |
junta([], [a], L22)
        |
        |
        |

        □
```

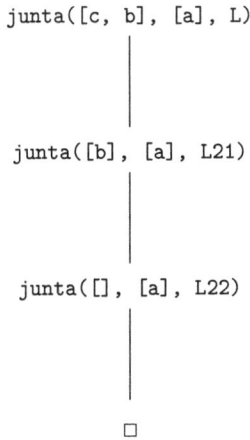

Figura 7.15: Sequência de objetivos em junta([c, b], [a], L).

```
?- junta([a, b], X, [a, b, c, d]).
X = [c, d].

?- junta(X, Y, [1, 2, 3]).
X = [],
Y = [1, 2, 3] ;
X = [1],
Y = [2, 3] ;
X = [1, 2],
Y = [3] ;
X = [1, 2, 3],
Y = [] ;
false.
```

Na Figura 7.15 apresentamos a sequência de objetivos gerados para responder ao objetivo junta([c, b], [a], L). Recorde-se que a resposta a este objetivo corresponde à substituição gerada para a variável L. ⊛

Exemplo 7.10.6 (Inversão de listas – processo recursivo) Suponhamos que queremos escrever um programa que inverte a ordem dos elementos de uma lista. Por exemplo, a lista [a, b, c] origina a seguinte lista invertida [c, b, a].

Consideremos o predicado, `inverte/2`, em que a expressão `inverte(L1, L2)` afirma que L2 é a lista L1 invertida. O seguinte programa efetua a inversão de listas. Este programa utiliza o predicado **junta** do Exemplo 7.10.5.

```
inverte([], []).

inverte([P | R], I) :- inverte(R, I1), junta(I1, [P], I).
```

Com este programa obtemos a interação:

```
?- inverte([a, b, c], [c, b, a]).
true.

?- inverte([a, b, c], X).
X = [c, b, a].

?- inverte(X, [a, b, c]).
X = [c, b, a] .
```

Na Figura 7.16 mostramos a árvore SLD com a sequência de objetivos gerada pelo objetivo `inverte([a, b, c]), X)`, não expandindo os objetivos gerados por **junta**. Este programa gera um processo recursivo. ⊛

```
                    inverte([a, b, c], X)
                              |
                              |
              inverte([b, c], X1), junta(X1, [a], X)
                              |
                              |
        inverte([c], X2), junta(X2, [b], X1), junta(X1, [a], X)
                              |
                              |
              inverte([], X3), junta(X3, [c], X2),
              junta(X2, [b], X1), junta(X1, [a], X)
                              |
                              |
      junta([], [c], X2), junta(X2, [b], X1), junta(X1, [a], X)
                              |
                              |
          junta([c], [b], X1), junta(X1, [a], X)
                              |
                              |
                  junta([c, b], [a], X)
                              |
                              |
                              □
```

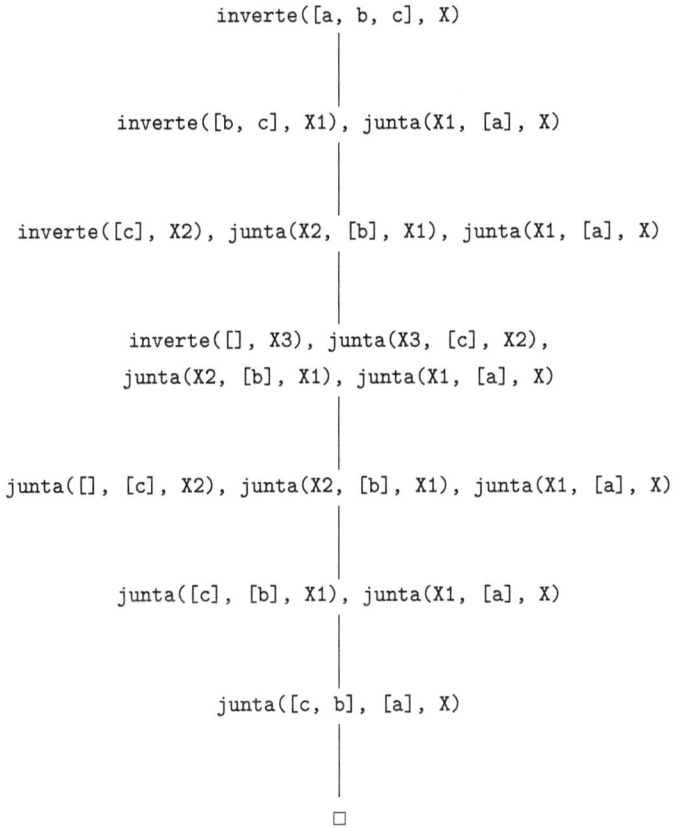

Figura 7.16: Sequência de objetivos em inverte([a, b, c]), X).

Exemplo 7.10.7 (Inversão de listas – processo iterativo) Suponhamos que desejávamos escrever um programa para inversão de listas utilizando um processo iterativo. Como é fácil de retirar o primeiro elemento de uma lista e como também é fácil adicionar um elemento no início de uma lista, podemos usar um acumulador que funciona do seguinte modo:

Lista	Acumulador
[a, b, c]	[]
[b, c]	[a]
[c]	[b, a]
[]	[c, b, a]

Utilizando este princípio de cálculo, definimos o predicado inverte_2/3 do seguinte modo:

```
inverte_2([], I, I).
```

```
inverte_2([P | R], Ac, I) :- inverte_2(R, [P | Ac], I).
```

Como o predicado inverte_2/3 nos obriga a pensar explicitamente no acumulador, podemos definir o predicado inverte_2/2 que "esconde" a utilização do acumulador:

```
inverte_2(L, I) :- inverte_2(L, [], I).
```

Notemos que na definição de inverte_2 estamos a utilizar dois predicados com o mesmo nome, inverte_2/2 e inverte_2/3.

Com este predicado, obtemos a interação:

```
?- inverte_2([a, b, c], X).
X = [c, b, a].
```

Na Figura 7.17 mostramos a sequência de objetivos gerada por inverte_2([a, b, c]), X). Podemos observar que durante a resposta a este objetivo, não existem substituições adiadas. Cada objetivo contém, por si só, toda a informação necessária para responder à pergunta inicial. Por esta razão, este programa gera um processo iterativo. Ⓔ

Exemplo 7.10.8 (Caminhos em grafos) Consideremos o grafo representado na Figura 7.9. Suponhamos que desejávamos escrever um programa que

```
inverte_2([a, b, c], X)
         |
         |
inverte_2([a, b, c], [], X)
         |
         |
inverte_2([b, c], [a], X)
         |
         |
inverte_2([c], [b, a], X)
         |
         |
inverte_2([], [c, b, a], X)
         |
         |
         □
```

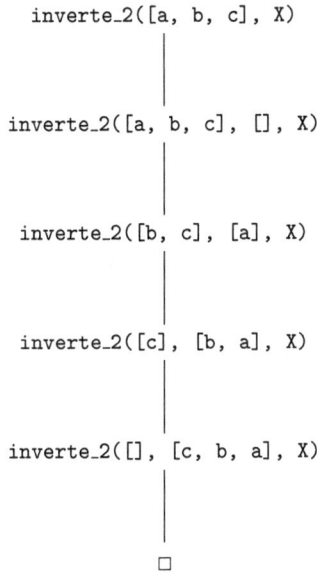

Figura 7.17: Sequência de objetivos em inverte_2([a, b, c]), X).

recebia dois nós de um grafo e que calculava os possíveis caminhos entre esses dois nós.

Definimos o predicado caminho/3 com o seguinte significado: caminho(X, Y, C) afirma que C é um caminho no grafo entre X e Y. Um caminho é uma lista de nós, começando com o nó X, terminando no nó Y e tal que para quaisquer dois elementos consecutivos da lista, M e N, existe um arco que os liga (liga(M, N)).

Este problema é resolvido com a seguinte definição do predicado caminho:

```
caminho(X, Y, [X, Y]) :- liga(X, Y).

caminho(X, Y, [X | Z]) :-  liga(X, W),
                           caminho(W, Y, Z).
```

Com este programa, e com os dados referentes à Figura 7.9, podemos obter a seguinte interação:

```
?- caminho(a, c, C).
C = [a, b, c] ;
C = [a, b, d, e, f, c] ;
false.
```

Ⓔ⃝

Exemplo 7.10.9 (Comprimento de uma lista)   Suponhamos que queríamos escrever um programa para calcular o comprimento de uma lista. Utilizando a operação de adição, podemos ser tentados a escrever o seguinte programa, o qual afirma que o comprimento de uma lista vazia é zero e que o comprimento de uma lista não vazia será um mais o comprimento do seu resto.

```
comprimento([], 0).

comprimento([_ | R], C+1) :- comprimento(R, C).
```

Com este programa obtemos a interação:

```
?- comprimento([], X).
X = 0.

?- comprimento([a, b, c], X).
X = 0+1+1+1.
```

Este programa apresenta um comportamento semelhante ao do programa do Exemplo 7.6.8, ou seja, indica que o comprimento da lista é 0+1+1+1 mas não calcula o resultado desta expressão.

O problema com este exemplo é que o programa funciona exclusivamente com base na unificação de predicados, o que corresponde àquilo que podemos chamar de *programação em lógica pura*. Ⓔ⃝

Exemplo 7.10.10 (Comprimento de uma lista – versão recursiva)   A operação de avaliação permite-nos "forçar" a avaliação de uma expressão, desviando-nos do mecanismo exclusivo de unificação. Voltemos a considerar o Exemplo 7.10.9, utilizando agora a avaliação de expressões. A seguinte definição corresponde a uma alternativa para um programa para calcular o comprimento de uma lista:

```
comprimento([], 0).

comprimento([_ | R], C) :- comprimento(R, C_sub),
                           C is C_sub + 1.
```

A segunda cláusula deste programa tem a seguinte interpretação procedimental
"para calcular o comprimento de uma lista não vazia, calcule-se o comprimento
da sub-lista que corresponde ao resto da lista e adicione-se 1 ao resultado".

Com este programa, obtemos a interação:

```
?- comprimento([a, b, c], X).
X = 3.
```

Ⓔ

Exemplo 7.10.11 (Comprimento de uma lista – versão iterativa)   O
seguinte programa corresponde a uma versão iterativa para o cálculo do comprimento de uma lista:

```
comprimento(L, C) :- comprimento(L, 0, C).

comprimento([], Ac, Ac).

comprimento([_|R], Ac, C) :-  Ac_N is Ac + 1,
                              comprimento(R, Ac_N, C).
```

Ⓔ

Exemplo 7.10.12 (Seleção de um elemento de uma lista)   Consideremos o predicado escolhe/3 com o seguinte significado: escolhe(L1, E, L2)
afirma que L2 é a lista que se obtém de L1 retirando-lhe o elemento E. Este
predicado pode ser escrito em PROLOG do seguinte modo:

```
escolhe([P | R], P, R).

escolhe([P | R], E, [P | S]) :- escolhe(R, E, S).
```

Com o predicado escolhe, podemos obter a seguinte interação:

```
?- escolhe([a, b, c], b, [a, c]).
true.

?- escolhe([a, b, c], a, X).
X = [b, c] ;
false.

?- escolhe([a, b, c], X, Y).
X = a,
Y = [b, c] ;
X = b,
Y = [a, c] ;
X = c,
Y = [a, b] ;
false.
```

O predicado escolhe parece não ser muito interessante, no entanto, a sua importância revela-se no Exemplo 7.10.13. ⊗

Exemplo 7.10.13 (Permutações de uma lista) O seguinte programa em PROLOG efetua as permutações de uma lista. O predicado perm/2 tem o seguinte significado: perm(L1, L2) afirma que L1 e L2 correspondem a listas com os mesmos elementos mas com os elementos por ordem diferente.

```
perm([], []).

perm(L, [P | R]) :- escolhe(L, P, L1), perm(L1, R).
```

O predicado perm utiliza o predicado escolhe, com o predicado perm podemos obter a interação:

```
?- perm([a, b, c], X).
X = [a, b, c] ;
X = [a, c, b] ;
X = [b, a, c] ;
X = [b, c, a] ;
X = [c, a, b] ;
X = [c, b, a] ;
false.
```

Figura 7.18: Solução para o problema das 8 rainhas.

Note-se o papel do predicado `escolhe`, associado à semântica procedimental do PROLOG. ⓔ

Exemplo 7.10.14 (Problema das 8 rainhas) O problema das oito rainhas consiste em dispor 8 rainhas num tabuleiro de xadrez (com 8 linhas e 8 colunas) de tal modo que estas não se ataquem. No jogo de xadrez, as rainhas atacam-se (e movimentam-se) quer na horizontal, quer na vertical, quer ao longo das diagonais. Para resolver o problema das 8 rainhas, devem-se colocar as rainhas no tabuleiro de tal modo que duas rainhas não podem estar na mesma coluna, nem na mesma linha nem na mesma diagonal. Na Figura 7.18[28] mostra-se uma das possíveis soluções para o problema das 8 rainhas.

Consideremos o predicado `perm` do Exemplo 7.10.13. Uma permutação de uma lista de n elementos inteiros (entre 1 e n) pode ser considerada como uma representação da colocação das rainhas num tabuleiro de n por n, em que se o elemento na posição k da lista é n_k, então existe uma rainha colocada na posição (k, n_k) do tabuleiro, visto como um referencial cartesiano.

Para resolver o problema das 8 rainhas, não temos mais do que gerar as permutações da lista [1, 2, 3, 4, 5, 6, 7, 8] e verificar se a permutação gerada corresponde a uma colocação de rainhas sem ataques:

```
rainhas8(R) :- perm([1, 2, 3, 4, 5, 6, 7, 8], R),
               sem_ataques(R).
```

Este programa utiliza uma técnica conhecida por *geração e teste*[29]: é gerado

---

[28]Figura obtida de www.stetson.edu/~efriedma/mathmagic/0201.html.
[29]Do inglês, "*generate-and-test*".

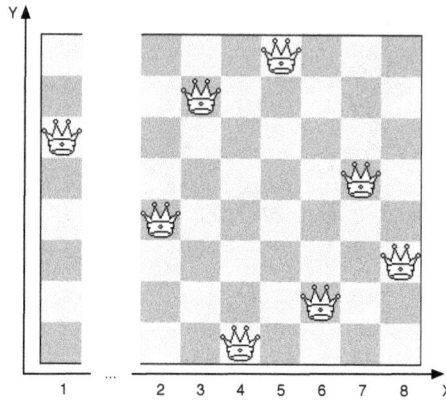

Figura 7.19: Argumentos iniciais de sem_ataque_direita.

um valor para uma variável (no nosso exemplo, R) que depois é testado para
verificar se esse valor apresenta as propriedades desejadas. Em caso afirmativo,
o programa está concluído, em caso contrário retrocede-se gerando um novo
valor e assim sucessivamente.

O predicado sem_ataques terá que verificar, para cada rainha, se não existe
nenhuma outra rainha que a ataque. Note-se que como estamos a trabalhar
com as permutações de uma lista, não temos que verificar se existem duas
rainhas na mesma linha nem na mesma coluna.

O predicado sem_ataque_direita/2 tem o seguinte significado: a expressão
sem_ataque_direita(X, T), afirma que a rainha que está colocada na coluna
X não ataca nenhuma das rainhas colocadas nas colunas à direita da sua coluna,
no tabuleiro T.

Na Figura 7.19 mostramos esquematicamente a situação na execução do objetivo sem_ataque_direita(1, P) relativamente à solução apresentada na Figura 7.18. O primeiro argumento corresponde à indicação que estamos a considerar a coluna 1 e o segundo argumento indica o tabuleiro em consideração,
o qual pode ser separado na primeira coluna e no tabuleiro à sua direita. Este
literal irá considerar sucessivamente todas as colunas.

O predicado sem_ataque_individual/4 tem o seguinte significado: a expressão
sem_- ataque_individual(X1, Y1, X2, R), afirma que a rainha que está colocada na coluna X1 e na linha Y1, não ataca nenhuma das rainhas colocadas a
partir da coluna X2 no tabuleiro R. Para isso, este predicado verifica individu-

almente se não existe ataque, predicado `nao_se_atacam/4`, entre a rainha em X1, Y1 e a rainha em cada uma das colunas.

A expressão `nao_se_atacam(X1, Y1, X2, Y2)`, afirma que a rainha que está colocada na coluna X1 e na linha Y1 não ataca a rainha que está colocada na coluna X2 e na linha Y2. Dadas as circunstâncias do nosso problema, para isso, basta verificar que as duas rainhas não se encontram na mesma diagonal.

```
sem_ataques(P) :- sem_ataque_direita(1, P).

sem_ataque_direita(_, []).

sem_ataque_direita(X1, [Y1 | R]) :-
                    X2 is X1 + 1,
                    sem_ataque_individual(X1, Y1, X2, R),
                    sem_ataque_direita(X2, R).

sem_ataque_individual(_, _, _, []).

sem_ataque_individual(X1, Y1, X2, [Y2 | R]) :-
                    nao_se_atacam(X1, Y1, X2, Y2),
                    NovoX2 is X2 + 1,
                    sem_ataque_individual(X1, Y1, NovoX2, R).

nao_se_atacam(X1, Y1, X2, Y2) :-  abs(X1 - X2) =\= abs(Y1 - Y2).
```

Com este programa, obtemos a interação:

```
?- rainhas8(X).
X = [1, 5, 8, 6, 3, 7, 2, 4] ;
X = [1, 6, 8, 3, 7, 4, 2, 5] ;
X = [1, 7, 4, 6, 8, 2, 5, 3] ;
X = [1, 7, 5, 8, 2, 4, 6, 3] ;
X = [2, 4, 6, 8, 3, 1, 7, 5] ;
X = [2, 5, 7, 1, 3, 8, 6, 4] ;
X = [2, 5, 7, 4, 1, 8, 6, 3] ;
X = [2, 6, 1, 7, 4, 8, 3, 5] ;
X = [2, 6, 8, 3, 1, 4, 7, 5] ;
X = [2, 7, 3, 6, 8, 5, 1, 4] ;
X = [2, 7, 5, 8, 1, 4, 6, 3] ;
...
```

Exemplo 7.10.15 (Remoção de elementos repetidos) Suponhamos que queríamos escrever em PROLOG um predicado de dois elementos chamado remove_repetidos. A expressão remove_repetidos(L1, L2) significa que a lista L2 tem os mesmos elementos que a lista L1 mas sem elementos repetidos.

Podemos pensar em escrever o seguinte programa:

```
rem_rep_err([], []).

rem_rep_err([P | R], L) :- membro(P, R), rem_rep_err(R, L).

rem_rep_err([P | R], [P | L]) :- rem_rep_err(R, L).
```

em que membro é o predicado definido no Exemplo 7.10.3. Com este programa obtemos a interação:

```
rem_rep_err([a, c, c, a, b, c], X).
X = [a, c, b].
```

que parece indicar que o nosso programa está correto. No entanto, se pedirmos respostas alternativas, obtemos a interação:

```
?- rem_rep_err([a, c, c, a, b, c], X).
X = [a, c, b] ;
X = [c, a, b, c] ;
X = [a, b, c] ;
X = [c, a, b, c] ;
X = [c, a, b, c] ;
X = [c, c, a, b, c] ;
X = [a, a, b, c] ;
X = [a, c, a, b, c] ;
X = [a, a, b, c] ;
X = [a, c, a, b, c] ;
X = [a, c, a, b, c] ;
X = [a, c, c, a, b, c] ;
false.
```

Este programa, embora produza a resposta correta, produz várias respostas de que não estávamos à espera. O problema com o nosso programa é que o mecanismo de retrocesso vai fazer com que a regra com cabeça rem_rep_err([P | R], [P | L]) e com corpo rem_rep_err(R, L) seja usada mesmo no caso em que P é membro de R.

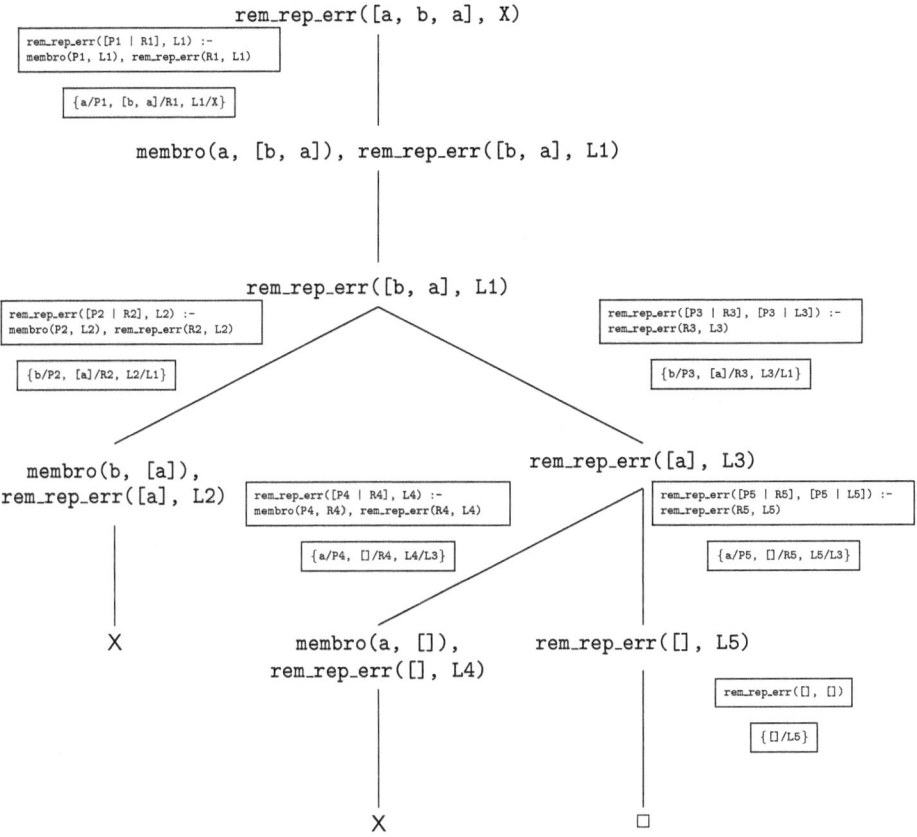

Figura 7.20: Obtenção da primeira resposta.

Na Figura 7.20 mostramos a árvore SLD gerada até à obtenção da primeira resposta (mostramos apenas a primeira cláusula encontrada e a respetiva substituição). Ao forçarmos a geração de respostas adicionais, o PROLOG irá retroceder até ao objetivo inicial, iniciando a produção de respostas erradas. ⊗

Para evitar situações como a que acabámos de apresentar, é possível dizer ao PROLOG que a partir de certo ponto não deve procurar mais soluções. Esta indicação é feita através do operador de corte.

7.11   O operador de corte

O operador de corte é utilizado para alterar a semântica procedimental do PROLOG, reduzindo o espaço de procura de soluções através de um controle explícito sobre o mecanismo de retrocesso.

A vantagem do operador de corte é a possibidade de indicar que num programa, certos ramos da árvore SLD que se sabe que não produzem soluções, não devem ser explorados. A desvantagem do operador de corte é a possibilidade de alterar inadvertidamente a semântica declarativa de um programa.

O operador de corte, representado por "!", é um átomo especial, utilizado como um literal numa cláusula. O objetivo "!" tem sempre sucesso, no entanto, como efeito secundário, a avaliação deste átomo origina a introdução de uma "barreira" no ramo da árvore SLD em que a cláusula com o operador de corte aparece, barreira essa que não pode ser ultrapassada durante o processo de retrocesso.

Exemplo 7.11.1 (Remoção de elementos repetidos – versão 2) Consideremos a seguinte variação do programa do Exemplo 7.10.15. Este programa utiliza o operador de corte para evitar o retrocesso após a descoberta de que um elemento está repetido na lista.

```
remove_repetidos([], []).

remove_repetidos([P | R], L) :- membro(P, R),
                                 !,
                                 remove_repetidos(R, L).

remove_repetidos([P | R], [P | L]) :- remove_repetidos(R, L).
```

Com este programa, obtemos o resultado esperado:

```
?- remove_repetidos([a, c, c, a, b, c], X).
X = [a, b, c] ;
false.
```

ⓔ

Exemplo 7.11.2 (Ligações em grafos – versão 2) Consideremos novamente o Exemplo 7.6.7 e suponhamos que escrevíamos o seguinte programa:

```
liga_ind(X, Y) :- liga(X, Y).

liga_ind(X, Z) :- liga(X, Y),
                  !,
                  liga_ind(Y, Z).
```

Este programa difere do programa do Exemplo 7.6.7 na segunda cláusula, na qual o operador de corte é colocado entre os literais liga(X, Y) e liga_ind(Y, Z).

De acordo com a semântica do operador de corte, esta cláusula tem a seguinte semântica procedimental "para tentar provar se X se liga indiretamente a Z, encontre-se uma ligação direta entre X e Y, esta será a *única* ligação direta a utilizar (a consequência do operador de corte), seguidamente, tente-se encontrar ligações indiretas entre Y e Z".

Com este programa, e com as afirmações apresentadas no Exemplo 7.6.7, obtemos a seguinte interação:

```
?- liga_ind(a, X).
X = h ;
X = b ;
X = i ;
X = g ;
false.
```

Note-se a diferença dos resultados obtidos relativamente ao Exemplo 7.6.7.

Na Figura 7.21 mostramos o processo de inferência e de retrocesso originado pela produção das duas primeiras respostas (X = h e X = b). Para facilitar a compreensão, nesta figura indicam-se, dentro de retângulos, as variantes de cláusulas e as substituições utilizadas.

Após os retrocessos indicados na Figura 7.21, a cláusula

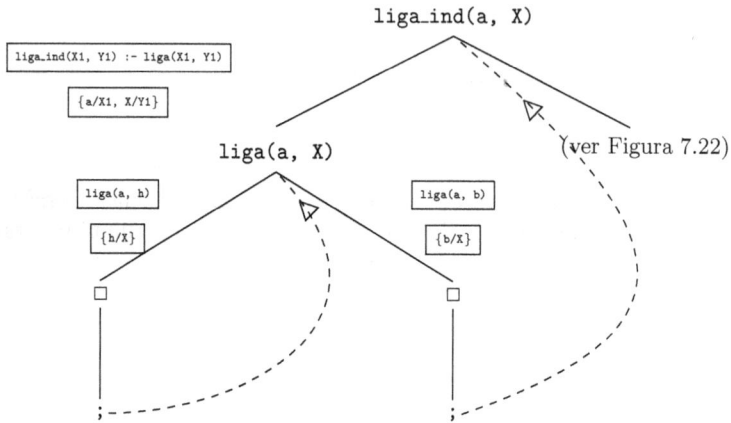

Figura 7.21: Retrocessos até `liga_ind(a, X)`.

$$\text{liga\_ind(X, Z) :- liga(X, Y), !, liga\_ind(Y, Z)}$$

é selecionada, originando o processo de inferência que se apresenta nas figuras 7.22 e 7.23. O literal `liga(a, X)` unifica com `liga(a, h)`, originando o objetivo

$$!, \text{liga\_ind(h, Z)}$$

O literal "!" tem sucesso, originando-se o objetivo `liga_ind(h, Z)`. Imediatamente após o sucesso do operador "!" gera-se uma "barreira" na árvore SLD que não permite o retrocesso a partir desse ponto (Figura 7.22).

Continuando a exploração da árvore, geram-se mais duas respostas, `X = i` (Figura 7.22) e `X = g` (Figura 7.23). A geração de respostas adicionais obrigaria a ultrapassar a "barreira" introduzida pelo operador de corte, pelo que o processo termina. No Exemplo 7.6.7, como não existe o operador de corte são produzidas respostas adicionais correspondendo a um retrocesso para além da "barreira" que não existe nesse exemplo. ⊛

Antes de prosseguir, convém clarificar a semântica do operador de corte. Seja G um objetivo que utiliza uma cláusula C cujo corpo contém o operador de corte. O operador de corte compromete o PROLOG com todas as escolhas que foram feitas desde a unificacção com a cláusula C até ao operador de corte. O

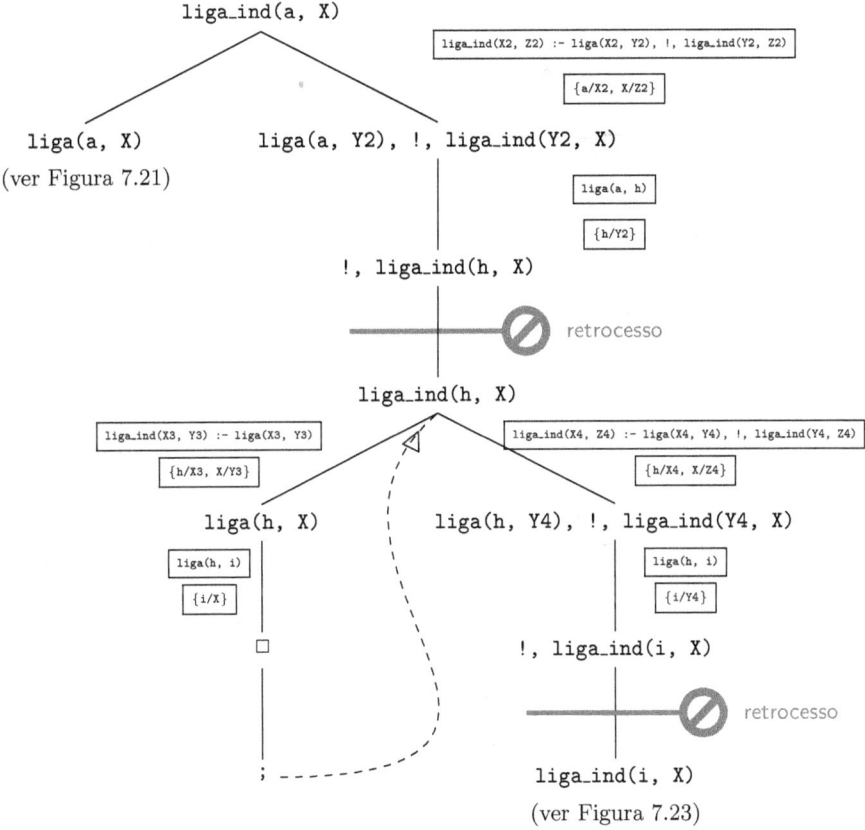

Figura 7.22: Retrocessos após liga_ind(a, X) (parte 1).

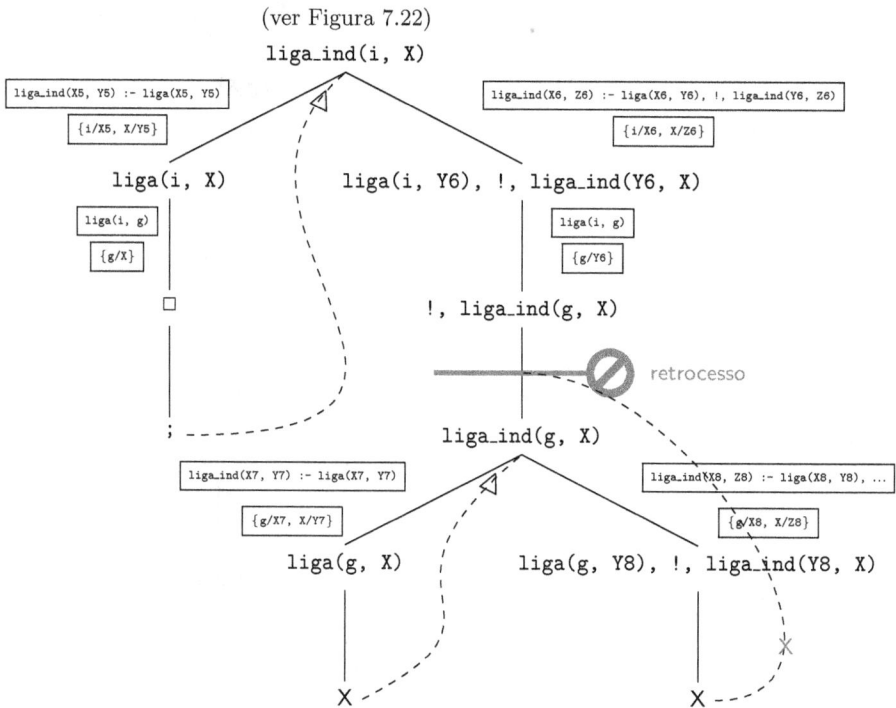

Figura 7.23: Retrocessos após liga_ind(a, X) (parte 2).

operador compromete também o PROLOG com a escolha de C para responder ao objetivo G. Note-se que é possível explorar outras alternativas utilizando o objetivo G como o seguinte exemplo mostra.

Exemplo 7.11.3 (Utilização do operador de corte) Consideremos o seguinte programa:

```
a(X, Y) :- q(X, Y).

a(0, 0).

q(X, Y) :- i(X), !, j(Y).

q(5, 5).

i(1).
i(2).
j(1).
j(2).
j(3).
```

Com este programa obtemos a interação, cuja árvore SLD correspondente se mostra na Figura 7.24.

```
?- a(X, Y).
X = 1,
Y = 1 ;
X = 1,
Y = 2 ;
X = 1,
Y = 3 ;
X = 0,
Y = 0 ;
false.
```

Note-se que o operador de corte aparece na cláusula cuja cabeça é q(X, Y), sendo possível o retrocesso para o objetivo a(X, Y). ⊛

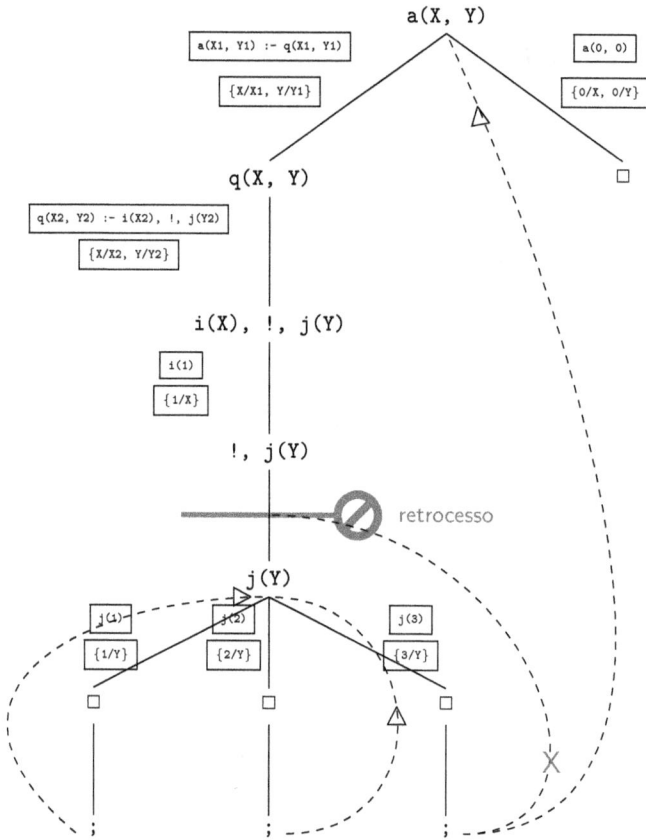

Figura 7.24: Retrocessos para cláusula que utilizou outra com o corte.

Exemplo 7.11.4 (Divisão de uma lista) Suponhamos que queremos escrever um programa que recebe um inteiro e uma lista de inteiros e que a divide em duas listas, verificando as duas seguintes condições: (1) todos os elementos da primeira lista são menores que o inteiro recebido; (2) todos os elementos da segunda lista são maiores ou iguais ao elemento recebido.

Seja `parte/4` um predicado com o seguinte significado: sendo N um inteiro, e L, L1 e L2 listas de inteiros, `parte(L, N, L1, L2)` afirma que todos os elementos da lista L1 são menores do que N e pertencem à lista L e todos os elementos da lista L2 são maiores ou iguais a N e pertencem à lista L.

Consideremos o programa:

```
parte([], _, [], []).

parte([P | R], N, [P | R1], L2) :- P < N,
                                    parte(R, N, R1, L2).

parte([P | R], N, L1, [P | R2]) :- P >= N,
                                    parte(R, N, L1, R2).
```

Com o qual obtemos a interação:

```
?- parte([2, 3, 5, 7], 4, L1, L2).
L1 = [2, 3],
L2 = [5, 7].

?- parte(L, 4, [1, 3], [6, 7, 8]).
L = [1, 3, 6, 7, 8].
```

Note-se, no entanto, que se a segunda cláusula tem sucesso, a terceira cláusula não o pode ter, visto ambas terem predicados complementares. Analisando o nosso programa, podemos concluir que após garantir que P < N na segunda cláusula, não vale a pena fazer retrocesso. O PROLOG não é capaz de inferir este facto, pelo que podemos modificar o nosso programa do seguinte modo com a introdução do operador de corte:

```
parte([], _, [], []) :- !.

parte([P | R], N, [P | R1], L2) :- P < N,
                                   !,
                                   parte(R, N, R1, L2).

parte([P | R], N, L1, [P | R2]) :- P >= N,
                                   !,
                                   parte(R, N, L1, R2).
```

A utilização do operador de corte na terceira cláusula (após P >= N) não é
necessária[30], sendo utilizado apenas por uma questão de simetria entre as duas
últimas cláusulas.

Analisando a nossa última versão do programa parte, podemos ser tentados
a pensar que o teste P >= N na última cláusula também não é necessário,
escrevendo assim, a seguinte versão *errada* de parte.

```
parte_com_erro([], _, [], []).

parte_com_erro([P | R], N, [P | R1], L2) :-
                        P < N,
                        !,
                        parte_com_erro(R, N, R1, L2).

parte_com_erro([P | R], N, L1, [P | R2]) :-
                        parte_com_erro(R, N, L1, R2).
```

A seguinte interação mostra o erro no nosso último programa:

```
?- parte_com_erro([4, 8, 1, 10], 7, [], [4, 8, 1, 10]).
true.
```

Na realidade, sendo o terceiro argumento a lista vazia, esta nunca vai unificar
com [P | R1] na segunda cláusula. Não existindo nenhum teste na última
cláusula, esta vai ser sempre utilizada, dando origem ao resultado errado. ⊛

---

[30]Deixamos como exercício a verificação desta afirmação.

Exemplo 7.11.5 (Quick sort) Utilizando o predicado `parte`, podemos escrever o seguinte programa que ordena os elementos de uma lista, contendo números, utilizando o "Quick sort":

```
quicksort([], []).

quicksort([P | R], L) :- parte(R, P, Menores, Maiores),
                         quicksort(Menores, Omenores),
                         quicksort(Maiores, Omaiores),
                         junta(Omenores, [P | Omaiores], L).
```

Ⓔ

Exemplo 7.11.6 (Junção de listas ordenadas) Suponhamos que queremos juntar duas listas de inteiros, ambas ordenadas por ordem crescente dos seus elementos, numa única lista ordenada.

Iremos considerar o predicado `junta_ord/3`. A expressão `junta_ord(L1, L2, L)` afirma que L é uma lista ordenada que corresponde à junção das listas ordenadas L1 e L2.

Consideremos o seguinte programa:

```
junta_ord(L, [], L).

junta_ord([], L, L).

junta_ord([P1 | R1], [P2 | R2], [P1 | R]) :-
                    P1 < P2,
                    junta_ord(R1, [P2 | R2], R).

junta_ord([P1 | R1], [P2 | R2], [P1 | R]) :-
                    P1 = P2,
                    junta_ord(R1, R2, R).

junta_ord([P1 | R1], [P2 | R2], [P2 | R]) :-
                    P1 > P2,
                    junta_ord([P1 | R1], R2, R).
```

Com este programa obtemos a interação:

```
?- junta_ord([1, 3, 5], [2, 4, 6], L).
L = [1, 2, 3, 4, 5, 6].
```

Analogamente ao que aconteceu com o Exemplo 7.11.4, podemos introduzir as seguintes instâncias do operador de corte para aumentar a eficiência do programa:

```
junta_ord(L, [], L) :- !.

junta_ord([], L, L) :- !.

junta_ord([P1 | R1], [P2 | R2], [P1 | R]) :-
                        P1 < P2,
                        !,
                        junta_ord(R1, [P2 | R2], R).

junta_ord([P1 | R1], [P2 | R2], [P1 | R]) :-
                        P1 = P2,
                        !,
                        junta_ord(R1, R2, R).

junta_ord([P1 | R1], [P2 | R2], [P2 | R]) :-
                        P1 > P2,
                        !,
                        junta_ord([P1 | R1], R2, R).
```

Ⓔ

Exemplo 7.11.7 (Perigos do corte) Consideremos o predicado, `menor/3`. A expressão `menor(V1, V2, V3)` afirma que `V3` é o menor dos elementos `V1` e `V2`. Este predicado pode ser definido trivialmente do seguinte modo:

```
menor(X, Y, X) :- X =< Y.

menor(X, Y, Y) :- X > Y.
```

Tendo em atenção que a primeira e a segunda cláusula deste programa abordam situações complementares, somos levados a introduzir o operador de corte, produzindo a seguinte versão do mesmo programa:

```
menor_1(X, Y, X) :- X =< Y, !.
```

```
menor_1(X, Y, Y) :- X > Y.
```

Podemos agora ser tentados a seguir o seguinte raciocínio: se a primeira cláusula não tem sucesso, então isso significa que X > Y, pelo que o teste da segunda cláusula é desnecessário. Produzimos assim, a seguinte versão *errada* do programa menor:

```
menor_2_com_erro(X, Y, X) :- X =< Y, !.

menor_2_com_erro(_, Y, Y).
```

O problema com este programa torna-se patente com a seguinte interação:

```
?- menor_2_com_erro(5, 10, 10).
true.
```

Na realidade, a primeira cláusula falha, não porque a condição X =< Y falha, mas sim porque não existe unificação com a cabeça da cláusula. Para evitar a necessidade do teste X > Y precisamos de alterar o programa do seguinte modo:

```
menor_3(X, Y, Z) :- X =< Y,
                    !,
                    Z = X.

menor_3(_, Y, Y).
```

ⒺⓍ

7.12   O falhanço forçado

Com o operador de corte, é útil poder afirmar que um dado predicado não tem sucesso. Esta operação pode ser feita recorrendo ao predicado fail/0 que força a geração de um nó falhado.

7.13   A negação em PROLOG

Recordemos do Exemplo 7.6.1 que o PROLOG assume a *hipótese do mundo fechado*, tudo aquilo que não é possível derivar das afirmações e regras existentes no programa é falso. A combinação da hipótese do mundo fechado com o operador de corte permite introduzir um tipo de negação chamada *negação por falhanço*.

A negação por falhanço permite tratar, de um modo limitado, regras com exceções, regras essas que são utilizadas na nossa vida quotidiana e que estão associadas a frases do tipo:

> Normalmente, A é verdadeiro;
> Tipicamente, A;
> Regra geral, A;
> Se não houver informação contrária, assumir A.

Por exemplo, dada a frase "normalmente as aves voam", ao tomarmos conhecimento da existência de uma dada ave, digamos Piupiu, poderemos ser levados a concluir que o Piupiu voa, embora exista um número infindável de exceções: avestruzes, pinguins, aves recém-nascidas, aves mortas, etc. É importante notar o facto de que a conclusão de que o Piupiu voa baseou-se não só na informação de que normalmente as aves voam e de que o Piupiu é uma ave, como também na suposição de que o Piupiu é uma ave normal no que diz respeito a voar. Esta suposição, por sua vez, baseia-se na *ausência* de informação sobre a não normalidade do Piupiu. Por esta razão, se viermos a saber mais tarde que por algum motivo o Piupiu não é normal no que diz respeito a voar, teremos de retirar a conclusão de que o Piupiu voa.

Note-se a diferença que existe entre a frase anterior e uma frase quantificada universalmente, como por exemplo, "todas as aves são mortais"; neste caso, se soubermos que o Piupiu é uma ave, podemos inferir que o Piupiu é mortal, e esta conclusão não é revisível: por muita nova informação que nos chegue, nunca abandonaremos a conclusão de que o Piupiu é mortal.

A negação por falhanço é usada em PROLOG através do metapredicado "\+", lido *não* (e cujo grafismo é originado no símbolo de não derivabilidade, ⊬), o qual pode ser definido do seguinte modo:

```
\+(P) :- P, !, fail.
\+(P).
```

Note-se que "\+" é um metapredicado pois este aplica-se a literais, ou seja, "\+" é um predicado de segunda ordem.

A semântica procedimental do programa anterior afirma o seguinte: "para responder ao objetivo \+(P), tente-se provar P, no caso de sucesso, não se retroceda a partir deste ponto e retorne-se insucesso; em caso contrário, ou seja, se P não for satisfeito pela cláusula anterior, então \+P é satisfeito.

Exemplo 7.13.1 (Entidades voadoras) Consideremos o seguinte programa em PROLOG:

```
voa(P) :- ave(P), \+ pinguim(P).

ave(gelido).
ave(piupiu).
pinguim(gelido).
```

Este programa especifica que uma dada entidade voa se for uma ave que não seja um pinguim. Com este programa obtemos a interação:

```
?- voa(gelido).
false.

?- voa(piupiu).
true.

?- voa(X).
X = piupiu ;
false.

?- \+ voa(X).
false.

?- \+ pinguim(X).
false.
```

É importante notar que o PROLOG "não sabe" quem são as entidades que não voam, nem quem são as entidades que não são pinguins, como o mostram as últimas linhas da interação anterior. ⊗

7.14 Operadores

O PROLOG permite-nos escrever expressões utilizando predicados e functores numa notação que difere da notação tradicional da lógica. Nas expressões em lógica de primeira ordem, tanto as letras de predicado como as letras de função são escritas imediatamente à esquerda da lista dos respetivos argumentos. Na nossa utilização quotidiana de operações aritméticas utilizamos a notação infixa, em que o nome da operação é escrito entre os argumentos dessa operação.

O PROLOG define o conceito de *operador*, uma letra de predicado ou uma letra de função (um functor) – na realidade, um átomo –, cuja utilização pode ser feita recorrendo a uma notação infixa, prefixa ou sufixa.

A aplicação de um operador é sintaticamente definida do seguinte modo[31]:

⟨aplicação de operador⟩ ::= ⟨termo⟩ ⟨operador⟩ ⟨termo⟩ |
                                           ⟨operador⟩ ⟨termo⟩ |
                                           ⟨termo⟩ ⟨operador⟩

⟨operador⟩ ::= ⟨átomo⟩

A primeira linha da definição de aplicação de operador define a notação infixa, a segunda, a notação prefixa e a terceira, a notação sufixa.

Um operador é simplesmente definido como um átomo, pois este pode corresponder quer a um functor quer a uma letra de predicado, casos em que a aplicação do operador corresponde, respetivamente, a um termo ou a um literal.

A utilização de um operador obriga-nos a considerar três aspetos, a prioridade, a posição e a associatividade.

Prioridade.   A prioridade é uma grandeza relativa à precedência do operador face às precedências dos outros operadores existentes numa expressão. Em PROLOG a prioridade é definida através de classes de prioridades, as quais estão associadas a valores inteiros. Quanto menor for o inteiro correspondente à classe de prioridade de um operador, mais fortemente o operador se liga aos operandos.

Exemplo 7.14.1 Se a prioridade do operador op1 for menor do que a prioridade do operador op2, então a expressão a op1 b op2 c é interpretada como (a op1 b) op2 c. ⊛

Evidentemente, a utilização de parênteses pode ser usada para alterar a ordem de aplicação de operadores.

Em PROLOG, as classes de prioridades correspondem a valores inteiros entre 1 e 1200. Cada operador pré-definido está associado a uma dada classe de prioridades. Na Tabela 7.6 apresentamos as classes de prioridades para os operadores existentes em PROLOG.

Exemplo 7.14.2 Consultando a Tabela 7.6, verificamos que o operador * tem a prioridade 400, que o operador + tem a prioridade 500 e que o operador is

---

[31]Esta definição estende as definições de termo composto e de literal, apresentadas, respetivamente, nas páginas 264 e 265.

Prioridade	Tipo	Operador
1200	xfx	-->, :-
1200	fx	:-, ?-
1100	xfy	;, |
1050	xfy	->, op*->
1000	xfy	,
954	xfy	\
900	fy	\+
900	fx	~
700	xfx	<, =, =.., =@=, =:=, =<, ==, =\=, >, >=, @<, @=<, @>, @>=, \=, \==, is
600	xfy	:
500	yfx	+, -, /\, \/, xor
500	fx	+, -, ?, \
400	yfx	*, /, //, rdiv, <<, >>, mod, rem
200	xfx	**
200	xfy	^

Tabela 7.6: Prioridade dos operadores existentes em PROLOG.

tem a prioridade 700. Estas classes de prioridades são as responsáveis pelo resultado obtido na interação:

```
?- X is 3 + 2 * 5.
X = 13.
```

Na realidade, o operador de prioridade mais baixa é *, sendo aplicado em primeiro lugar, seguido da aplicação do operador + e, finalmente, da aplicação do operador is. ⊗

Posição. A posição especifica a representação externa da utilização do operador, a qual pode ser prefixa, infixa ou sufixa. Numa operação com representação prefixa o operador aparece antes do operando, como é o caso do operador número simétrico, por exemplo, -5; numa operação com representação infixa o operador aparece entre os operandos, que apenas podem ser dois, como é o caso do operador de adição, por exemplo, 5 + 2; e numa operação com representação sufixa o operador aparece depois do operando, como é o caso do operador fatorial, por exemplo, 3!.

Em PROLOG a posição de um operador é definida através do recurso a um conjunto de designações, representadas pelos átomos fx, fy, xf, yf, xfx, xfy e yfx. Estas designações podem ser vistas como padrões em que f designa o operador e x e y designam os operandos:

- As designações fx e fy especificam que o operador é unário e é escrito em notação prefixa. A diferença entre elas refere-se à associatividade da operação.

- As designações xf e yf especificam que o operador é unário e é escrito em notação sufixa. A diferença entre elas refere-se à associatividade da operação.

- As designações xfx, xfy e yfx especificam que o operador é binário, e é escrito em notação infixa. A diferença entre elas refere-se à associatividade da operação.

Associatividade. A associatividade de um operador define como é que o operador se combina consigo próprio ou com outros operadores com a mesma classe de prioridade. A associatividade é importante quando numa expressão aparecem várias utilizações do mesmo operador ou aparecem várias utilizações de operadores com a mesma classe de prioridade. Consideremos, por exemplo, a expressão $10 - 5 - 2$. Qual a ordem da avaliação desta expressão? Será que a expressão é equivalente a $(10 - 5) - 2$, ou que a expressão é equivalente a $10 - (5 - 2)$? A resposta a esta questão é dada através da associatividade dos operadores.

A associatividade de um operador é definida através da utilização dos átomos x ou y juntamente com a especificação da posição do operador:

- A utilização de um y significa que o operando correspondente pode conter operadores com a mesma classe de prioridade ou com classe de prioridade mais baixa do que a classe de prioridade correspondente ao operador f.

- A utilização de um x significa que cada operador existente no operando deve ter uma prioridade estritamente mais baixa do que a classe de prioridade correspondente ao operador f.

Exemplo 7.14.3 Seja ⊛ um operador binário em PROLOG[32] e consideremos a expressão a ⊛ b ⊛ c. Esta expressão pode ter duas leituras distintas,

- (a ⊛ b) ⊛ c

---

[32]Propositadamente utilizamos um símbolo que não corresponde a nenhum operador existente em PROLOG.

Especificação	Tipo de operador	Associatividade
fx	prefixo	Não associativo
fy	prefixo	Associatividade à direita
xfx	infixo	Não associativo
xfy	infixo	Associatividade à direita
yfx	infixo	Associatividade à esquerda
xf	sufixo	Não associativo
yf	sufixo	Associatividade à esquerda

Tabela 7.7: Possíveis especificações de posição e de associatividade.

ou

● a ⊛ (b ⊛ c),

nas quais a utilização de parenteses força uma das possíveis leituras.

1. Supondo que o operador ⊛ é definido por yfx, então apenas a primeira leitura é considerada, pois a designação yfx não permite que o segundo operando contenha um operador com a mesma classe de prioridade que ⊛. Ou seja, a designação yfx força a *associatividade à esquerda*.

2. Supondo que o operador ⊛ é definido por xfy, então apenas a segunda leitura é considerada, pois a designação xfy não permite que o primeiro operando contenha um operador com a mesma classe de prioridade que ⊛. Ou seja, a designação xfy força a *associatividade à direita*.

3. Supondo que o operador ⊛ é definido por xfx, então nenhuma das leituras é considerada. Ou seja, a designação xfx não permite a associatividade. Ⓔ

Exemplo 7.14.4 Seja ⊚ um operador unário do tipo prefixo em PROLOG[33] e consideremos a expressão ⊚ ⊚ a. Esta expressão estará sintácticamente correta, tendo o significado ⊚(⊚(a)), se o operador ⊚ for definido por fy, mas será uma expressão ilegal se este operador for definido por fx. Ⓔ

Na Tabela 7.7 apresentamos um resumo das possíveis especificações para a posição e a associatividade de um operador. Na Tabela 7.6 apresentamos a prioridade e o tipo de todos os operadores pré-definidos existentes em PROLOG[34].

---

[33]*Ibid.*

[34]Uma descrição completa do significado dos operadores que não são abordados neste livro pode ser consultada em [Deransart, Ed-Dbali e Cervoni 96].

Existe um predicado pré-definido, `current_op/3`, que estabelece a relação entre
a prioridade, a associatividade e o nome da cada operador existente em PROLOG.
A expressão `current_op(P, A, Op)` afirma que o operador `Op` tem prioridade
`P` e associatividade `A`.

Exemplo 7.14.5 Consideremos a seguinte interação:

```
?- current_op(Prioridade, Associatividade, *).
Prioridade = 400,
Associatividade = yfx.

?- current_op(Prioridade, Associatividade, -).
Prioridade = 200,
Associatividade = fy ;
Prioridade = 500,
Associatividade = yfx.
```

A interação anterior mostra que o operador "−" tem duas possíveis utilizações,
ou em notação prefixa, com classe de prioridade 200, como na expressão −5, ou
em notação infixa, com prioridade 500, como na expressão 5 − 2.

```
?- current_op(Prioridade, Associatividade, is).
Prioridade = 700,
Associatividade = xfx.
```

A interação anterior mostra que o operador "is" apenas pode ser utilizado em
notação infixa. Este aspeto não invalida que utilizemos o predicado "is" como
um predicado normal, como o mostra a seguinte interação:

```
?- is(X, 2 + 3).
X = 5.
```

Ⓔ🅧

7.15   Execução forçada

Consideremos novamente a definição de uma *regra* apresentada na página 267:

⟨regra⟩ ::= ⟨literal⟩ :− ⟨literais⟩.

e suponhamos que consideramos a hipótese de um literal ser "*nada*". A regra

:- ⟨literais⟩.

pode ser interpretada procedimentalmente como: para provar "*nada*", prove os literais a seguir ao símbolo ":-". A expressão anterior é considerada como um comando de execução forçada dos literais que surgem após o símbolo ":-".

7.16 Definição de novos operadores

Em PROLOG é possível definir novos operadores, especificando se a sua utilização utiliza a notação prefixa, infixa ou sufixa. Esta definição pode ser realizada em relação a termos ou em relação a predicados. Para a definição novos operadores, o PROLOG fornece o predicado op com a seguinte sintaxe:

$$op(⟨prioridade⟩, ⟨posição⟩, ⟨nome⟩)$$

Esta expressão é lida como "o operador nome é definido com a prioridade prioridade e a posição posição". A prioridade define a prioridade do operador, tal como descrito na página 340, a posição especifica o tipo do operador a definir, prefixo, infixo ou sufixo, e a sua associatividade, tal como definido nas páginas 341 e 342, e o nome corresponde ao átomo que representa o nome do operador a definir.

Exemplo 7.16.1 (Prioridade de operadores) As expressões

```
:- op(1000, xfy, ou).
:- op(900, xfy, e).
```

definem dois operadores binários, com associatividade à direita, cujos nomes são ou e e e as prioridades são, respetivamente, 1000 e 900. Note-se que estamos a utilizar a execução forçada (ver a Secção 7.15).

Como sabemos, a diferença de prioridades significa que o operador e toma precedência sobre o operador ou, ou seja, por exemplo, que a expressão A e B ou C é interpretada como (A e B) ou C.

Sabemos também que a associatividade à direita significa que em expressões com o mesmo operador, as operações correspondentes são executadas da direita para a esquerda, ou seja, por exemplo, que a expressão A e B e C é avaliada como A e (B e C). ⊛

Exemplo 7.16.2 (Avaliação de operações lógicas) Consideremos agora o seguinte programa em PROLOG para a avaliação de expressões lógicas. Neste programa são definidos quatro operadores nao, e, ou e implica, permitido a formação e a avaliação de operações com estes operadores.

O predicado tv_⟨op⟩ define a tabela de verdade para o operador op, representando v e f, respetivamente, os valores lógicos *verdadeiro* e *falso*.

```
:- op(1000, xfy, ou).
:- op(1000, xfy, implica).
:- op(900, xfy, e).
:- op(600, fy, nao).

tv_nao(v, f).
tv_nao(f, v).

tv_e(v, v, v).
tv_e(v, f, f).
tv_e(f, v, f).
tv_e(f, f, f).

tv_ou(v, v, v).
tv_ou(v, f, v).
tv_ou(f, v, v).
tv_ou(f, f, f).

avalia(A, A) :- atomic(A), !.

avalia(A, A) :- var(A), !.

avalia(A e B, C) :- !,
                avalia(A, A1),
                avalia(B, B1),
                tv_e(A1, B1, C).

avalia(A ou B, C) :- !,
                avalia(A, A1),
                avalia(B, B1),
                tv_ou(A1, B1, C).

avalia(nao A, C) :- !,
                avalia(A, A1),
                tv_nao(A1, C).
```

```
avalia(A implica B, C) :- avalia(A ou nao B, C).
```

Com este programa obtemos a interação:

```
?- avalia(v e X, Y).
X = Y,
Y = v ;
X = Y,
Y = f.

?- avalia(nao X, Y).
X = v,
Y = f ;
X = f,
Y = v.

?- avalia(X implica Y, v).
X = Y,
Y = v ;
X = v,
Y = f ;
X = Y,
Y = f.
```

A diferença entre as prioridades dos operadores é ilustrada pela seguinte interação:

```
?- avalia(f e f ou v, X).
X = v.

?- avalia(f ou f e v, X).
X = f.
```

Ⓔ

7.17 O PROLOG como linguagem de programação

O paradigma da programação em lógica difere de um modo significativo do paradigma da programação imperativa, que funciona baseado em iteração e efeitos secundários, e do paradigma da programação funcional, que utiliza a recursão e a substituição de parâmetros em funções. O paradigma da programação em lógica é baseado no princípio da resolução, sendo guiado pela operação de unificação.

Por outro lado, tanto a programação imperativa como a programação funcional assumem que os dados de entrada são fornecidos ao programa, sendo a computação descrita através de operações que calculam valores a partir dos dados existentes. Nestes paradigmas, tanto a atribuição como a ligação entre valores e variáveis são utilizadas para preservar dados para utilização futura. A programação em lógica, de um modo geral, não faz a distinção entre dados de entrada e dados de saída, aspeto que é designado por polimodalidade.

A programação em lógica corresponde a um modelo de computação através do qual o programador indica as propriedades lógicas de um valor desconhecido, não especificando o algoritmo para atingir um resultado, mas relegando para o processo de computação o modo de o descobrir (ou de dizer que este não existe). Idealmente, o programador não define a natureza do processo computacional ou a ordem exata pela qual as instruções são executadas (o modo como a computação se desenrola), sendo esta ordem estabelecida pelo mecanismo de inferência. O programador limita-se a definir entidades, factos, relações entre entidades bem como regras cujas conclusões podem ser inferidas com base nas entidades existentes.

Ao caracterizar o PROLOG como linguagem de programação, iremos considerar os aspetos que tipicamente são considerados na comparação de linguagens de programação: tipos de informação; mecanismos de ligação de valores a variáveis; mecanismos de controle de execução das instruções e mecanismos de definição e manipulação de estruturas de informação. Na Secção 7.17.4, consideramos um outro aspeto menos vulgar em linguagens de programação, mas que é comum a algumas linguagens desenvolvidas na área de Inteligência Artificial, nomeadamente, o PROLOG e o LISP.

7.17.1 Tipos

No que respeita os tipos de informação, o PROLOG é uma linguagem sem declaração de tipos, utilizando estruturas de informação de modo flexível e sem declaração prévia[35].

O domínio de uma variável é a regra (cláusula) em que esta se encontra; o domínio de qualquer outro nome (constante, functor ou nome de predicado) é

---

[35]Ver, no entanto, o predicado **dynamic** apresentado na página 356.

o programa completo. As variáveis são ligadas durante a execução do programa como resultado da operação de unificação. A verificação do tipo de uma variável é feita, durante a execução, quando o programa tenta utilizar o seu valor.

O PROLOG apresenta dois tipos de dados elementares, os átomos e os números. Os tipos estruturados são definidos através de termos compostos (estruturas), existindo a lista como um tipo pré-definido, com uma representação externa própria, sendo representada internamente pelo functor ".".

7.17.2 Mecanismos de controle

Um programa em PROLOG não especifica explicitamente o algoritmo para atingir os resultados. Especificam-se, através de uma linguagem declarativa, entidades, propriedades e relações entre entidades. A dependência do programa da ordem pela qual são escritas as cláusulas é um aspeto que difere da programação em lógica teórica (como descrita no Capítulo 6).

Sabemos que a ordem pela qual as cláusulas são escritas num programa tem uma influência significativa na execução do programa, podendo determinar se este termina ou não, a ordem das respostas fornecidas pelo programa e a eficiência do programa. Sob o ponto de vista dos mecanismos de controle da execução das instruções, o PROLOG é semelhante a uma linguagem convencional, desde que não exista retrocesso. Numa regra, os literais são executados da esquerda para a direita, sendo a procura de literais a executar realizada pela ordem em que as regras aparecem no programa.

Adicionalmente à ordem pelas qual as cláusulas são escritas num programa, existem outros aspetos que permitem o controle sobre a ordem de execução das cláusulas. O mais importante destes aspetos é o operador de corte.

Não existem, explicitamente, estruturas de seleção, embora o PROLOG forneça a operação condicional que permite traduzir para a programação em lógica as instruções "if–then–" e "if–then–else–" existentes em linguagens imperativas e em linguagens funcionais.

Antes de apresentar a operação condicional, convém referir que esta pode ser simulada recorrendo ao operador de corte, como o indica o seguinte programa:

```
condicional :- teste, !, literal1.
condicional :- literal2.
```

o qual corresponde à estrutura de controle "if teste then literal1 else literal2".

A *operação condicional* corresponde à utilização do predicado pré-definido ->/2, o qual pode também ser utilizado como um operador. A combinação do predicado -> com a disjunção (;) permite criar uma cláusula que corresponde a um "if–then–else–".

A sintaxe da operação condicional é a seguinte[36]:

⟨operação condicional⟩ ::= ⟨literal⟩ -> ⟨literais⟩ |
                ->(⟨literal⟩, ⟨literais⟩) |
                ⟨literal⟩ -> ⟨literais⟩ ; ⟨literais⟩ |
                ; (->(⟨literal⟩, ⟨literais⟩), ⟨literais⟩)

Ao encontrar um literal da forma **teste** -> literais$_1$; literais$_2$, o PROLOG executa o literal **teste**. Se este tem sucesso, o PROLOG compromete-se com a substituição obtida, proibindo o retrocesso a partir daí (tal como no caso da utilização do operador de corte) e executa os literais literais$_1$, em caso contrário, o PROLOG executa os literais literais$_2$. O mecanismo de retrocessso pode gerar soluções alternativas para literais$_1$ ou para literais$_2$, mas não pode gerar soluções alternativas para **teste**. Um literal da forma **teste** -> literais é equivalente a **teste** -> literais ; `fail`.

Recorrendo à operação condicional, podemos escrever o predicado `condicional`, apresentado anteriormente, do seguinte modo:

```
condicional :- teste -> literal1 ; literal2.
```

Esta equivalência mostra que a operação condicional não é mais do que "açúcar sintáctico" para uma combinação do operador de corte e de alternativas para a mesma cláusula.

Exemplo 7.17.1 O predicado **menor** do Exemplo 7.11.7, pode ser escrito do seguinte modo utilizando o operador condicional:

```
menor(X, Y, Z) :- X =< Y -> Z = X ; Z = Y.
```

Ⓔ

Exemplo 7.17.2 (Fatorial – versão 3) Consideremos a definição de `factorial` do Exemplo 7.7.5. Utilizando o operador condicional, podemos escrever a seguinte versão alternativa deste programa:

```
fatorial(N, F) :- N = 1
                  ->
                  F is 1
                  ;
                  Nmenos1 is N - 1,
                  fatorial(Nmenos1, FNmenos1),
                  F is FNmenos1 * N.
```

Um *ciclo* em PROLOG pode ser simulado recorrendo a um gerador[37].

Exemplo 7.17.3 Considerando o gerador de números inteiros

```
inteiro(1).
inteiro(N) :- inteiro(M), N is M+1.
```

podemos escrever o seguinte programa que, através de um ciclo, escreve os N primeiros números inteiros

```
ciclo_inteiros(N) :- inteiro(I),
                     write(I),
                     nl,
                     I = N, !.
```

Note-se que enquanto I for menor que N, o predicado de unificação falha e o mecanismo de retrocesso gera uma alternativa adicional, recorrendo ao gerador. Quando I = N tem sucesso, o operador de corte não permite que sejam geradas mais alternativas.

O padrão de programação apresentado no Exemplo 7.17.3, contendo a combinação de um gerador com um teste que termina a execução é conhecido por *geração e teste* (ver a definição na página 321).

---

[37]Um *gerador* é qualquer mecanismo que faz com que uma expressão enumere múltiplos valores, quando solicitados.

Definindo o predicado `repete`[38]

```
repete.
repete :- repete.
```

podemos transformar qualquer predicado com efeitos secundários num gerador, como o mostra o seguinte programa:

```
le_fim(X)  :- repete, read(X), X = fim, !.
```

o qual repetitivamente lê valores até que o valor lido corresponda ao átomo `fim`.

7.17.3   Procedimentos e parâmetros

O PROLOG não fornece notação para a definição de funções (como produtoras de valores), apenas de relações. Num programa em PROLOG, cada função de n argumentos deve ser transformada numa relação de $n+1$ argumentos. Um outro aspeto a considerar, corresponde ao facto que em linguagens de programação tradicionais, existe uma diferença clara entre argumentos de uma função (como valores de entrada) e valores de funções (como valores produzidos pela função), no PROLOG, em consequência da polimodalidade, esta distinção não existe, exceto em casos em que a utilização de certas operações (por exemplo, a utilização do predicado `is`) assim o impõem.

Em PROLOG, a execução de um objetivo pode ser considerada como uma invocação de um procedimento, utilizando passagem de parâmetros por referência. A ordem dos literais numa regra corresponde à ordem pela qual os procedimentos são invocados.

A regra

$$c(\langle \text{args}_c \rangle) \;:\text{-}\; o_1(\langle \text{args}_1 \rangle), \;\ldots,\; o_n(\langle \text{args}_n \rangle)$$

pode ser considerada como o procedimento:

> **Procedimento** $c(\langle \text{args}_c \rangle)$
> $o_1(\langle \text{args}_1 \rangle)$
> $\ldots$
> $o_n(\langle \text{args}_n \rangle)$
> **fim**

---

[38]Na realidade, este predicado existe em PROLOG com o nome **repeat**.

A diferença em relação a outras linguagens de programação, surge no momento do retrocesso. Numa linguagem convencional, se um processo computacional não consegue prosseguir, gera-se um erro de execução. Em PROLOG o processo computacional retrocede para o último ponto de decisão em que existe uma alternativa e o processo continua através de um caminho diferente.

7.17.4 Homoiconicidade

O termo *homoiconicidade*[39] é utilizado para designar a propriedade de algumas linguagens de programação, nas quais a representação dos programas corresponde à principal estrutura de informação existente na linguagem. Historicamente, a primeira linguagem com esta propriedade foi o LISP, tendo esta sido herdada por todos os seus descendentes, incluindo o Scheme. O PROLOG é outra linguagem que apresenta a propriedade de homoiconicidade. Esta propriedade permite que um programa se modifique a si próprio.

Em PROLOG, a estrutura de informação básica é o termo composto, a aplicação de um functor a um certo número de argumentos. As próprias listas correspondem internamente à aplicação do functor "." (como se apresenta na página 308). Por outro lado, em PROLOG não existe diferença sintática entre um termo composto e um literal, sendo a distinção semântica realizada durante a execução do programa.

O PROLOG fornece um conjunto de predicados pré-definidos que permitem criar termos compostos e extrair informação contida em termos compostos:

- A expressão functor(T_c, F, Ar) afirma que o termo composto T_c utiliza o functor F com aridade Ar. O predicado functor/3 pode ser utilizado, tanto para decompor como para criar termos.

  Exemplo 7.17.4 Consideremos a seguinte interação:

  ```
  ?- functor(ad(marge, bart), ad, 2).
  true.

  ?- functor(ad(marge, bart), F, Ar).
  F = ad,
  Ar = 2.
  ```

---

[39]Do Grego "homo", significando o mesmo, e "ícone", significando representação. A criação desta designação é atribuída a Alan Kay [Kay, 1969].

```
?- functor(T, ad, 2).
T = ad(_G313, _G314).
```

O segundo objetivo mostra uma utilização da decomposição de termos,
na qual se obtém o functor de um termo composto e a sua aridade. O
terceiro objetivo corresponde a uma instância da criação de um termo
composto a partir do functor e da sua aridade. ⊗

- A expressão arg(N, T_c, Arg) afirma que Arg é o N-ésimo argumento do
  termo composto T_c. Este predicado é semelhante ao predicado functor,
  atuando sobre os argumentos de um termo composto.

  Exemplo 7.17.5 Consideremos a seguinte interação:

```
?- arg(1, ad(marge, bart), marge).
true.

?- arg(2, ad(marge, bart), Arg2).
Arg2 = bart.

?- arg(1, ad(X, Y), marge).
X = marge.
```

  ⊗

- A expressão T_c =.. Lst (ou de uma forma equivalente, =..(T_c, Lst))
  afirma que o primeiro elemento da lista Lst corresponde ao functor do
  termo composto T_c e que o resto da lista Lst corresponde aos argumentos
  do termo composto T_c.

  Exemplo 7.17.6 Consideremos a seguinte interação:

```
?- T =.. [ad, marge, bart].
T = ad(marge, bart).

?- ad(marge, bart) =.. [P | R].
P = ad,
R = [marge, bart].
```

  ⊗

Note-se que embora, à primeira vista, se possa pensar que o predicado =..
pode ser facilmente definido a partir dos predicados `functor` e `arg`, devido
à polimodalidade, precisamos de definir dois predicados, `termo_para_lis-`
`ta` e `lista_para_termo`. O predicado `termo_para_lista`, que transforma
um termo composto numa lista, é apresentado no seguinte programa:

```
termo_para_lista(Termo, [Func | Args]) :-
functor(Termo, Func, N), args(0, N, Termo, Args).
args(N, N, Termo, []).

args(I, N, Termo, [Arg | Args]) :-
I < N,
I_mais_um is I + 1,
arg(I_mais_um, Termo, Arg),
args(I_mais_um, N, Termo, Args).
```

e com o qual obtemos a interação

```
?- termo_para_lista(fn(a1, a2, a3), L).
L = [fn, a1, a2, a3].

?- termo_para_lista(T, [fn, a1, a2, a3]).
ERROR: functor/3: Arguments are not sufficiently instantiated
```

A escrita do predicado `lista_para_termo`, que transforma uma lista num
termo composto, é deixada como exercício.

Em paralelo com a possibilidade da construção de termos durante a execução de
um programa, o PROLOG fornece também a possibilidade de criar um objetivo
para provar um literal.

O procedimento pré-definido `call/1` tem sucesso apenas se o objetivo correspondente ao seu argumento tem sucesso. À primeira vista, pode parecer
que este predicado é redundante, pois para um literal existente, por exemplo,
`ant(srB, X)`, o objetivo "..., `call(ant(srB, X))`, ..." é equivalente a
"..., `ant(srB, X)`, ...". No entanto, a utilidade deste predicado torna-se
evidente quando, num programa, se criam literais recorrendo aos predicados
`functor`, `arg` e =.., como é ilustrado no seguinte exemplo:

Exemplo 7.17.7 Assumindo que P, X e Y são variáveis adequadamente instanciadas, a construção de um literal e a execução do objetivo correspondente
a esse literal pode ser efetuada através da sequência

```
..., L =.. [P, X, Y], call(L), ...
```

ao passo que, nas mesmas circunstâncias a sequência

```
..., P(X, Y), ...
```

origina um erro. ⊗

Antes de abordar o modo de alterar as cláusulas num programa, convém referir que cada predicado definido pelo programador é ou estático ou dinâmico. Um predicado *dinâmico* pode ser alterado durante a execução de um programa, ao passo que um predicado *estático* não pode ser alterado. Todos os predicados pré-definidos são estáticos. Um predicado dinâmico é criado recorrendo ao comando

```
:- dynamic ⟨átomo⟩/⟨aridade⟩.
```

No qual, ⟨átomo⟩ corresponde ao nome do predicado e ⟨aridade⟩ à sua aridade.

Exemplo 7.17.8 O comando

```
:- dynamic ad/2.
```

define que o predicado de dois argumentos **ad** é um predicado dinâmico. ⊗

Num programa em PROLOG podemos adicionar novas cláusulas recorrendo aos predicados pré-definidos **asserta/1** e **assertz/1** e podemos remover cláusulas recorrendo ao predicado pré-definido **retract**. No caso da adição ou a remoção de claúsulas originar uma alteração a um predicado existente, este tem obrigatoriamente que ser um predicado dinâmico; no caso da adição de uma cláusula que refere um novo predicado, este é automaticamente tratado como um predicado dinâmico.

- A execução do objetivo **asserta(C)**, em que C é uma cláusula, origina a adição da cláusula C como a primeira linha do procedimento correspondente à cabeça da cláusula C. É importante notar que o efeito de adição de uma cláusula não é removido durante a fase de retrocesso, sendo a cláusula apenas removida como resultado da utilização do predicado **retract**.

Exemplo 7.17.9 Considerando o seguinte programa, correspondente a uma modificação do programa apresentado no Exemplo 7.6.1:

```
:- dynamic ad/2.
```

```
ad(marge, bart).
ad(srB, marge).
ant(X, Y) :- ad(X, Y).
ant(X, Z) :- ant(X, Y), ad(Y, Z).
```

A execução de

```
?- asserta(ad(pai_srB, srB)).
```

dá origem à seguinte modificação ao predicado **ad**:

```
?- listing(ad).
:- dynamic ad/2.

ad(pai_srB, srB).
ad(marge, bart).
ad(srB, marge).
```

(Ex)

- A execução do objetivo **assertz(C)**, em que C é uma cláusula, origina a adição da Cláusula C como a última linha do procedimento correspondente à cabeça da cláusula C. É importante notar que o efeito de adição de uma cláusula não é removido durante a fase de retrocesso, sendo a cláusula apenas removida como resultado da utilização do predicado **retract**.

- A execução do objetivo **retract(C)**, em que C é uma cláusula, origina a remoção da cláusula C do procedimento correspondente à cabeça da cláusula C.

Exemplo 7.17.10 Consideremos a função de Ackermann[40]:

$$A(m,n) = \begin{cases} n+1 & \text{se } m = 0 \\ A(m-1,1) & \text{se } m > 0 \text{ e } n = 0 \\ A(m-1, A(m, n-1)) & \text{se } m > 0 \text{ e } n > 0 \end{cases}$$

e o seguinte programa em PROLOG que corresponde à sua implementação:

```
a(0, N, V) :- V is N + 1.
```

---

[40]Tal como apresentada em [Machtey e Young, 1978], página 24.

```
a(M, 0, V) :- M > 0,
              M_menos_1 is M -1,
              a(M_menos_1, 1, V).

a(M, N, V) :- M > 0,
              N > 0,
              M_menos_1 is M -1,
              N_menos_1 is N -1,
              a(M, N_menos_1, V1),
              a(M_menos_1, V1, V).
```

Este programa, embora funcione, origina muitos cálculos repetidos. Para evitar a repetição de cálculos, podemos imaginar um predicado que vai memorizando os valores calculados. Este comportamento pode ser obtido definindo o predicado memoriza/1 e utilizando-o durante o cálculo dos valores da função de Ackermann como o mostra o seguinte programa:

```
:- dynamic(a/3).

a(0, N, V) :- V is N + 1.

a(M, 0, V) :- M > 0,
              M_menos_1 is M -1,
              a(M_menos_1, 1, V),
              memoriza(a(M, 0, V)).

a(M, N, V) :- M > 0,
              N > 0,
              M_menos_1 is M -1,
              N_menos_1 is N -1,
              a(M, N_menos_1, V1),
              a(M_menos_1, V1, V),
              memoriza(a(M, N, V)).

memoriza(L) :- asserta((L :- !)).
```

Convém fazer duas observações em relação ao programa anterior: (1) quando utilizamos os predicados asserta ou assertz com uma regra, necessitamos de um nível adicional de parênteses; (2) utilizamos o operador de corte nas cláusulas que adicionamos ao procedimento para evitar que outras cláusulas possam ser usadas quando o valor da função já é conhecido.

Com este programa obtermos a seguinte interação:

```
?- a(2, 2, V).
V = 7.

?- listing(a).
:- dynamic a/3.

a(2, 2, 7) :- !.
a(1, 5, 7) :- !.
a(1, 4, 6) :- !.
a(2, 1, 5) :- !.
a(1, 3, 5) :- !.
a(1, 2, 4) :- !.
a(2, 0, 3) :- !.
a(1, 1, 3) :- !.
a(1, 0, 2) :- !.

a(0, B, A) :- A is B+1.

a(A, 0, C) :- A>0,
              B is A+ -1,
              a(B, 1, C),
              memoriza(a(A, 0, C)).

a(A, B, F) :- A>0,
              B>0,
              D is A+ -1,
              C is B+ -1,
              a(A, C, E),
              a(D, E, F),
              memoriza(a(A, B, F)).
true.
```

Ⓔⓧ

7.18 Notas bibliográficas

Os primeiros passos em direção à Programação em Lógica foram dados por Robert Kowalski que apresentou a semântica procedimental para as cláusulas

de Horn [Kowalski e Kuehner, 1971], [Kowalski, 1986] e por Alain Colmerauer
que desenvolveu, em 1972, o primeiro interpretador de PROLOG [Colmerauer e
Roussel, 1993].

Os livros [Sterling e Shapiro, 1994] e [Clocksin e Mellish, 2003] apresentam
de uma forma detalhada e profunda a linguagem PROLOG e a sua utilização,
correspondendo a um excelentes complementos a este livro. O livro [Coelho
e Cotta, 1988] apresenta um leque muito alargado de exemplos de programas
em PROLOG. O livro [Levesque, 2012] recorre ao PROLOG para apresentar uma
excelente introdução ao raciocínio computacional. O livro [Deransart et al.,
1996] descreve de um modo completo e exaustivo o Standard ISO do PROLOG.

7.19   Exercícios

1. Considere as seguintes tabelas que representam, respetivamente, uma
   lista de fornecedores e as cidades em que estão localizados, uma lista de
   códigos de produtos e as quantidades de produtos existentes em armazém
   de cada um dos fornecedores.

Código do fornecedor	Nome	Atividade	Cidade
F001	Zé dos Parafusos	Fabricante	Carregado
F002	Branquinho	Importador	Lisboa
F003	Lar Ideal	Importador	Lisboa

Código do produto	Descrição
P001	Parafuso
P002	Broca
P003	Lavatório
P004	Sabonete
P005	Detergente

Código do fornecedor	Código do produto	Quantidade
F001	P001	30000
F001	P002	500
F002	P003	25
F002	P004	50000
F002	P005	50000
F003	P001	1000
F003	P002	50
F003	P003	5
F003	P005	500

   (a) Represente num programa em PROLOG a informação anterior.

   (b) Escreva objetivos para responder às seguintes perguntas:

      i. Quais os fornecedores de parafusos?

      ii. Quais os fornecedores de parafusos localizados em Lisboa?

      iii. Quais são as localizações (cidades) dos fornecedores de detergentes?

      iv. Quais os produtos disponíveis originários do Carregado?

2. Suponha que o programa do Exemplo 7.6.7 era escrito do seguinte modo:

```
liga(a, b).
liga(b, c).
liga(b, d).
liga(d, e).
liga(f, g).
liga(d, h).
liga(h, i).
liga(i, e).

liga_ind(X, Y) :- liga(X, Y).

liga_ind(X, Z) :- liga_ind(X, Y), liga(Y, Z).
```

Será que este programa tem o mesmo comportamento que o programa do Exemplo 7.6.7? Justifique a sua resposta.

3. Produza a árvore SLD gerada pelo seguinte programa em PROLOG:

```
j(a, b).
r(X) :- m(X, Y).
m(b, a) :- j(a, b).
m(X, Y) :- j(X, Y).
?- r(X).
```

4. Considerando a estrutura **data** apresentada na Secção 7.9, escreva programas em PROLOG para:

   (a) Determinar se uma data é correta (o reconhecedor para o tipo data). Tenha em atenção a possibilidade de um ano ser bissexto.

   (b) Determinar se duas datas são iguais (o teste para o tipo data).

   (c) Calcular a data do dia seguinte a uma dada data. Tenha em atenção a possibilidade de um ano ser bissexto.

5. Escreva um programa em PROLOG para calcular a diferença entre duas
   listas. Deverá definir o predicado dif_listas/3 com o seguinte significado: a expressão dif_listas(L1, L2, L3) afirma que a lista L3 contém
   os mesmos elementos que L1, pela mesma ordem, exceto que não contém
   os elementos que pertencem a L2. O seu programa deve evitar que o
   retrocesso produza respostas erradas. Por exemplo,

   ```
   ?- dif_listas([1, 2, 3, 4], [2, 3], L).
   L = [1, 4] ;
   false.
   ```

6. Escreva um programa em PROLOG para calcular o máximo divisor comum
   entre dois números utilizando o algoritmo de Euclides: O máximo divisor
   comum entre um número e zero é o próprio número; quando dividimos um
   número por um menor, o máximo divisor comum entre o resto da divisão
   e o divisor é o mesmo que o máximo divisor comum entre o dividendo e
   o divisor.

7. Considere a definição dos *números de Fibonacci*:

$$fib(n) = \begin{cases} 0 & \text{se } n = 0 \\ 1 & \text{se } n = 1 \\ fib(n-1) + fib(n-2) & \text{se } n > 1 \end{cases}$$

   Seja fib o predicado com o seguinte significado: fib(N, V) afirma que
   o N-ésimo número de Fibonacci é V.

   (a) Escreva um programa em PROLOG que implementa o predicado fib.

   (b) Qual a resposta do seu programa ao objetivo fib(X, 21)? Justifi-
       que a sua resposta.

8. Escreva um programa em PROLOG para responder a perguntas relativas
   a relações familiares. O seu programa deverá ser capaz de identificar as
   seguintes relações:

   - Filho / filha
   - Irmão / irmã
   - Primos direitos
   - Cunhado / cunhada
   - Tio / tia
   - Pai / mãe
   - Avô / avó

- Tios avós
- Antepassado
- Descendente

9. Escreva um programa em PROLOG para resolver o seguinte *puzzle*[41]:

   "O Homem Livre conhece cinco mulheres: Ada, Bea, Cyd, Deb e Eve.

   (a) As mulheres pertencem a duas faixas etárias, três mulheres têm mais de 30 anos e as outras duas têm menos de 30 anos.

   (b) Duas das mulheres são professoras e as outras três são secretárias.

   (c) A Ada e a Cyd pertencem à mesma faixa etária.

   (d) A Deb e a Eve pertencem a faixas etárias diferentes.

   (e) A Bea e a Eve têm a mesma profissão.

   (f) A Cyd a a Deb têm profissões diferentes.

   Das cinco mulheres, o Homem Livre vai casar-se com a professora com mais de 30 anos. Com que se vai casar o Homem Livre?"

10. Escreva em PROLOG o predicado `duplica_elementos/2` com o seguinte significado: `duplica_elementos(L1, L2)` afirma que a lista L2, constituída apenas por números, se obtém a partir da lista L1 duplicando o valor de todos os seus elementos. Por exemplo:

```
?- duplica_elementos([2, 4, 6], X).
X = [4, 8, 12].
```

11. Escreva em PROLOG o predicado `soma_elementos/2` com o seguinte significado: `soma_elementos(L, N)` afirma que a soma de todos os elementos da lista L, constituída apenas por números, é N.

12. Escreva em PROLOG o predicado `substitui/4` com o seguinte significado: a expressão `substitui(L1, De, Para, L2)` significa que a lista L2 é obtida a partir da lista L1, substituindo todas as ocorrências de De por Para. Com este predicado podemos obter a interação:

```
?- substitui([a, b, e, d, b], b, f, X).
X = [a, f, e, d, f].

?- substitui([a, b, e, d, b], X, Y, [a, f, e, d, f]).
X = b,
Y = f.
```

---

[41]De [Summers, 1972], página 6.

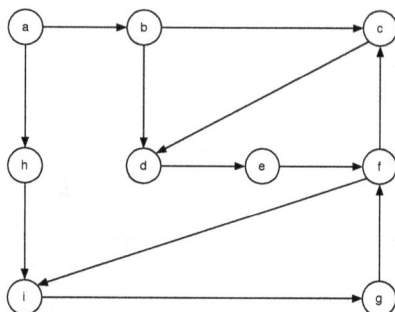

Figura 7.25: Grafo cíclico.

13. Modifique o programa do Exemplo 7.10.8 de modo que este consiga lidar com grafos contendo ciclos. Teste o seu programa com o grafo apresentado na Figura 7.25.

14. Considere o seguinte programa em PROLOG:

```
a_1(X, Y) :- b(X), c(Y).

a_2(X, Y) :- !, b(X), c(Y).

a_3(X, Y) :- b(X), !, c(Y).

a_4(X, Y) :- b(X), c(Y), !.

b(0).
b(1).

c(2).
c(3).
```

Diga quais as respostas dadas pelo PROLOG aos seguintes objetivos:

(a) a_1(X, Y).

(b) a_2(X, Y).

(c) a_3(X, Y).

(d) a_4(X, Y).

15. Explique qual o papel da quarta cláusula do programa do Exemplo 7.11.6.
    SUGESTÃO: analise o comportamento da seguinte modificação desse programa, no qual as duas últimas cláusulas são juntas numa única cláusula.

```
junta_ord(L, [], L) :- !.

junta_ord([], L, L) :- !.

junta_ord([P1 | R1], [P2 | R2], [P1 | R]) :-
                P1 < P2,
                !,
                junta_ord(R1, [P2 | R2], R).

junta_ord([P1 | R1], [P2 | R2], [P2 | R]) :-
                P1 >= P2,
                !,
                junta_ord([P1 | R1], R2, R).
```

16. Considere o seguinte programa em PROLOG:

```
voa(P) :- \+ pinguim(P), ave(P).

ave(gelido).
ave(piupiu).
pinguim(gelido).
```

Qual a resposta fornecida pelo PROLOG à questão Voa(X)? Discuta qual a diferença desta resposta em relação à resposta obtida no Exemplo 7.13.1.

Apêndice A

Manual de Sobrevivência em Prolog

I have come for advice.
That is easily got.
And help.
That is not always so easy.
Sherlock Holmes, *The Five Orange Pips*

A.1 Obtenção do PROLOG

A versão do PROLOG utilizada neste livro (o SWI-Prolog) é um programa de domínio público, produzido pelo grupo HCS da Universidade de Amsterdão e que pode ser obtido em[1]:

http://www.swi-prolog.org/Download.html

Na página correspondente a este endereço (Figura A.1), através da entrada "stable release", pode ser escolhido o sistema operativo e a versão a utilizar

---

[1] A utilização deste endereço poderá corresponder a uma versão mais recente da linguagem do que a utilizada neste livro. A linguagem e as figuras apresentadas correspondem à versão 6.2.6, disponível em abril de 2013. Carregamentos posteriores a essa data podem corresponder a uma nova versão do SWI-Prolog. O endereço da página de carregamento do SWI-Prolog poderá também, eventualmente, ser alterado.

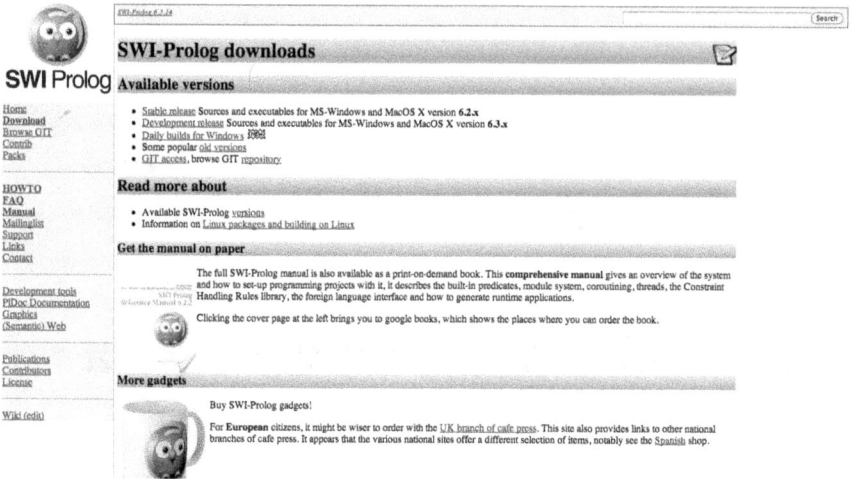

Figura A.1: Janela de carregamento do SWI-Prolog.

(Figura A.2).

Após o carregamento do código fonte do SWI-Prolog, este deve ser devidamente instalado, de acordo com as indicações fornecidas no ficheiro que é carregado. Estas instruções dependem do sistema operativo utilizado. Toda a discussão apresentada no resto deste apêndice pressupõe que o SWI-Prolog está instalado.

A.2   Início de uma sessão

Ao iniciar uma sessão com o SWI-Prolog, surge a seguinte mensagem:

```
Welcome to SWI-Prolog (Multi-threaded, 64 bits, Version 6.2.6)
Copyright (c) 1990-2012 University of Amsterdam, VU Amsterdam
SWI-Prolog comes with ABSOLUTELY NO WARRANTY. This is free software,
and you are welcome to redistribute it under certain conditions.
Please visit http://www.swi-prolog.org for details.

For help, use ?- help(Topic). or ?- apropos(Word).

?-
```

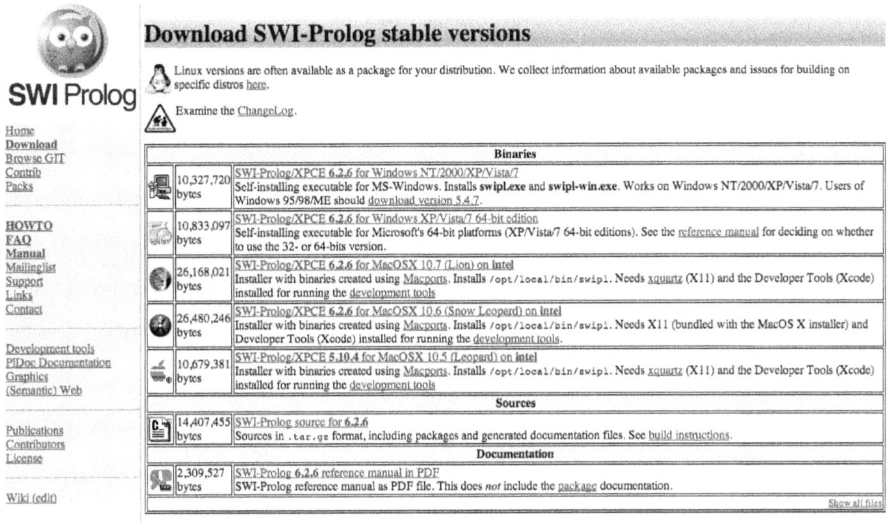

Figura A.2: Opções de acordo com o sistema operativo a utilizar.

O símbolo **?-** corresponde ao carácter de pronto do PROLOG, devendo todos os comandos ser fornecidos ao SWI-Prolog a partir dele.

A.3 Criação a alteração de programas

No SWI-Prolog os programas são criados e modificados como ficheiros de texto (ficheiros ASCII) com o recurso a qualquer editor de texto.

A.4 Regras de estilo

Tal como em qualquer linguagem de programação, em PROLOG existe um conjunto de *regras de estilo* cuja utilização é recomendada para facilitar a leitura dos programas. Estas regras contêm regras gerais de boas práticas na escrita de programas e regras específicas para o PROLOG.

Regras gerais

1. Devemos escolher nomes apropriados para as nossas variáveis, constantes, functores e nomes de predicados.

2. Devemos inserir comentários em pontos relevantes do programa. Os comentários são frases em linguagem natural que aumentam a facilidade de leitura do programa, explicando o significado dos nomes, os objetivos de partes do programa, certos aspetos do algoritmo, etc. Os comentários podem também ser expressões matemáticas provando propriedades sobre o programa.

   Em PROLOG, os comentários são delimitados pelos símbolos "/*" e "*/". Sempre que se escreve um comentário deve ter-se em atenção a indicação do fim do comentário. Se nos esquecermos de assinalar o fim do comentário (isto é, se nos esquecermos de escrever "*/"), o PROLOG considerará algumas das cláusulas do nosso programa como fazendo parte do comentário (todas as cláusulas que precedem a primeira ocorrência de "*/").

   Um comentário que apenas ocupa parte de uma linha pode também ser iniciado com o carácter "%", terminando este comentário no fim da linha respetiva. Neste caso, não existe nenhum símbolo explícito para terminar o comentário.

Regras específicas do PROLOG

1. Devemos escrever apenas um literal por linha, com a possível exceção dos literais em algumas regras muito curtas.

2. As cláusulas são escritas em linhas distintas, eventualmente separadas por uma ou mais linhas em branco.

3. As regras devem ser paragrafadas de modo a que cada literal que pertença ao corpo uma regra sejam paragrafado da mesma maneira. Este aspeto tem o efeito de mostrar as cláusulas de um programa de modo que as cláusulas que são normalmente consideradas como uma unidade apareçam como uma unidade.

4. Devemos inserir um espaço em depois de cada vírgula num termo composto ou num predicado.

Estes aspetos são ilustrados nos programas que apresentamos no Capítulo 7.

A.5   Carregamento e utilização de programas

Uma sessão típica em PROLOG consiste no carregamento de um programa, de modo a incluir na linguagem novos predicados definidos pelo utilizador, seguido da execução de objetivos.

O carregamento de qualquer ficheiro correspondente a um programa em PROLOG é feito através do comando

> consult(<átomo correspondente ao nome do ficheiro>).

A execução deste comando causa a compilação do ficheiro designado e o seu carregamento na presente sessão. Após este carregamento, todos os predicados definidos no programa passam a ser conhecidos pelo PROLOG.

Uma sessão em PROLOG corresponde a um ciclo interpretado do tipo "lê-avalia--escreve", no qual o PROLOG lê um objetivo que se deseja provar, efetua a prova desse objetivo, ou, dito de um modo diferente, executa esse objetivo (este aspeto correspondente à parte "avalia" do ciclo) e escreve o resultado obtido.

Exemplo A.5.1 Dependendo do sistema operativo em utilização, os seguintes comandos correspondem a ações de carregamento de ficheiros:

```
?- consult(teste).
?- consult('membro.pl').
?- consult('usr/pm/prolog/membro.pl').
?- consult('\\pm\\prolog\\membro.pl').
?- consult('lib:membro.pl').
```

Note-se a utilização de plicas para a criação de nomes de átomos que contêm caracteres especiais. Note-se também a existência de um ponto no final da linha. ⊛

Alternativamente, o carregamento de um ficheiro correspondente a um programa em PROLOG pode ser feito através do comando:

> [<átomo correspondente ao nome do ficheiro>].

Exemplo A.5.2 O seguinte comando carrega o ficheiro cujo nome é membro.pl, existente no diretório /Users/pm/prolog:

```
?- ['/Users/pm/prolog/membro.pl'].
% /Users/pm/prolog/membro.pl compiled 0.00 sec, 101 clauses
true.
```

Ⓔ

A.6　Informação sobre predicados

Durante a interação com o PROLOG é comum ter-se a necessidade de consultar a definição de um predicado. O PROLOG fornece o meta-predicado listing/1 que aceita como argumento o nome de um predicado definido no nosso programa e que tem como efeito mostrar a definição desse predicado no monitor[2].

Exemplo A.6.1 Considerando o programa do Exemplo 7.6.1, podemos obter a seguinte interação:

```
?- listing(ant).
ant(A, B) :-
ad(A, B).
ant(A, C) :-
ant(A, B),
ad(B, C).

true.
```

Ⓔ

A.7　Rastreio de predicados

O PROLOG apresenta vários mecanismos para a depuração de programas, alguns dos quais são apresentados nesta secção.

Para compreender o rastreio da execução de predicados em PROLOG é importante começar por discutir os vários eventos que têm lugar quando o PROLOG está a tentar provar um objetivo. Distinguem-se quatro eventos durante a tentativa de provar um objetivo (apresentados na Figura A.3):

---

[2]Este predicado também pode mostrar o conteúdo completo de um ficheiro, se o argumento que lhe é fornecido corresponder ao nome de um ficheiro.

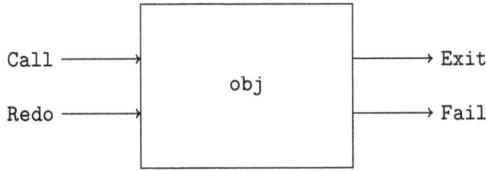

Figura A.3: Eventos associados à prova do objetivo `obj`.

- **Call**. Este evento ocorre no momento em que o PROLOG inicia a prova de um objetivo. Este evento corresponde à passagem por um nó da árvore SLD no sentido de cima para baixo. O objetivo indicado corresponde ao primeiro literal do objetivo em consideração.

- **Exit**. Este evento ocorre no momento em que o PROLOG consegue provar o objetivo, ou seja, quando o objetivo tem sucesso.

- **Redo**. Este evento ocorre no momento em que o PROLOG, na sequência de um retrocesso, volta a considerar a prova de um objetivo.

- **Fail**. Este evento ocorre no momento em que o PROLOG falha na prova de um objetivo.

O meta-predicado de sistema **trace/1**, aceita como argumento o nome de um outro predicado e permite seguir o rasto da avaliação do predicado especificado.

Exemplo A.7.1 Consideremos o programa do Exemplo 7.6.1:

```
ad(marge, bart).
ad(srB, marge).

ant(X, Y) :- ad(X, Y).

ant(X, Z) :- ant(X, Y), ad(Y, Z).
```

Recorrendo ao predicado **trace/1** para solicitar o rastreio dos predicados **ad** e **ant**:

```
?- trace(ad).
% ad/2: [call, redo, exit, fail]
true.
```

```
[debug] ?- trace(ant).
% ant/2: [call, redo, exit, fail]
true.
```

a resposta do PROLOG a estas solicitações indica-nos que os quatro eventos
associados à execução de predicados (call, redo, exit e fail) serão mostra-
dos. O indicador [debug] ?- diz-nos que o PROLOG se encontra em modo de
depuração.

Ao seguir o rasto da execução de um predicado, o PROLOG associa cada execução
de um objetivo com um identificador numérico unívoco, chamado o *número da
invocação*, o qual é apresentado, entre parênteses, sempre que o rastreio de um
predicado está a ser utilizado.

Pedindo agora ao PROLOG para provar que ant(srB, bart), obtemos a seguinte interação:

```
[debug] ?- ant(srB, bart).
T Call: (7) ant(srB, bart)
T Call: (8) ad(srB, bart)
T Fail: (8) ad(srB, bart)
T Redo: (7) ant(srB, bart)
T Call: (8) ant(srB, _L172)
T Call: (9) ad(srB, _L172)
T Exit: (9) ad(srB, marge)
T Exit: (8) ant(srB, marge)
T Call: (8) ad(marge, bart)
T Exit: (8) ad(marge, bart)
T Exit: (7) ant(srB, bart)
true.
```

As duas primeiras linhas do rastreio destes predicados:

```
T Call: (7) ant(srB, bart)
T Call: (8) ad(srB, bart)
```

indicam-nos que se iniciou uma prova do objetivo ant(srB, bart), a qual
originou a prova do objetivo ad(srB, bart). Este aspeto é apresentado esquematicamente na Figura A.4, a qual deverá ser comparada com a árvore SLD
originada para este objetivo e apresentada na Figura 7.2. Na Figura A.4, se um
retângulo correspondente a uma invocação de um predicado é desenhado dentro de um retângulo correspondente a uma outra invocação, estão isso significa

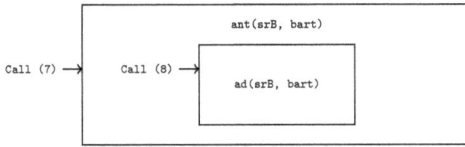

Figura A.4: Invocações para provar `ant(srB, bart)` e `ad(srB, bart)`.

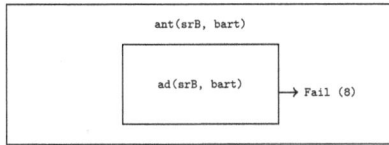

Figura A.5: Falhanço da primeira tentativa de provar o objetivo inicial.

que o objetivo que corresponde à invocação apresentada no retângulo exterior originou a invocação do objetivo que está representada no retângulo interior.

O objetivo `ad(srB, bart)` falha, o que é traduzido pela seguinte linha do rastreio do predicado

```
T Fail: (8) ad(srB, bart)
```

(Figura A.5), o que faz com que uma nova prova para o objetivo `ant(srB, bart)` seja tentada. Este facto é ilustrado pelas seguintes linhas apresentadas no rastreio dos predicados e cujos efeitos se ilustram na Figura A.6.

```
T Redo: (7) ant(srB, bart)
T Call: (8) ant(srB, _L172)
T Call: (9) ad(srB, _L172)
```

Nesta tentativa, é utilizada a variante da cláusula: `ant(srB, bart) :- ant(srB, _L172), ad(_L172, bart)`. Esta nova tentativa de prova corresponde ao ramo da árvore SLD que se mostra na Figura 7.3.

O objetivo `ad(srB, _L172)` unifica com `ad(srB,marge)` o que origina a seguinte informação durante o rastreio (correspondendo à Figura A.7):

```
T Exit: (9) ad(srB, marge)
T Exit: (8) ant(srB, marge)
```

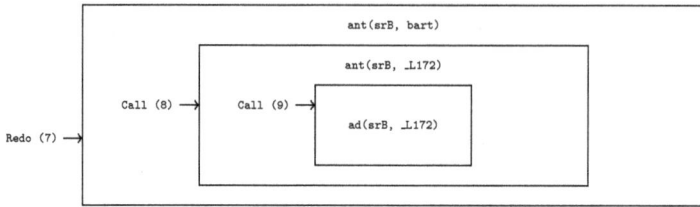

Figura A.6: Segunda tentativa de provar o objetivo inicial.

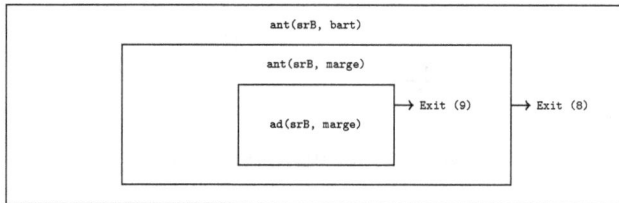

Figura A.7: Resultado da prova do objetivo ant(srB, _L172).

Tendo provado o primeiro literal no corpo da cláusula ant(srB, bart) :-
ant(srB, _L172), ad(_L172, bart) com a substituição {marge/_L172}, o
PROLOG tenta agora provar o segundo literal, com sucesso como o indicam
as seguintes linhas do rastreio dos nossos predicados (Figura A.8):

```
T Call: (8) ad(marge, bart)
T Exit: (8) ad(marge, bart)
T Exit: (7) ant(srB, bart)
true.
```

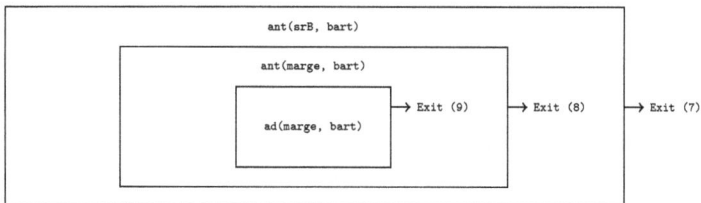

Figura A.8: Resultado da prova do objetivo inicial.

Indicação	Significado
"return"	siga para o próximo passo da execução ("creep")
s	continue a execução sem mostrar o rastreio de predicados até à próxima execução do predicado neste objetivo
a	aborta a execução
i	ignora o presente objetivo, fazendo com que este tenha sucesso
n	termina o modo de depuração, continuando a prova
?	mostra as indicações disponíveis

Tabela A.1: Indicações possíveis durante o rastreio interativo.

Quando se solicita ao PROLOG que siga o rasto da execução de um ou mais predicados, este entra em modo de depuração, mudando o indicador para [debug] ?-. O modo de depuração pode ser terminado através da execução do predicado nodebug/0.

Para além do predicado de sistema trace/1, o PROLOG fornece outros predicados pré-definidos que auxiliam a tarefa de depuração. Apresentamos mais alguns destes predicados:

- spy/1. Este meta-predicado tem o efeito de efetuar o rastreio do predicado que é seu argumento. A diferença entre spy/1 e trace/1 reside no facto do meta-predicado spy/1 originar um rastreio interativo: no final de cada evento de execução, é solicitado ao utilizador que forneça uma indicação sobre o modo de prosseguir com a tarefa de rastreio. Algumas das possíveis indicações são apresentadas na Tabela A.1[3].

- trace/0. Este predicado tem o efeito de ligar o mecanismo de rastreio. A partir do momento da execução deste predicado, todas as execuções de todos os predicados definidos no nosso programa são mostradas.

Exemplo A.7.2 Considerando, de novo, o programa do Exemplo 7.6.1, podemos gerar a seguinte interação:

---

[3]Indicações adicionais podem ser consultadas no manual do PROLOG.

```
?- spy(ant).
% Spy point on ant/2
true.

[debug] ?- ant(X, bart).
Call: (7) ant(_G312, bart) ? creep
Call: (8) ad(_G312, bart) ? creep
Exit: (8) ad(marge, bart) ? skip
Exit: (7) ant(marge, bart) ? creep
X = marge ;
Redo: (8) ad(_G312, bart) ? skip
Redo: (8) ad(_G312, bart) ? skip
Redo: (7) ant(_G312, bart) ? creep
Call: (8) ant(_G312, _L172) ? creep
Call: (9) ad(_G312, _L172) ? creep
Exit: (9) ad(marge, bart) ? creep
Exit: (8) ant(marge, bart) ? creep
Call: (8) ad(bart, bart) ? creep
Fail: (8) ad(bart, bart) ? creep
Redo: (9) ad(_G312, _L172) ? creep
Exit: (9) ad(srB, marge) ? creep
Exit: (8) ant(srB, marge) ? creep
Call: (8) ad(marge, bart) ? creep
Exit: (8) ad(marge, bart) ? creep
Exit: (7) ant(srB, bart) ? creep
X = srB
true.
```

(Ex)

A.8   Informação de ajuda

Durante uma sessão com o PROLOG é possível obter informação de ajuda sobre vários tópicos. Para além do predicado pré-definido `listing` apresentado na secção A.6, existem dois outros predicados úteis, `help` e `apropos`:

- O meta-predicado pré-definido `help/1`, cujo argumento corresponde à entidade sobre a qual se pretende obter informação, permite consultar o manual do PROLOG sobre predicados, funções e operadores existentes na linguagem.

Exemplo A.8.1 (Utilização de help)

```
?- help(is).
-Number is +Expr
True if Number has successfully been unified with the number Expr
evaluates to. If Expr evaluates to a float that can be represented
using an integer (i.e, the value is integer and within the range
that can be described by Prolog's integer representation), Expr is
unified with the integer value.

Note that normally, is/2 should be used with unbound left operand.
If equality is to be tested, =:=/2 should be used. For example:

?- 1 is sin(pi/2). Fails!. sin(pi/2) evaluates
to the float 1.0, which does
not unify with the integer 1.
?- 1 =:= sin(pi/2). Succeeds as expected.
true.
```

Ⓔⓧ

- O meta-predicado pré-definido **apropos/1**, aceita como argumento um
tópico sobre o qual desejamos saber informação e mostra a informação
existente no manual do PROLOG relacionada com o tópico indicado.

Exemplo A.8.2 (Utilização de apropos)

```
?- apropos(trace).
guitracer/0 Install hooks for the graphical debugger
noguitracer/0 Disable the graphical debugger
gtrace/0 Trace using graphical tracer
gdebug/0 Debug using graphical tracer
gspy/1 Spy using graphical tracer
trace/0 Start the tracer
tracing/0 Query status of the tracer
notrace/0 Stop tracing
guitracer/0 Install hooks for the graphical debugger
noguitracer/0 Disable the graphical debugger
trace/1 Set trace-point on predicate
trace/2 Set/Clear trace-point on ports
notrace/1 Do not debug argument goal
spy/1 Force tracer on specified predicate
leash/1 Change ports visited by the tracer
visible/1 Ports that are visible in the tracer
chr_trace/0 Start CHR tracer
chr_notrace/0 Stop CHR tracer
prolog_trace_interception/4 library(user) Intercept the Prolog tracer
prolog_skip_level/2 Indicate deepest recursion to trace
prolog_list_goal/1 Hook (user) Intercept tracer 'L' command
Section 12-2 ''Intercepting the Tracer''
true.
```

Ⓔⓧ

Apêndice B

Soluções de Exercícios Selecionados

B.1 Exercícios do Capítulo 2

1.

    (a) A lógica é correta pois os únicos argumentos demonstráveis nesta lógica são argumentos em que a conclusão está contida nas premissas e estes argumentos são argumentos válidos.

    (b) A lógica não é completa pois muitos dos argumentos válidos não são demonstráveis, por exemplo, argumentos da forma $(\{\alpha, \alpha \rightarrow \beta\}, \beta)$.

2.

    (a) A lógica não é correta pois qualquer argumento é demonstrável. Considermos o argumento inválido $(\{\alpha, \alpha \rightarrow \beta\}, \neg\beta)$. A seguinte prova corresponde a uma demonstração deste argumento:

$$
\begin{array}{lll}
1 & \alpha & \text{Prem} \\
2 & \alpha \to \beta & \text{Prem} \\
3 & \neg\beta & \text{Lib}
\end{array}
$$

(b) A lógica é completa pois como qualquer argumento é demonstrável, todos os argumentos válidos também são demonstráveis.

3.

(a) $\neg\neg P \leftrightarrow P$

$$
\begin{array}{lll}
1 & \neg\neg P & \text{Hip} \\
2 & P & \text{E}\neg,\ 1 \\
3 & \neg\neg P \to P & \text{I}\to,\ (1,\ 2) \\
4 & P & \text{Hip} \\
5 & \neg P & \text{Hip} \\
6 & P & \text{Rei},\ 4 \\
7 & \neg P & \text{Rep},\ 5 \\
8 & \neg\neg P & \text{I}\neg,\ (5,\ (6,\ 7)) \\
9 & P \to \neg\neg P & \text{I}\to,\ (4,\ 8) \\
10 & \neg\neg P \leftrightarrow P & \text{I}\leftrightarrow,\ (3,\ 9)
\end{array}
$$

(b) 1. $\neg(P \lor Q) \leftrightarrow (\neg P \land \neg Q)$.

Para simplificar a prova, provamos, separadamente, cada uma das implicações:

i. $\neg(P \lor Q) \to (\neg P \land \neg Q)$

$$
\begin{array}{lll}
1 & \neg(P \lor Q) & \text{Hip} \\
2 & P & \text{Hip} \\
3 & P \lor Q & \text{I}\lor,\ 2 \\
4 & \neg(P \lor Q) & \text{Rei},\ 1 \\
5 & \neg P & \text{I}\neg,\ (2,\ (3,\ 4))
\end{array}
$$

6	Q	Hip
7	$P \vee Q$	I$\vee$, 6
8	$\neg(P \vee Q)$	Rei, 1
9	$\neg Q$	I$\neg$, $(6, (7, 8))$
10	$\neg P \wedge \neg Q$	I$\wedge$, $(5, 9)$
11	$\neg(P \vee Q) \to (\neg P \wedge \neg Q)$	I$\to$, $(1, 10)$

ii. $(\neg P \wedge \neg Q) \to \neg(P \vee Q)$

1	$\neg P \wedge \neg Q$	Hip
2	$P \vee Q$	Hip
3	$\neg P \wedge \neg Q$	Rei, 1
4	$\neg P$	E$\wedge$, 3
5	P	Hip
6	P	Rei, 5
7	Q	Hip
8	$\neg P$	Hip
9	$\neg P \wedge \neg Q$	Rei, 3
10	$\neg Q$	E$\wedge$, 9
11	Q	Rei, 7
12	$\neg\neg P$	I$\neg$, $(8, (10, 11))$
13	P	E$\neg$, 12
14	P	E$\vee$, $(2, (5, 6), (7, 13))$
15	$\neg(P \vee Q)$	I$\neg$, $(2, (14, 4))$
16	$(\neg P \wedge \neg Q) \to \neg(P \vee Q)$	I$\to$, $(1, 15)$

2. $\neg(P \wedge Q) \leftrightarrow (\neg P \vee \neg Q)$.

Para simplificar a prova, provamos, separadamente, cada uma das implicações:

i. $\neg(P \wedge Q) \rightarrow (\neg P \vee \neg Q)$

1	$\neg(P \wedge Q)$	Hip
2	$\neg(\neg P \vee \neg Q)$	Hip
3	$\neg P$	Hip
4	$\neg P \vee \neg Q$	I$\vee$, 3
5	$\neg(\neg P \vee \neg Q)$	Rei, 2
6	$\neg\neg P$	I$\neg$, (3, (4, 5))
7	P	E$\neg$, 6
8	$\neg Q$	Hip
9	$\neg P \vee \neg Q$	I$\vee$, 8
10	$\neg(\neg P \vee \neg Q)$	Rei, 2
11	$\neg\neg Q$	I$\neg$, (8, (9, 10))
12	Q	E$\neg$, 11
13	$P \wedge Q$	I$\wedge$, (7, 12)
14	$\neg(P \wedge Q)$	Rei, 1
15	$\neg\neg(\neg P \vee \neg Q)$	I$\neg$, (2, (13, 14))
16	$\neg P \vee \neg Q$	E$\neg$, 15
17	$\neg(P \wedge Q) \rightarrow (\neg P \vee \neg Q)$	I$\rightarrow$, (1, 16)

ii. $(\neg P \vee \neg Q) \to \neg(P \wedge Q)$

1	$\neg P \vee \neg Q$	Hip
2	$\neg P$	Hip
3	$P \wedge Q$	Hip
4	P	E$\wedge$, 3
5	$\neg P$	Rei, 2
6	$\neg(P \wedge Q)$	I$\neg$, (3, (4, 5))
7	$\neg Q$	Hip
8	$P \wedge Q$	Hip
9	Q	E$\wedge$, 8
10	$\neg Q$	Rei, 7
11	$\neg(P \wedge Q)$	I$\neg$, (8, (9, 10))
12	$\neg(P \wedge Q)$	E$\vee$, (1, (2, 6), (7, 11))
13	$(\neg P \vee \neg Q) \to \neg(P \wedge Q)$	I$\to$, (1, 12)

4.(a) $(P \vee Q) \to \neg(\neg P \wedge \neg Q)$

1	$P \vee Q$	Hip
2	P	Hip
3	$\neg P \wedge \neg Q$	Hip
4	P	Rei, 2
5	$\neg P$	E$\wedge$, 3
6	$\neg(\neg P \wedge \neg Q)$	I$\neg$, (3, (4, 5))

7	Q	Hip
8	$\neg P \wedge \neg Q$	Hip
9	Q	Rei, 7
10	$\neg Q$	E$\wedge$, 8
11	$\neg(\neg P \wedge \neg Q)$	I$\neg$, (8, (9, 10))
12	$\neg(\neg P \wedge \neg Q)$	E$\vee$, (1, (2, 6), (7, 11))
13	$(P \vee Q) \rightarrow \neg(\neg P \wedge \neg Q)$	I$\rightarrow$, (1, 12)

8.

(a) Consideremos a tabela de verdade correspondente às *fbfs* $(P \vee Q) \rightarrow R$, $\neg R \vee S$ e $\neg$:

P	Q	R	S	$(P \vee Q) \rightarrow R$	$\neg R \vee S$	$\neg P$
V	V	V	V	V	V	F
V	V	V	F	V	F	F
V	V	F	V	F	V	F
V	V	F	F	F	V	F
V	F	V	V	V	V	F
V	F	V	F	V	F	F
V	F	F	V	F	V	F
V	F	F	F	F	V	F
F	V	V	V	V	V	V
F	V	V	F	V	F	V
F	V	F	V	F	V	V
F	V	F	F	F	V	V
F	F	V	V	V	V	V
F	F	V	F	V	F	V
F	F	F	V	V	V	V
F	F	F	F	V	V	V

Os modelos de Δ são todas as interpretações que satisfazem todas as *fbfs* em Δ. Neste caso correspondem às valorações:

$v(P) = F$, $v(Q) = T$, $v(R) = T$, $v(S) = T$;
$v(P) = F$, $v(Q) = F$, $v(R) = T$, $v(S) = T$;
$v(P) = F$, $v(Q) = F$, $v(R) = F$, $v(S) = T$;
$v(P) = F$, $v(Q) = F$, $v(R) = F$, $v(S) = F$.

(b) Dado que na primeira linha da tabela de verdade as premissas são *falsas* (pois $\neg P$ é *falsa*) e a conclusão (S) é *verdadeira*, podemos concluir que S não é uma consequência semântica de Δ.

B.2 Exercícios do Capítulo 3

4. As fórmulas químicas apresentadas correspondem às seguintes *fbfs*:

$$(MgO \wedge H_2) \to (Mg \wedge H_2O) \qquad \text{(B.1)}$$

$$(C \wedge O_2) \to CO_2 \qquad \text{(B.2)}$$

$$(CO_2 \wedge H_2O) \to H_2CO_3 \qquad \text{(B.3)}$$

Transformando a *fbf* B.1 para a forma clausal, obtemos:

$(MgO \wedge H_2) \to (Mg \wedge H_2O)$

$\neg(MgO \wedge H_2) \vee (Mg \wedge H_2O)$

$(\neg MgO \vee \neg H_2) \vee (Mg \wedge H_2O)$

$(\neg MgO \vee \neg H_2 \vee Mg) \wedge (\neg MgO \vee \neg H_2 \vee H_2O)$

$\{\neg MgO \vee \neg H_2 \vee Mg, \neg MgO \vee \neg H_2 \vee H_2O\}$

$\{\{\neg MgO, \neg H_2, Mg\}, \{\neg MgO, \neg H_2, H_2O\}\}$

A transformação da *fbf* B.2 para a forma clausal, resulta em:

$(C \wedge O_2) \to CO_2$

$\neg(C \wedge O_2) \vee CO_2$

$(\neg C \vee \neg O_2) \vee CO_2$

$\{\{\neg C, \neg O_2, CO_2\}\}$

Finalmente, transformação da *fbf* B.2 para a forma clausal, resulta em:

$\{\{\neg CO_2, \neg H_2O, H_2CO_3\}\}$

É agora possível escrever a seguinte prova recorrendo à resolução que mostra que H_2CO_3 pode ser produzido:

1	$\{MgO\}$	Prem
2	$\{H_2\}$	Prem
3	$\{C\}$	Prem
4	$\{O_2\}$	Prem
5	$\{\neg MgO, \neg H_2, Mg\}$	Prem
6	$\{\neg MgO, \neg H_2, H_2O\}$	Prem
7	$\{\neg C, \neg O_2, CO_2\}$	Prem
8	$\{\neg CO_2, \neg H_2O, H_2CO_3\}$	Prem
9	$\{\neg H_2, H_2O\}$	Res, (1, 6)
10	$\{H_2O\}$	Res, (2, 9)
11	$\{\neg O_2, CO_2\}$	Res, (3, 7)
12	$\{CO_2\}$	Res, (4, 11)
13	$\{\neg H_2O, H_2CO_3\}$	Res, (8, 12)
14	$\{H_2CO_3\}$	Res, (10, 13)

8.

(a) Os modelos podem ser extraídos dos caminhos que começam na raiz e terminam em folhas $\boxed{V}$. Se ao passar por uma letra de predicado P o caminho seguir pelo ramo a cheio, isso significa que nesse modelo o valor dessa letra de predicado é V; em caso contrário o valor é F. Se o caminho não passar por alguma letra de predicado, isso significa que o seu valor não é relevante, isto é, que existirá um modelo em que é V e outro em que é F.

(b) Os três modelos possíveis são caracterizados pelas seguintes interpretações:

R	Q
V	V
V	F
F	V

9. Tendo em atenção o seguinte resultado, em que os OBDDs envolvidos na conjunção correspondem aos OBDDs das *fbf*, P e $P \rightarrow Q$:

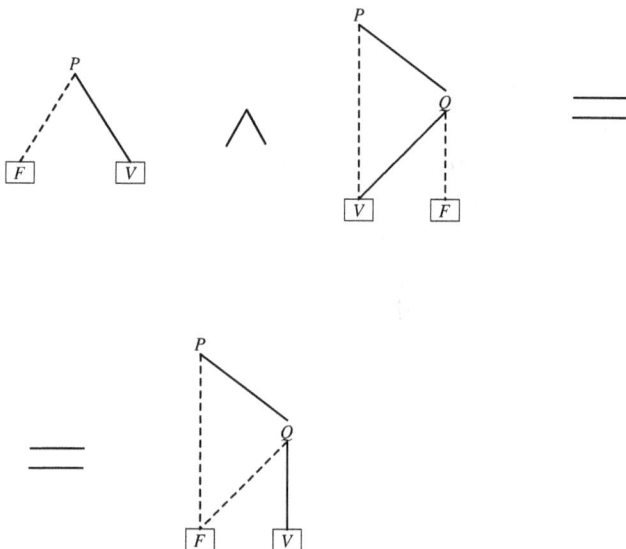

Podemos concluir que todos os caminhos do OBDD da *fbf* $P \wedge (P \rightarrow Q)$ que terminem em $\boxed{V}$, depois de passar por qualquer nó de rótulo Q, terão de seguir pelo ramo a cheio.

11.

    (a) $\neg\neg(P \wedge Q) \wedge \neg((P \wedge Q) \wedge Q)$

    (b) Usando o algoritmo de propagação de marcas, encontra-se uma contradição (passo 6) pelo que a fórmula não é satisfazível.

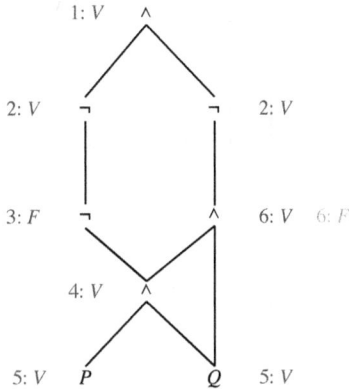

    (c) Se a fórmula original era contraditória, então a fórmula negada será uma tautologia (logo satisfazível).

13.

$$b_P: \quad \{P,Q\}, \{\neg P, Q\}$$
$$b_Q: \quad \{\neg Q, R\}, \qquad \{Q\}$$
$$b_R: \qquad\qquad\qquad\qquad \{R\}$$

Uma testemunha poderá ser $I(P) = V$, $I(Q) = V$ e $I(R) = V$ (o valor de P também poderá ser F).

B.3   Exercícios do Capítulo 4

4.

(a)

1	x_0	$\neg(P(x_0) \vee \neg P(x_0))$	Hip
2		$P(x_0)$	Hip
3		$P(x_0) \vee \neg P(x_0)$	$I\vee$, 2
4		$\neg(P(x_0) \vee \neg P(x_0))$	Rei, 1
5		$\neg P(x_0)$	$I\neg$, (2, (3, 4))
6		$P(x_0) \vee \neg P(x_0)$	$I\vee$, 5
7		$\neg(P(x_0) \vee \neg P(x_0))$	Rep, 1
8		$\neg\neg(P(x_0) \vee \neg P(x_0))$	$I\neg$, (1, (6, 7))
9		$P(x_0) \vee \neg P(x_0)$	$E\neg$, 8
10		$\forall x[P(x) \vee \neg P(x)]$	$I\forall$, (1, 9)

(b)

1	$P(a)$	Hip
2	$\forall x[\neg P(x)]$	Hip
3	$P(a)$	Rei, 1
4	$\neg P(a)$	$E\forall$, 2
5	$\neg\forall x[\neg P(x)]$	$I\neg$, (2, (3, 4))
6	$P(a) \to \neg\forall x[\neg P(x)]$	$I\to$, (1, 5)

(f)

1	$\forall x\ [P(x) \to R(x)] \wedge \exists y\ [P(y)]$	Hip
2	$\forall x\ [P(x) \to R(x)]$	$E\wedge$, 1
3	$\exists y\ [P(y)]$	$E\wedge$, 1
4	x_0 | $P(x_0)$	Hip
5	$\forall x\ [P(x) \to R(x)]$	Rei, 2
6	$P(x_0)$	Rep, 4

7	$P(x_0) \to R(x_0)$	E∀, 5
8	$R(x_0)$	E→, (6, 7)
9	$\exists z[R(z)]$	I∃, 8
10	$\exists z[R(z)]$	E∃, (3, (4, 9))
11	$(\forall x\ [P(x) \to R(x)] \land \exists y\ [P(y)]) \to \exists z[R(z)]$	I→, (1, 11)

5. (a)

1	$\neg \exists x[P(x)]$	Hip
2	x_0 $\quad$ $P(x_0)$	Hip
3	$\exists x[P(x)]$	I∃, 2
4	$\neg \exists x[P(x)]$	Rei, 1
5	$\neg P(x_0)$	I¬, (1, (2, 3))
6	$\forall x[\neg P(x)]$	I∀, (2, 5)
7	$\neg \exists x[P(x)] \to \forall x[\neg P(x)]$	I→, (1, 6)
8	$\forall x[\neg P(x)]$	Hip
9	$\exists x[P(x)]$	Hip
10	x_0 $\quad$ $P(x_0)$	Hip
11	$\forall x[\neg P(x)]$	Hip
12	$\neg P(x_0)$	E∀, 11
13	$P(x_0)$	Rei, 10
14	$\neg \forall x[\neg P(x)]$	I¬, (11, (12, 13))
15	$\neg \forall x[\neg P(x)]$	E∃, (9, (10, 14))
16	$\forall x[\neg P(x)]$	Rei, 8
17	$\neg \exists x[P(x)]$	I¬, (9, (15, 16))
18	$\forall x[\neg P(x)] \to \neg \exists x[P(x)]$	I→, (8, 17)
19	$\neg \exists x[P(x)] \leftrightarrow \forall x[\neg P(x)]$	I↔, (7, 18)

B.4   Exercícios do Capítulo 5

2.

(a) $\forall x, y \,[(P(x) \wedge P(y)) \rightarrow \exists z \,[R(z) \wedge L(z, x, y)]]$

(b) $\forall x \,[R(x) \rightarrow \exists y \,[P(y) \wedge \neg Em(y, x)]]$

(c) $\forall x, y, z \,[(P(x) \wedge P(y) \wedge P(z))$
$$\rightarrow$$
$$\neg \exists r [R(r) \wedge Em(x, r) \wedge Em(y, r) \wedge Em(z, r)]]$$

(d) $\forall x, y \,[(P(x) \wedge P(y))$
$$\rightarrow$$
$$\exists r \,[R(r) \wedge L(r, y, y) \wedge \forall s \,[(R(s) \wedge L(s, x, y)) \rightarrow I(r, s)]]]]$$

3.

$\forall x, y, z, s \,[(Limpo(x, s) \wedge Sobre(x, y, s) \wedge Limpo(z, s) \wedge Move(x, y, z, s))$
$$\rightarrow$$
$$\neg Sobre(x, y, resultado(move, x, y, z, s)]$$

$\forall x, y, z, s \,[(Limpo(x, s) \wedge Sobre(x, y, s) \wedge Limpo(z, s) \wedge Move(x, y, z, s))$
$$\rightarrow$$
$$Sobre(x, z, resultado(move, x, y, z, s)]$$

$\forall x, y, z, s \,[(Limpo(x, s) \wedge Sobre(x, y, s) \wedge Limpo(z, s) \wedge Move(x, y, z, s))$
$$\rightarrow$$
$$Limpo(x, resultado(move, x, y, z, s)]$$

$\forall x, y, z, s \,[(Limpo(x, s) \wedge Sobre(x, y, s) \wedge Limpo(z, s) \wedge Move(x, y, z, s))$
$$\rightarrow$$
$$Limpo(y, resultado(move, x, y, z, s)]$$

$\forall x, y, z, s \,[(Limpo(x, s) \wedge Sobre(x, y, s) \wedge Limpo(z, s) \wedge Move(x, y, z, s))$
$$\rightarrow$$
$$\neg Limpo(z, resultado(move, x, y, z, s)]$$

4.

(a) $x, f(x), y, g(y)$

(b) $P(x, f(x)), Q(y), R(g(y), x)$

(c) $\forall x [\neg P(x, f(x)) \vee \exists y [\neg Q(y) \vee \neg R(g(y), x)]]$
(Eliminação do símbolo $\rightarrow$)
$\forall x [\neg P(x, f(x)) \vee (\neg Q(s(x)) \vee \neg R(g(s(x)), x))]$
(Eliminação dos quantificadores existenciais, s é uma função de Skolem)
$\neg P(x, f(x)) \vee (\neg Q(s(x)) \vee \neg R(g(s(x)), x))$
(Eliminação dos quantificadores universais)

$\{\neg P(x, f(x)) \vee \neg Q(s(x)) \vee \neg R(g(s(x)), x))\}$
(Eliminação do símbolo $\wedge$)
$\{\{\neg P(x, f(x)), \neg Q(s(x)), \neg R(g(s(x)), x))\}\}$
(Eliminação do símbolo $\vee$)

6.

Conjunto	Conjunto de desacordo	Substituição
$\{P(f(x), a), P(y, w), P(f(z), z)\}$	$\{f(x), y, f(z)\}$	$\{f(x)/y\}$
$\{P(f(x), a), P(f(x), w), P(f(z), z)\}$	$\{x, z\}$	$\{z/x\}$
$\{P(f(z), a), P(f(z), w), P(f(z), z)\}$	$\{a, w, z\}$	$\{a/w\}$
$\{P(f(z), a), P(f(z), z)\}$	$\{a, z\}$	$\{a/z\}$
$\{P(f(a), a)$		

O unificador mais geral é $\{f(a)/y, a/x, a/w, a/z\}$.

8. A base de Herbrand deste conjunto de cláusulas é $\{Q(a, a)\}$. A respetiva árvore de decisão fechada é a seguinte:

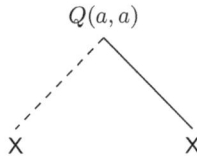

B.5   Exercícios do Capítulo 6

3.

$$\leftarrow P(x,y), Q(b)$$

$$\leftarrow P(x,y) \qquad\qquad \leftarrow P(x,y), S(b)$$

$$\square \qquad \leftarrow Q(x), R(y) \qquad\qquad \mathsf{X}$$

$$(x = b,$$
$$y = a)$$

$$\leftarrow Q(x), T(y)$$

$$\leftarrow Q(x)$$

$$\square \qquad\qquad \square \qquad\qquad \leftarrow S(x)$$

$$(x = b, \qquad\qquad (x = a,$$
$$y = b) \qquad\qquad y = b)$$

$$\mathsf{X}$$

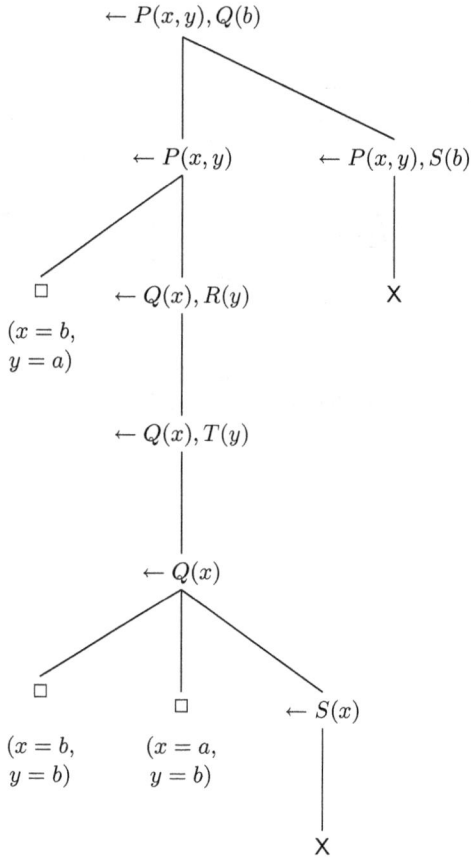

Soluções encontradas: $x = b$, $y = a$;
$x = b$, $y = b$;
$x = a$, $y = b$.

4.

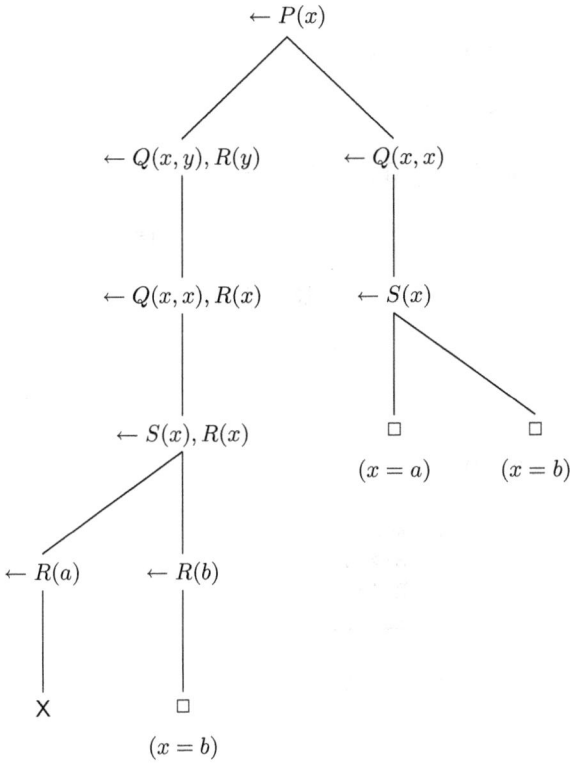

$$\leftarrow P(x)$$

$$\leftarrow Q(x,y), R(y) \qquad \leftarrow Q(x,x)$$

$$\leftarrow Q(x,x), R(x) \qquad \leftarrow S(x)$$

$$\leftarrow S(x), R(x) \qquad \qquad \square \qquad \qquad \square$$
$$(x = a) \qquad (x = b)$$

$$\leftarrow R(a) \qquad \leftarrow R(b)$$

$$\mathsf{X} \qquad \qquad \square$$
$$(x = b)$$

Soluções encontradas: $x = b$;
$\qquad\qquad\qquad\qquad\quad x = a$;
$\qquad\qquad\qquad\qquad\quad x = b$.

B.6   Exercícios do Capítulo 7

5.

```
dif_listas([], _, []).

dif_listas(L, [], L).

dif_listas([P | R], L, L1) :- membro(P, L),
                              !,
                              dif_listas(R, L, L1).

dif_listas([P | R], L, [P | L1]) :- dif_listas(R, L, L1).
```

Neste programa, membro é o predicado apresentado no Exemplo 7.10.3.

6.

```
mdc(N, 0, N).

mdc(A, B, C) :- A > B,
                B > 0,
                R is A mod B,
                mdc(B, R, C).

mdc(A, B, C) :- B > A, mdc(B, A, C).
```

7.

(a)

```
fib(0, 0).

fib(1, 1).

fib(X, Fib_X) :- X_menos_1 is X - 1,
                 fib(X_menos_1, Fib_X_menos_1),
                 X_menos_2 is X - 2,
                 fib(X_menos_2, Fib_X_menos_2),
                 Fib_X is Fib_X_menos_1 + Fib_X_menos_2.
```

(b)

```
?- fib(X, 21).
ERROR: is/2: Arguments are not sufficiently instantiated
^ Exception: (8) _L134 is _G180-1
```

O operador "is" necessita que todas as variáveis da expressão a
avaliar estejam instanciadas.

9.

```
resolve :- universo(Mulheres),
           pistas(Mulheres),
           pergunta(Mulheres).

universo(Mulheres) :- restr_idades(Mulheres),
                      restr_profs(Mulheres),
                      restr_nomes(Mulheres).

restr_idades(Mulheres) :- mulher(M1, Mulheres),
                          mulher(M2, Mulheres),
                          mulher(M3, Mulheres),
                          mulher(M4, Mulheres),
                          mulher(M5, Mulheres),
                          idade_de(M1, u30),
                          idade_de(M2, u30),
                          idade_de(M3, o30),
                          idade_de(M4, o30),
                          idade_de(M5, o30).

restr_profs(Mulheres) :- mulher(M1, Mulheres),
                         mulher(M2, Mulheres),
                         mulher(M3, Mulheres),
                         mulher(M4, Mulheres),
                         mulher(M5, Mulheres),
                         profissao_de(M1, prof),
                         profissao_de(M2, prof),
                         profissao_de(M3, sec),
                         profissao_de(M4, sec),
                         profissao_de(M5, sec).
```

```
restr_nomes(Mulheres) :- mulher(M1, Mulheres),
                         mulher(M2, Mulheres),
                         mulher(M3, Mulheres),
                         mulher(M4, Mulheres),
                         mulher(M5, Mulheres),
                         nome_de(M1, ada),
                         nome_de(M2, bea),
                         nome_de(M3, cid),
                         nome_de(M4, eva),
                         nome_de(M5, deb).


pistas(Mulheres) :- mulher(M1, Mulheres),
                    mulher(M2, Mulheres),
                    nome_de(M1, ada),
                    nome_de(M2, cid),
                    idade_de(M1, I),
                    idade_de(M2, I),
                    mulher(M3, Mulheres),
                    mulher(M4, Mulheres),
                    nome_de(M3, deb),
                    nome_de(M4, eva),
                    idade_de(M3, I1),
                    idade_de(M4, I2),
                    I1 \== I2,
                    mulher(M5, Mulheres),
                    mulher(M6, Mulheres),
                    nome_de(M5, bea),
                    nome_de(M6, eva),
                    profissao_de(M5, P),
                    profissao_de(M6, P),
                    mulher(M7, Mulheres),
                    mulher(M8, Mulheres),
                    nome_de(M7, cid),
                    nome_de(M8, deb),
                    profissao_de(M7, P1),
                    profissao_de(M8, P2),
                    P1 \== P2.


pergunta(Mulheres) :- write('O Homem livre vai casar com a '),
                      mulher(X, Mulheres),
                      profissao_de(X, prof),
                      idade_de(X, o30),
```

```
                    nome_de(X, Y),
                    write(Y),
                    write(', a professora com mais de 30 anos.'),
                    nl.

nome_de(defmulher(N, _, _), N).
profissao_de(defmulher(_, P, _), P).
idade_de(defmulher(_, _, I), I).

mulher(X, mulheres(X, _, _, _, _)).
mulher(X, mulheres(_, X, _, _, _)).
mulher(X, mulheres(_, _, X, _, _)).
mulher(X, mulheres(_, _, _, X, _)).
mulher(X, mulheres(_, _, _, _, X)).
```

10.

```
duplica_elementos([], []).

duplica_elementos([P | R], [Pd | Res2]) :-
                    Pd is P * 2,
                    duplica_elementos(R, Res2).
```

12.

```
substitui([], _, _, []).

substitui([Elem | R1], Elem, Por, [Por | R2]) :-
                    substitui(R1, Elem, Por, R2),
                    !.

substitui([P | R1], Elem, Por, [P | R2]) :-
                    substitui(R1, Elem, Por, R2).
```

Apêndice C

Exemplos de Projetos

Neste apêndice apresentamos enunciados de projetos relativos à matéria deste livro. Estes projetos foram utilizados na disciplina de Lógica para Programação do segundo ano da licenciatura em Engenharia Informática e de Computadores do Instituto Superior Técnico.

C.1   Planeamento de viagens

Atualmente, quase qualquer viagem que façamos de automóvel, e que saia fora dos nossos percursos habituais, é planeada através de um conjunto de ferramentas modernas, sejam o "Google maps" (Figura C.1) ou um instrumento de navegação existente no nosso automóvel.

Neste projeto pretende-se desenvolver em PROLOG o motor básico que poderá estar subjacente a um sistema de navegação. O programa desenvolvido recebe informação sobre os troços das estradas que ligam as várias localidades existentes no mapa, bem como alguma informação adicional sobre as localidades, e é capaz de sugerir percursos de acordo com vários critérios. Por uma questão de simplificação, não é solicitada uma interface gráfica com mapas, limitando-se o programa a apresentar o itinerário sugerido, com algumas informações adicionais, em texto.

Figura C.1: Indicação do caminho entre Lisboa e Marvão.

O trabalho será desenvolvido através da criação de um conjunto de funcionalidades de complexidade crescente.

A informação que é disponibilizada ao seu programa corresponde a informação aproximada sobre algumas das ligações rodoviárias entre localidades portuguesas situadas a sul do rio Mondego.

C.1.1 Informação fornecida ao programa

A informação fornecida ao programa, a qual é recebida de ficheiros externos, corresponde a instâncias dos seguintes predicados:

1. O predicado `liga/6` contém informação sobre ligações diretas existentes no mapa. As *ligações diretas* correspondem à informação mais elementar sobre os troços de estradas que ligam duas localidades.

   A expressão

   ```
   liga(loc1, loc2, id, d, v, p)
   ```

   significa que "a estrada com identificação `id` liga diretamente a localidade `loc1` à localidade `loc2`, através de um percurso com `d` Kilómetros, permitindo efetuar a viagem à velocidade média de `v` Km/h e sujeita a uma portagem no valor de `p` Euros".

Por uma questão de simplificação, consideramos que dadas duas localidades quaisquer, existe no máximo uma ligação direta entre essas duas
localidades. Por outras palavras, não existem duas ligações diretas distintas entre as mesmas localidades.

É importante notar que qualquer estrada pode ser percorrida nos dois
sentidos, estando só um deles indicado no ficheiro que é fornecido ao seu
programa.

As instâncias do predicado `liga` que o seu programa deve considerar estão
contidas no ficheiro "`mapa.pl`".

2. O predicado `gps/3` contém informação sobre as coordenadas GPS de cada
   uma das localidades existentes no mapa.

   A expressão

$$\texttt{gps(loc, c1, c2)}$$

   significa que "as coordenadas GPS da localidade `loc` são `c1` e `c2`". É
   importante notar que, para uma maior facilidade da execução do seu
   programa, as coordenadas GPS são representadas por números inteiros,
   obtidos a partir das coordenadas reais através de uma multiplicação por
   1000.

   As instâncias do predicado `gps` que o seu programa deve considerar estão
   contidas no ficheiro "`locgps.pl`".

C.1.2 Avaliação de objetivos básicos (TPC)

O seu trabalho no sistema de planeamento de viagens começará com um pequeno trabalho de casa, descrito nesta secção.

Este trabalho corresponde à instalação, no seu computador, do compilador
da linguagem PROLOG e na realização de pequenos exercícios relativamente à
utilização dessa linguagem.

As instruções para a instalação do PROLOG são apresentadas no Anexo B das
folhas da disciplina. Após a instalação do PROLOG no seu computador, carregue
os ficheiros indicados na Secção C.1.1 deste enunciado. Estes ficheiros estão
disponíveis na página do Fénix da disciplina.

Tendo carregado a informação básica, escreva objetivos (e não predicados) em
PROLOG para responder às seguintes perguntas:

• Quais a localidades que estão diretamente ligadas a Redondo?

- Quais as ligações diretas cuja velocidade média é inferior a 50 Km/h?

- Quais as ligações diretas que podem ser realizadas em menos de 5 minutos?

C.1.3 Determinação de itinerários

Escreva um programa em PROLOG para determinar os possíveis itinerários entre duas localidades. Um itinerário entre duas localidades corresponde a uma lista com todas as localidades encontradas no mapa desde a localidade de origem à localidade de destino.

Um itinerário não poderá conter percursos redundantes, no sentido em que a mesma localidade não pode aparecer duas vezes no itinerário.

Para além da lista das localidades, a cada itinerário está associado:

- A distância total percorrida, a qual corresponde à soma das distâncias entre todas as ligações diretas contempladas no itinerário;

- O valor de portagens a pagar, a qual corresponde à soma de todas as portagens pagas durante o itinerário;

- A duração total da viagem seguindo o itinerário, a qual corresponde à soma das durações de cada uma das ligações diretas do itinerário. Note que a duração de uma ligação direta pode ser calculada a partir da distância a percorrer e da velocidade média na ligação direta.

Defina em PROLOG o predicado itinerario/6. A expressão

```
itinerario(loc1, loc2, itn, dist, port, t)
```

significa que "o itinerário itn (uma lista de localidades) liga a localidade loc1 à localidade loc2, através de um percurso com dist Kilómetros, sujeito a portagens no valor de port Euros e com uma duração aproximada de t minutos".

Teste o funcionamento do predicado itinerario, calculando os itinerários entre lisboa e pombal, com os seguintes dados (um subconjunto do ficheiro "mapa.pl"):

```
liga(lisboa, obidos, a8, 90, 90, 5).
liga(santarem, obidos, a15, 50, 90, 3).
liga(obidos, alcobaca, a8, 40, 100, 2).
```

```
liga(alcobaca, marinha-das-ondas, a8, 65, 120, 2.5).
liga(marinha-das-ondas, pombal, ic8, 30, 90, 2).
liga(santarem, torres-novas, a1, 50, 120, 2.5).
liga(torres-novas, pombal, a1, 75, 120, 3.5).
liga(santarem, pombal, a1, 103, 120, 3.5).
liga(lisboa, santarem, a1, 84, 90, 5).
```

Deverá obter os seguintes resultados:

```
?- itinerario(lisboa, pombal, C, D, P, T).

C = [lisboa, obidos, alcobaca, marinha-das-ondas, pombal],
D = 225,
P = 11.5,
T = 136.5 ;

C = [lisboa, santarem, pombal],
D = 187,
P = 8.5,
T = 107.5 ;

C = [lisboa, santarem, obidos, alcobaca, marinha-das-ondas,
pombal],
D = 269,
P = 14.5,
T = 165.833 ;

C = [lisboa, santarem, torres-novas, pombal],
D = 209,
P = 11.0,
T = 118.5 ;

No
```

Tendo atingido os resultados anteriores, poderá pensar que o seu programa está terminado. Até foi fácil!

No entanto, é natural que o seu programa ainda esteja longe de poder corresponder a um sistema de planeamento de viagens:

1. Testando o seu programa para o mesmo objetivo mas com a totalidade dos dados existentes no ficheiro "mapa.pl", vai obter o erro "ERROR: Out

of `local stack`". O que aconteceu foi que o seu programa começou a planear itinerários que começam em `lisboa` mas que não se dirigem para o seu destino, `pombal`. Os possíveis itinerários contemplados pelo seu programa são tantos que esgotam a memória disponível.

2. Considerando, de uma forma crítica, os resultados obtidos, podemos constatar que a primeira sugestão fornecida pelo programa para um itinerário corresponde a um dos itinerários mais longos, mais demorados e mais caros em termos de portagens. Se apenas tivessemos pedido uma resposta era este que nos era fornecido.

    Ao planearmos uma viagem poderemos estar interessados na viagem mais rápida, na viagem que corresponde à menor distância percorrida, ou na viagem que envolva o menor custo em portagens. O seu programa é incapaz de fazer estas distinções.

C.1.4 Procura guiada

Para resolver o primeiro problema levantado na secção anterior precisamos de introduzir mecanismos que permitam "guiar" a procura de itinerários, desprezando aqueles que se afastam da localidade final da viagem.

Embora este tipo de problemas seja abordado na disciplina de Inteligência Artificial, vamos introduzir aqui algumas considerações que nos podem auxiliar na nossa tarefa.

A técnica que vamos utilizar corresponde a "medir" se nos estamos a aproximar ou a afastar do destino final da nossa viagem. Para isso, iremos utilizar as coordenadas GPS, cortando itinerários que nos afastam do nosso destino.

Modifique o predicado `itinerario/6` definido na Secção C.1.3, mantendo o mesmo significado, mas desprezando os itinerários que contêm ligações diretas em que *ambas* as coordenadas GPS se afastam da localidade que corresponde ao destino final da viagem. A ideia, que nem sempre é a melhor, é de nos irmos aproximando da localidade de destino.

A não consideração de certas ligações diretas pode ser feita recorrendo ao predicado `fail/0`, existente no PROLOG, que força a geração de um nó falhado.

Utilizando a nova versão do predicado `itinerario`, teste o funcionamento do seu programa para os dados completos, demonstrando que o seu programa funciona corretamente.

C.1.5 Procura otimizada

Para resolver o segundo problema apontado na Secção C.1.3, vamos recorrer a uma técnica chamada procura em profundidade limitada. Existem muitas outras técnicas de otimização, as quais estão fora do âmbito deste projeto, e que são estudadas na disciplina de Inteligência Artificial.

A *procura em profundidade limitada* é baseada na procura em profundidade (utilizada pelo PROLOG) e consiste em estabelecer um limite para a profundidade da árvore de procura SLD. Quando uma solução parcial atinge ou excede este limite, o ramo correspondente é imediatamente desprezado. A procura em profundidade limitada tipicamente utiliza a profundidade da árvore de procura, mas qualquer outro critério pode ser utilizado para limitar a procura. No nosso projeto, a distância total percorrida ou o valor pago em portagens são critérios mais sensatos para limitar a procura.

A ideia subjacente ao algoritmo de procura otimizada é a seguinte: dado um itinerário, podemos utilizar repetitivamente a procura em profundidade limitada para encontrar melhores itinerários (de acordo com o critério a otimizar) até que encontramos o melhor itinerário.

O primeiro itinerário produzido pelo predicado `itinerario/6` será o nosso ponto de partida, sendo a sua distância total percorrida, duração ou valor pago em portagens (em função do que se pretende otimizar) estabelecido como o limite máximo permissível, utilizado no algoritmo de procura em profundidade limitada, o qual vai tentar encontrar um itinerário melhor.

Defina o predicado `melhora_itinerario/6`. A expressão

```
melhora_itinerario(loc1, loc2, itn, lim_d, lim_p, lim_t)
```

tem um significado semelhante ao do predicado `itinerário`, exceto que afirma que

- a distância percorrida no itinerário `itn` é inferior a `lim_d` (se este valor não for negativo),

- o valor pago em portagens é inferior a `lim_p` (se este valor não for negativo) e

- a duração do itinerário é inferior a `lim_t` (se este valor não for negativo)".

Consideremos, por exemplo, a interação apresentada na página 405 e consideremos os seguintes objetivos:

- melhora_itinerario(lisboa, pombal, C, 225, -1, -1).

  Este objetivo irá encontrar itinerários cuja duração total seja inferior a 225 Km.

- melhora_itinerario(lisboa, pombal, C, -1, 11.5, 136.5).

  Este objetivo irá encontrar itinerários cujo valor pago em portagens seja inferior a 11.5 Euros e cuja duração total seja inferior a 136.5 minutos..

Utilizando o predicado melhora_itinerario/6, defina o predicado itinerario_otimo/4. A expressão

```
itinerario_otimo(loc1, loc2, itn, crit)
```

significa que "o itinerário itn é o melhor itinerário que liga a localidade loc1 à localidade loc2, de acordo com o critério crit". O critério crit poderá ser "distancia", "custo" ou "tempo", com os significados óbvios.

Utilizando o predicado itinerario_otimo, teste o funcionamento do seu programa para os dados completos, demonstrando que o seu programa funciona corretamente.

C.2 Planeamento de ações

O planeamento de ações, isto é, a determinação da sequência de ações que permite atingir um dado objetivo, é uma tarefa considerada como requerendo inteligência. O planeamento de ações é estudado na disciplina de *Inteligência Artificial* da LEIC e mais profundamente na disciplina de *Procura e Planeamento* do MEIC.

Com este projeto pretende-se criar um programa que, através do recurso ao raciocínio, produz um plano de ações, utilizando um método simples e recorrendo a uma visão muito simplificada do mundo.

C.2.1 O mundo dos blocos

No mundo que vamos considerar, chamado o *mundo dos blocos*, existem vários blocos (cada um dos quais com uma identificação única), uma mesa, e um braço de um *robot* que pode movimentar os blocos de um lado para o outro. Em cada instante, um bloco está sobre a mesa (a qual pode conter um número ilimitado

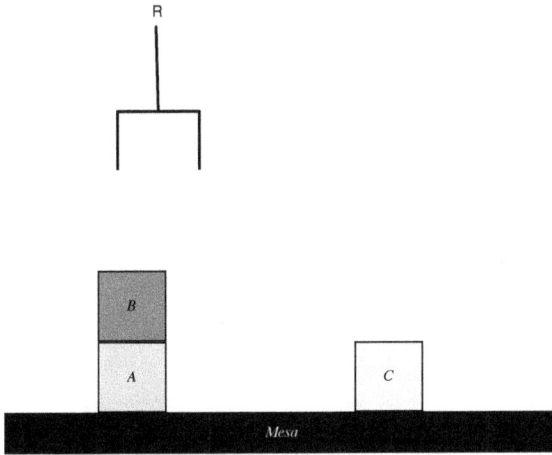

Figura C.2: Situação no mundo dos blocos.

de blocos), está sobre outro bloco, ou está a ser agarrado pelo braço do *robot*. O problema do planeamento de ações corresponde a determinar uma sequência de ações que permitam, através da movimentação de blocos, a transformação de uma situação inicial numa situação final[1]. Na Figura C.2 apresentamos uma situação no mundo dos blocos na qual existem três blocos, *A*, *B* e *C*, estando os blocos *A* e *C* sobre a mesa e o bloco *B* sobre o bloco *A*. O braço do *robot*, identificado pela letra R, não está a agarrar nenhum bloco.

Podemos caracterizar o mundo dos blocos através da utilização dos seguintes predicados:

$$Bloco(x) = x \text{ é um bloco.}$$

$$Limpo(x) = \text{ o bloco } x \text{ não tem nada sobre ele.}$$

$$Sobre(x, y) = \text{ o bloco } x \text{ está diretamente sobre o bloco } y.$$

$$SobreaMesa(x) = \text{ o bloco } x \text{ está diretamente sobre a mesa.}$$

$$RobotTem(x) = \text{ a entidade } x \text{ está a ser agarrada pelo } robot.$$

Com estes predicados, podemos escrever as seguintes *fbfs* que definem a situação

---

[1]Note-se que podem existir várias sequências que satisfaçam este objetivo, estando nós apenas interessados numa delas.

apresentada na Figura C.2:

$$Bloco(A) \qquad Bloco(B) \qquad Bloco(C)$$

$$SobreaMesa(A) \quad Sobre(B, A) \quad SobreaMesa(C)$$

$$\neg Limpo(A) \qquad Limpo(B) \qquad Limpo(C)$$

$$RobotTem(nada)$$

Dizemos que a *fbf* "*RobotTem(nada)*" é lida como "o *robot* está livre".

C.2.2   As ações possíveis

As seguintes ações podem ser executadas pelo *robot*, tendo os efeitos que se descrevem:

- *agarra(x)*: o *robot* agarra no bloco x.

  Para que esta ação possa ser executada, o braço do *robot* deve estar livre, x deve ser um bloco que está sobre a mesa, e x não pode ter outro bloco sobre ele.

  Como resultado da execução desta ação, o *robot* fica a agarrar no bloco x, o qual deixa de estar sobre a mesa (Figura C.3).

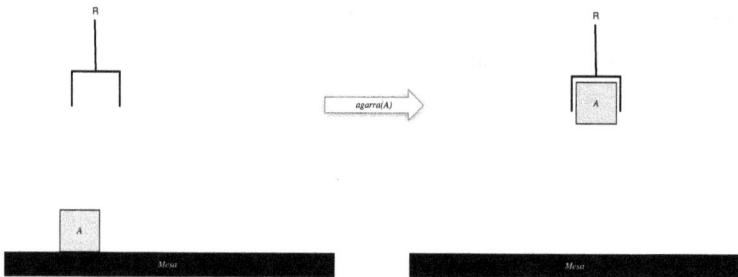

Figura C.3: A ação *agarra(A)*.

- *larga(x)*: o *robot* coloca o bloco x sobre a mesa.

  Para que esta ação possa ser executada, x deve ser o bloco que está a ser agarrado pelo *robot*.

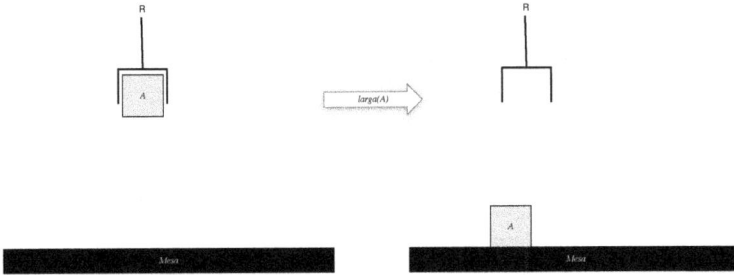

Figura C.4: A ação *larga(A)*.

Como resultado da execução desta ação, o braço do *robot* fica livre e o bloco x passa a estar sobre a mesa (Figura C.4).

- *desempilha(x, y)*: o *robot* agarra no bloco x, o qual se encontra sobre o bloco y.

Para que esta ação possa ser executada, o braço do *robot* deve estar livre, x deve ser o bloco que se encontra diretamente sobre o bloco y, e x não pode ter outro bloco sobre ele.

Como resultado da execução desta ação, o *robot* fica a agarrar no bloco x, o qual deixa de estar sobre o bloco y, passando o bloco y a estar livre (Figura C.5).

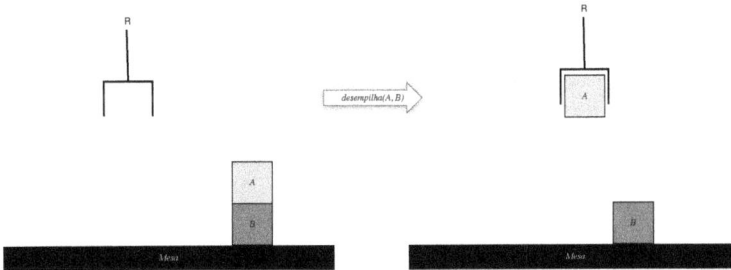

Figura C.5: A ação *desempilha(A, B)*.

- *empilha(x, y)*: o *robot* coloca o bloco x sobre o bloco y.

Para que esta ação possa ser executada, x deve ser o bloco que está a ser agarrado pelo *robot* e o bloco y não pode ter outro bloco sobre ele.

Como resultado da execução desta ação, o braço do *robot* fica livre e o bloco x passa a estar diretamente sobre o bloco y, o qual deixa de estar livre (Figura C.6).

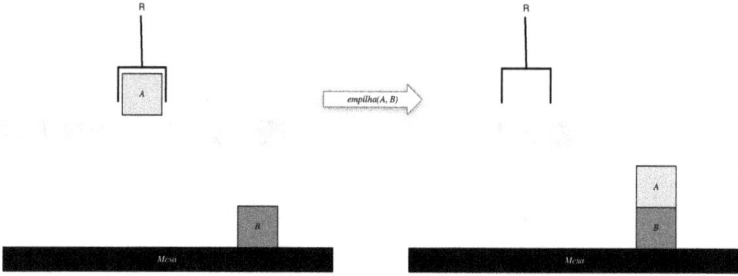

Figura C.6: A ação *empilha*(A, B).

C.2.3 O problema da mudança

Assumindo que, a partir da situação apresentada na Figura C.2, o *robot* movimentava o bloco B para cima do bloco C, executando as ações *desempilha*(B, A) seguida de *empilha*(B, C), obtemos a situação representada na Figura C.7, a qual é caracterizada pelas *fbfs*:

$$Bloco(A) \qquad Bloco(B) \qquad Bloco(C)$$

$$SobreaMesa(A) \quad Sobre(B, C) \quad SobreaMesa(C)$$

$$Limpo(A) \qquad Limpo(B) \qquad \neg Limpo(C)$$

$$RobotTem(nada)$$

Repare-se que entre a situação apresentada na Figura C.2 e a apresentada na Figura C.7, o mundo mudou! As *fbfs* $Sobre(B, A)$, $\neg Limpo(A)$ e $Limpo(C)$ "desapareceram", tendo sido adicionadas as *fbfs* $Sobre(B, C)$, $Limpo(A)$ e $\neg Limpo(C)$. Este é um dos aspectos que caracteriza a execução de ações, estas mudam o mundo.

No entanto, nem todas as *fbfs* mudam com a aplicação de uma ação. Por exemplo, após a movimentação do bloco B, continua-se a verificar $SobreaMesa(Mesa)$, assumimos que o movimento de um bloco não arrasta outros blocos atrás

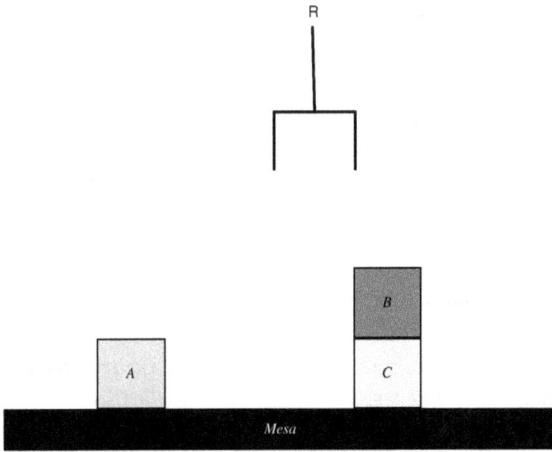

Figura C.7: Nova situação no mundo dos blocos.

dele; após a movimentação do bloco B continua-se também a verificar $Bloco(B)$, assumimos que quando o *robot* movimenta um bloco, este não deixa de ser um bloco (no entanto, poderíamos imaginar uma situação em que durante o movimento, o braço do *robot* apertava tanto o bloco B que este se desfazia).

Se quisermos raciocinar sobre o efeito da execução de ações, como acontece quando estamos a fazer planeamento, uma solução que corresponda a apagar e a adicionar *fbfs* não é adequada, pois perdemos a possibilidade de dizer, por exemplo, "antes da aplicação da sequência de ações verificava-se $Sobre(B, A)$ e depois da sua aplicação verifica-se $Sobre(B, C)$".

Uma das técnicas para utilizar a lógica de primeira ordem para lidar com domínios em mudança, corresponde a utilizar nos argumentos de certos predicados um termo adicional, o identificador de uma situação, que associa o predicado a uma situação do mundo. Por exemplo, podemos pensar em redefinir os predicados *Sobre* e *Limpo* do seguinte modo:

$Sobre(x, y, s) =$ o bloco x está diretamente sobre o bloco y na situação s.

$Limpo(x, s) =$ o bloco x não tem nada sobre ele na situação s.

Fazemos também a distinção entre dois tipos de predicados: os *fluentes*, os predicados que podem mudar devido à execução de uma ação e que serão associados com uma situação, e os predicados que não são afetados pela execução de ações, chamados *eternos*. No mundo dos blocos, os predicados *Sobre*, *SobreaMesa*, *Limpo* e *RobotTem* são fluentes e o predicado *Bloco* é eterno.

Com esta abordagem, e supondo que s_1 corresponde à situação apresentada na Figura C.2, podemos escrever, entre outras, as seguintes *fbfs*:

$$SobreaMesa(A, s_1) \quad Sobre(B, A, s_1) \quad SobreaMesa(C, s_1)$$

$$\neg Limpo(A, s_1) \quad Limpo(B, s_1) \quad Limpo(C, s_1)$$

$$RobotTem(nada, s_1)$$

A evolução do estado do mundo é feita através de sucessivas situações que resultam da execução de ações. Estas novas situações são definidas recorrendo a funções que têm como argumentos as entidades que definem a ação executada bem como a situação em que a ação foi executada e têm como valor a nova situação. Por exemplo sendo s_3 a situação que resulta de movimentar o bloco B de A para C, partindo da situação s_1, esta situação é definida por:

$$s_3 = exec(empilha(B, C), exec(desempilha(B, A), s_1)).$$

Na situação s_3, podemos escrever, entre outras, as seguintes *fbfs*:

$$SobreaMesa(A, s_3) \quad Sobre(B, C, s_3) \quad SobreaMesa(C, s_3)$$

$$Limpo(A, s_3) \quad Limpo(B, s_3) \quad \neg Limpo(C, s_3)$$

$$RobotTem(nada, s_3)$$

Usando esta técnica, já podemos distinguir entre as *fbfs* existentes nas várias situações. A execução de uma ação é traduzida por uma *fbf* que inclui os requisitos impostos à aplicação de uma ação (conhecidos como *pré-condições*) e os efeitos que a execução da ação introduz no mundo (conhecidos como *pós-condições*). Por exemplo, a ação de desempilhar um bloco pode ser traduzida pela seguinte *fbf*:

$\forall x, y, s \; [(Bloco(x) \wedge Bloco(y) \wedge RobotTem(nada, s) \wedge Sobre(x, y, s) \wedge Limpo(x, s))$
$\rightarrow$

$Limpo(y, exec(desempilha(x, y), s)) \wedge$
$\neg(Sobre(x, y, exec(desempilha(x, y), s)) \wedge$
$\neg RobotTem(nada, exec(desempilha(x, y), s)) \wedge$
$RobotTem(x, exec(desempilha(x, y), s)))]$

O antecedente da implicação corresponde às pré-condições e o consequente às pós-condições.

Repare-se que embora a *fbf* anterior traduza *o que muda* com o efeito de uma ação, ela nada diz sobre *o que não muda*. Por exemplo, recorrendo apenas a esta *fbf*, não sabemos quais os blocos que se encontram sobre a mesa na situação resultante de desempilhar um bloco. Para resolver este problema teremos que escrever axiomas próprios que definem o que não muda devido à aplicação de uma ação, os chamados *axiomas da quiescência*[2] (em inglês, "*frame axioms*"). Estes axiomas traduzem, por exemplo, o que acontece numa situação correspondente a desempilhar dois blocos aos outros blocos não envolvidos na ação que verificam a relação *SobreaMesa* ou o que acontece aos outros blocos que não têm outros blocos sobre eles (os blocos que satisfazem o predicado *Limpo*):

$$\forall x, y, w, s \ [SobreaMesa(w, s) \rightarrow (SobreaMesa(w, exec(desempilha(x, y), s))]$$

$$\forall x, y, w, s \ [(Limpo(w, s) \wedge x \neq w) \rightarrow (Limpo(w, exec(desempilha(x, y), s))]$$

Se no nosso mundo tivermos f fluentes e a ações possíveis teremos de escrever um número de axiomas de quiescência na ordem de $f \times a$, o que claramente não é praticável.

C.2.4 Uma alternativa em PROLOG

Em PROLOG, uma alternativa para resolver o problema dos axiomas da quiescência corresponde a utilizar predicados de ordem superior, ou seja, predicados cujos argumentos podem ser predicados. Definimos três predicados de ordem superior:

$Dado(f)$ = a fórmula f é um dado do problema.

$Verif(f, s)$ = a fórmula f verifica-se na situação s.

$Eterno(f)$ = a fórmula f corresponde a um predicado eterno.

Atendendo à definição de predicados eternos, podemos escrever a seguinte *fbf*:

$$\forall f, s \ [(Eterno(f) \wedge Dado(f)) \rightarrow Verif(f, s)]$$

Para caracterizar o comportamento das ações, recorremos a três aspetos:

1. *Verificação das pré-condições.* Recorde-se que existem condições (as pré-condições) para que uma ação possa ser executada. A verificação dessas condições deverá ser feita recorrendo ao predicado *PreCond*:

---

[2]De *quiescente*, que significa que descansa, que está em sossego.

$PreCond(a, l) =$ a lista l indica as pré-condições para a execução da
ação a.

2. *Tratamento das pós-condições.* Quando uma ação é executada as suas
pós-condições são introduzidas. Existem dois tipos de pós-condições:

(a) As pós-condições podem corresponder à introdução de nova informação, a qual poderá ser realizada recorrendo ao predicado *Adic*:

$Adic(f, a) =$ a fórmula f é introduzida pela aplicação da ação a.

(b) As pós-condições podem corresponder à remoção de certa informação, a qual poderá ser realizada recorrendo ao predicado *Rem*:

$Rem(f, a) =$ a fórmula f é removida pela aplicação da ação a.

Os efeitos e não-efeitos das ações podem ser estabelecidos recorrendo às seguintes *fbfs*:

$$\forall f, a, s \; [Adic(f, a) \rightarrow Verif(f, exec(a, s))]$$

Esta *fbf* afirma que se uma dada fórmula for adicionada pela aplicação de uma
ação, então essa fórmula verifica-se no estado resultante da execução da ação.

$$\forall f, a, s \; [[Verif(f, s) \land \not\vdash Rem(f, a)) \rightarrow Verif(f, exec(a, s))]$$

Esta *fbf* corresponde a um modo elegante de afirmar os axiomas de quiescência:
se certa fórmula se verifica num estado e essa fórmula não foi explicitamente
removida pela execução de uma ação (ou seja, se não for possível derivar que
foi removida), então essa fórmula verifica-se no estado resultante da aplicação
da ação.

Consideremos, por exemplo, a ação *agarra*, para qualquer x, as suas pré-
condições são $PreCond(agarra(x), [Bloco(x), RobotTem(nada), Limpo(x), So-$
$breAMesa(x)])$, a pós-condição adicionada é $Adic(RobotTem(x), agarra(x))$ e
as pós-condições removidas são $Rem(SobreaMesa(x), agarra(x))$ e $Rem(Ro-$
$botTem(nada), agarra(x))$.

C.2.5   Trabalho a realizar (parte I)

Escreva um programa em PROLOG que corresponda a um planeador de ações,
utilizando a abordagem descrita na Secção C.2.4. Para isso, defina o predicado
plano/3. A expressão plano(de, para, s) afirma que partindo da situação
correspondente às fórmulas da lista de, a situação s verifica as fórmulas da lista
para.

Apresenta-se um exemplo de interação com o programa correspondente à transformação indicada na Figura C.8:

```
?- plano([limpo(b), limpo(c), sobre_a_mesa(a), sobre_a_mesa(c),
sobre(b, a), robot_tem(nada)],
[limpo(a), limpo(c), sobre(c, b), robot_tem(nada)], S).
Para atingir os objetivos:
limpo(a)
limpo(c)
sobre(c,b)
robot_tem(nada)
Execute:
desempilha(b,a)
larga(b)
agarra(c)
empilha(c,b)
S = exec(empilha(c, b), exec(agarra(c), exec(larga(b),
exec(desempilha(b, a), s0)))).
```

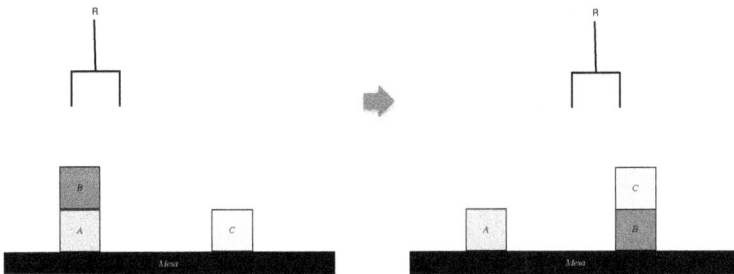

Figura C.8: Primeiro teste para o mundo dos blocos.

A seguinte interação corresponde à transformação indicada na Figura C.11 (note que o programa poderia ser mais inteligente evitando a ação larga(c) seguida da ação agarra(c)):

```
?- plano([limpo(b), sobre_a_mesa(a), sobre(b, a), limpo(c),
sobre_a_mesa(d), sobre(c, d), robot_tem(nada)],
[sobre(d, a), sobre(c, b), robot_tem(nada)], S).
Para atingir os objetivos:
sobre(d,a)
```

```
sobre(c,b)
robot_tem(nada)
Execute:
desempilha(b,a)
larga(b)
desempilha(c,d)
larga(c)
agarra(c)
empilha(c,b)
agarra(d)
empilha(d,a)
S = exec(empilha(d, a), exec(agarra(d), exec(empilha(c, b),
exec(agarra(c), exec(larga(c), exec(desempilha(c, d),
exec(larga(b), exec(desempilha(b, a), s0)))))))).
```

O seu programa deverá começar por criar a situação inicial, correspondente a s_0. Esta deverá ser descrita utilizando o predicado *Dado* com o seguinte significado[3]:

$$Dado(f, s) = \text{a fórmula } f \text{ é um dado para a situação } s.$$

Para além das fórmulas que definem os efeitos e não efeitos das ações, deverá escrever fórmulas que relacionem os predicados *Dado* e *Verif*.

Uma das tarefas a realizar com o seu programa corresponde à definição das pré-condições e pós-condições para cada uma das ações possíveis no mundo dos blocos, as quais foram descritas na Secção C.2.2.

Depois de ter definido todas as ações, defina o predicado `estado_pos/1`. A expressão `estado_pos(s)` afirma que s é um estado que é possível atingir a partir da situação s_0 através da aplicação de ações. Utilize o predicado `estado_pos/1` para gerar estados correspondentes à aplicação de ações a partir da situação inicial. Estes estados serão gerados utilizando o mecanismo de retrocesso. Depois de escrito e testado este predicado, uma solução de planeamento corresponde a detetar se o estado gerado que corresponde a uma solução para o problema em causa. Este tipo de abordagem corresponde à geração de uma solução por "força bruta", não existe nenhuma indicação para guiar a geração as nossas soluções, geramos alternativas às cegas e verificamos se estas correspondem à solução desejada. Na disciplina de *Inteligência Artificial* estudam-se-se soluções inteligentes para este problema.

---

[3]Note que estamos a utilizar o predicado *Dado*, tanto com um argumento (como descrito na página C.2.4), como com dois argumentos (como descrito nesta página).

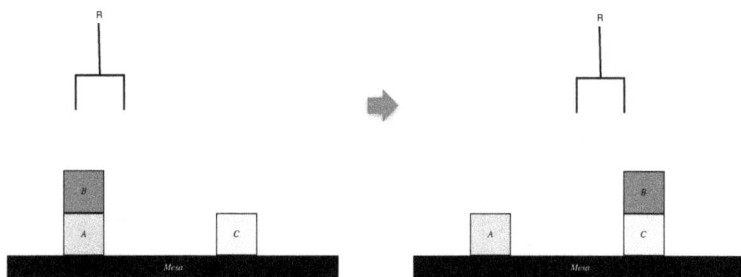

Figura C.9: Segundo teste para o mundo dos blocos.

Teste o seu programa com as situações apresentadas nas Figuras C.8 a C.11. Tenha em atenção que os testes apresentados nas duas últimas figuras correspondem a problemas que são muito difíceis de resolver por força bruta (podem demorar muito tempo) pelo que talvez seja de escolher, de uma forma pragmática, algumas alternativas para os resolver. Neste caso, descreva no relatório as decisões que tomou.

Figura C.10: Terceiro teste para o mundo dos blocos.

C.2.6 Trabalho a realizar (parte II)

O mundo dos blocos abordado até aqui corresponde a uma versão simplificada do já simplificado mundo dos blocos – os únicos blocos existentes correspondem a cubos, não sendo sequer este aspeto considerado.

Altere o seu programa para poder lidar com mais dois tipos de blocos, as pirâmides e os paralelepípedos (blocos grandes). Estes novos blocos apresen-

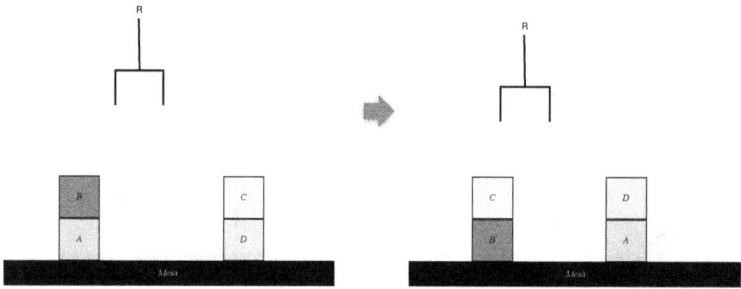

Figura C.11: Quarto teste para o mundo dos blocos.

tam as seguintes particularidades: nenhum objeto pode ser colocado sobre uma pirâmide; os paralelepípedos, devido ao seu tamanho, apenas podem ser colocados sobre pilhas contendo no máximo dois ojectos.

Utilizando este novo tipo de blocos, apresente uma solução para a transformação indicada na Figura C.12.

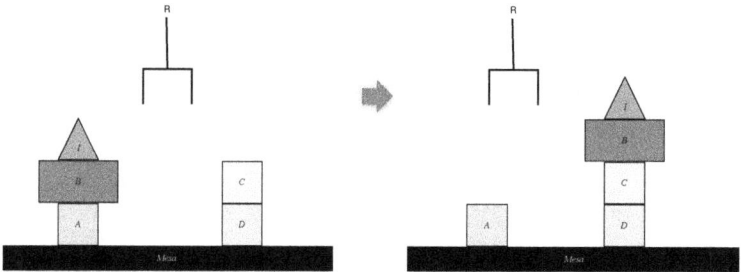

Figura C.12: Teste para o mundo dos blocos com vários tipos de blocos.

Bibliografia

J. F. Allen e H. A. Kautz. Logicism is alive and well. *Computational Intelligence*, 3 (1):161–162, 1987.

R. Andersen e W. W. Bledsoe. A linear format for resolution using merging and a new technique for establishing completeness. *Journal of the ACM*, 17(3):525–534, 1970.

A. R. Anderson e N. D. Belnap. *Entailment: The Logic of Relevance and Necessity*, volume I. Princeton University Press, Princeton, N.J., 1975.

A. R. Anderson, N. D. Belnap, e J. M. Dunn. *Entailment: The Logic of Relevance and Necessity*, volume II. Princeton University Press, Princeton, N.J., 1992.

A. Aziz, F. Balarin, S.-T. Cheng, R. Hojati, T. Kam, S. C. Krishnan, R. K. Ranjan, T. R. Shiple, V. Singhal, S. Tasiran, H.-Y. Wang, R. K. Brayton, e A. L. Sangiovanni-Vincentelli. HSIS: A BDD-based environment for formal verification. In *Proc. 31st Conference on Design Automation*, pages 454–459. IEEE, 1994.

F. Baader e W. Snyder. Unification theory. In Robinson e Voronkov, editors, *Handbook of Automated Reasoning*, volume I, pages 445–533. Elsevier, Amsterdam, The Netherlands, 2001.

L. Bachmair e H. Ganzinger. Resolution theorem proving. In Robinson e Voronkov, editors, *Handbook of Automated Reasoning*, volume I, pages 19–99. Elsevier, Amsterdam, The Netherlands, 2001a.

L. Bachmair e H. Ganzinger. Resolution theorem proving. In Robinson e Voronkov, editors, *Handbook of Automated Reasoning*, volume I, pages 19–97. Elsevier, Amsterdam, The Netherlands, 2001b.

M. Ben-Ari. *Mathematical Logic for Computer Science*. Springer-Verlag, London, UK, 2 edition, 2003.

W. Bibel. *Automated Theorem Proving*. Vieweg Verlag, Braunschweig, Germany, 1982.

A. Biere, M. Heule, H. van Maaren, e T. Walsh, editors. *Handbook of Satisfiability*, volume 185 of *Frontiers in Artificial Intelligence and Applications*. IOS Press, Amsterdam, The Netherlands, 2009.

L. Birnbaum. Rigor mortis: A response to nilsson's logic and artificial intelligence. *Artificial Intelligence*, 47(1–3):57–77, 1991.

B. Bollig e I. Wegener. Improving the variable ordering of OBDDs is NP-complete. *IEEE Transactions on Computers*, 45(9):993–1002, 1996.

G. Boole. *An Investigation of the Laws of Thought*. Dover, New York, N.Y., 1854.

R. S. Boyer e J. S. Moore. The sharing of structures in theorem-proving programs. In Meltzer e Michie, editors, *Machine Intelligence*, volume 7, pages 101–116. Edinburgh University Press, Edinburgh, UK, 1972.

R. J. Brachman e H. J. Levesque. *Knowledge Representation and Reasoning*. Morgan Kaufmann Publishers, San Francisco, CA, 2004.

J. Branquinho. Implicação. In Branquinho e Murcho, editors, *Enciclopédia de Termos Lógico-Filosóficos*, pages 377–379. Gradiva, Lisboa, Portugal, 2001.

R. Bryant. Graph-based algorithms for boolean function manipulation. *IEEE Transactions on Computers*, C-35:677–691, 1986.

J. P. Burgess. *Philosophical Logic*. Princeton University Press, Princeton, N.J., 2009.

C.-L. Chang e C.-T. Lee. *Symbolic Logic and Mechanical Theorem Proving*. Academic Press, New York, N.Y., 1973.

A. Church. An unsolvable problem of number theory. *American Journal of Mathematics*, 58(2):345–363, 1936.

A. Church. *The Calculi of Lambda Conversion*. Annals of Mathematics Studies. Princeton University Press, Princeton, N.J., 1941.

A. Church. *Introduction to Mathematical Logic, Volume 1*. Princeton University Press, Princeton, N.J., 1956.

K. L. Clark. *Predicate Logic as a Computational Formalism*. Research monograph / Department of Computing, Imperial College of Science and Technology, University of London. University of London, 1980.

W. F. Clocksin e C. S. Mellish. *Programming in Prolog*. Springer-Verlag, Heidelberg, Germany, 3 edition, 2003.

H. Coelho e J. C. Cotta. *Prolog by Example*. Springer-Verlag, Heidelberg, Germany, 1988.

A. Colmerauer e P. Roussel. The birth of Prolog. In *The second ACM SIGPLAN conference on History of Programming Languages*, pages 37–52. ACM, New York, N.Y., 1993.

J. Corcoran. Conceptual structure of classical logic. *Philosophy and Phenomenological Research*, 33(1):25–47, 1972.

J. Corcoran, editor. *Logic, Semantics, Metamatemathics*. Hackett Publishing Co., Indianapolis, IN, 1983.

R. Damiano e J. Kukula. Checking satisfiability of a conjunction of BDDs. In *40th ACM/IEE Design Automation Conference*, pages 818–823, Los Alamitos, CA, 2003. IEEE Computer Society Press.

A. Darwiche e K. Pipatsrisawat. Complete algorithms. In Biere, Heule, van Maaren, e Walsh, editors, *Handbook of Satisfiability*, pages 99–130. IOS Press, 2009.

M. Davis. The early history of automatic deduction. In Robinson e Voronkov, editors, *Handbook of Automated Reasoning*, volume I, pages 3–14. Elsevier, Amsterdam, The Netherlands, 2001.

M. Davis e H. Putnam. A computing procedure for quantification theory. *Journal of the ACM*, 7(3):201–215, 1960.

R. Dechter. Bucket elimination: A unifying framework for processing hard and soft constraints. *Constraints: An International Journal*, 2(1):51–55, 1997.

R. Dechter e I. Rish. Directional resolution: The davis-putnam procedure, revisited. In Doyle, Sandewall, e Torasso, editors, *Proc. of the 4th Int. Conf. on the Principles of Knowledge Representation and Reasoning (KR'94)*, pages 134–145, San Francisco, CA, 1994. Morgan Kaufmann.

P. Deransart, A. Ed-Dbali, e L. Cervoni. *Prolog: The Standard, Reference Manual*. Springer-Verlag, Berlin, Germany, 1996.

F. Fitch. *Symbolic Logic: An Introduction*. The Ronald Press Company, New York, N.Y., 1952.

J. Franco e J. Martin. A history of satisfiability. In Biere, Heule, van Maaren, e Walsh, editors, *Handbook of Satisfiability*, pages 3–74. IOS Press, Amsterdam, The Netherlands, 2009.

J. Franco, M. Kouril, J. Schlipf, J. Ward, S. Weaver, M. Dransfield, e W. M. Vanfleet. SBSAT: a state-based, BDD-based satisfiability solver. In Giunchiglia e Tacchella, editors, *Theory and Applications of Satisfiability Testing*, volume 2919 of *Lecture Notes in Computer Science*, pages 30–32. Springer-Verlag, Heidelberg, Germany, 2004.

G. Frege. *Begriffsschrift: eine der arithmetischen nachgebildete Formelsprache des reinen Denkens*. Halle, Verlag von Louis Nebert, 1897.

M. Fujita, Y. Matsunaga, e T. Kakuda. On variable ordering of binary decision diagrams for the application of multi-level logic synthesis. In *Proc. of the European Conference on Design Automation*, pages 50–54. IEEE, 1991.

D. M. Gabbay, C. J. Hogger, e J. A Robinson, editors. *Handbook of Logic in Artificial Intelligence and Logic Programming*, volume 1. Claredon Press, Oxford, U.K., 1993.

D. M. Gabbay, C. J. Hogger, e J. A Robinson, editors. *Handbook of Logic in Artificial Intelligence and Logic Programming*, volume 2. Claredon Press, Oxford, U.K., 1994.

A. C. Gayling. *An Introduction to Philosophical Logic*. Blackwell Publishing, London, U.K., 1998.

G. Gentzen. *Collected Papers of Gerhard Gentzen*. North-Holland, Amsterdam, The Netherlands, 1969.

P. C. Gilmore. A program for the production from axioms, of proofs for theorems derivable within the first order predicate calculus. In *Proc. IFIP Congress*, pages 265–272. IFIP, 1959.

T. R. Gruber. A translation approach to portable ontology specifications. *Knowledge Acquisition*, 5(2):199–220, 1993.

J. R. Guard. Automated logic for semi-automated mathematics. Scientific Report 1, Air Force Cambridge Lab., Cambridge, UK, 1964. AFCRL 64-411.

J. R. Guard. Semi-automated mathematics. *Journal of the ACM*, 16(1):49–62, 1969.

K. Gödel. *Über die Vollsständigkeit des Logikkalküls*. PhD thesis, University of Vienna, Vienna, Austria, 1930.

S. Haack. *Philosophy of Logics*. Cambridge University Press, Cambridge, U.K., 1978.

G. D. Hachtel e F. Somenzi. *Logic Synthesis and Verification Algorithms*. Kluwer Academic Publishers, Dordrecht, The Netherlands, 2006.

J. Herbrand. *Recherches sur la théorie de la démonstration*. PhD thesis, Sorbonne, Université de Paris, Paris, France, 1930.

J. Herbrand. Investigations in proof theory: The properties of true propositions. In van Heijenhoort, editor, *From Frege to Gödel: A Source Book in Mathematical Logic, 1879-1931*, pages 525–581. Harvard University Press, Harvard, MA., 1967.

J. Herbrand. Recherches sur la théorie de la démonstration. In van Heijenoort, editor, *Logical Writings*. Harvard University Press, Cambridge, MA, 1971.

A. Horn. On sentences which are true of direct unions of algebras. *Journal of Symbolic Logic*, 16(1):14–21, 1951.

G. Huet. *Résolution d'equations dans les langages d'ordre 1, 2, ..., ω*. PhD thesis, Université de Paris 7, Paris, France, 1976.

M. Huth e M. Ryan. *Logic in Computer Science: Modelling and Reasoning about Systems*. Cambridge University Press, Cambridge, U.K., 2004.

D. Israel. The role(s) of logic in artificial intelligence. In Gabbay, Hogger, e Robinson, editors, *Handbook of Logic in Artificial Intelligence and Logic Programming*, volume 1, pages 1–29. Claredon Press, Oxford, 1993.

S. Jaskowski. On the rules of supposition in formal logic. In McCal, editor, *Polish Logic 1920–1939*, pages 232–258. Oxford University Press, Oxford, U.K., 1967.

H. Jeffreys. Does a contradiction entail every proposition? *Mind*, 51(201):90–91, 1942.

H. Jin e F. Somenzi. CirCUs: A hybrid satisfiability solver. In Bacchus e Walsh, editors, *Theory and Applications of Satisfiability Testing*, volume 3569 of *Lecture Notes in Computer Science*, pages 899–899. Springer-Verlag, Heidelberg, Germany, 2005.

A. Kay. *The Reactive Engine*. PhD thesis, University of Utah, Salt Lake City, Utah, 1969.

S. C. Kleene. *Introduction to Metamathematics*. American Elsevier Publishing Co, Inc., New York, N.Y., 1952.

M. Kline. *Mathematical Thought: From Ancient to Modern Times*. Oxford University Press, Oxford, U.K., 1972.

W. Kneale e M. Kneale. *The Development of Logic*. Clarendon Press, Oxford, U.K., 1988.

K. Knight. Unification. In Shapiro, editor, *Encyclopedia of Artificial Intelligence*, volume 2, pages 1630–1637. John Wiley & Sons, Inc., New York, N.Y., 1992.

D. E. Knuth e P. Bendix. Simple word problems in universal algebras. In Leech, editor, *Computational Problems in Abstract Algebra*, pages 263–297. Pergamon Press, Oxford, UK, 1970.

D. E. Knuth e P. Bendix. Simple word problems in universal algebras. In Siekmann e Wrightson, editors, *Automation of Reasoning*, volume 2, pages 342–376. Springer-Verlag, Heidelberg, Germany, 1983.

R. Kowalski. *Studies in the Completeness and Efficiency of Theorem-Proving by Resolution*. PhD thesis, University of Edinburgh, Edinburgh, UK, 1970.

R. Kowalski. Predicate logic as programming language. In *Proceedings IFIP Congress*, pages 569–574. North Holland Publishing Co., 1974.

R. Kowalski. Predicate logic as programming language. In Wah e Li, editors, *Computers for Artificial Intelligence Applications*, pages 68–73. IEEE Computer Society Press, Los Angeles, CA, 1986.

R. Kowalski e P. Hayes. Semantic trees in automatic theorem-proving. In *Anthology of Automated Theorem Proving Papers*, volume 2, pages 217–232. Springer-Verlag, Heidelberg, Germany, 1983.

R. Kowalski e P. Hayes. Semantic trees in automatic theorem-proving. In Metlzer e Michie, editors, *Machine Intelligence*, volume 4, pages 87–101. American Elsevier Publishing Company, New York, N.Y., 1969.

R. Kowalski e D. Kuehner. Linear resolution with selection function. *Artificial Intelligence*, 2(3 & 4):227–260, 1971.

R. Kowalski e D. Kuehner. Linear resolution with selection function. In *Anthology of Automated Theorem-Proving Papers*, volume 2, pages 542–577. Springer-Verlag, Heidelberg, Germany, 1983.

B. Kramer e J. Mylopoulos. Knowledge representation. In Shapiro, editor, *Encyclopedia of Artificial Intelligence*, volume 1, pages 743–759. John Wiley & Sons, Inc., New York, N.Y., 1992.

C. Y. Lee. Representation of switching circuits by binary-decision programs. *Bell Systems Technical Journal*, 38:985–999, 1959.

E. J. Lemmon. *Beginning Logic*. Hackett Publishing Co, Indianapolis, IN, 1978.

H. J. Levesque. *Thinking as Computation: A First Course*. The MIT Press, Cambridge, MA, 2012.

J. W. Lloyd. *Foundations of Logic Programming*. Symbolic Computation. Springer-Verlag, Heidelberg, Germany, 2 edition, 1987.

D. W. Loveland. A linear format for resolution. In *Proc. IRIA Symposium on Automatic Deduction*, pages 147–162, New York, N.Y., 1970. Springer-Verlag.

D. W. Loveland. A unifying view of some linear herbrand procedures. *Journal of the ACM*, 19(2):366–384, 1972.

D. W. Loveland. A linear format for resolution. In Siekmann e Wrightson, editors, *Automation of Reasoning: Classical Papers on Computational Logic 1967-1970*, volume 2, pages 399–415. Springer-Verlag, Heidelberg, Germany, 1983.

D. C. Luckham. Refinements in resolution theory. In *Proc. IRIA Symposium on Automatic Deduction*, pages 163–190, New York, N.Y., 1970. Springer-Verlag.

D. C. Luckham. Refinements in resolution theory. In Siekmann e Wrightson, editors, *Automation of Reasoning: Classical Papers on Computational Logic 1967-1970*, volume 2, pages 435–463. Springer-Verlag, Heidelberg, Germany, 1983.

M. Machtey e P. Young. *An Introduction to the General Theory of Algorithms*. North Holland, New York, N.Y., 1978.

S. Malik, A. R. Wang, R. K. Brayton, e A. Sangiovanni-Vincentelli. Logic verification using binary decision diagrams in a logic synthesis environment. In *IEEE International Conference on Computer-Aided Design*, pages 6–9. IEEE, 1988.

A. Martelli e U. Montanari. An efficient unification algorithm. *ACM Trans. Program. Lang. Syst.*, 4:258–282, 1982.

J. P. Martins e M. R. Cravo. *Fundamentos da Programação Utilizando Múltiplos Paradigmas*. IST Press, Lisboa, Portugal, 1 edition, 2011.

J. P. Martins e S. C. Shapiro. A model for belief revision. *Artificial Intelligence*, 35 (1):25–79, 1988.

E. Mendelson. *Introduction to Mathematical Logic*. Wadsworth Publishing Co., Belmont, CA., 1987.

N. Nilsson. *Problem Solving Methods in Artificial Intelligence*. McGraw-Hill Book Co., New York, N.Y., 1971.

N. Nilsson. Logic and artificial intelligence. *Artificial Intelligence*, 47(1–3):31–56, 1991.

A. F. Oliveira. *Lógica e Aritmética: Uma Introdução Informal aos Métodos Formais*. Gradiva, Lisboa, Portugal, 1991.

ACM/IEEE-CS Joint Task Forece on Computing Curricula. Computer science curricula 2013. Technical report, ACM Press and IEEE Computer Society Press, dezembro 2013.

G. Pan e M. Y. Vardi. Search vs. symbolic techniques in satisfiability solving. In Bacchus e Walsh, editors, *Theory and Applications of Satisfiability Testing*, volume 3569 of *Lecture Notes in Computer Science*, pages 898–899. Springer-Verlag, Heidelberg, Germany, 2005.

M. Paterson e M. N. Wegman. Linear unification. *Journal of Computer and System Sciences*, 16(2):158–167, 1978.

D. Prawitz. An improved proof procedure. *Theoria*, 26(2):102–139, 1960.

G. Priest. Paraconsistent logic. In Gabbay e Guenthner, editors, *Handbook of Philosophical Logic*, volume 6, pages 287–393. Kluwer Academic Publishers, Dordrecht, The Netherlands, 2 edition, 2002.

G. Priest, R. Routley, e J. Norman, editors. *Paraconsistent Logic: Essays on the Inconsistent*. Philosophia Verlag, Munich, Germany, 1989.

W. V. Quine. *Philosophy of Logic*. Harvard University Press, Cambridge, MA, 2 edition, 1986.

S. Read. *Relevant Logic*. Basil Blackwell Inc., Oxford, UK, 1988.

R. Reiter. Two results on ordering for resolution with merging and linear format. *Journal of the ACM*, 18(4):630–646, 1971.

G. A. Robinson e L. Wos. Paramodulation and theorem-proving in first-order theories with equality. In Meltzer e Michie, editors, *Machine Intelligence*, volume 4, pages 135–150. Edinburgh University Press, Edinburgh, U.K., 1969.

G. A. Robinson e L. Wos. Paramodulation and theorem-proving in first-order theories with equality. In Siekmann e Wrightson, editors, *Automation of Reasoning: Classical Papers on Computational Logic 1967-1970*, volume 1, pages 298–313. Springer-Verlag, Heidelberg, Germany, 1983.

J. A. Robinson. A machine-oriented logic based on the resolution principle. *Journal of the ACM*, 12(1):23–41, 1965.

J. A. Robinson. The generalized resolution principle. In Michie, editor, *Machine Intelligence*, volume 3, pages 77–93. Edinburgh University Press, Edinburgh, U.K., 1968.

J. A. Robinson. A machine-oriented logic based on the resolution principle. In Siekmann e Wrightson, editors, *Automation of Reasoning: Classical Papers on Computational Logic 1957-1966*, volume 1, pages 397–415. Springer-Verlag, Heidelberg, Germany, 1983.

J. A. Robinson e A. Voronkov, editors. *Handbook of Automated Reasoning*, volume I. Elsevier, Amsterdam, The Netherlands, 2001a.

J. A. Robinson e A. Voronkov, editors. *Handbook of Automated Reasoning*, volume II. Elsevier, Amsterdam, The Netherlands, 2001b.

H. Rogers. *Theory of Recursive Functions and Effective Computability*. McGraw-Hill Inc., New York, NY, 1967.

S. Russell e P. Norvig. *Artificial Intelligence: A Modern Approach*. Prentice Hall, Englewood Cliffs, N.J., 3 edition, 2010.

J. Siekmann e G. Wrightson, editors. *Automation of Reasoning 1: Classical Papers on Computational Logic 1957–1966*. 1983, Heidelberg, Germany, 1983a.

J. Siekmann e G. Wrightson, editors. *Automation of Reasoning 2: Classical Papers on Computational Logic 1967–1970*. 1983, Heidelberg, Germany, 1983b.

D. Sieling. The non-approximability of OBDD minimization. *Journal of Information and Computation*, 172:103–138, 2002.

S. Singh. *Fermat's Last Theorem*. Harper Perennial, London, UK, 1997.

L. Sterling e E. Shapiro. *The Art of Prolog: Advanced Programming Techniques*. The MIT Press, Cambridge, MA, 2 edition, 1994.

G. Stålmarck e M. Såflund. Modeling and verifying systems and software in proposi-
tional logic. In Daniels, editor, *Safety of Computer Control Systems*, pages 31–36.
Pergamon Press, Oxford, U.K., 1990.

G. J. Summers. *Test Your Logic: 50 Puzzles in Deductive Reasoning.* Dover Publications Inc., New York, N.Y., 1972.

A. Tarski. *Introduction to Logic and to the Methodology of Deductive Sciences.* Oxford
University Press, New York, N.Y., 1965.

A. M. Turing. On computable numbers, with an application to the entscheidungs-
problem. *Proceedings of the London Mathematical Society*, 42:230–265, 1936.

A. M. Turing. On computable numbers, with an application to the entscheidungspro-
blem: A correction. *Proceedings of the London Mathematical Society*, 43:544–546,
1937.

M. H. van Emden e R. Kowalski. The semantics of predicate logic as a programming
language. *Journal of the ACM*, 23(4):733–742, 1976.

J. van Heijenhoort, editor. *From Frege to Gödel: A Source Book in Mathematical
Logic, 1879-1931.* Harvard University Press, Harvard, MA, 1967.

A. N. Whitehead e B. Russell. *Principia Mathematica.* Cambridge University Press,
Cambridge, U.K., 1910.

S. Wolfram. *Philosophical Logic, An Introduction.* Routledge, London, UK, 1989.

L. Wos. *Automated Reasoning: 33 Basic Research Problems.* Prentice-Hall, Englewood Cliffs, N.J., 1988.

L. Wos e R. Veroff. Binary resolution. In Shapiro, editor, *Encyclopedia of Artificial
Intelligence*, volume 2, pages 1341–1353. John Wiley & Sons, Inc., New York, N.Y.,
1992.

L. Wos, G. Robinson, D. Carson, e L. Shalla. The concept of demodulation in theorem
proving. *Journal of the ACM*, 14(4):698–709, 1967.

L. Wos, R. Overbeek, E. Lusk, e J. Boyle. *Automated Reasoning: Introduction and
Applications.* Prentice-Hall, Englewood Cliffs, N.J., 1984.

Índice

!, 326
⊥, 142
∃, 165
∀, 165
↔, 46
⊨, 21
¬, 14, 28
⊕, 13
→, 16, 28
∴, 4
ε, 171
⊢, 19
∨, 13, 28
∧, 12, 28
*, 292
**, 292
+, 292
-, 292
->/2, 350
., 308
/, 292
/* ... */, 288, 370
//, 292
:-, 267, 345
;, 267
<, 293
<=, 293
=, 269
=.., 354
=\=, 293
=:=, 293
==, 271
>, 293
>=, 293
[], 309

%, 288
\+, 338
\=, 269
\==, 271
_, 264
|, 309

abs/1, 292
afirmação, 241, 266
apropos/1, 379
arg/3, 354
argumento, 4, 16, 17
    conclusão, 3, 4
    contra-argumento, 10
    demonstrável, 19
    forma de, 7
    inválido, 4
    premissas, 3, 4
    válido, 4, 21, 63
aridade, *ver* função
Aristóteles, 24
árvore
    de decisão, 97
        fechada, 224
    SLD, 250
asserta/1, 356
assertz/1, 357
atom/1, 304
atomic/1, 304
átomo, 262
    especial, 263
    nome do, 263
atribuição, 182
avaliação em PROLOG, 294
axioma, 19, 31, 52

lógico, 194
próprio, 194

balde, 151
base de dados, 244
BDD, 102
    arco negativo, 102, *ver* BDD
    arco positivo, 103, *ver* BDD
    composição de, 106
    negativo, 104, *ver* BDD
    nó
        de entrada, 105
        de saída, 105
        profundidade de, 103, *ver* BDD
    positivo, 104, *ver* BDD
    profundidade máxima, 103
    reduzido, 106, *ver* BDD
    remoção
        folhas duplicadas, 104
        nós redundantes, 105
        testes redundantes, 105
    satisfaz ordem, 110
Bernays, Paul Isaac, 187
bi-condicional, 46
Boole, George, 59, 75

cálculo lambda, 256
call/1, 355
caminho/3, 317
Church, Alonzo, 234
Church, Alonzo, 256
Clark, Keith L., 255
classe, 164, 195
cláusula, 80, 81
    cabeça de, 241
    central, 93
    corpo de, 241
    de Horn, 240
    determinada, 242
    inicial, 93
    iterativa, 268, 298
    mãe, 85
    não mínima, 91
    não unitária, 267
    resolvente, 85
    subordinada, 91

unitária, 80, 266
vazia, 86
Colmerauer, Alain, 360
comando, 345
comprimento/2, 318
conceptualização, 179, 180
conectivas lógicas, 28
conjunção, 12
conjunto
    consistente, 68
    contraditório, 63
    de desacordo, 205
    enumerável, 182
    inconsistente, 68
    maximamente consistente, 68
    não satisfazível, 63
    satisfazível, 63
    unificável, 204
conjunto das funções, 179
conjunto das relações, 179
consequência
    semântica, 4, 21, 187
constante, 165, 262
consult/1, 371
contra-argumento, 10
contradição, 39, 86
current_op/3, 344

DAG, 132
data/3, 304
Davis, Martin, 148
De Morgan
    primeiras leis de, 48
    segundas leis de, 176
De Morgan, Augustus, 48
demonstração, *ver* prova
derivabilidade, 19
diagrama de decisão binário, *ver* BDD
diagrama de decisão binário ordenado, *ver*
        OBDD
disjunção, 12, 13
disjunção exclusiva, 13, 126
dynamic, 356

enumeração, 69
equivalência, 46

escolhe/3, 319
estrutura, 304
execução forçada, 345
expressão
    designatória, 162
    proposicional, 164

facto, 241, 266
fail/0, 337
fatorial/2, 296
fbf, 17, 29, 167
    atómica, 167
    categórica, 36
    contingente, 36
    contraditória, 62, 148, 185
    falsa, 61, 185
    falsificável, 61, 185
    fechada, 170
    marcada, 132
    não satisfazível, 62
    restrição de valor de um símbolo de
        proposição, 111
    satisfazível, 61, 185
    sub-fórmula, 132
    tautológica, 61, 148, 185
    verdadeira, 60, 185
Fermat, Pierre de, 11
forma, 7
    princípio da, 8
forma conjuntiva normal, 81, 83, 202
forma prenex normal, 201
fórmula
    bem formada, 17, 29, 167
    chã, 168
    fechada, 170
fórmula de inserção, 43
frase, 2
    declarativa, 2
    exclamativa, 2
    imperativa, 2
    interrogativa, 2
Frege, Gottlob, 74, 187
função, 162
    argumento, 162
    aridade, 163
    booleana, 59

constante, 165
contradomínio, 162
de procura, 245, 249
de seleção, 245
de sistema, 265
de valoração, 59
domínio, 162
letra de, 165
pré-definida, 265
valor, 163
função
    de Ackermann, 357
functor/3, 353
functor, 264
fx, 342
fy, 342

Gödel
    teorema da incompletude, 216
    teorema da indecidibilidade, 217
Gödel, Kurt, 188
Gentzen, Gerhard, 75
geração e teste, 321, 351
gerador, 351
Gilmore, Paul C., 259
Goldbach, Christian, 11
grafo
    acíclico, 99
    arco de, 99
    caminho, 99
        segundo qualquer relação, 101
        segundo uma relação, 101
    dirigido, 99
    dirigido e rotulado, 99
    folha, 99
    nó de, 99
    nó não terminal, 99
    nó terminal, 99
    raiz, 99
Gruber, Thomas R., 234

hanoi/0, 302
help/1, 378
Herbrand
    base de, 219
    interpretação de, 220

modelo de, 222
modelo mínimo de, 255
teorema de, 226, 227
universo de, 218
Herbrand, Jacques, 218, 234
Hilbert, David, 187, 234
hipótese
    de Church-Turing, 258
    do mundo fechado, 284
homoiconicidade, 353
Horn
    cláusula de, 240
Horn, Alfred, 240

implicação, 14
implicação
    antecedente, 14, 29
    consequente, 14, 29
indução matemática, 65
inferência
    nó de, 225
interpretação, 20, 59, 182
    parcial, 223
    testemunha, 136
inverte/2, 314
inverte_2/2, 316
inverte_2/3, 316
is/2, 295

Jaskowski, Stanislaw, 75
junta/3, 312
junta_ord/2, 335

Kay, Alan, 353
Kowalski, Robert, 259, 359

lei
    da dupla negação, 47
    de De Morgan, 48, 188
    do contrapositivo, 48
    do silogismo, 48
    do terceiro excluído, 47
    do transporte, 48
Leibniz, Gottfried, 234
Lewis, Clarence Irving, 10
ligação, *ver* substituição

listing/1, 281, 378
literal, 80, 265
    conflito, 85, 210
    negativo, 80
    positivo, 80
    puro, 91
$\mathcal{L}_{LP}$, 29
$\mathcal{L}_{LPO}$, 167
lógica, 1
    completa, 22
    correta, 21
    de predicados, 161
    de primeira ordem, 161
    docens, 23
    filosófica, 25
    matemática, 25
    metodologia da, 9
    paraconsistente, 75
    proposicional, 27
    utens, 23
Loveland, Donald W., 155, 259
Luckham, David C., 155

membro/2, 310
memoriza/1, 358
menção, 2
meta-linguagem, 18, 30
mgu, 204
mod/1, 292
modelo, 186
    de um conjunt, 63
modus ponens, 38, 52, 53
modus tollens, 40, 45

negação, 14
nl/0, 300
nó
    bem sucedido, 251
    de inferência, 225
    falhado, 251
    fechado, 224
nonvar/1, 304
number/1, 304
número, 263

OBDD, 110

card, 117
conteúdo, 117
cria-OBDD, 114
cria-folha, 114
escolhe, 117
folha, 116
folhas, 116
id, 118
insere-lst-ass, 118
junta, 117
muda-id, 118
muda-neg, 116
muda-pos, 116
neg, 114
nivel, 116
nova-lst-ass, 117
novo-conjunto, 116
pos, 114
prof-max, 116
raiz, 114
subtrai, 117
vazio, 117
algoritmo
   associa-id, 120
   associa-id-a-folhas, 120
   compacta, 122
   aplica, 126
   reduz, 118
compatíveis, 111
nível, 110
objetivo, 242, 268
   execução de, 273
   prova de, 274
ontologia, 197, 233
op/3, 345
operação condicional, 350
operador em PROLOG, 340
operador de corte, 326

$\mathcal{P}$, 28
paradoxo da implicação, 39, 40
parte/4, 333
Peano, Giuseppe, 234
Peirce, Charles Sanders, 23, 187
perm/2, 320
polimodalidade, 282, 348

predicado, 166
   de sistema, 269
   definição de, 243, 281
   dinâmico, 356
   estático, 356
   letra de, 166
   pré-definido, 269
      utilização de, 272
princípio da resolução, 84, 210
   literais em conflito, 85, 210
   resolvente, 85
   resolvente-α, 85
princípio da irrelevância do valor lógico, 6
problema
   decidível, 216
   indecidível, 216
   semi-decidível, 216
problema da decisão, 216
procedimento, 281
processo
   iterativo, 316
   recursivo, 298, 314
procura
   em produndidade, 89
programa, 243, 266
   iterativo, 299
programação
   em lógica, 347
      pura, 318
   funcional, 348
   imperativa, 347
proposição, 2, 28
propriedade, 164
prova, 20, 31, 53
   categórica, 36
   hipotética, 34
   por absurdo, 39
   por refutação, 87
   por resolução, 86
   SLD, 246
      refutação, 247
Putman, Hilary, 148

quantificador
   domínio, 169

existencial, 165
universal, 165
questão
   do tipo quem ou qual, 213
   do tipo verdadeiro ou falso, 212
quick_sort/2, 335

raciocínio
   automático, 79, 155
rainhas8/1, 321
ramo
   bem sucedido, 250
   falhado, 251
   infinito, 251
read/1, 299
refutação, 87
   SLD, 247
regra, 241, 267
regra de inferência, 19, 30
   eliminação da $\exists$, 176
   eliminação da $\forall$, 174
   eliminação da $\neg$, 40
   eliminação da $\rightarrow$, 38
   eliminação da $\vee$, 41
   eliminação da $\wedge$, 34
   hipótese, 35
   introdução da $\exists$, 176
   introdução da $\forall$, 174
   introdução da $\neg$, 39
   introdução da $\neg\neg$, 45
   introdução da $\rightarrow$, 37
   introdução da $\vee$, 41
   introdução da $\wedge$, 33
   premissa, 32
   reiteração, 35
   repetição, 32
regra de inferência derivada, 44
   princípio da resolução, 84, 210
regra de procura, 245, 249
relação, 164
   completa, 197
   de ordem total, 108
      ordenação introduzida por, 110
remove_repetidos/2, 324, 326
repeat/0, 352
resolução, 84, 210

estratégia, 89
estratégia de eliminação
   cláusulas não mínimas, 91
   literais puros, 92
   tautologias, 90
   teoremas, 90
estratégia de seleção
   linear, 93
   saturação de níveis, 89
   SLD, 245
   unitária, 92
lema da elevação, 229
linear, 93
   princípio da, 84, 210
   SLD, 245
   unitária, 92
resposta
   a um objetivo, 244
   correta, 244
retract/1, 357
retrocesso, 275
Robinson, John Alan, 155, 259
round/1, 292
Russell, Bertrand, 187

SAT, 131
   algoritmo
      propaga-marcas, 144
      testa-nó, 148
      propaga, 145
   propagação de marcas, 132
      átomo, 142
      conjunção, 142
      contradição, 144
      el1-conjunção, 143
      el2-conjunção, 143
      faz-grafo, 142
      inv, 142
      marca, 140
      marca-e-propaga, 146
      marca-nó, 142
      marcado, 142
      marcas-temp, 144
      nó-negado, 143
      nós-conjunção, 143
      nós-não-marcados, 143

nós-negação, 143
nós-por-marcar, 143
negação, 142
outro-el-conjunção, 143
propaga, 145
propaga-conjunção, 147
propaga-negação, 146
rótulo, 140
raiz-grafo, 142
remove-marcas-temp, 144
remove-nós-marcados, 144
repõe-marcas, 144
testemunha, 144
tipo-marca, 140
tipo nó, 140
teste de nós, 138
testemunha, 136
satisfação, 60, 184
semântica
    declarativa, 253, 273
    operacional, 254
    procedimental, 254, 273
silogismo disjuntivo, 42
símbolo
    de pontuação, 28
    de proposição, 28
    lógico, 28
sistema
    axiomático, 31
    de dedução natural, 31
Skolem, Thoralf Albert, 200
skolem
    constante de, 200
    função de, 201
spy/1, 377
sqrt/1, 292
substituição, 170
    aplicação de, 171
    chã, 171
    composição de, 203
    ligação, 170
    vazia, 171

tabela de verdade, 60
Tarski, Alfred, 24, 75, 187
teorema, 37

da dedução, 54
da monotonicidade, 58
da refutação, 64, 187
de Herbrand, 226, 227
de inserção, 44
ponto fixo, 59
termo, 166, 262
    chão, 167
    composto, 264, 304
    fechado, 167
    livre para uma variável, 173
testemunha, 136
tipo
    conjunto, 116
    grafo acíclico dirigido, 142
    lista associativa, 117
    nó, 140
    OBDD, 114
trace/0, 377
Turing, Alan M., 234

unificação, 203
    algoritmo, 205
    verificação de ocorrência, 208
unificador, 204
    mais geral, 204
universo de discurso, 179
uso, 2

valor lógico, 3
van Emden, Maarten, 259
var/1, 304
variável, 163, 263
    anónima, 264
    domínio da, 163
    individual, 166
    ligada, 169
    livre, 170
    normalização de, 200
Venn, John, 10
vocabulário, 194

Whitehead, Alfred North, 187
write/1, 300

xf, 342

xfx, 342
xfy, 342

yf, 342
yfx, 342

www.ingramcontent.com/pod-product-compliance
Lightning Source LLC
Chambersburg PA
CBHW060531220326
41599CB00022B/3488